扩展目标跟踪理论与方法

姬红兵　张永权　刘　龙　著

西安电子科技大学出版社

内 容 简 介

随着现代雷达、红外等先进传感器分辨率的不断提高，可获得的目标信息愈加丰富，传统的点目标跟踪理论与方法已经不能适用于扩展目标跟踪，迫切需要研究新的理论与方法，综合利用传感器获得的信息来拓展和提升跟踪系统的功能和性能。本书重点围绕扩展目标跟踪的关键问题，研究相应的新理论与新方法，主要内容包括扩展目标形状建模、扩展目标量测划分与混合约简、扩展目标线性跟踪与非线性跟踪、随机有限集扩展目标联合跟踪与分类等。本书所阐述的理论方法与实现技术对于解决复杂场景下的非椭圆建模、非线性滤波、联合处理、计算代价高昂等扩展目标跟踪中的难点问题提供了新的思路和途径，克服了传统方法仅适用于椭圆目标和线性简单场景的不足，以及将检测、跟踪与分类分而治之所带来的局限，突破了相关理论成果难以实际工程应用的瓶颈，为扩展目标跟踪技术的发展及新一代高性能跟踪系统的实现提供了相应的理论和技术支撑。本书内容是课题组近年来承担的多项国家自然科学基金项目和国防基金项目的研究成果总结，涵盖了近年来扩展目标跟踪领域的前沿进展以及课题组取得的创新成果。

本书可作为高等学校电子、信息、控制、计算机等学科专业硕士和博士研究生的教材，也可作为相关专业的教师、科研工作者和工程技术人员的参考用书。

图书在版编目(CIP)数据

扩展目标跟踪理论与方法/姬红兵，张永权，刘龙著. —西安：西安电子科技大学出版社，2022.1(2024.12 重印)
ISBN 978-7-5606-6289-3

Ⅰ. ①扩… Ⅱ. ①姬… ②张… ③ 刘… Ⅲ. ①目标跟踪-研究
Ⅳ. ①TN953

中国版本图书馆 CIP 数据核字(2022)第 019636 号

策　　划　高　樱
责任编辑　武翠琴
出版发行　西安电子科技大学出版社(西安市太白南路 2 号)
电　　话　(029)88202421　88201467　　邮　　编　710071
网　　址　www.xduph.com　　电子邮箱　xdupfxb001@163.com
经　　销　新华书店
印刷单位　陕西天意印务有限责任公司
版　　次　2022 年 5 月第 1 版　2024 年 12 月第 2 次印刷
开　　本　787 毫米×960 毫米　1/16　印张　14.75
字　　数　262千字
定　　价　79.00 元
ISBN 978-7-5606-6289-3
XDUP 6591001-2

＊＊＊如有印装问题可调换＊＊＊

前　言

目标跟踪旨在利用传感器接收到的量测数据对场景中出现的目标进行状态和数目的估计。自20世纪60年代以来，随着传感器技术、信号处理技术以及计算机技术的快速发展，目标跟踪技术得到了长足发展，广泛应用于空中预警、战场监控、精确制导、智能交通、安防监控、人机交互等军事和民用领域。早期的研究主要基于点目标假设的单目标跟踪方法，假设目标每个时刻至多产生一个量测，且仅能估计目标的运动状态。其后，针对多目标跟踪问题，传统方法采用"先分解后滤波"的思想，通过数据关联将问题分解为多个单目标跟踪问题，再利用单目标跟踪方法实现多目标状态估计。目前，点目标跟踪理论与方法已趋完善，但由于计算复杂度过高，仅适用于目标数和量测数较少的场景。近年来，随机有限集(RFS)理论为多目标跟踪提供了全新的解决思路，它将多目标状态建模为随机有限集，在贝叶斯框架下直接对多目标状态进行滤波，有效避免了数据关联，提高了计算效率，已成为多目标跟踪领域的研究热点。

随着现代传感器分辨率的提高，所能获取的目标信息愈加丰富，不仅包含了目标的运动信息，还包含了目标的扩展信息(如大小、方向、形状等)，目标描述由传统的点目标演变为扩展目标。此时，仅考虑目标运动状态的点目标跟踪方法因模型不匹配和计算复杂度过高而不再适用于扩展目标，急需研究新的理论与方法，以充分发挥高分辨率传感器的优势，进一步提高目标跟踪的性能。在理论研究层面，扩展目标的量测信息多于点目标，但又少于图像目标，因此，无法利用已有图像模型对其描述，需要重新构建模型体系，最大限度地挖掘蕴含于量测中的目标信息。在技术实现层面，与点目标跟踪相比，扩展目标跟踪需要处理的量测数更多，严重影响目标跟踪的实时性。因此，扩展目标跟踪技术作为目标跟踪领域的前沿方向，是现代防御和武器系统性能提升的瓶颈和亟待突破的关键技术。

扩展目标跟踪的关键在于对目标的位置、速度、形状、量测率、类别等状态进行建模，综合利用高分辨率传感器获得的目标信息提升目标跟踪的精度，实时估计出精准的扩展目标状态，为后续的目标识别提供可靠依据。目前，国内外已经开展了扩展目标跟踪研究，取得了显著的研究进展。针对单扩展目标跟踪问题，利用随机矩阵、随机超曲面、水平集等理论分别将扩展目标形状建模为椭圆形、星凸形、多边形等，并在贝叶斯滤波框架下实现了扩展目标状态估计。针对多扩展目标跟踪问题，随机有限集滤波框架下的多扩展目标跟踪方法能够较好地解决目标漏检、杂波干扰等问题。然而，针对杂波干扰强、传感器检测率低、目标机动性强且形态多变等复杂场景下的扩展目标跟踪问题的研究还不够系统深入，如扩展目标非线性滤波、扩展目标跟踪优化处理等理论与方法尚不完善，并且现有方法仅适用于较为理想的跟踪场景，严重制约了扩展目标跟踪技术的实际应用。

作者所在课题组长期从事目标跟踪理论与方法的研究，先后承担了多项国家自然科学基金项目(No. 61372003、No. 61871301、No. 61503293 等)，在扩展目标形状建模、量测划分、多目标跟踪框架构建、跟踪效率提升、联合跟踪与分类等方面开展了系统深入的研究，取得了一系列理论创新和技术突破，相关成果得到了国内外同行的肯定。在总结和凝练近年来扩展目标跟踪基础理论和课题组最新研究成果的基础上，我们撰写了本书，期望能为相关领域的学者和专业研究人员提供一个了解和学习扩展目标跟踪领域最新研究进展和相关成果的途径，以推动国内相关领域的发展，促进扩展目标技术的实际应用。

全书共分 7 章，第 1 章为绪论，主要阐述了扩展目标跟踪的相关背景和国内外研究现状；第 2 章为扩展目标跟踪基础理论，详细介绍了后续章节所需的基础理论；第 3 章至第 7 章主要阐述课题组取得的创新研究成果，是本书的重点。

作者在从事研究和撰写本书的过程中得到了许多专家、同行和博士研究生们的支持和帮助，在此表示衷心的感谢。由于扩展目标跟踪领域相关前沿研究成果涉及的内容较广，书中难免存在疏漏，敬请专家、同行和读者给予指正。

作　者

2021 年 11 月于西安

符号对照表

符号	符号名称
a	椭圆长半轴
b	椭圆短半轴
$(\cdot)^{\mathrm{T}}$	转置
x，y	运动状态二维笛卡尔坐标系位置坐标
$\mathcal{N}(\cdot)$	高斯分布
$\boldsymbol{x}$	目标运动状态
$\boldsymbol{m}$	运动状态高斯函数均值
$\boldsymbol{P}$	运动状态高斯函数协方差
d	空间维数
$\mathcal{IW}(\cdot)$	逆威沙特分布
$\boldsymbol{X}$	目标扩展状态
v	逆威沙特分布的自由度参数
$\mathbf{V}$	逆威沙特分布的随机矩阵参数
$\mathcal{W}(\cdot)$	威沙特分布
$v_{\mathcal{W}}$	威沙特分布的自由度参数
$\mathbf{V}_{\mathcal{W}}$	威沙特分布的随机矩阵参数
$\mathcal{GAM}(\cdot)$	伽马分布
γ	目标量测率状态
α	形状参数
β	尺度参数
$\mathcal{PS}(\cdot)$	泊松分布
λ	泊松分布的均值和方差
ξ	目标状态增广项

k	时刻
Z^k	从初始时刻到 k 时刻的量测集合
$f(\cdot\|\cdot)$	状态转移函数
$\boldsymbol{F}$	状态转移矩阵
$\boldsymbol{Q}$	过程噪声协方差
$\boldsymbol{M}(\cdot)$	含有转向率的方向旋转矩阵函数
T	采样间隔
ω	运动状态转向率
$1/\eta$	遗忘因子
W	量测划分单元
$\|W\|$	量测划分单元中的量测个数
$\boldsymbol{H}$	量测矩阵
$\boldsymbol{R}$	量测噪声协方差
$\bar{\boldsymbol{X}}$	目标扩展状态的期望值
$\bar{z}$	量测集合均值
$\bar{\boldsymbol{Z}}$	量测集合方差
Z_k	k 时刻的量测集合
n^E	所有可能关联事件的总数
$\xi^{i\|l}$	关联事件 E^l 下第 i 个子椭圆的更新状态
$Z^{i\|l}$	关联事件 E^l 关联到第 i 个子椭圆量测组成的集合
E^l	量测与子椭圆之间第 l 个关联事件
μ^l	第 l 个关联事件 E^l 的概率
c^l	贝叶斯估计归一化常数
$\boldsymbol{m}_c$	椭圆中心位置
$\boldsymbol{A}$	描述椭圆的对称正定矩阵
$\boldsymbol{L}$	矩阵分解后的下三角矩阵
$\boldsymbol{\zeta}$	形状参数(随机超曲面)
$S(\cdot)$	扩展目标边界函数
s	随机尺度因子(随机超曲面)
$\tilde{S}(\cdot)$	缩小的椭圆边界函数

$\boldsymbol{y}^{l}$	量测源
φ	椭圆的旋转角度(随机超曲面)
$\boldsymbol{e}$	极坐标转化为直角坐标的单位向量
$\boldsymbol{z}$	单个量测
$D(\cdot\|\cdot)$	PHD 强度
$L_Z(\cdot)$	量测伪似然函数
$p_D(\cdot)$	目标检测概率
$\omega_{\mathcal{P}}$	划分$\mathcal{P}$的非负系数
d_W	单元 W 的非负系数
$\phi_z(\cdot)$	单个量测似然函数
$c(\cdot)$	杂波量测空间分布
β_{FA}	单位空间内产生杂波个数的期望
V_s	监视区域体积
$\mathcal{P}$	量测划分
X	目标状态集
$\boldsymbol{w}$	过程噪声
$\boldsymbol{v}$	量测噪声
J	高斯分量的数目
$\oplus$	垂直向量串联
$D^{b}(\cdot)$	新生目标的 PHD
$\delta(\cdot)$	克罗内克(Kronecker)函数
$q(\cdot\|\cdot)$	存活目标和衍生目标的建议分布
$p_S(\cdot)$	目标存活概率
$s(\cdot\|\cdot)$	衍生目标的 PHD
$b(\cdot\|\cdot)$	新生目标的建议分布
$\eta(\cdot)$	新生目标的 PHD
L	粒子数目
r	伯努利描述中目标存在概率
p	伯努利描述中目标空间分布函数
M	伯努利项数

r_P，p_P	存活目标的伯努利参数
r_Γ，p_Γ	新生目标的伯努利参数
$\hat{X}$	估计多目标状态集
$S_{\boldsymbol{X}\cup\bar{\boldsymbol{X}}}$	真实与估计扩展状态的并集面积
$S_{\boldsymbol{X}\cap\bar{\boldsymbol{X}}}$	真实与估计扩展状态的交集面积
$g(\cdot\mid\cdot)$	似然函数
$\mathrm{int}(\cdot)$	取整运算
$\mathcal{C}$	目标类状态
$\boldsymbol{Z}_{p,c}$	第 c 类目标先验扩展状态

目　　录

第 1 章 绪　论

1.1 引　言

随着现代雷达、红外等先进传感器分辨能力的不断提高，扩展目标跟踪技术越来越受到世界各军事强国的高度重视，已成为各国国防重大发展战略目标的核心技术，不仅在导弹防御、武器系统、战场监视、导航制导等军事领域，而且在智能交通、空中导航、安保安防、机器视觉等民用领域也具有广泛的应用前景。与传统的**点目标**(即假设一个目标在每一个时刻至多产生一个量测)[1-5]相比，**扩展目标**[6-12]是指由于传感器分辨率的提高或目标与传感器间的距离较近时，单个目标的回波信号可能落入多个分辨单元中，目标的不同等效散射中心可同时产生多个量测(如图 1.1 所示飞机的机头、机翼、机尾等不同部位)，更进一步地，通过扩展目标还可以分辨出目标的形态轮廓和结构特征。扩展目标跟踪的关键在于如何将传统的点目标跟踪框架拓展到扩展目标跟踪，以克服传统的点目标滤波模型无法估计扩展目标形状特性(包括目标的结构、大小、方向等)的缺陷，从而形成精准的目标态

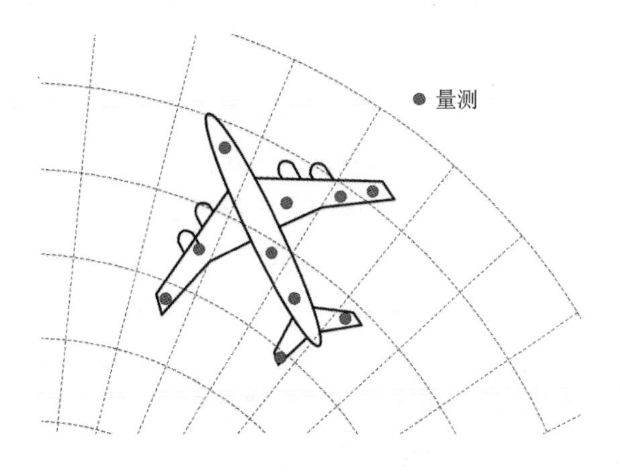

图 1.1　扩展目标量测示例

势估计。该问题的核心和难点在于面对日益复杂的战场环境，如何有效利用传感器获得的丰富的目标信息，实时估计目标的运动状态和形状，为实施对敌方目标的有效打击提供重要的决策支持信息。

近年来，随着高分辨率传感器和相关高新技术在现代战争中的广泛应用，战场环境呈现日益复杂的趋势，加之现代化武器装备和防御系统的功能日渐强大，目标的隐蔽性也越来越强，使得传统的点目标跟踪技术在跟踪精度、目标态势估计以及可靠性等方面已经远不能满足现代战争的需求。因此，利用最新相关理论和方法开展复杂环境下扩展目标跟踪技术的研究已迫在眉睫。尽管扩展目标跟踪技术已经取得了较大的进展，部分技术已成功应用于实际跟踪场景中，如行人跟踪[13-16]、车辆跟踪[17-20]、自动驾驶[21-25]、海洋监视[26-30]等，然而，在复杂跟踪场景中，稳健的扩展目标跟踪仍是难点，且面临诸多困难和挑战，主要体现在以下几个方面：

(1) 扩展目标复杂形状建模问题。随着各种高分辨率传感器的广泛应用，目标量测中将包含更为丰富和复杂的目标形状信息，扩展目标简单形状模型不能发挥高分辨率传感器的优势，缺乏充分利用量测形状信息的相关理论。

(2) 多扩展目标跟踪框架构建问题。相较于点目标，扩展目标由于量测增多，致使跟踪框架的计算复杂度急剧增加，并且需要适应低检测率、强杂波干扰等复杂环境，如何构建高效稳定的多扩展目标跟踪框架至关重要。

(3) 多扩展目标非线性滤波问题。面对日益复杂的战场环境，理想的线性滤波模型已无法准确描述战场的实际环境。同时，以粒子滤波为主的传统非线性滤波方法由于复杂度过高而难以用于实战环境，如何建立具有较好实时性的非线性滤波模型是一个具有挑战性的难题。

(4) 多扩展目标跟踪优化问题。从扩展目标丰富的量测信息中可提取目标的结构、方向、大小等有用信息，进而可实现扩展目标的优化处理，包括联合检测与跟踪、联合跟踪与分类等。目前，扩展目标的优化处理尚处于探索阶段，理论和方法均不完善。

近年来，随机有限集(Random Finite Set，RFS)[1-2]、贝叶斯理论、箱粒子滤波[31]以及随机矩阵[7]等理论在扩展目标跟踪方面取得的进展，为解决上述问题提供了良好的理论基础和有希望的技术途径，相关问题与技术如图 1.2 所示。与传统的基于数据关联、粒子滤波等计算复杂度高的目标跟踪方法相比，这些新理论和新方法在解决上述问题时具有天然的优势，现结合我们前期的研究，总结如下：

(1) RFS 理论在解决各种不确定性问题方面具有天然的优势，如复杂环境下的问题描

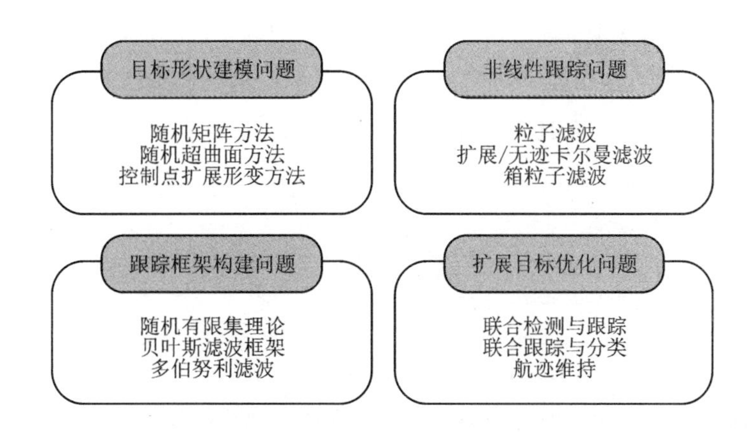

图 1.2 复杂环境下扩展目标跟踪的关键问题与相关技术

述、分析和建模能力，故可利用 RFS 理论对复杂环境下的多目标跟踪问题进行随机描述和建模。另一方面，基于 RFS 理论的概率假设密度(Probability Hypothesis Density，PHD)滤波[32]、势 PHD(Cardinalized PHD，CPHD)滤波[33]、多目标多伯努利(Multi-target Multi-Bernoulli，MeMBer)滤波[1]、标签多伯努利(Labelled Multi-Bernoulli，LMB)滤波[34]、广义标签多伯努利(Generalized Labelled Multi-Bernoulli，GLMB)滤波[34]、泊松多伯努利混合(Poisson Multi-Bernoulli Mixture，PMBM)滤波[35]以及它们的改进方法[36-69]的出现，进一步推进了复杂环境下扩展目标跟踪理论和方法的工程实现。

(2) 箱粒子滤波[70-71]是针对非线性、非高斯以及高计算复杂度等问题而提出的，它的一个显著优点就是可处理量测源存在的不确定性，主要包括数据关联不确定性、集论不确定性和随机不确定性。与标准粒子滤波相比，它具有计算复杂度低、适用于分布式计算等优点。鉴于此，采用箱粒子滤波技术对扩展目标跟踪中存在的非线性、非高斯等情况进行建模是可行的。

(3) 随机矩阵理论[7]相比于其他描述目标形状的理论[72-75]，具有易描述、易分析、易实现、易扩展等优点，使得将简单椭圆形状建模理论延伸到复杂多椭圆形状建模理论成为可能，并为进一步研究联合检测与跟踪、联合跟踪与分类等优化处理问题提供了理论支撑。

综上所述，复杂场景下的扩展目标跟踪技术是多学科、多领域所共同关心的高层次共性关键技术，包括我国在内的许多国家都已经将其列为国防重点发展方向。尽管国内外开展了相关理论和方法的研究，但针对上述困难和挑战性关键问题的研究还处于起步阶段，相关理论和方法尚不成熟和完善。考虑到当前复杂多变的周边形势以及“卡脖子”技术引进的困难，我们必须自主研发适合我国国情的扩展目标跟踪系统。因此，以新兴的 RFS 理论和有限集合统计方法为主要研究工具，结合随机矩阵理论、贝叶斯理论、箱粒子滤波、模糊自适应谐振理论[76]等，系统深入地研究复杂场景下的扩展目标跟踪理论和方法不仅具有重要的学术价值和应用前景，而且对于提高我国防御系统的反导、预警、制导、监控和跟踪能力具有重要的现实意义。

1.2 国内外研究现状

扩展目标跟踪[6-8, 77-81]作为目标跟踪领域最活跃的重要分支之一，其发展最早可追溯到20世纪80年代末。自Drummond等人[82-83]首次提出扩展目标跟踪问题以来，已经有了30余年的发展历程。然而，扩展目标跟踪真正引起人们的广泛关注是在进入21世纪之后，国内外众多学者进行了系统深入的研究，取得了重要的研究进展，提出了一系列理论、模型和方法，为扩展目标跟踪技术的发展奠定了坚实的理论基础。下面主要从扩展目标形状建模、扩展目标线性跟踪、扩展目标非线性跟踪以及扩展目标优化处理等几个方面进行阐述，并分析与本书相关的国内外研究现状。

1.2.1 扩展目标形状建模研究现状

相比于传统的点目标，扩展目标包含更多的目标形状信息，如目标的结构、大小、方向等。为了充分利用目标的信息，我们需在估计目标运动状态的同时考虑目标的形状，而形状估计的关键在于目标形状的数学模型描述，并且模型的好坏直接影响到后续跟踪、分类和识别的精度。根据目标形状的复杂程度，目标形状模型主要包括简单形状模型和复杂形状模型两类。就简单形状模型而言，代表形状有条形[84]、矩形[85]、圆形[86]、椭圆形[7, 87-90]、星凸形[91]等。然而，在实际跟踪场景中，仅采用简单形状模型描述扩展目标具有较大的局限性。当采用高分辨率传感器或目标与传感器间的距离较近时，可获得更多的目标信息，甚至可以得到目标的具体形状。此时，若采用简单形状模型描述目标的复杂形状，则会由于模型不匹配而导致跟踪、分类和识别精度的急剧下降。为此，Lan等人针对复杂形状扩展目标，提出了基于随机矩阵的多椭圆模型思路[92-93]。该思路采用多个椭圆来近似目标的形状，为复杂形状扩展目标的建模提供了新的研究思路。图1.3给出了椭圆扩展目标和非椭圆扩展目标的建模示意图。此外，他们针对目标形状模型还提出了基于支撑函数和扩展高斯映射[94]、闵可夫斯基和[95]、控制点扩展形变[96]等建模方法，这类方法类似于图像的形变，不易于后续贝叶斯框架下的目标分类和识别。随后，Granström在文献[93]的基础上采用伽马高斯逆威沙特(Gamma Gaussian Inverse Wishart，GGIW)方式实现了非椭圆扩展目标的跟踪，取得了良好的复杂形状建模效果[97]。

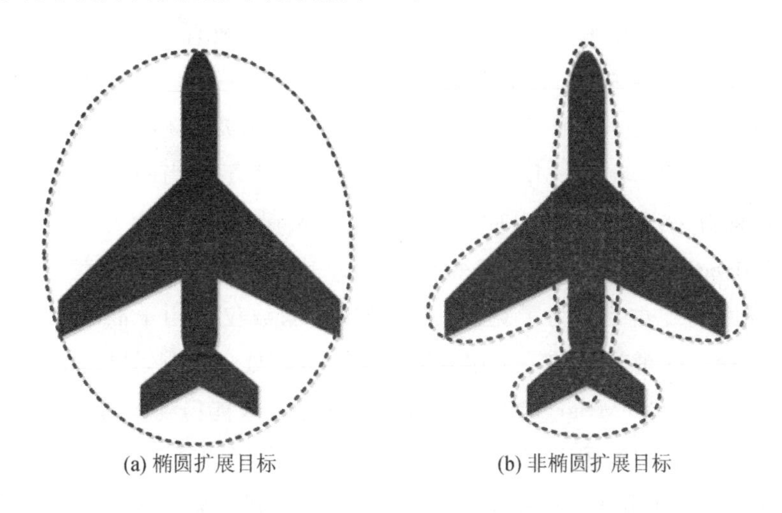

(a) 椭圆扩展目标 (b) 非椭圆扩展目标

图 1.3 扩展目标建模示意图

为了便于实现，基于随机矩阵的多椭圆模型方法[92-93, 97]均假设用于近似复杂形状扩展目标的椭圆数目为固定常数，且场景中仅存在一个目标。然而，在实际应用中，这些假设过于理想，与复杂多变的真实场景相差甚远。为此，我们在文献[93]的基础上提出了椭圆数目可变的多椭圆扩展目标建模方法，可根据实际情况实时改变合理建模所需的椭圆数目，取得了良好的形状估计效果[98]。然而，上述建模方法随着传感器与目标之间空间几何关系的不断演化以及目标在运动中做出的自旋、翻滚等动作，可能会出现多椭圆描述复杂形状模型方法陷入局部最优的问题，导致形状描述不准确，甚至恶化。此外，对于形状复杂度较高的扩展目标，为合理描述形状，所需椭圆数目会增多，现有建模方法的计算复杂度将急剧增长，如何实时准确地描述扩展目标复杂形状是该模型实际场景应用中必须要解决的一个问题。

1.2.2 扩展目标线性跟踪研究现状

跟踪是继扩展目标形状建模之后的关键步骤，直接影响到后续目标态势估计的精准度。其中，最为经典的是扩展目标线性跟踪方法，该方法因具有模型假设理想(状态方程和量测方程均假设为线性)、理论推导方便以及算法易于实现等优点，受到了国内外诸多学者的广泛关注。

传统的扩展目标线性跟踪方法主要是基于数据关联的，仅限于简单场景的单扩展目标跟踪。然而，对复杂场景下的多扩展目标跟踪而言，由于传感器可获得更多的观测数据，必然导致组合爆炸问题。近年来，为了避免数据关联，基于随机有限集(RFS)的扩展目标跟踪算法应运而生，颇受业界关注。在基于 RFS 的扩展目标跟踪方法中，目前研究最多的是基于 MeMBer[1] 的滤波方法，它继 PHD 滤波[32] 和 CPHD 滤波[33] 后再次将基于 RFS 滤波方法的研究推向新的热潮。在 MeMBer 滤波的推导中，由于不恰当的近似，仅能得到目标数的有偏估计，即存在“势偏”。为此，Vo 等人在文献[99]中提出了势均衡 MeMBer (Cardinality Balanced MeMBer，CBMeMBer)滤波。然而，该滤波方法仅适用于低虚警率、高检测率等跟踪场景。之后，为了克服 CBMeMBer 滤波仅适用于高检测率场景的缺陷，Baser 等人在 MeMBer 滤波框架下采用一种新的“势偏”处理机制，提出了改进的 MeMBer (Improved MeMBer，IMeMBer)滤波[100]。该滤波方法不仅能得到势的无偏估计，而且适用于低检测率场景，但仍无法用于高虚警率的场景。以上所提的基于 RFS 的滤波方法均是最优多目标贝叶斯滤波的近似，统称为强度滤波方法。最近，基于 MeMBer 概率描述方法，Vo 等人提出了一种全新的广义标签多伯努利(GLMB)概率滤波框架[101]。该滤波方法不仅较好地解决了上述问题，且可同时得到目标的航迹。随后，Beard 等人将 GLMB 滤波引入到扩展目标跟踪中，提出了扩展目标伽马高斯逆威沙特广义标签多伯努利(Gamma Gaussian Inverse Wishart GLMB，GGIW－GLMB)滤波[12]，为基于 RFS 的扩展目标滤波方法的发展提供了新的契机。但是，由于 GGIW－GLMB 滤波方法同时考虑了目标的运动状态、扩展状态、量测率状态和航迹，必然导致计算复杂度过高，难以应用于实际跟踪场景。为了减少计算量，他们又提出了 GGIW－GLMB 滤波的简化版，即 GGIW－LMB 滤波[12]。然而，由于该滤波方法采用了简化处理，不可避免地丢失了部分有用信息，致使该滤波方法难以准确估计某些特殊场景的目标状态，如文献[12]中提到的近距离平行运动场景。因此，如何结合上述滤波方法的优点，在复杂跟踪场景下，实时准确地估计扩展目标的状态是亟待解决的问题。

1.2.3 扩展目标非线性跟踪研究现状

在实际工程应用中，非线性随机系统无处不在，如火箭制导与控制、飞机惯性导航、卫星姿态估计以及雷达、红外等传感器的探测与跟踪等。现有研究表明，非线性滤波技术是对非线性随机系统的最优状态估计，它通过带有噪声的观测值估计非线性系统动态变化的状态。然而，到目前为止，扩展目标跟踪方法主要以线性跟踪为主，包括单目标跟踪和多目标跟踪两大类。经典的单目标跟踪方法有 Koch 等人提出的随机矩阵方法[7]、Baum 等人提出的随机超曲面方法[87]以及 Lan 等人提出的改进方法[102]，这类方法均采用椭圆来近似扩展目标的形状。经典的多目标跟踪方法主要是基于 RFS 滤波框架的，包括扩展目标高斯混合概率假设密度(Extended Target Gaussian Mixture PHD，ET-GM-PHD)滤波[103]、扩展目标 GM 势 PHD(ET-GM-CPHD)滤波[104]、扩展目标高斯逆威沙特 PHD(ET Gaussian Inverse Wishart PHD，ET-GIW-PHD)滤波[105]、扩展目标伽马高斯逆威沙特 PHD(ET Gamma GIW-PHD，ET-GGIW-PHD)滤波[106]、扩展目标伽马高斯逆威沙特 CPHD(ET-GGIW-CPHD)滤波[107]、扩展目标 GGIW 标签多伯努利(ET-GGIW-LMB)滤波[12]等。

相比于蓬勃发展的扩展目标线性跟踪方法，非线性跟踪方法的研究略显滞后，其代表性方法主要有扩展目标粒子 PHD(ET Particle PHD，ET-P-PHD)滤波[108](也称扩展目标序贯蒙特卡洛 PHD(ET Sequential Monte Carlo PHD，ET-SMC-PHD)滤波)、扩展目标序贯蒙特卡洛 CPHD(ET-SMC-CPHD)滤波[109]、扩展目标 SMC 势均衡多目标多伯努利(ET-SMC-CBMeMBer)滤波[110]等。然而，相比于扩展目标线性跟踪方法，非线性跟踪方法由于采用了粒子实现，不仅耗时，而且无法估计目标的不规则形状，难以发挥高分辨率传感器能获得更多目标信息的优势。此外，扩展目标非线性跟踪方法由于现有跟踪框架模型的限制，均无法有效处理多时刻目标漏跟、目标遮挡等情况。因此，完善扩展目标非线性跟踪方法以适用于真实目标跟踪场景是一个亟待解决的问题。

1.2.4　扩展目标优化处理研究现状

完整的目标跟踪系统包括检测、跟踪、航迹管理、分类识别等处理步骤，前述的研究现状中所涉及的方法主要是针对系统中的跟踪步骤而提出的。通常，各个步骤之间都是“分步处理”的，即单独处理每一步骤，忽略了步骤之间的相互影响。然而，处理步骤之间是相互联系和相互影响的，存在一定的耦合关系，不能简单地“分步处理”。因此，为了提高目标跟踪系统的性能，综合考虑各步骤之间的耦合关系，进而优化处理步骤是非常有必要的。近年来，随着相关新技术在目标跟踪领域的广泛应用以及相关理论的逐渐成熟，特别是在扩展目标跟踪框架下，国内外已有学者开始尝试解决扩展目标优化处理问题。

针对上述问题，Ristic 等人于 2013 年提出了扩展目标联合检测与跟踪方法[111]，该方法以 Mahler 提出的 Bernoulli 滤波为框架[1]，在虚警环境下理论推导出针对扩展目标联合检测与跟踪的贝叶斯滤波方法，并给出了相应的粒子实现。然而，为了简化滤波过程，

Ristic 等人仅推导了单目标的联合检测与跟踪，且未给出目标形状估计的具体过程，如何将其滤波理论推广至多目标的联合检测与跟踪，并进一步考虑目标的形状估计是目前亟须解决的问题。此外，Lan 等人在扩展目标优化处理方面也做出了突出的贡献，他们的代表性成果有基于随机矩阵的椭圆扩展目标联合跟踪与分类(Joint Tracking and Classification，JTC)方法以及非椭圆扩展目标联合跟踪与分类方法[112-113]，这些方法的提出为扩展目标优化处理方法的发展奠定了良好的基础。然而，上述扩展目标联合跟踪与分类方法均局限于单目标跟踪场景，与实际跟踪场景相差较大。为此，我们提出了基于椭圆形状的多扩展目标联合跟踪与分类方法[114]，但该方法仍局限于简单形状，仅依据目标的大小分类目标，并未考虑复杂非椭圆形状下的目标丰富的结构信息，跟踪与分类精度有限。因此，如何将现有的简单形状多扩展目标联合跟踪与分类理论拓展应用至复杂形状多扩展目标联合跟踪与分类，是目前要解决的一个关键问题。此外，航迹管理也是扩展目标跟踪过程中的重要内容，但传统的航迹管理方法均是基于跟踪结果的后处理[1]，无法与跟踪理论相融合。为此，最近 Vo 和 García-Fernández 等人优化了航迹管理，分别提出了基于标签多伯努利的航迹优化方法[53, 101, 115]和基于航迹集估计的航迹优化方法[116-117]，同时给出了目标的状态和航迹估计。然而，这些方法仅限于传统的点目标跟踪框架，如何将其理论拓展至扩展目标跟踪框架是急需解决的关键问题。

1.3　本章小结

本章主要阐述了扩展目标跟踪的相关背景知识和国内外研究现状。首先，介绍了扩展目标跟踪技术的研究背景及意义，并分析了其面临的挑战和与之对应的新理论和新方法。然后，综述了扩展目标形状建模、扩展目标线性跟踪、扩展目标非线性跟踪、扩展目标优化处理等方面的国内外研究现状，分析了相关发展动态，并引出了待解决的关键问题。

第 2 章 扩展目标跟踪基础理论

2.1 引 言

相比于传统的点目标跟踪，扩展目标跟踪能提供更为精准和多维度的目标状态估计，如扩展状态、量测率状态、类状态等估计，可为跟踪系统的分类、识别、态势估计等后期处理提供丰富的目标信息。多扩展目标跟踪的本质是构建多目标跟踪框架。传统的多目标跟踪算法一般采用数据关联的思想，例如全局最近邻(Global Nearest Neighbor，GNN)算法[118-122]、联合概率数据关联(Joint Probabilistic Data Association，JPDA)算法[123-124]、多假设跟踪(Multiple Hypothesis Tracking，MHT)算法[125-127]等。然而，这些算法不适用于扩展目标跟踪问题，不能解决目标数未知的多目标跟踪问题，且因目标数和量测数的增加，必然导致数据关联组合数爆炸问题。近年来，随着随机有限集(RFS)理论的引入，给上述问题提供了新的解决思路，通过一系列近似技术，RFS 滤波避免了数据关联操作，并从理论上解决了目标数未知的多目标跟踪框架构建问题，代表性算法有 PHD、CPHD、CBMeMBer 和 GLMB 滤波等。特别是 2009 年，Mahler 将 PHD 滤波拓展到扩展目标 PHD 滤波框架[128]，给 RFS 扩展目标框架的构建提供了新的思路，极大地推动了多扩展目标跟踪方法的研究进展。本章作为后续研究的理论基础，首先介绍了扩展目标形状建模方法，包括随机矩阵和随机超曲面两种建模方法；然后，针对多扩展目标 RFS 滤波问题，介绍了几种经典的滤波方法及其实现方式，即扩展目标 PHD 滤波及其实现、扩展目标 CBMeMBer 滤波及其实现；最后，分别介绍了椭圆和非椭圆扩展目标的性能评价准则。

2.2 扩展目标形状建模

相比于传统的点目标，扩展目标可产生更多的量测，包含更丰富的目标信息，其中最为重要的是形状信息，即扩展状态。此时，需考虑目标形状建模，以实现目标扩展状态的估计，为目标识别提供先验信息。下面主要介绍本书在后续章节中用到的两种扩展目标形状建模方法，即随机矩阵模型和随机超曲面模型。

2.2.1 随机矩阵模型

20 世纪 30 年代，Wishart 提出了随机矩阵的概念，其定义为至少一个随机变量元素组成的矩阵形式。随后，在此基础上，他进一步深入研究了多维随机矩阵，定义了随机变量元素联合分布、矩阵特征值分布、整体随机矩阵分布等形式。1967 年，Wigner 第一次用随机矩阵来描述物理现象，如传感器量测方差等[129]。2008 年，Koch 首次将二维随机矩阵形式引入到扩展目标形状(扩展状态)的估计[7]，该方法将目标的扩展状态建模为一个椭圆，并用一个二维正定随机矩阵表示椭圆的大小和方向，即

$$\begin{bmatrix} a^2 & 0 \\ 0 & b^2 \end{bmatrix}$$

$$\begin{bmatrix} \cos(\theta) & -\sin(\theta) \\ \sin(\theta) & \cos(\theta) \end{bmatrix} \begin{bmatrix} a^2 & 0 \\ 0 & b^2 \end{bmatrix} \begin{bmatrix} \cos(\theta) & -\sin(\theta) \\ \sin(\theta) & \cos(\theta) \end{bmatrix}^{\mathrm{T}} \tag{2-1}$$

其中：第一个随机矩阵表示无方向(即方向与二维笛卡尔坐标系 x 轴平行)椭圆，a 和 b 分别表示椭圆的长半轴和短半轴，如图 2.1(a)所示；第二个随机矩阵是第一个矩阵的一般形式(即第一个矩阵以任意方向角 θ 进行旋转)，该矩阵方向与矩阵特征向量方向一致，长、短半轴可由该矩阵特征值开方求得，如图 2.1(b)所示。

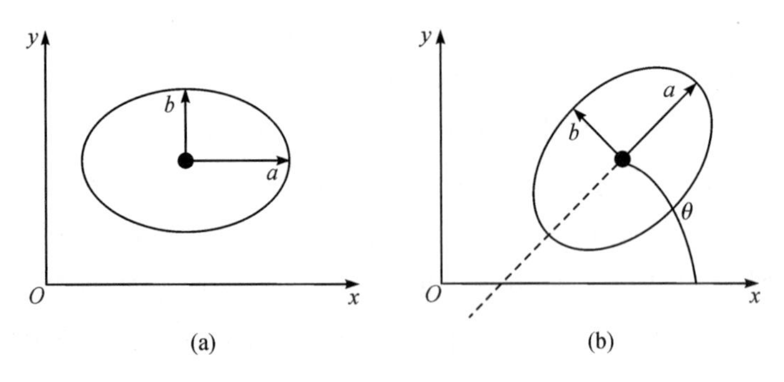

图 2.1 随机矩阵示意图

在基于随机矩阵扩展状态的贝叶斯估计框架中，目标扩展状态由逆威沙特分布来描述，目标运动状态和量测率状态分别由高斯分布和伽马分布来描述。下面介绍随机矩阵扩展目标跟踪方法所涉及的几种概率密度函数。

（1）高斯概率密度函数：

$$\mathcal{N}(\boldsymbol{x};\ \boldsymbol{m},\ \boldsymbol{P}) = ((2\pi)^{\frac{d}{2}}\ |\boldsymbol{P}|^{\frac{1}{2}})^{-1}\mathrm{e}^{-\frac{1}{2}(\boldsymbol{x}-\boldsymbol{m})^{\mathrm{T}}\boldsymbol{P}^{-1}(\boldsymbol{x}-\boldsymbol{m})} \tag{2-2}$$

其中：$\boldsymbol{x}$ 为高斯分布自变量，表示目标运动状态；d 为空间维数；$\boldsymbol{m}$ 和 $\boldsymbol{P}$ 分别表示高斯分布的均值和协方差。

（2）逆威沙特概率密度函数：

$$\mathcal{IW}(\boldsymbol{X};\ v,\ \boldsymbol{V}) = 2^{-\frac{v-d-1}{2}}\ |\boldsymbol{V}|^{\frac{v-d-1}{2}}\left(\Gamma_d\left(\frac{v-d-1}{2}\right)|\boldsymbol{X}|^{\frac{v}{2}}\right)^{-1}\mathrm{e}^{\mathrm{tr}\left(-\frac{\boldsymbol{X}^{-1}\boldsymbol{V}}{2}\right)} \tag{2-3}$$

其中：$\boldsymbol{X}$ 为逆威沙特分布自变量，表示目标扩展状态；v 和 $\boldsymbol{V}$ 分别表示逆威沙特分布的自由度和矩阵参数。

（3）威沙特概率密度函数：

$$\mathcal{W}(\boldsymbol{X};\ v_W,\ \boldsymbol{V}_W) = 2^{-\frac{v_W d}{2}}\ |\boldsymbol{X}|^{\frac{v_W-d-1}{2}}\left(\Gamma_d\left(\frac{v_W}{2}\right)|\boldsymbol{V}_W|^{\frac{d}{2}}\right)^{-1}\mathrm{e}^{\mathrm{tr}\left(-\frac{\boldsymbol{V}_W^{-1}\boldsymbol{X}}{2}\right)} \tag{2-4}$$

其中，v_W和 $\boldsymbol{V}_W$分别表示威沙特分布的自由度和矩阵参数。

（4）伽马概率密度函数：

$$\mathcal{GAM}(\gamma;\ \alpha,\ \beta) = \beta^{\alpha}\Gamma(\alpha)^{-1}\gamma^{\alpha-1}\mathrm{e}^{-\beta\gamma} \tag{2-5}$$

其中：γ 为伽马分布自变量，表示目标量测率状态；α 和 β 分别表示伽马分布的形状和尺度参数。

（5）泊松概率密度函数：

$$\mathcal{PS}(n;\ \lambda) = \frac{\mathrm{e}^{-\lambda}\lambda^{n}}{n!} \tag{2-6}$$

其中，n 和 λ 分别表示泊松分布的随机变量和均值（也是方差）。

值得注意的是，依据随机矩阵建模扩展目标的复杂程度，扩展目标可建模为基于随机矩阵的椭圆扩展目标和非椭圆扩展目标两种情况，下面给出这两种情况的详细描述。

1. 基于随机矩阵的椭圆扩展目标建模

当扩展目标量测随机分布在目标表面时，通常可以用一个椭圆来近似描述该目标的扩展状态（即椭圆扩展目标），其中椭圆圈定的范围表示扩展目标占据的空间位置。椭圆扩展目标状态可建模为

$$\xi = (\gamma,\ \boldsymbol{x},\ \boldsymbol{X}) \tag{2-7}$$

其中，γ、$\boldsymbol{x}$ 和 $\boldsymbol{X}$ 分别表示扩展目标的量测率状态、运动状态和扩展状态，它们分别服从伽马分布、高斯分布和逆威沙特分布。这样，$k-1$ 时刻的扩展目标状态概率密度函数服从伽马高斯逆威沙特（GGIW）分布，即

$$
\begin{aligned}
& p(\gamma_{k-1}, \boldsymbol{x}_{k-1}, \boldsymbol{X}_{k-1} \mid Z^{k-1}) \\
= & p(\xi_{k-1} \mid Z^{k-1}) \\
= & \mathcal{GAM}(\gamma_{k-1}; \alpha_{k-1}, \beta_{k-1}) \mathcal{N}(\boldsymbol{x}_{k-1}; \boldsymbol{m}_{k-1}, \boldsymbol{P}_{k-1}) \mathcal{IW}(\boldsymbol{X}_{k-1}; v_{k-1}, \boldsymbol{V}_{k-1})
\end{aligned} \tag{2-8}
$$

其中：γ_{k-1}、$\boldsymbol{x}_{k-1}$、$\boldsymbol{X}_{k-1}$分别表示 $k-1$ 时刻扩展目标的量测率状态、运动状态和扩展状态；Z^{k-1}表示从初始时刻到 $k-1$ 时刻的量测集合；$\xi_{k-1}=(\gamma_{k-1}, \boldsymbol{x}_{k-1}, \boldsymbol{X}_{k-1})$表示增广的扩展目标状态。

在椭圆扩展目标跟踪中，因每个目标状态服从 GGIW 分布，故本书描述的椭圆扩展目标跟踪方法也称为 GGIW 方法。在目标预测状态之前，需要做出如下假设：

假设 1：扩展目标的量测率预测状态与运动预测状态、扩展预测状态均无关，且服从启发式的预测形式；

假设 2：扩展目标的运动预测状态与扩展状态无关；

假设 3：扩展目标的扩展预测状态依赖于运动状态。

(1) 预测：

k 时刻目标预测状态为

$$
\begin{aligned}
& p(\gamma_k, \boldsymbol{x}_k, \boldsymbol{X}_k \mid Z^{k-1}) \\
= & p(\xi_k \mid Z^{k-1}) \\
= & \iiint f(\gamma_k, \boldsymbol{x}_k, \boldsymbol{X}_k \mid \gamma_{k-1}, \boldsymbol{x}_{k-1}, \boldsymbol{X}_{k-1}) p(\gamma_{k-1}, \boldsymbol{x}_{k-1}, \boldsymbol{X}_{k-1} \mid Z^{k-1}) \mathrm{d}\gamma_{k-1} \mathrm{d}\boldsymbol{x}_{k-1} \mathrm{d}\boldsymbol{X}_{k-1} \\
= & \int f(\gamma_k \mid \gamma_{k-1}) p(\gamma_{k-1} \mid Z^{k-1}) \mathrm{d}\gamma_k \int f(\boldsymbol{x}_k \mid \boldsymbol{x}_{k-1}) p(\boldsymbol{x}_{k-1} \mid Z^{k-1}) \mathrm{d}\boldsymbol{x}_{k-1} \cdot \\
& \int f(\boldsymbol{X}_k \mid \boldsymbol{X}_{k-1}, \boldsymbol{x}_{k-1}) p(\boldsymbol{X}_{k-1} \mid Z^{k-1}) \mathrm{d}\boldsymbol{X}_{k-1}
\end{aligned} \tag{2-9}
$$

其中，$f(\gamma_k|\gamma_{k-1})$、$f(\boldsymbol{x}_k|\boldsymbol{x}_{k-1})$和 $f(\boldsymbol{X}_k|\boldsymbol{X}_{k-1}, \boldsymbol{x}_{k-1})$分别表示量测率状态、运动状态和扩展状态的转移函数，即

$$
f(\boldsymbol{x}_k \mid \boldsymbol{x}_{k-1}) = \mathcal{N}(\boldsymbol{x}_k; \boldsymbol{F}_{k-1} \boldsymbol{x}_{k-1}, \boldsymbol{Q}_{k-1}) \tag{2-10}
$$

$$
f(\boldsymbol{X}_k \mid \boldsymbol{X}_{k-1}, \boldsymbol{x}_{k-1}) = \mathcal{W}_d\left(\boldsymbol{X}_k; v_{\mathcal{W},k}, \frac{\boldsymbol{M}(\boldsymbol{x}_{k-1}) \boldsymbol{X}_{k-1} (\boldsymbol{M}(\boldsymbol{x}_{k-1}))^{\mathrm{T}}}{v_{\mathcal{W},k}}\right) \tag{2-11}
$$

其中：$\boldsymbol{F}_{k-1}$和 $\boldsymbol{Q}_{k-1}$分别表示目标运动状态转移矩阵和过程噪声；$v_{\mathcal{W},k}$表示威沙特分布自由度；$\boldsymbol{M}(\boldsymbol{x}_{k-1})$表示含有转向率的方向旋转矩阵函数，即

$$
\boldsymbol{M}(\boldsymbol{x}_{k-1}) = \begin{bmatrix} \cos(T\omega_{k-1}) & -\sin(T\omega_{k-1}) \\ \sin(T\omega_{k-1}) & \cos(T\omega_{k-1}) \end{bmatrix} \tag{2-12}
$$

其中，T 为采样间隔，ω_{k-1} 表示转向率。

k 时刻目标预测状态概率密度函数仍具有 GGIW 形式，即

$$\begin{aligned} & p(\gamma_k, \boldsymbol{x}_k, \boldsymbol{X}_k \mid Z^{k-1}) \\ & = \mathcal{GAM}(\gamma_k; \alpha_{k|k-1}, \beta_{k|k-1}) \mathcal{N}(\boldsymbol{x}_k; \boldsymbol{m}_{k|k-1}, \boldsymbol{P}_{k|k-1}) \mathcal{IW}(\boldsymbol{X}_k; v_{k|k-1}, \boldsymbol{V}_{k|k-1}) \end{aligned} \quad (2-13)$$

$$\alpha_{k|k-1} = \frac{\alpha_{k-1}}{\eta}, \quad \beta_{k|k-1} = \frac{\beta_{k-1}}{\eta} \quad (2-14)$$

其中，$1/\eta$ 为遗忘因子，且 $1/\eta<1$。值得注意的是，因运动状态为非线性建模，运动状态和扩展状态预测参数 $\boldsymbol{m}_{k|k-1}$、$\boldsymbol{P}_{k|k-1}$、$v_{k|k-1}$、$\boldsymbol{V}_{k|k-1}$ 的计算需要用到扩展卡尔曼滤波技术[130]。

传感器 k 时刻接收到的目标多个量测组成的量测集合是 $W=\{\boldsymbol{z}_{k,1}, \boldsymbol{z}_{k,2}, \cdots, \boldsymbol{z}_{k,|W|}\}$，$|W|$ 表示集合中量测的个数，量测似然函数为

$$\begin{aligned} & p(Z_k \mid \gamma_k, \boldsymbol{x}_k, \boldsymbol{X}_k) \\ & = p(Z_k \mid \xi_k) \\ & = \mathcal{PS}(|W|; \gamma_k) \prod_{j=1}^{|W|} \mathcal{N}(\boldsymbol{z}_{k,j}; \boldsymbol{H}_k \boldsymbol{x}_k, \boldsymbol{R}_k + \eta_e \boldsymbol{X}_k) \\ & = \mathcal{PS}\left(|W|; \gamma_k \mathcal{N}\left(\bar{\boldsymbol{z}}_k; \boldsymbol{H}_k \boldsymbol{m}_{k|k-1}, \frac{\boldsymbol{R}_k + \eta_e \boldsymbol{X}_k}{|W|}\right) \mathcal{W}(\bar{\boldsymbol{Z}}_k; |W|-1, \boldsymbol{R}_k + \eta_e \boldsymbol{X}_k\right) \end{aligned} \quad (2-15)$$

其中：Z_k 表示 k 时刻的量测集合；$\boldsymbol{R}_k$ 和 η_e 分别表示量测噪声和调节参数，η_e 越大表明 $\boldsymbol{R}_k$ 对目标状态估计的影响越小；$\bar{\boldsymbol{z}}_k$ 和 $\bar{\boldsymbol{Z}}_k$ 分别表示集合 W 的均值和方差；$\boldsymbol{H}_k$ 表示量测矩阵。

(2) 更新：

k 时刻目标的后验更新状态概率密度函数可表示为

$$\begin{aligned} & p(\gamma_k, \boldsymbol{x}_k, \boldsymbol{X}_k \mid Z^k) = p(\xi_k \mid Z^k) \\ & = \frac{p(Z_k \mid \gamma_k, \boldsymbol{x}_k, \boldsymbol{X}_k) p(\gamma_k, \boldsymbol{x}_k, \boldsymbol{X}_k \mid Z^{k-1})}{\iiint p(Z_k \mid \gamma_k, \boldsymbol{x}_k, \boldsymbol{X}_k) p(\gamma_k, \boldsymbol{x}_k, \boldsymbol{X}_k \mid Z^{k-1}) \mathrm{d}\gamma_k \mathrm{d}\boldsymbol{x}_k \mathrm{d}\boldsymbol{X}_k} \\ & = \mathcal{GAM}(\gamma_k; \alpha_k, \beta_k) \mathcal{N}(\boldsymbol{x}_k; \boldsymbol{m}_k, \boldsymbol{P}_k) \mathcal{IW}(\boldsymbol{X}_k; v_k, \boldsymbol{V}_k) \end{aligned} \quad (2-16)$$

其中，$Z^k=Z_k \cup Z^{k-1}$。量测率状态更新为[131]

$$\alpha_k = \alpha_{k|k-1} + |W|, \quad \beta_k = \beta_{k|k-1} + 1 \quad (2-17)$$

运动状态更新为

$$\begin{cases} \boldsymbol{m}_k = \boldsymbol{m}_{k|k-1} + \boldsymbol{K}_k \boldsymbol{G}_k \\ \boldsymbol{P}_k = \boldsymbol{P}_{k|k-1} - \boldsymbol{K}_k \boldsymbol{H}_k \boldsymbol{P}_{k|k-1} \\ \boldsymbol{S}_{k|k-1} = \boldsymbol{H}_k \boldsymbol{P}_{k|k-1} \boldsymbol{H}_k^{\mathrm{T}} + \dfrac{\eta_e \bar{\boldsymbol{X}}_{k|k-1} + \boldsymbol{R}_k}{|W|} \\ \boldsymbol{K}_k = \boldsymbol{P}_{k|k-1} \boldsymbol{H}_k^{\mathrm{T}} (\boldsymbol{S}_{k|k-1})^{-1} \\ \boldsymbol{G}_k = \bar{\boldsymbol{z}}_k - \boldsymbol{H}_k \boldsymbol{m}_{k|k-1} \\ \bar{\boldsymbol{z}}_k = \dfrac{1}{|W|} \sum_{i=1}^{|W|} \boldsymbol{z}_{k,i} \end{cases} \tag{2-18}$$

扩展状态更新为

$$\begin{cases} \boldsymbol{V}_k = \boldsymbol{V}_{k|k-1} + \boldsymbol{N}_k + \boldsymbol{B}_k^{-1} \bar{\boldsymbol{Z}}_k (\boldsymbol{B}_k)^{-\mathrm{T}} \\ v_k = v_{k|k-1} + |W| \\ \boldsymbol{N}_k = \bar{\boldsymbol{X}}_{k|k-1}^{\frac{1}{2}} \boldsymbol{S}_{k|k-1}^{-\frac{1}{2}} (\boldsymbol{G}_k \boldsymbol{G}_k^{\mathrm{T}}) (\boldsymbol{S}_{k|k-1}^{-\frac{1}{2}})^{\mathrm{T}} (\bar{\boldsymbol{X}}_{k|k-1}^{\frac{1}{2}})^{\mathrm{T}} \\ \bar{\boldsymbol{Z}}_k = \sum_{i=1}^{|W|} (\boldsymbol{z}_{k,i} - \bar{\boldsymbol{z}}_k)(\boldsymbol{z}_{k,i} - \bar{\boldsymbol{z}}_k)^{\mathrm{T}} \\ \bar{\boldsymbol{X}}_{k|k-1} = \dfrac{\boldsymbol{V}_{k|k-1}}{v_{k|k-1} - 2d - 2} \end{cases} \tag{2-19}$$

其中，$\bar{\boldsymbol{X}}_{k|k-1}$为目标扩展状态的期望值。式(2-16)分母中积分项为

$$\begin{aligned} &\iiint p(Z_k \mid \gamma_k, \boldsymbol{x}_k, \boldsymbol{X}_k) p(\gamma_k, \boldsymbol{x}_k, \boldsymbol{X}_k \mid Z^{k-1}) \mathrm{d}\gamma_k \mathrm{d}\boldsymbol{x}_k \mathrm{d}\boldsymbol{X}_k \\ &= \frac{1}{|W|!} \frac{\Gamma(\alpha_{k|k-1} + |W|)(\beta_{k|k-1})^{\alpha_{k|k-1}}}{\Gamma(\alpha_{k|k-1})(\beta_{k|k-1}+1)^{\alpha_{k|k-1}+|W|}} \pi^{-\frac{|W|d}{2}} |W|^{-\frac{d}{2}} \cdot |\boldsymbol{B}_k|^{-(|W|-1)} \cdot \\ &\quad |(\bar{\boldsymbol{X}}_{k|k-1}^{-\frac{1}{2}})^{\mathrm{T}} \boldsymbol{S}_{k|k-1} \bar{\boldsymbol{X}}_{k|k-1}^{-\frac{1}{2}}|^{-\frac{1}{2}} \frac{\Gamma_d\left(\dfrac{v_{k|k-1} + |W|}{2}\right)}{\Gamma_d\left(\dfrac{v_{k|k-1}}{2}\right)} \frac{|\boldsymbol{V}_{k|k-1}|^{\frac{v_{k|k-1}}{2}}}{|\boldsymbol{V}_k|^{\frac{v_{k|k-1}+|W|}{2}}} \end{aligned} \tag{2-20}$$

2. 基于随机矩阵的非椭圆扩展目标建模

当扩展目标量测的空间分布能反映出目标大致形状时，若仅采用单个椭圆描述目标扩展状态，则信息损失较大，不能充分挖掘出扩展目标量测信息所包含的目标形状信息。此时，若采用多个椭圆描述目标的复杂形状，则能有效捕捉到更多的目标形状信息，下面将重点介绍基于随机矩阵的非椭圆扩展目标跟踪框架。

非椭圆扩展目标状态可建模为

$$X=\{\boldsymbol{\xi}^{(i)}\}_{i=1}^{N}=\{(\gamma^{(i)},\boldsymbol{x}^{(i)},\boldsymbol{X}^{(i)})\}_{i=1}^{N} \tag{2-21}$$

其中，N 为子椭圆数，且子椭圆之间相互独立。

在介绍非椭圆扩展目标滤波之前，需要做出如下假设：

假设 1：所使用的子椭圆数目 N 已知，且在目标跟踪过程中保持不变；

假设 2：子椭圆与量测之间的所属关系未知，即无任何信息表明量测与任何子椭圆关联。

基于全概率理论和贝叶斯估计框架，第 i 个子椭圆 k 时刻的后验状态概率密度函数为

$$\begin{aligned}p(\xi_k^{(i)}\mid Z^k)&=\sum_{l=1}^{n_k^E}p(\xi_k^{i|l}\mid E_k^l,Z^k)\mu_k^l\\&=\sum_{l=1}^{n_k^E}\frac{p(Z_k\mid E_k^l,\xi_k^{i|l},Z^{k-1})p(\xi_k^{i|l}\mid E_k^l,Z^{k-1})}{\int p(Z_k\mid E_k^l,\xi_k^{i|l},Z^{k-1})p(\xi_k^{i|l}\mid E_k^l,Z^{k-1})\mathrm{d}\xi_k^{i|l}}\mu_k^l\\&=\sum_{l=1}^{n_k^E}\frac{p(Z_k^{i|l}\mid \xi_k^{i|l},Z^{k-1})p(\xi_k^{i|l}\mid E_k^l,Z^{k-1})}{\int p(Z_k^{i|l}\mid \xi_k^{i|l},Z^{k-1})p(\xi_k^{i|l}\mid E_k^l,Z^{k-1})\mathrm{d}\xi_k^{i|l}}\mu_k^l\end{aligned} \tag{2-22}$$

其中：E_k^l 表示量测与子椭圆之间的第 l 个关联事件；n_k^E 表示所有可能关联事件的总数，若有 N 个子椭圆和 n_k 个量测，则总共有 $n_k^E=N^{n_k}$ 个关联事件；$Z_k^{i|l}$ 表示关联事件 E_k^l 中关联到第 i 个子椭圆的量测组成的集合；$\xi_k^{i|l}$ 表示关联事件 E_k^l 下第 i 个子椭圆的更新状态；$p(\xi_k^{i|l}|E_k^l,Z^{k-1})$ 表示关联事件 E_k^l 下第 i 个子椭圆的预测状态；$p(Z_k|E_k^l,\xi_k^{i|l},Z^{k-1})$（即 $p(Z_k^{i|l}|\xi_k^{i|l},Z^{k-1})$）表示关联事件 E_k^l 中第 i 个子椭圆与其对应量测集合 $Z_k^{i|l}$ 之间的似然概率密度函数，因子椭圆预测状态与关联事件无关，可得 $p(\xi_k^{i|l}|E_k^l,Z^{k-1})=p(\xi_k^{i|l}|Z^{k-1})$；$\mu_k^l$ 表示第 l 个关联事件 E_k^l 的概率，即

$$\mu_k^l=p(E_k^l\mid Z^k) \tag{2-23}$$

基于贝叶斯估计理论，概率 μ_k^l 可展开为

$$\mu_k^l=(c_k^l)^{-1}p(Z_k\mid E_k^l,Z^{k-1})p(E_k^l\mid Z^{k-1}) \tag{2-24}$$

$$p(Z_k\mid E_k^l,Z^{k-1})=\prod_{i=1}^{N}p(Z_k^{i|l}\mid E_k^l,Z^{k-1}) \tag{2-25}$$

其中，c_k^l 为贝叶斯估计归一化常数，$c_k^l=\sum_{l=1}^{n_k^E}p(Z_k\mid E_k^l,Z^{k-1})p(E_k^l\mid Z^{k-1})$。若量测与子椭圆之间的关联事件无任何先验信息，则 $p(E_k^l|Z^{k-1})$ 可看成事件总数的平均，即 $p(E_k^l|Z^{k-1})=1/n_k^E$。

因子椭圆之间相互独立，故量测似然函数 $p(Z_k|E_k^l, Z^{k-1})$可以由不同子椭圆之间的似然函数相乘计算得到，如式(2-25)。利用边缘积分定理，$p(Z_k|E_k^l, Z^{k-1})$可展开为

$$\begin{aligned}p(Z_k \mid E_k^l, Z^{k-1}) &= \int p(Z_k \mid E_k^l, \xi_k^{i|l}, Z^{k-1})p(\xi_k^{i|l} \mid E_k^l, Z^{k-1})\mathrm{d}\xi_k^{i|l} \\ &= \prod_{i=1}^{N}\int p(Z_k^{i|l} \mid E_k^l, \xi_k^{i|l}, Z^{k-1})p(\xi_k^{i|l} \mid E_k^l, Z^{k-1})\mathrm{d}\xi_k^{i|l} \\ &= \prod_{i=1}^{N}\int p(Z_k^{i|l} \mid \xi_k^{i|l}, Z^{k-1})p(\xi_k^{i|l} \mid E_k^l, Z^{k-1})\mathrm{d}\xi_k^{i|l}\end{aligned} \tag{2-26}$$

其中，似然函数 $p(Z_k^{i|l}|\xi_k^{i|l}, Z^{k-1})$和预测状态函数 $p(\xi_k^{i|l}|E_k^l, Z^{k-1})$与式(2-22)中的相同。

2.2.2 随机超曲面模型

不同于随机矩阵模型直接对目标形状矩阵的迭代更新，随机超曲面模型(Random Hypersurface Model，RHM)首先采用曲线拟合的思想将目标形状参数化，然后利用形状参数构造扩展状态，最后利用非线性滤波联合估计目标运动状态和扩展状态。该模型假设目标的量测源分布在缩小的目标真实形状上，量测由量测源和传感器噪声共同构成。因为本书只考虑了椭圆随机超曲面模型，故下面仅针对该模型展开介绍。

椭圆随机超曲面模型的定义为

$$\{\boldsymbol{z} \mid \boldsymbol{z} \in \mathbb{R}^2, (\boldsymbol{z} - \boldsymbol{m}_{c,k})^{\mathrm{T}}\boldsymbol{A}_k^{-1}(\boldsymbol{z} - \boldsymbol{m}_{c,k}) \leqslant 1\} \tag{2-27}$$

其中：$\boldsymbol{m}_{c,k}$为椭圆的中心位置；$\boldsymbol{A}_k$ 为对称正定矩阵，用于描述椭圆形状，如椭圆的长短轴和方向角。

为了避免迭代过程中计算矩阵，一般将矩阵 $\boldsymbol{A}_k$ 做 Cholesky 分解，即 $\boldsymbol{A}_k=(\boldsymbol{L}_k\boldsymbol{L}_k^{\mathrm{T}})^{-1}$，分解后的下三角矩阵为

$$\boldsymbol{L}_k = \begin{bmatrix} l_k^{(1)} & 0 \\ l_k^{(3)} & l_k^{(2)} \end{bmatrix} \tag{2-28}$$

这样，k 时刻目标的形状参数可表示为 $\boldsymbol{\zeta}_k=[l_k^{(1)}, l_k^{(2)}, l_k^{(3)}]^{\mathrm{T}}$。若将形状参数融入目标的状态向量，可得到 k 时刻目标的状态，即

$$\boldsymbol{x}_k = [\boldsymbol{m}_k, \boldsymbol{\zeta}_k]^{\mathrm{T}} \tag{2-29}$$

进一步，扩展目标的边界函数可表示为

$$S(\boldsymbol{x}_k) = \left\{\boldsymbol{z}_k \mid \boldsymbol{z}_k \in \mathbb{R}^2, g(\boldsymbol{z}_k, \boldsymbol{x}_k) = (\boldsymbol{z}_k - \boldsymbol{m}_k)(\boldsymbol{L}_k\boldsymbol{L}_k^{\mathrm{T}})^{-1}(\boldsymbol{z}_k - \boldsymbol{m}_k)^{\mathrm{T}} - 1\right\} \tag{2-30}$$

如果利用产生缩放边界的随机尺度因子 s_k 约束量测源到扩展目标中心位置的距离，则

缩小的椭圆边界函数为

$$\widetilde{S}(\boldsymbol{x}_k)=\left\{\boldsymbol{z}_k \mid \boldsymbol{z}_k \in \mathbb{R}^2,\ g^*(\boldsymbol{z}_k,\ \boldsymbol{x}_k)=(\boldsymbol{z}_k-\boldsymbol{m}_k)(\boldsymbol{L}_k\boldsymbol{L}_k^{\mathrm{T}})^{-1}(\boldsymbol{z}_k-\boldsymbol{m}_k)^{\mathrm{T}}-s_k^2\right\} \tag{2-31}$$

其中，s_k 的统计特性和目标扩展状态相互独立。

基于椭圆随机超曲面模型的扩展目标量测的产生过程可表述为：首先在扩展目标表面上产生量测源，然后通过量测源和加性噪声共同生成量测，如图 2.2 所示。对于给定的量测源 $\boldsymbol{y}_k^l$，相应的量测可表示为

$$\boldsymbol{z}_k^l=\boldsymbol{y}_k^l+\boldsymbol{v}_k^l,\ l=1,\ 2,\ \cdots,\ n \tag{2-32}$$

其中：$\boldsymbol{z}_k^l$ 为量测；$\boldsymbol{v}_k^l$ 为零均值的高斯白噪声，其协方差矩阵为 $\boldsymbol{R}_k$；n 为服从泊松分布的量测数。量测源均匀分布在缩小的目标真实形状之上，描述为

$$\boldsymbol{y}_k^l \in \boldsymbol{m}_k+s_k\cdot S(\boldsymbol{x}_k) \tag{2-33}$$

其中，随机尺度因子 s_k 为一维随机变量，且满足 $s_k\in[0,\ 1]$。椭圆随机超曲面仅对量测源与目标质心位置的距离作出了规定，并没有严格限制量测源位于目标表面何处，而只需为超曲面上的一个元素即可。因此，对于先验信息不足的跟踪场景，椭圆随机超曲面是一种较为理想的建模方法。

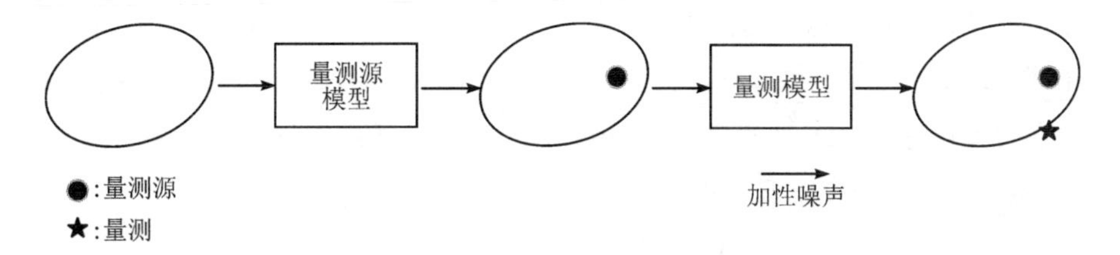

图 2.2　量测产生过程示意图

为了便于计算，我们通常采用极坐标形式来描述椭圆随机超曲面，即

$$\boldsymbol{y}_k^l=\boldsymbol{m}_k+s_k\cdot R(\theta_k^l;\ a_k,\ b_k,\ \varphi_k)\cdot\boldsymbol{e}_k \tag{2-34}$$

$$R(\theta_k^l;\ a_k,\ b_k,\ \varphi_k)=\frac{a_k b_k}{\sqrt{[a_k\sin(\theta_k^l-\varphi_k)]^2+[b_k\cos(\theta_k^l-\varphi_k)]^2}} \tag{2-35}$$

$$\boldsymbol{e}_k=[\cos\theta_k^l,\ \sin\theta_k^l]^{\mathrm{T}} \tag{2-36}$$

其中：a_k 和 b_k 分别表示椭圆的长半轴和短半轴；φ_k 为椭圆的旋转角，定义为椭圆长半轴与 x 轴正半轴的夹角(逆时针为正)，$\varphi_k\in[0,\ 2\pi]$；$\boldsymbol{e}_k$ 为极坐标转化为直角坐标的单位向量。将式(2-34)代入式(2-32)中，可得到量测方程

$$z_k^l = \boldsymbol{m}_k + s_k \cdot R(\theta_k^l;\ a_k,\ b_k,\ \varphi_k) \cdot \boldsymbol{e}_k + \boldsymbol{v}_k^l = h(\boldsymbol{x}_k,\ \boldsymbol{z}_k,\ s_k) + \boldsymbol{v}_k^l \tag{2-37}$$

其中，θ_k^l 为未知变量，可用椭圆中心位置到量测的向量与 x 轴正半轴的夹角来近似。

2.3 随机有限集扩展目标滤波

2.3.1 扩展目标 PHD 滤波及其实现

2009 年，Mahler 在 Gilholm 等人定义扩展模型[132]的基础上提出了基于 RFS 理论的扩展目标概率假设密度(Extended Target PHD，ET－PHD)滤波[128]，但因其计算复杂，故不可行。为了使 ET－PHD 滤波计算可行，需要对其做近似处理。为此，针对线性和非线性情况，Granström、Orguner、Li 等人提出了扩展目标高斯混合 PHD(ET－GM－PHD)滤波[103]、扩展目标高斯逆威沙特 PHD(ET－GIW－PHD)滤波[105]以及扩展目标序贯蒙特卡洛 PHD(ET－SMC－PHD)滤波[108]。下面主要介绍 ET－PHD 滤波及其线性和非线性实现，包括 ET－GM－PHD 滤波、ET－GIW－PHD 滤波和 ET－SMC－PHD 滤波。

1. ET－PHD 滤波

因为 ET－PHD 滤波的预测公式与标准 PHD 滤波的预测公式相同[128]，所以此处仅给出 ET－PHD 滤波的更新公式，预测公式详见文献[133]。对于 ET－PHD 滤波，后验概率强度(更新的 PHD 强度) $D_{k|k}(\boldsymbol{x} \mid Z)$ 主要由预测强度(预测的 PHD 强度) $D_{k|k-1}(\boldsymbol{x} \mid Z)$ 和一个量测伪似然函数 $L_{Z_k}(\boldsymbol{x})$ 相乘得到，即

$$D_{k|k}(\boldsymbol{x} \mid Z) = L_{Z_k}(\boldsymbol{x}) D_{k|k-1}(\boldsymbol{x} \mid Z) \tag{2-38}$$

其中：$\boldsymbol{x}$ 是单目标的状态向量；Z 是随机量测集；Z_k 是 k 时刻的量测集。

式(2－38)中的伪似然函数 $L_{Z_k}(\boldsymbol{x})$定义为[128]

$$L_{Z_k}(\boldsymbol{x}) \stackrel{\text{def}}{=} 1 - (1 - \mathrm{e}^{-\gamma(\boldsymbol{x})}) p_{D,k}(\boldsymbol{x}) + \mathrm{e}^{-\gamma(\boldsymbol{x})} p_{D,k}(\boldsymbol{x}) \cdot \sum_{\mathcal{P} \angle Z_k} \omega_{\mathcal{P}} \sum_{W \in \mathcal{P}} \frac{\gamma(\boldsymbol{x})^{|W|}}{d_W} \cdot \prod_{\boldsymbol{z}_k \in W} \frac{\phi_{\boldsymbol{z}_k}(\boldsymbol{x})}{\lambda_k c_k(\boldsymbol{z}_k)} \tag{2-39}$$

其中：$1-\mathrm{e}^{-\gamma(\boldsymbol{x})}$ 为单目标至少产生一个量测的概率，目标产生的量测数服从均值为 $\gamma(\boldsymbol{x})$的泊松分布，$p_{D,k}(\boldsymbol{x})$为检测概率；$|\cdot|$表示某一集合的元素个数；k 时刻单位监视区域的杂波量测平均数 λ_k 服从均值为 $\beta_{\mathrm{FA},k}$ 的泊松分布，如果监视区域体积为 V_s，则 $\lambda_k \triangleq \beta_{\mathrm{FA},k} V_s$；$c_k(\boldsymbol{z}_k)=1/V_s$为整个监视区域中杂波的空间分布；$\mathcal{P} \angle Z_k$ 表示划分 $\mathcal{P}$ 将量测集 Z_k 划分为多

个非空单元 W；$\phi_{z_k}(\boldsymbol{x})=p(\boldsymbol{z}_k|\boldsymbol{x})$表示目标的似然函数；$\omega_{\mathcal{P}}$和 d_W 是关于划分$\mathcal{P}$和单元 W 的非负系数，其中

$$\omega_{\mathcal{P}} = \frac{\prod\limits_{W\in\mathcal{P}} d_W}{\sum\limits_{\mathcal{P}'\angle Z_k}\prod\limits_{W\in\mathcal{P}'} d_W} \tag{2-40}$$

$$d_W = \delta_{|W|,1} + D_{k|k-1}\left[\mathrm{e}^{-\gamma(\boldsymbol{x})}\gamma(\boldsymbol{x})^{|W|} p_{D,k}(\boldsymbol{x})\prod_{\boldsymbol{z}_k\in W}\frac{\phi_{z_k}(\boldsymbol{x})}{\lambda_k c_k(\boldsymbol{z}_k)}\right] \tag{2-41}$$

其中，$\delta_{i,j}$是克罗内克(Kronecker)函数。对于任意函数 $h(\boldsymbol{x})$，存在

$$D_{k|k-1}[h(\boldsymbol{x})] = \int h(\boldsymbol{x})D_{k|k-1}(\boldsymbol{x}\mid Z)\mathrm{d}\boldsymbol{x} \tag{2-42}$$

式(2－39)中第一个求和号是对量测集 Z_k 的所有可能划分$\mathcal{P}$进行求和，第二个求和号是对当前划分$\mathcal{P}$的所有单元 W 进行求和。为了阐述划分和单元之间的关系，我们假设量测集 $Z_k=\{\boldsymbol{z}_k^{(1)},\boldsymbol{z}_k^{(2)},\boldsymbol{z}_k^{(3)}\}$，$\boldsymbol{z}_k^{(i)}$ 为 k 时刻的第 i 个量测，其所有可能的划分可以表示为[128]

$$\begin{cases}\mathcal{P}_1: W_1^1 = \{\boldsymbol{z}_k^{(1)},\boldsymbol{z}_k^{(2)},\boldsymbol{z}_k^{(3)}\}\\ \mathcal{P}_2: W_1^2 = \{\boldsymbol{z}_k^{(1)},\boldsymbol{z}_k^{(2)}\},\ W_2^2 = \{\boldsymbol{z}_k^{(3)}\}\\ \mathcal{P}_3: W_1^3 = \{\boldsymbol{z}_k^{(1)},\boldsymbol{z}_k^{(3)}\},\ W_2^3 = \{\boldsymbol{z}_k^{(2)}\}\\ \mathcal{P}_4: W_1^4 = \{\boldsymbol{z}_k^{(2)},\boldsymbol{z}_k^{(3)}\},\ W_2^4 = \{\boldsymbol{z}_k^{(1)}\}\\ \mathcal{P}_5: W_1^5 = \{\boldsymbol{z}_k^{(1)}\},\ W_2^5 = \{\boldsymbol{z}_k^{(2)}\},\ W_3^5 = \{\boldsymbol{z}_k^{(3)}\}\end{cases} \tag{2-43}$$

其中：$\mathcal{P}_i$ 是第 i 个划分；W_j^i 是第 i 个划分的第 j 个单元。

2. ET－GM－PHD 滤波

假设 k 时刻要估计的目标状态 RFS 为 $X_k=\{\boldsymbol{x}_k^{(i)}\}_{i=1}^{N_{x,k}}$，量测 RFS 为 $Z_k=\{\boldsymbol{z}_k^{(i)}\}_{i=1}^{N_{z,k}}$，其中 $N_{x,k}$和 $N_{z,k}$分别为目标数和量测数。为了实现高斯混合 ET－PHD 滤波，首先在线性、高斯条件下对系统方程和观测方程进行建模，系统状态方程为

$$\boldsymbol{x}_k^{(i)} = \boldsymbol{F}_{k-1}\boldsymbol{x}_{k-1}^{(i)} + \boldsymbol{w}_{k-1}^{(i)} \tag{2-44}$$

其中：$i=1, 2, \cdots, N_{x,k-1}$；$\boldsymbol{w}_{k-1}^{(i)}$是均值为零、协方差为 $\boldsymbol{Q}_{k-1}^{(i)}$ 的高斯白噪声；$\boldsymbol{F}_{k-1}$为状态转移矩阵。

观测方程为

$$\boldsymbol{z}_k^{(j)} = \boldsymbol{H}_k\boldsymbol{x}_k^{(i)} + \boldsymbol{v}_k^{(j)} \tag{2-45}$$

其中：$\boldsymbol{v}_k^{(j)}$ 是均值为零、协方差为 $\boldsymbol{R}_k$ 的高斯白噪声；$\boldsymbol{H}_k$ 是量测矩阵。

下面给出 ET－PHD 滤波的高斯混合实现，即 ET－GM－PHD 滤波[103]。

(1) 预测：

由于 ET－GM－PHD 滤波的预测公式与标准 PHD 滤波的预测公式相同，故此处仅给出 ET－GM－PHD 滤波的更新公式。预测 PHD 用高斯混合形式表示为[133-134]

$$D_{k|k-1}(\boldsymbol{x}) = \sum_{j=1}^{J_{k|k-1}} w_{k|k-1}^{(j)} \mathcal{N}(\boldsymbol{x};\ \boldsymbol{m}_{k|k-1}^{(j)},\ \boldsymbol{P}_{k|k-1}^{(j)}) \tag{2-46}$$

其中：$J_{k|k-1}$ 是高斯分量的预测数目；$w_{k|k-1}^{(j)}$ 是第 j 个高斯分量的预测权重；$\boldsymbol{m}_{k|k-1}^{(j)}$ 和 $\boldsymbol{P}_{k|k-1}^{(j)}$ 分别表示第 j 个高斯分量的预测均值向量和协方差矩阵；$\mathcal{N}(\cdot;\ \boldsymbol{m},\ \boldsymbol{P})$ 表示均值向量为 $\boldsymbol{m}$、协方差矩阵为 $\boldsymbol{P}$ 的高斯分布。

(2) 更新：

k 时刻的后验概率是一个高斯混合，即

$$D_{k|k}(\boldsymbol{x}) = D_{k|k}^{\mathrm{ND}}(\boldsymbol{x}) + \sum_{\mathcal{P}\angle Z_k} \sum_{W\in\mathcal{P}} D_{k|k}^{\mathrm{D}}(\boldsymbol{x},\ W) \tag{2-47}$$

式(2－47)中的高斯混合 $D_{k|k}^{\mathrm{ND}}(\cdot)$ 用于处理目标漏检的情况，即

$$D_{k|k}^{\mathrm{ND}}(\boldsymbol{x}) = \sum_{j=1}^{J_{k|k-1}} w_{k|k}^{(j)} \mathcal{N}(\boldsymbol{x};\ \boldsymbol{m}_{k|k}^{(j)},\ \boldsymbol{P}_{k|k}^{(j)}) \tag{2-48}$$

$$w_{k|k}^{(j)} = (1-(1-\mathrm{e}^{-\gamma^{(j)}})p_{D,k}^{(j)})w_{k|k-1}^{(j)} \tag{2-49}$$

$$\boldsymbol{m}_{k|k}^{(j)} = \boldsymbol{m}_{k|k-1}^{(j)},\ \boldsymbol{P}_{k|k}^{(j)} = \boldsymbol{P}_{k|k-1}^{(j)} \tag{2-50}$$

式(2－49)中，$\gamma^{(j)}$ 和 $p_{D,k}^{(j)}$ 分别代表 $\gamma(\boldsymbol{m}_{k|k-1}^{(j)})$ 和 $p_{D,k}(\boldsymbol{m}_{k|k-1}^{(j)})$。

式(2－47)中的高斯混合 $D_{k|k}^{\mathrm{D}}(\boldsymbol{x},\ W)$ 用于处理检测到目标的情况，即

$$D_{k|k}^{\mathrm{D}}(\boldsymbol{x},\ W) = \sum_{j=1}^{J_{k|k-1}} w_{k|k}^{(j)} \mathcal{N}(\boldsymbol{x};\ \boldsymbol{m}_{k|k}^{(j)},\ \boldsymbol{P}_{k|k}^{(j)}) \tag{2-51}$$

$$w_{k|k}^{(j)} = \omega_{\mathcal{P}} \frac{\Gamma^{(j)} p_{D,k}^{(j)}}{d_W} \Phi_W^{(j)} w_{k|k-1}^{(j)} \tag{2-52}$$

其中：

$$\Gamma^{(j)} = \mathrm{e}^{-\gamma^{(j)}} (\gamma^{(j)})^{|W|} \tag{2-53}$$

$$\Phi_W^{(j)} = \phi_W^{(j)} \prod_{z_k\in W} \frac{1}{\lambda_k c_k(\boldsymbol{z}_k)} \tag{2-54}$$

求积是对单元 W 中的所有量测 $\boldsymbol{z}_k$ 进行，$|W|$ 为单元 W 的元素个数。系数 $\phi_W^{(j)}$ 定义为

$$\phi_W^{(j)} = \mathcal{N}(\boldsymbol{z}_W;\ \boldsymbol{H}_W\boldsymbol{m}_{k|k-1}^{(j)},\ \boldsymbol{H}_W\boldsymbol{P}_{k|k-1}^{(j)}\boldsymbol{H}_W^{\mathrm{T}} + \boldsymbol{R}_W) \tag{2-55}$$

其中：

$$\boldsymbol{z}_W \overset{\text{def}}{=} \bigoplus_{\boldsymbol{z}_k \in W} \boldsymbol{z}_k,\ \boldsymbol{H}_W = [\underbrace{\boldsymbol{H}_k^{\mathrm{T}} \quad \boldsymbol{H}_k^{\mathrm{T}} \quad \cdots \quad \boldsymbol{H}_k^{\mathrm{T}}}_{|W|个}]^{\mathrm{T}} \tag{2-56}$$

$$\boldsymbol{R}_W = \text{blkdiag}\,[\underbrace{\boldsymbol{R}_k \quad \boldsymbol{R}_k \quad \cdots \quad \boldsymbol{R}_k}_{|W|个}] \tag{2-57}$$

运算符号⊕表示垂直向量串联(Vertical Vectorial Concatenation，VVC)。

权重 $\omega_{\mathcal{P}}$ 是划分 $\mathcal{P}$ 为真的概率，即

$$\omega_{\mathcal{P}} = \frac{\prod_{W \in \mathcal{P}} d_W}{\sum_{\mathcal{P}' \angle Z_k} \prod_{W \in \mathcal{P}'} d_W} \tag{2-58}$$

其中：

$$d_W = \delta_{|W|,\,1} + \sum_{l=1}^{J_{k|k-1}} \Gamma^{(l)} p_{D,k}^{(l)} \Phi_W^{(l)} w_{k|k-1}^{(l)} \tag{2-59}$$

高斯分量的均值向量和协方差矩阵均采用标准卡尔曼滤波量测更新公式进行更新，即

$$\boldsymbol{m}_{k|k}^{(j)} = \boldsymbol{m}_{k|k-1}^{(j)} + \boldsymbol{K}_k^{(j)} (\boldsymbol{z}_W - \boldsymbol{H}_W \boldsymbol{m}_{k|k-1}^{(j)}) \tag{2-60}$$

$$\boldsymbol{P}_{k|k}^{(j)} = (\boldsymbol{I} - \boldsymbol{K}_k^{(j)} \boldsymbol{H}_W) \boldsymbol{P}_{k|k-1}^{(j)} \tag{2-61}$$

$$\boldsymbol{K}_k^{(j)} = \boldsymbol{P}_{k|k-1}^{(j)} \boldsymbol{H}_W^{\mathrm{T}} (\boldsymbol{H}_W \boldsymbol{P}_{k|k-1}^{(j)} \boldsymbol{H}_W^{\mathrm{T}} + \boldsymbol{R}_W)^{-1} \tag{2-62}$$

最后，为了使高斯混合分量数保持在可计算的范围内，需要进行修剪和合并，具体可参考文献[134]。

3. ET-GIW-PHD 滤波

ET-GM-PHD 滤波仅估计扩展目标质心的运动特性，忽略了目标扩展形状的估计，虽然减少了滤波时间，但其估计不够全面。为此，Granström 和 Orguner 在 ET-GM-PHD 滤波的基础上提出了 ET-GIW-PHD 滤波[105]，增加了对扩展形状的建模和估计，并研究了目标的运动状态和扩展状态。ET-GIW-PHD 滤波是通过用对称正定随机矩阵代替目标的扩展形状来实现滤波的，目标的形状用椭圆描述。下面介绍 ET-GIW-PHD 滤波。

假设 k 时刻扩展目标的状态 RFS 表示为

$$X_k = \{\xi_k^{(i)}\}_{i=1}^{N_{x,k}},\ \xi_k^{(i)} \overset{\text{def}}{=} (\boldsymbol{x}_k^{(i)},\ \boldsymbol{X}_k^{(i)}) \tag{2-63}$$

其中：$N_{x,k}$ 为目标数；$\xi_k^{(i)}$ 表示第 i 个增广状态，它由运动状态 $\boldsymbol{x}_k^{(i)}$ 和扩展状态 $\boldsymbol{X}_k^{(i)}$ 组成。

扩展目标运动模型为[7]

$$\boldsymbol{x}_{k+1}^{(i)} = (\boldsymbol{F}_{k+1|k} \otimes \boldsymbol{I}_d) \boldsymbol{x}_k^{(i)} + \boldsymbol{w}_{k+1}^{(i)} \tag{2-64}$$

其中：$\boldsymbol{w}_{k+1}^{(i)}$ 是均值为零、协方差矩阵为 $\boldsymbol{\Delta}_{k+1|k}^{(i)} = \boldsymbol{Q}_{k+1|k} \otimes \boldsymbol{X}_{k+1}^{(i)}$ 的高斯白噪声，$\boldsymbol{X}_{k+1}^{(i)}$ 是一个

$d\times d$维对称正定阵(d 为目标扩展的维数)；$\boldsymbol{I}_d$ 为 d 维单位矩阵；运算 $\boldsymbol{A}\otimes\boldsymbol{B}$ 表示矩阵 $\boldsymbol{A}$ 和 $\boldsymbol{B}$ 的矩阵张量积；$\boldsymbol{F}_{k+1|k}$和$\boldsymbol{Q}_{k+1|k}$分别为

$$\boldsymbol{F}_{k+1|k}=\begin{bmatrix}1 & T & 0.5T^2\\ 0 & 1 & T\\ 0 & 0 & \mathrm{e}^{-T/\theta}\end{bmatrix} \tag{2-65}$$

$$\boldsymbol{Q}_{k+1|k}=\sigma^2(1-\mathrm{e}^{-\frac{2T}{\theta}})\operatorname{diag}([0\quad 0\quad 1]) \tag{2-66}$$

其中，T 为采样时间间隔，σ 为加速度标准差，θ 为机动相关时间。

k 时刻的量测集为

$$Z_k=\{\boldsymbol{z}_k^{(j)}\}_{j=1}^{N_{z,k}} \tag{2-67}$$

其中，$N_{z,k}=|Z_k|$是量测数。

量测模型定义为[7]

$$\boldsymbol{z}_k^{(j)}=(\boldsymbol{H}_k\otimes\boldsymbol{I}_d)\boldsymbol{x}_k^{(i)}+\boldsymbol{v}_k^{(j)} \tag{2-68}$$

其中，$\boldsymbol{v}_k^{(j)}$ 是均值为零、协方差矩阵为 $\boldsymbol{X}_k^{(i)}$ 的高斯白噪声，$\boldsymbol{H}_k=[1\quad 0\quad 0]$[7]。

针对多扩展目标跟踪问题，ET-PHD 滤波的预测式为[135]

$$D_{k+1|k}(\xi_{k+1})=\int p_{S,k}(\xi_k)f_{k+1|k}(\xi_{k+1}\mid\xi_k)D_{k|k}(\xi_k)\mathrm{d}\xi_k+D_{k+1}^b(\xi_{k+1}) \tag{2-69}$$

其中，式(2-69)忽略了目标的衍生，$p_{S,k}(\cdot)$是目标的存活概率且是增广目标状态的函数，$f_{k+1|k}(\cdot)$是状态转移密度，$D_{k+1}^b(\cdot)$是新生目标的 PHD。

ET-PHD 滤波的更新式为[128]

$$D_{k|k}(\xi_k\mid Z^k)=L_{Z_k}(\xi_k)D_{k|k-1}(\xi_k\mid Z^{k-1}) \tag{2-70}$$

其中，量测伪似然函数 $L_{Z_k}(\cdot)$定义为

$$\begin{aligned}L_{Z_k}(\xi_k)\overset{\text{def}}{=}&1-(1-\mathrm{e}^{-\gamma(\xi_k)})p_{D,k}(\xi_k)+\mathrm{e}^{-\gamma(\xi_k)}p_{D,k}(\xi_k)\cdot\\ &\sum_{\mathcal{P}\angle Z_k}\omega_{\mathcal{P}}\sum_{W\in\mathcal{P}}\frac{\gamma(\xi_k)^{|W|}}{d_W}\cdot\prod_{\boldsymbol{z}_k\in W}\frac{\phi_{\boldsymbol{z}_k}(\xi_k)}{\lambda_k c_k(\boldsymbol{z}_k)}\end{aligned} \tag{2-71}$$

式(2-71)中的符号与式(2-39)中相应符号的定义相同，仅状态向量用增广状态向量代替，且 $\phi_{\boldsymbol{z}_k}(\xi_k)$是在式(2-68)定义的量测模型下得到的，即

$$\phi_{\boldsymbol{z}_k}(\xi_k)=\mathcal{N}(\boldsymbol{z}_k;(\boldsymbol{H}_k\otimes\boldsymbol{I}_d)\boldsymbol{x}_k,\boldsymbol{X}_k) \tag{2-72}$$

类似于 ET-GM-PHD 滤波，为了得到 ET-PHD 滤波的高斯逆威沙特(GIW)混合实现，假设 k 时刻估计的 PHD 中的 $D_{k|k}(\cdot)$近似为 GIW 分布的加权和(混合)，即

$$D_{k|k}(\xi_k)\approx\sum_{j=1}^{J_{k|k}}w_{k|k}^{(j)}\mathcal{N}(\boldsymbol{x}_k;\boldsymbol{m}_{k|k}^{(j)},\boldsymbol{P}_{k|k}^{(j)}\otimes\boldsymbol{X}_k)\mathcal{IW}(\boldsymbol{X}_k;v_{k|k}^{(j)},\boldsymbol{V}_{k|k}^{(j)}) \tag{2-73}$$

其中，$J_{k|k}$是高斯分量数，$w_{k|k}^{(j)}$是第j个高斯分量的权重，$\boldsymbol{m}_{k|k}^{(j)}$和$\boldsymbol{P}_{k|k}^{(j)}\otimes\boldsymbol{X}_k$分别表示第$j$个高斯分量的均值向量和协方差矩阵。用$\xi_{k|k}^{(j)}$简化第$j$个 GIW 分量，即

$$\xi_{k|k}^{(j)} \stackrel{\text{def}}{=} (\boldsymbol{m}_{k|k}^{(j)}, \boldsymbol{P}_{k|k}^{(j)}, v_{k|k}^{(j)}, \boldsymbol{V}_{k|k}^{(j)}) \tag{2-74}$$

值得注意的是，运动状态$\boldsymbol{x}_k$的分布依赖于扩展状态$\boldsymbol{X}_k$，运动状态的不确定性和扩展状态分别估计为[7]

$$\hat{\boldsymbol{P}}_{k|k}^{(j)} = \frac{\boldsymbol{P}_{k|k}^{(j)} \otimes \boldsymbol{V}_{k|k}^{(j)}}{v_{k|k}^{(j)} + s - sd - 2} \tag{2-75}$$

$$\hat{\boldsymbol{X}}_{k|k}^{(j)} = \frac{\boldsymbol{V}_{k|k}^{(j)}}{v_{k|k}^{(j)} - 2d - 2} \tag{2-76}$$

其中，s是$\boldsymbol{P}_{k|k}^{(j)}$的维数，$d$是$\boldsymbol{X}_k$的维数。

下面简要介绍 ET - GIW - PHD 滤波的预测和更新式。

(1) 预测：

存活目标预测为[105]

$$\begin{aligned}
&p_{S,k}\iint f_{k+1|k}^{(1)}(\boldsymbol{x}_{k+1} \mid \boldsymbol{X}_{k+1}, \boldsymbol{x}_k) f_{k+1|k}^{(2)}(\boldsymbol{X}_{k+1} \mid \boldsymbol{X}_k) D_{k|k}(\boldsymbol{x}_k, \boldsymbol{X}_k)\mathrm{d}\boldsymbol{x}_k \mathrm{d}\boldsymbol{X}_k \\
&= p_{S,k}\sum_{j=1}^{J_{k|k}} w_{k|k}^{(j)} \underbrace{\int \mathcal{N}(\boldsymbol{x}_k; \boldsymbol{m}_{k|k}^{(j)}, \boldsymbol{P}_{k|k}^{(j)} \otimes \boldsymbol{X}_{k+1}) f_{k+1|k}^{(1)}(\boldsymbol{x}_{k+1} \mid \boldsymbol{X}_{k+1}, \boldsymbol{x}_k)\mathrm{d}\boldsymbol{x}_k}_{\text{运动部分}} \cdot \\
&\underbrace{\int \mathcal{IW}(\boldsymbol{X}_k; v_{k|k}^{(j)}, \boldsymbol{V}_{k|k}^{(j)}) f_{k+1|k}^{(2)}(\boldsymbol{X}_{k+1} \mid \boldsymbol{X}_k)\mathrm{d}\boldsymbol{X}_k}_{\text{扩展部分}}
\end{aligned} \tag{2-77}$$

结合式(2 - 64)定义的线性高斯模型，式(2 - 77)中运动部分的预测变为[7]

$$\begin{aligned}
&\int \mathcal{N}(\boldsymbol{x}_k; \boldsymbol{m}_{k|k}^{(j)}, \boldsymbol{P}_{k|k}^{(j)} \otimes \boldsymbol{X}_{k+1}) f_{k+1|k}^{(1)}(\boldsymbol{x}_{k+1} \mid \boldsymbol{X}_{k+1}, \boldsymbol{x}_k)\mathrm{d}\boldsymbol{x}_k \\
&= \mathcal{N}(\boldsymbol{x}_{k+1}; \boldsymbol{m}_{k+1|k}^{(j)}, \boldsymbol{P}_{k+1|k}^{(j)} \otimes \boldsymbol{X}_{k+1})
\end{aligned} \tag{2-78}$$

其中：

$$\boldsymbol{m}_{k+1|k}^{(j)} = (\boldsymbol{F}_{k+1|k} \otimes \boldsymbol{I}_d)\boldsymbol{m}_{k|k}^{(j)} \tag{2-79}$$

$$\boldsymbol{P}_{k+1|k}^{(j)} = \boldsymbol{F}_{k+1|k}\boldsymbol{P}_{k|k}^{(j)}\boldsymbol{F}_{k+1|k}^{\mathrm{T}} + \boldsymbol{Q}_{k+1|k} \tag{2-80}$$

针对扩展部分，Granström 和 Orguner 采用启发式方法[105]，做了如下近似：

$$\begin{aligned}
&\int \mathcal{IW}(\boldsymbol{X}_k; v_{k|k}^{(j)}, \boldsymbol{V}_{k|k}^{(j)}) f_{k+1|k}^{(2)}(\boldsymbol{X}_{k+1} \mid \boldsymbol{X}_k)\mathrm{d}\boldsymbol{X}_k \\
&\approx \mathcal{IW}(\boldsymbol{X}_{k+1}; v_{k+1|k}^{(j)}, \boldsymbol{V}_{k+1|k}^{(j)})
\end{aligned} \tag{2-81}$$

其中，自由度和逆尺度矩阵的预测分别近似为

$$v_{k+1|k}^{(j)} = e^{\frac{-T}{\tau}} v_{k|k}^{(j)} \tag{2-82}$$

$$\boldsymbol{V}_{k+1|k}^{(j)} = \frac{v_{k+1|k}^{(j)} - d - 1}{v_{k|k}^{(j)} - d - 1} \boldsymbol{V}_{k|k}^{(j)} \tag{2-83}$$

其中，τ 为时间衰减常数。

这样，存活目标的预测 PHD 为

$$\sum_{j=1}^{J_{k|k}} w_{k+1|k}^{(j)} \mathcal{N}(\boldsymbol{x}_{k+1};\ \boldsymbol{m}_{k+1|k}^{(j)},\ \boldsymbol{P}_{k+1|k}^{(j)} \otimes \boldsymbol{X}_{k+1}) \mathcal{IW}(\boldsymbol{X}_{k+1};\ v_{k+1|k}^{(j)},\ \boldsymbol{V}_{k+1|k}^{(j)}) \tag{2-84}$$

其中，$w_{k+1|k}^{(j)} = p_{S,k} w_{k|k}^{(j)}$，高斯分布的均值向量 $\boldsymbol{m}_{k+1|k}^{(j)}$ 和协方差矩阵 $\boldsymbol{P}_{k+1|k}^{(j)}$ 分别如式(2-79)和式(2-80)所示，逆威沙特分布的自由度 $v_{k+1|k}^{(j)}$ 和逆尺度矩阵 $\boldsymbol{V}_{k+1|k}^{(j)}$ 分别如式(2-82)和式(2-83)所示。

新生目标的 PHD 为

$$D_k^b(\xi_k) = \sum_{j=1}^{J_{b,k}} w_{b,k}^{(j)} \mathcal{N}(\boldsymbol{x}_k;\ \boldsymbol{m}_{b,k}^{(j)},\ \boldsymbol{P}_{b,k}^{(j)} \otimes \boldsymbol{X}_{k+1}) \mathcal{IW}(\boldsymbol{X}_k;\ v_{b,k}^{(j)},\ \boldsymbol{V}_{b,k}^{(j)}) \tag{2-85}$$

这样，整个预测的 PHD 中的 $D_{k+1|k}(\xi_{k+1})$ 应为存活目标的预测 PHD 与新生目标的 PHD 之和，且包含 $J_{k+1|k} = J_{k|k} + J_{b,k+1}$ 个 GIW 分量。

(2) 更新：

更新 PHD 表示为一个 GIW 混合，即

$$D_{k|k}(\xi_k) = D_{k|k}^{\mathrm{ND}}(\xi_k) + \sum_{\mathcal{P}\angle Z_k} \sum_{W\in\mathcal{P}} D_{k|k}^{\mathrm{D}}(\xi_k,\ W) \tag{2-86}$$

其中，$D_{k|k}^{\mathrm{ND}}(\xi_k)$ 用于处理目标漏检情况，定义为

$$D_{k|k}^{\mathrm{ND}}(\xi_k) = \sum_{j=1}^{J_{k|k-1}} w_{k|k}^{(j)} \mathcal{N}(\boldsymbol{x}_k;\ \boldsymbol{m}_{k|k}^{(j)},\ \boldsymbol{P}_{k|k}^{(j)}) \mathcal{IW}(\boldsymbol{X}_k;\ v_{k|k}^{(j)},\ \boldsymbol{V}_{k|k}^{(j)}) \tag{2-87}$$

$$w_{k|k}^{(j)} = (1 - (1 - e^{\gamma^{(j)}}) p_{D,k}^{(j)}) w_{k|k-1}^{(j)} \tag{2-88}$$

$$\xi_{k|k}^{(j)} = \xi_{k|k-1}^{(j)} \tag{2-89}$$

$D_{k|k}^{\mathrm{D}}(\xi_k,\ W)$ 用于处理检测到目标的情况，它由量测似然 $\dfrac{\prod_{z_k\in W} \phi_{z_k}(\xi_k)}{\lambda_k c_k(\boldsymbol{z}_k)} = \beta_{\mathrm{FA},k}^{-|W|} \prod_{z_k\in W} \mathcal{N}(\boldsymbol{z}_k^{(i)};\ (\boldsymbol{H}_k \otimes \boldsymbol{I}_d)\boldsymbol{x}_k,\ \boldsymbol{X}_k)$ 与预测的 GIW 分量 $\mathcal{N}(\boldsymbol{x}_k;\ \boldsymbol{m}_{k|k-1}^{(j)},\ \boldsymbol{P}_{k|k-1}^{(j)} \otimes \boldsymbol{X}_k) \cdot \mathcal{IW}(\boldsymbol{X}_k;\ v_{k|k-1}^{(j)},\ \boldsymbol{V}_{k|k-1}^{(j)})$ 的乘积组成，即

$$D_{k|k}^{\mathrm{D}}(\xi_k, W) = \beta_{\mathrm{FA},k}^{-|W|} L_k^{(j,W)} \mathcal{N}(\boldsymbol{x}_k; \boldsymbol{m}_{k|k}^{(j,W)}, \boldsymbol{P}_{k|k}^{(j,W)} \otimes \boldsymbol{X}_k) \mathcal{IW}(\boldsymbol{X}_k; v_{k|k}^{(j,W)}, \boldsymbol{V}_{k|k}^{(j,W)}) \tag{2-90}$$

式(2-90)的详细推导过程参见文献[105]，其中，均值向量、协方差矩阵、自由度和逆尺度矩阵分别为

$$\boldsymbol{m}_{k|k}^{(j,W)} = \boldsymbol{m}_{k|k-1}^{(j)} + (\boldsymbol{K}_{k|k-1}^{(j,W)} \otimes \boldsymbol{I}_d) \boldsymbol{\varepsilon}_{k|k-1}^{(j,W)} \tag{2-91}$$

$$\boldsymbol{P}_{k|k}^{(j,W)} = \boldsymbol{P}_{k|k-1}^{(j)} - \boldsymbol{K}_{k|k-1}^{(j,W)} \boldsymbol{S}_{k|k-1}^{(j,W)} (\boldsymbol{K}_{k|k-1}^{(j,W)})^{\mathrm{T}} \tag{2-92}$$

$$v_{k|k}^{(j,W)} = v_{k|k-1}^{(j)} + |W| \tag{2-93}$$

$$\boldsymbol{V}_{k|k}^{(j,W)} = \boldsymbol{V}_{k|k-1}^{(j)} + \boldsymbol{N}_{k|k-1}^{(j,W)} + \boldsymbol{Z}_k^W \tag{2-94}$$

质心量测 $\bar{\boldsymbol{z}}_k^W$、散布矩阵 $\boldsymbol{Z}_k^W$、新息因子 $\boldsymbol{S}_{k|k-1}^{(j,W)}$、增益矩阵 $\boldsymbol{K}_{k|k-1}^{(j,W)}$、新息向量 $\boldsymbol{\varepsilon}_{k|k-1}^{(j,W)}$ 和新息矩阵 $\boldsymbol{N}_{k|k-1}^{(j,W)}$ 分别定义为

$$\bar{\boldsymbol{z}}_k^W = \frac{1}{|W|} \sum_{\boldsymbol{z}_k^{(i)} \in W} \boldsymbol{z}_k^{(i)} \tag{2-95}$$

$$\boldsymbol{Z}_k^W = \sum_{\boldsymbol{z}_k^{(i)} \in W} (\boldsymbol{z}_k^{(i)} - \bar{\boldsymbol{z}}_k^W)(\boldsymbol{z}_k^{(i)} - \bar{\boldsymbol{z}}_k^W)^{\mathrm{T}} \tag{2-96}$$

$$\boldsymbol{S}_{k|k-1}^{(j,W)} = \boldsymbol{H}_k \boldsymbol{P}_{k|k-1}^{(j)} \boldsymbol{H}_k^{\mathrm{T}} + \frac{\boldsymbol{X}_{k-1}}{|W|} \tag{2-97}$$

$$\boldsymbol{K}_{k|k-1}^{(j,W)} = \boldsymbol{P}_{k|k-1}^{(j)} \boldsymbol{H}_k^{\mathrm{T}} (\boldsymbol{S}_{k|k-1}^{(j,W)})^{-1} \tag{2-98}$$

$$\boldsymbol{\varepsilon}_{k|k-1}^{(j,W)} = \bar{\boldsymbol{z}}_k^W - (\boldsymbol{H}_k \otimes \boldsymbol{I}_d) \boldsymbol{m}_{k|k-1}^{(j)} \tag{2-99}$$

$$\boldsymbol{N}_{k|k-1}^{(j,W)} = (\boldsymbol{S}_{k|k-1}^{(j,W)})^{-1} \boldsymbol{\varepsilon}_{k|k-1}^{(j,W)} (\boldsymbol{\varepsilon}_{k|k-1}^{(j,W)})^{\mathrm{T}} \tag{2-100}$$

似然定义为

$$L_k^{(j,W)} = \frac{1}{(\pi^{|W|} |W| \boldsymbol{S}_{k|k-1}^{(j,W)})^{\frac{d}{2}}} \frac{|\boldsymbol{V}_{k|k-1}^{(j)}|^{\frac{v_{k|k-1}^{(j)}}{2}}}{|\boldsymbol{V}_{k|k}^{(j,W)}|^{\frac{v_{k|k}^{(j,W)}}{2}}} \frac{\Gamma_d\left(\frac{v_{k|k}^{(j,W)}}{2}\right)}{\Gamma_d\left(\frac{v_{k|k-1}^{(j)}}{2}\right)} \tag{2-101}$$

其中，$|\boldsymbol{V}|$ 表示矩阵 $\boldsymbol{V}$ 的行列式的值，$|W|$ 为单元 W 的量测数。

更新后的 GIW 分量的权重定义为

$$w_{k|k}^{(j,W)} = \frac{\omega_{\mathcal{P}}}{d_W} \mathrm{e}^{-\gamma^{(j)}} \left(\frac{\gamma^{(j)}}{\beta_{\mathrm{FA},k}}\right)^{|W|} p_{D,k}^{(j)} L_k^{(j,W)} w_{k|k-1}^{(j)} \tag{2-102}$$

其中：

$$d_{\mathrm{W}} = \delta_{|\mathrm{W}|,1} + \sum_{l=1}^{J_{k|k-1}} \mathrm{e}^{-\gamma^{(l)}} \left(\frac{\gamma^{(l)}}{\beta_{\mathrm{FA},k}}\right)^{|\mathrm{W}|} p_{D,k}^{(l)} L_k^{(l,\mathrm{W})} w_{k|k-1}^{(l)} \tag{2-103}$$

最后，系数 $\omega_{\mathcal{P}}$ 通过式(2-58)得到。式(2-73)中的更新 PHD 的权重由式(2-102)给出，高斯和逆威沙特分布的参数由式(2-91)～式(2-94)给出。假设 $|\mathcal{P}_p|$ 表示第 p 个划分中单元的个数，且划分集包含 P 个不同的划分，这样更新后的 PHD 总共包含 $J_{k|k} = J_{k|k-1} + J_{k|k-1}\sum_{p=1}^{P}|\mathcal{P}_p|$ 个 GIW 分量。

类似于经典的 GM-PHD 滤波[134]和 ET-GM-PHD 滤波[103]，ET-GIW-PHD 滤波经过预测和更新后，GIW 分量的数目急剧增加。为了使分量数目保持到一个计算可行的水平，在预测和更新后需要进行 GIW 分量的修剪与合并，具体可参考文献[105]。

4. ET-SMC-PHD 滤波

不同于上述给出的 ET-GM-PHD 滤波和 ET-GIW-PHD 滤波，ET-SMC-PHD 滤波[108]是针对扩展目标非线性滤波提出的，其具体实现步骤如下。

(1) 预测：

假设 $k-1$ 时刻多目标后验强度为

$$D_{k-1}(\boldsymbol{x}) = \sum_{i=1}^{L_{k-1}} w_{k-1}^{(i)} \delta(\boldsymbol{x} - \boldsymbol{x}_{k-1}^{(i)}) \tag{2-104}$$

则 k 时刻预测多目标强度为

$$D_{k|k-1}(\boldsymbol{x}) = \sum_{i=1}^{L_{k-1}} w_{P,k|k-1}^{(i)} \delta(\boldsymbol{x} - \boldsymbol{x}_{P,k|k-1}^{(i)}) + \sum_{i=1}^{L_{\gamma,k}} w_{\gamma,k}^{(i)} \delta(\boldsymbol{x} - \boldsymbol{x}_{\gamma,k}^{(i)}) \tag{2-105}$$

其中：

$$\boldsymbol{x}_{P,k|k-1}^{(i)} \sim q_k(\cdot \mid \boldsymbol{x}_{k-1}^{(i)}, Z_k),\ i = 1, 2, \cdots, L_{k-1} \tag{2-106}$$

$$w_{P,k|k-1}^{(i)} = \frac{w_{k-1}^{(i)} p_{S,k}(\boldsymbol{x}_{k-1}^{(i)}) f_{k|k-1}(\boldsymbol{x}_{P,k|k-1}^{(i)} \mid \boldsymbol{x}_{k-1}^{(i)}) + s_{k|k-1}(\boldsymbol{x}_{P,k|k-1}^{(i)} \mid \boldsymbol{x}_{k-1}^{(i)})}{q_k(\boldsymbol{x}_{P,k|k-1}^{(i)} \mid \boldsymbol{x}_{k-1}^{(i)}, Z_k)} \tag{2-107}$$

$$\boldsymbol{x}_{\gamma,k}^{(i)} \sim b_k(\cdot \mid Z_k),\ i = 1, 2, \cdots, L_{\gamma,k} \tag{2-108}$$

$$w_{\gamma,k|k-1}^{(i)} = \frac{1}{L_{\gamma,k}} \frac{\eta_k(\boldsymbol{x}_{\gamma,k}^{(i)})}{b_k(\boldsymbol{x}_{\gamma,k}^{(i)} \mid Z_k)} \tag{2-109}$$

其中：$q_k(\cdot \mid \boldsymbol{x}_{k-1}^{(i)}, Z_k)$ 为存活目标和衍生目标的建议分布；$p_{S,k}(\cdot)$ 为目标存活概率；$f_{k|k-1}(\boldsymbol{x}_{P,k|k-1}^{(i)} \mid \boldsymbol{x}_{k-1}^{(i)})$ 为目标状态转移函数；$s_{k|k-1}(\cdot \mid \boldsymbol{x}_{k-1}^{(i)})$ 为目标状态 $\boldsymbol{x}_{k-1}^{(i)}$ 产生衍生目标的 PHD；$b_k(\cdot \mid Z_k)$ 为新生目标的建议分布；$\eta_k(\cdot)$ 为新生目标的 PHD；L_{k-1} 为 $k-1$ 时刻的

粒子数；$L_{\gamma,k}$ 为 k 时刻的新生粒子数。

（2）更新：

假设 k 时刻的量测集合为 Z_k，预测多目标强度为

$$D_{k|k-1}(\boldsymbol{x}) = \sum_{i=1}^{L_{k|k-1}} w_{k|k-1}^{(i)} \delta(\boldsymbol{x} - \boldsymbol{x}_{k|k-1}^{(i)}) \tag{2-110}$$

则 k 时刻更新的多目标强度可表示为

$$D_k(\boldsymbol{x}) = \sum_{i=1}^{L_{k|k-1}} w_k^{(i)} \delta(\boldsymbol{x} - \boldsymbol{x}_k^{(i)}) \tag{2-111}$$

其中：

$$w_k^{(i)} = \left[1 - (1 - \mathrm{e}^{-\gamma(\boldsymbol{x}_k^{(i)})}) p_{D,k}(\boldsymbol{x}_k^{(i)}) + \mathrm{e}^{-\gamma(\boldsymbol{x}_k^{(i)})} p_{D,k}(\boldsymbol{x}_k^{(i)}) \sum_{\mathcal{P} \angle Z_k} \omega_{\mathcal{P}} \cdot \right.$$

$$\left. \sum_{W \in \mathcal{P}} \frac{\gamma(\boldsymbol{x}_k^{(i)})^{|W|}}{d_W} \prod_{\boldsymbol{z} \in W} \frac{\phi_{\boldsymbol{z}}(\boldsymbol{x}_k^{(i)})}{\lambda_k c_k(\boldsymbol{z})} \right] w_{k|k-1}^{(i)} \tag{2-112}$$

$$\omega_{\mathcal{P}} = \frac{\prod_{W \in \mathcal{P}} d_W}{\sum_{\mathcal{P}' \angle Z_k} \prod_{W' \in \mathcal{P}'} d_{W'}} \tag{2-113}$$

$$d_W = \delta_{|W|,1} + \sum_{j=1}^{L_{k|k-1}} \gamma(\boldsymbol{x}_k^{(i)})^{|W|} p_{D,k}(\boldsymbol{x}_k^{(i)}) \prod_{\boldsymbol{z} \in W} \frac{\phi_{\boldsymbol{z}}(\boldsymbol{x}_k^{(i)})}{\lambda_k c_k(\boldsymbol{z})} w_{k|k-1}^{(i)} \tag{2-114}$$

（3）目标数估计：

ET - SMC - PHD 滤波的目标数估计为

$$\hat{N}_k = \mathrm{int}\left(\sum_{i=1}^{L_{k|k-1}} w_k^{(i)}\right) \tag{2-115}$$

其中，int(·)表示取整运算。

（4）重采样：

与标准粒子滤波算法类似，ET - SMC - PHD 滤波同样存在粒子退化问题，因此需进行重采样。取 $L_k = \rho \times \hat{N}_k$（$\rho$ 为每个目标的粒子数），对更新后的粒子集 $\{\boldsymbol{x}_k^{(i)}, w_k^{(i)}\}_{i=1}^{L_{k|k-1}}$ 重采样，并对权值归一化，得到新的粒子集 $\{\boldsymbol{x}_k^{(i)}, \hat{N}_k/L_k\}_{i=1}^{L_k}$。

（5）目标状态提取：

依据估计的目标数 $\hat{N}_k$，对重采样后的粒子集 $\{\boldsymbol{x}_k^{(i)}, \hat{N}_k/L_k\}_{i=1}^{L_k}$ 进行 K 均值聚类，输出 $\hat{N}_k$ 个聚类中心，得到目标的状态估计。

2.3.2　扩展目标 CBMeMBer 滤波及其实现

在 Gilholm 等人提出的非均匀泊松过程扩展目标量测模型[132]的基础上，张光华、连峰、韩崇昭等人依据 ET - PHD 滤波框架构建了扩展目标 CBMeMBer(ET - CBMeMBer)滤波框架[136]，进一步推动了基于 RFS 扩展目标跟踪理论和方法的发展。下面重点介绍 ET - CBMeMBer滤波的理论推导及其三种实现方式，分别为 ET - CBMeMBer 滤波的高斯混合实现(ET - GM - CBMeMBer 滤波)[137]、ET - CBMeMBer 滤波的高斯逆威沙特实现(ET - GIW - CBMeMBer滤波)和 ET - CBMeMBer 滤波的粒子实现(ET - SMC - CBMeMBer 滤波)。

1. ET - CBMeMBer 滤波

ET - CBMeMBer 滤波将多扩展目标状态建模为多伯努利 RFS，$k-1$ 时刻的目标状态 RFS 为

$$\pi_{k-1} = \{(r_{k-1}^{(1)},\ p_{k-1}^{(1)}),\ (r_{k-1}^{(2)},\ p_{k-1}^{(2)}),\ \cdots,\ (r_{k-1}^{(M_{k-1})},\ p_{k-1}^{(M_{k-1})})\} \tag{2-116}$$

其中，r 和 p 分别表示目标的存在概率和对应的空间分布函数，π_{k-1} 的概率密度函数形式为

$$p(\pi_{k-1}) = \begin{cases} \prod_{j=1}^{M_{k-1}} (1-r^{(j)}) \cdot \sum_{1 \leqslant i_1 \neq \cdots \neq i_{M_{k-1}} \leqslant M_{k-1}} \prod_{s=1}^{M_{k-1}} \dfrac{r^{(i_s)} p^{(i_s)}(\xi_s)}{1-r^{(i_s)}}, & \text{其他} \\ \prod_{j=1}^{M_{k-1}} (1-r^{(j)}), & \pi_{k-1} = \varnothing \end{cases} \tag{2-117}$$

其中，ξ 为扩展目标的增广状态。

介绍 ET - CBMeMBer 滤波之前，需要做出如下假设：

假设 1：目标之间产生量测的过程相互独立；

假设 2：目标新生服从伯努利 RFS 过程且与存活目标之间相互独立；

假设 3：跟踪场景杂波量测密度较低且杂波量测是一个泊松 RFS，杂波量测与目标量测之间相互独立。

基于上述假设，ET - CBMeMBer 滤波预测和更新过程如下。

(1) 预测：

假设 $k-1$ 时刻扩展目标后验概率密度具有式(2 - 116)中的多伯努利形式，则 k 时刻状态预测概率密度仍然具有多伯努利形式，即

$$\pi_{k-1}=\{(r_{k|k-1}^{(i)},\ p_{k|k-1}^{(i)})\}_{i=1}^{M_{k|k-1}}=\{(r_{P,k|k-1}^{(i)},\ p_{P,k|k-1}^{(i)})\}_{i=1}^{M_{k-1}}\cup\{(r_{\Gamma,k}^{(i)},\ p_{\Gamma,k}^{(i)})\}_{i=1}^{M_{\Gamma,k}} \tag{2-118}$$

$$r_{P,k|k-1}^{(i)}=r_{P,k-1}^{(i)}p_{k-1}^{(i)}[p_{S,k}] \tag{2-119}$$

$$p_{P,k|k-1}^{(i)}(\xi)=\frac{p_{k-1}^{(i)}[p_{S,k}f(\xi\mid\cdot)]}{p_{k-1}^{(i)}[p_{S,k}]} \tag{2-120}$$

其中：$r_{P,k-1}^{(i)}$和$r_{\Gamma,k}^{(i)}$分别表示当前时刻预测存活目标的存在概率和当前时刻新生目标的存在概率；$p_{P,k|k-1}^{(i)}$和$p_{\Gamma,k}^{(i)}$为其对应的目标状态概率密度函数；$M_{k|k-1}$为预测后的伯努利项总数，即上一时刻伯努利项总数M_{k-1}和当前时刻新生伯努利项总数$M_{\Gamma,k}$之和。

（2）更新：

k 时刻状态更新概率密度仍然具有多伯努利形式，即

$$\pi_k=\{(r_{L,k}^{(i)},\ p_{L,k}^{(i)})_{i=1}^{M_{k|k-1}}\}\cup\{\bigcup_{\mathcal{P}'\angle Z_k}\{(r_{U,k}(W),\ p_{U,k}(W))\}_{W\in\mathcal{P}'}\} \tag{2-121}$$

其中，$r_{L,k}^{(i)}$和$r_{U,k}(W)$分别表示漏检和量测更新部分的目标存在概率，$p_{L,k}^{(i)}$和$p_{U,k}(W)$为其对应的目标状态概率密度函数，具体计算形式如下：

$$r_{L,k}^{(i)}=\frac{r_{k|k-1}^{(i)}p_{k|k-1}^{(i)}[1-\bar{p}_{D,k}(\xi)]}{1-r_{k|k-1}^{(i)}+r_{k|k-1}^{(i)}p_{k|k-1}^{(i)}[1-\bar{p}_{D,k}(\xi)]} \tag{2-122}$$

$$p_{L,k}^{(i)}=p_{k|k-1}^{(i)}(\xi)\frac{1-\bar{p}_{D,k}(\xi)}{p_{k|k-1}^{(i)}[1-\bar{p}_{D,k}(\xi)]} \tag{2-123}$$

$$r_{U,k}(W)=\frac{\omega_{\mathcal{P}}}{d_W}\cdot\sum_{i=1}^{M_{k|k-1}}\frac{r_{k|k-1}^{(i)}p_{k|k-1}^{(i)}\left[\bar{p}_{D,k}(\xi)\mathrm{e}^{-\gamma(\xi)}\left(\frac{\gamma(\xi)}{\lambda_k c_k(z_k)}\right)^{|W|}\prod_{z_k\in W}\phi_{z_k}(\xi)\right]}{1-r_{k|k-1}^{(i)}\bar{p}_{D,k}} \tag{2-124}$$

$$p_{U,k}(W)=\frac{\sum_{i=1}^{M_{k|k-1}}\frac{r_{k|k-1}^{(i)}p_{k|k-1}^{(i)}\bar{p}_{D,k}(\xi)\mathrm{e}^{-\gamma(\xi)}\left(\frac{\gamma(\xi)}{\lambda_k c_k(z_k)}\right)^{|W|}\prod_{z_k\in W}\phi_{z_k}(\xi)}{1-r_{k|k-1}^{(i)}\bar{p}_{D,k}}}{\sum_{i=1}^{M_{k|k-1}}\frac{r_{k|k-1}^{(i)}p_{k|k-1}^{(i)}\left[\bar{p}_{D,k}(\xi)\mathrm{e}^{-\gamma(\xi)}\left(\frac{\gamma(\xi)}{\lambda_k c_k(z_k)}\right)^{|W|}\prod_{z_k\in W}\phi_{z_k}(\xi)\right]}{1-r_{k|k-1}^{(i)}\bar{p}_{D,k}}} \tag{2-125}$$

$$\bar{p}_{D,k}(\xi)=p_{D,k}(1-\mathrm{e}^{-\gamma(\xi)}) \tag{2-126}$$

$$\omega_{\mathcal{P}}=\frac{\prod_{W\in\mathcal{P}}d_W}{\sum_{\mathcal{P}'\angle Z_{k+1}}\prod_{W\in\mathcal{P}'}d_W} \tag{2-127}$$

$$d_W = \delta_{1,\,|W|} + \sum_{i=1}^{M_{k|k-1}} \frac{r_{k|k-1}^{(i)} p_{k|k-1}^{(i)} \left[\bar{p}_{D,k}(\xi) \mathrm{e}^{-\gamma(\xi)} \left(\frac{\gamma(\xi)}{\lambda_k c_k(z_k)} \right)^{|W|} \prod_{z_k \in W} \phi_{z_k}(\xi) \right]}{1 - r_{k|k-1}^{(i)} \bar{p}_{D,k}} \tag{2-128}$$

ET－CBMeMBer 和 ET－PHD 滤波的优点是计算复杂度较低，但扩展目标状态估计精度较低。ET－PHD 滤波随着目标数的增加势估计方差变大，而 ET－CBMeMBer 滤波能得到较好的势估计，但仅适用于低杂波、高检测概率跟踪场景。

2. ET－GM－CBMeMBer 滤波

(1) 预测：

假设 $k-1$ 时刻多扩展目标后验概率密度为 $\pi_{k-1}=\{(r_{k-1}^{(i)},\ p_{k-1}^{(i)})\}_{i=1}^{M_{k-1}}$，$p_{k-1}^{(i)}$ 进一步可定义为

$$p_{k-1}^{(i)}(\boldsymbol{x}) = \sum_{j=1}^{J_{k-1}^{(i)}} w_{k-1}^{(i,j)} \mathcal{N}(\boldsymbol{x};\ \boldsymbol{m}_{k-1}^{(i,j)},\ \boldsymbol{P}_{k-1}^{(i,j)}) \tag{2-129}$$

预测的多扩展目标后验概率密度为

$$\pi_{k|k-1} = \left\{ (r_{P,k|k-1}^{(i)},\ p_{P,k|k-1}^{(i)}) \right\}_{i=1}^{M_{k-1}} \cup \left\{ (r_{\Gamma,k}^{(i)},\ p_{\Gamma,k}^{(i)}) \right\}_{i=1}^{M_{\Gamma,k-1}} \tag{2-130}$$

$$r_{P,k|k-1}^{(i)} = r_{k-1}^{(i)} p_{S,k} \tag{2-131}$$

$$p_{P,k|k-1}^{(i)} = \sum_{j=1}^{J_{k-1}^{(i)}} w_{k-1}^{(i,j)} \mathcal{N}(\boldsymbol{x};\ \boldsymbol{m}_{P,k|k-1}^{(i,j)},\ \boldsymbol{P}_{P,k|k-1}^{(i,j)}) \tag{2-132}$$

$$p_{\Gamma,k}^{(i)} = \sum_{j=1}^{J_{\Gamma,k}^{(i)}} w_{\Gamma,k}^{(i,j)} \mathcal{N}(\boldsymbol{x};\ \boldsymbol{m}_{\Gamma,k}^{(i,j)},\ \boldsymbol{P}_{\Gamma,k}^{(i,j)}) \tag{2-133}$$

$$\boldsymbol{m}_{P,k|k-1}^{(i,j)} = \boldsymbol{F}_{k-1} \boldsymbol{m}_{k-1}^{(i,j)} \tag{2-134}$$

$$\boldsymbol{P}_{P,k|k-1}^{(i,j)} = \boldsymbol{Q}_{k-1} + \boldsymbol{F}_{k-1} \boldsymbol{P}_{k-1}^{(i,j)} \boldsymbol{F}_{k-1}^{\mathrm{T}} \tag{2-135}$$

其中，$r_{\Gamma,k}^{(i)}$ 和 $p_{\Gamma,k}^{(i)}$ 分别为 k 时刻新生目标的存在概率和概率密度。

假设 $k-1$ 时刻预测的多扩展目标后验概率密度为 $\pi_{k|k-1}=\{(r_{k|k-1}^{(i)},\ p_{k|k-1}^{(i)})\}_{i=1}^{M_{k|k-1}}$，则 $p_{k|k-1}^{(i)}$ 具有如下高斯混合形式：

$$p_{k|k-1}^{(i)} = \sum_{j=1}^{J_{k|k-1}^{(i)}} w_{k|k-1}^{(i,j)} \mathcal{N}(\boldsymbol{x};\ \boldsymbol{m}_{k|k-1}^{(i,j)},\ \boldsymbol{P}_{k|k-1}^{(i,j)}) \tag{2-136}$$

(2) 更新：

更新后的多扩展目标后验概率密度为

$$\pi_k = \left\{ (r_{L,k}^{(i)},\ p_{L,k}^{(i)}) \right\}_{i=1}^{M_{k|k-1}} \cup \left\{ (r_{U,k}(W),\ p_{U,k}(\boldsymbol{x};\ W)) \right\}_{W \subset \mathcal{P}} \tag{2-137}$$

其中：

$$r_{L,k}^{(i)} = r_{k|k-1}^{(i)} \frac{q_{D,k} + p_{D,k} \mathrm{e}^{-\gamma}}{1 - r_{k|k-1}^{(i)} p_{D,k} (1 - \mathrm{e}^{-\gamma})} \tag{2-138}$$

$$p_{L,k}^{(i)} = p_{k|k-1}^{(i)}(\boldsymbol{x}) \tag{2-139}$$

$$r_{U,k}(W) = \frac{\displaystyle\sum_{1 \leqslant i_1 \leqslant M_{k|k-1}} \frac{r_{k|k-1}^{(i_1)} (1 - r_{k|k-1}^{(i_1)}) \rho_{U,k}^{(i_1)}(W)}{[1 - r_{k|k-1}^{(i_1)} (p_{D,k} - p_{D,k} \mathrm{e}^{-\gamma})]^2}}{\delta_{|W|,1} + \displaystyle\sum_{1 \leqslant i_1 \leqslant M_{k|k-1}} \frac{r_{k|k-1}^{(i_1)} \rho_{U,k}^{(i_1)}(W)}{1 - r_{k|k-1}^{(i_1)} (p_{D,k} - p_{D,k} \mathrm{e}^{-\gamma})}} \tag{2-140}$$

$$p_{U,k}(\boldsymbol{x}; W) = \frac{\displaystyle\sum_{i_1=1}^{M_{k|k-1}} \sum_{j=1}^{J_{k|k-1}^{(i_1)}} w_{U,k}^{(i_1,j)}(W) \mathcal{N}(\boldsymbol{x}; \boldsymbol{m}_{U,k}^{(i_1,j)}, \boldsymbol{P}_{U,k}^{(i_1,j)})}{\displaystyle\sum_{i_1=1}^{M_{k|k-1}} \sum_{j=1}^{J_{k|k-1}^{(i_1)}} w_{U,k}^{(i_1,j)}(W)} \tag{2-141}$$

$$\rho_{U,k}^{(i_1)}(W) = p_{D,k} \mathrm{e}^{-\gamma} \sum_{j=1}^{J_{k|k-1}^{(i_1)}} \left(w_{k|k-1}^{(i_1,j)} \prod_{\boldsymbol{z} \in W} \frac{\gamma q_k^{(i_1,j)}(\boldsymbol{z})}{\lambda c(\boldsymbol{z})} \right) \tag{2-142}$$

$$q_k^{(i_1,j)}(\boldsymbol{z}) = \mathcal{N}(\boldsymbol{z}; \boldsymbol{H}_k \boldsymbol{m}_{k|k-1}^{(i_1,j)}, \boldsymbol{H}_k \boldsymbol{P}_{k|k-1}^{(i_1,j)} \boldsymbol{H}_k^{\mathrm{T}} + \boldsymbol{R}_k) \tag{2-143}$$

$$w_{U,k}^{(i_1,j)}(W) = \frac{r_{k|k-1}^{(i_1)} p_{D,k} \mathrm{e}^{-\gamma_k} w_{k|k-1}^{(i_1,j)} \displaystyle\prod_{\boldsymbol{z} \in W} \frac{\gamma q_k^{(i_1,j)}(\boldsymbol{z})}{\lambda c(\boldsymbol{z})}}{1 - r_{k|k-1}^{(i_1)} (p_{D,k} - p_{D,k} \mathrm{e}^{-\gamma})} \tag{2-144}$$

$$\boldsymbol{m}_{U,k}^{(i_1,j)}(W) = \boldsymbol{m}_{k|k-1}^{(i_1,j)} + \boldsymbol{K}_{U,k}^{(i_1,j)} \left[\begin{bmatrix} \boldsymbol{z}_1 \\ \boldsymbol{z}_2 \\ \vdots \\ \boldsymbol{z}_{|W|} \end{bmatrix} - \boldsymbol{H}_k \boldsymbol{m}_{k|k-1}^{(i_1,j)} \right] \tag{2-145}$$

$$\boldsymbol{P}_{U,k}^{(i_1,j)} = [\boldsymbol{I} - \boldsymbol{K}_{U,k}^{(i_1,j)} \boldsymbol{H}_k] \boldsymbol{P}_{k|k-1}^{(i_1,j)} \tag{2-146}$$

$$\boldsymbol{K}_{U,k}^{(i_1,j)} = \boldsymbol{P}_{k|k-1}^{(i_1,j)} \boldsymbol{H}_k^{\mathrm{T}} [\boldsymbol{H}_k \boldsymbol{P}_{k|k-1}^{(i_1,j)} \boldsymbol{H}_k^{\mathrm{T}} + \boldsymbol{R}_k]^{-1} \tag{2-147}$$

$$\boldsymbol{H}_k = [\underbrace{\boldsymbol{H}_k^{\mathrm{T}} \quad \boldsymbol{H}_k^{\mathrm{T}} \quad \cdots \quad \boldsymbol{H}_k^{\mathrm{T}}}_{|W|\text{个}}]^{\mathrm{T}} \tag{2-148}$$

$$\boldsymbol{R}_k = \mathrm{blkdiag}(\underbrace{\boldsymbol{R}_k \quad \boldsymbol{R}_k \quad \cdots \quad \boldsymbol{R}_k}_{|W|\text{个}}) \tag{2-149}$$

3. ET-GIW-CBMeMBer 滤波

(1) 预测：

假设 $k-1$ 时刻多扩展目标后验概率密度具有以下形式：

$$\pi_{k-1} = \{(r_{k-1}^{(i)}, p_{k-1}^{(i)})\}_{i=1}^{M_{k-1}} \tag{2-150}$$

其中：

$$p_{k-1}^{(i)}(\boldsymbol{x}, \boldsymbol{X}) = \sum_{j=1}^{J_{k-1}^{(i)}} w_{k-1}^{(i,j)} \mathcal{N}(\boldsymbol{x}; \boldsymbol{m}_{k-1}^{(i,j)}, \boldsymbol{P}_{k-1}^{(i,j)}) \mathcal{IW}(\boldsymbol{X}; v_{k-1}^{(i,j)}, \boldsymbol{V}_{k-1}^{(i,j)}) \tag{2-151}$$

预测的多扩展目标后验概率密度为

$$\pi_{k|k-1} = \left\{(r_{k|k-1}^{(i)}, p_{k|k-1}^{(i)})\right\}_{i=1}^{M_{k-1}} \cup \left\{(r_{\Gamma,k}^{(i)}, p_{\Gamma,k}^{(i)})\right\}_{i=1}^{M_{\Gamma,k-1}} \tag{2-152}$$

其中：

$$r_{k|k-1}^{(i)} = r_{k-1}^{(i)} p_{S,k} \tag{2-153}$$

$$p_{k|k-1}^{(i)} = \sum_{j=1}^{J_{k-1}^{(i)}} w_{k-1}^{(i,j)} \mathcal{N}(\boldsymbol{x}; \boldsymbol{m}_{k|k-1}^{(i,j)}, \boldsymbol{P}_{k|k-1}^{(i,j)}) \mathcal{IW}(\boldsymbol{X}; v_{k|k-1}^{(i,j)}, \boldsymbol{V}_{k|k-1}^{(i,j)}) \tag{2-154}$$

$$p_{\Gamma,k}^{(i)} = \sum_{j=1}^{J_{\Gamma,k}^{(i)}} w_{\Gamma,k}^{(i,j)} \mathcal{N}(\boldsymbol{x}; \boldsymbol{m}_{\Gamma,k}^{(i,j)}, \boldsymbol{P}_{\Gamma,k}^{(i,j)}) \mathcal{IW}(\boldsymbol{X}; v_{\Gamma,k}^{(i,j)}, \boldsymbol{V}_{\Gamma,k}^{(i,j)}) \tag{2-155}$$

$$\boldsymbol{m}_{k|k-1}^{(i,j)} = (\boldsymbol{F}_{k-1} \otimes \boldsymbol{I}_d)\boldsymbol{m}_{k-1}^{(i,j)} \tag{2-156}$$

$$\boldsymbol{P}_{k|k-1}^{(i,j)} = \boldsymbol{Q}_{k-1} + \boldsymbol{F}_{k-1}\boldsymbol{P}_{k-1}^{(i,j)}\boldsymbol{F}_{k-1}^{\mathrm{T}} \tag{2-157}$$

$$v_{k|k-1}^{(i,j)} = \mathrm{e}^{-\frac{T}{\tau}} v_{k-1}^{(i,j)} \tag{2-158}$$

$$\boldsymbol{V}_{k|k-1}^{(i,j)} = \frac{v_{k|k-1}^{(i,j)} - d - 1}{v_{k-1}^{(i,j)} - d - 1}\boldsymbol{V}_k^{(i,j)} \tag{2-159}$$

假设 k 时刻预测的多扩展目标后验概率密度为 $\pi_{k|k-1} = \{(r_{k|k-1}^{(i)}, p_{k|k-1}^{(i)})\}_{i=1}^{M_{k|k-1}}$，则 $p_{k|k-1}^{(i)}$ 可写为

$$p_{k|k-1}^{(i)} = \sum_{j=1}^{J_{k|k-1}^{(i)}} w_{k|k-1}^{(i,j)} \mathcal{N}(\boldsymbol{x}; \boldsymbol{m}_{k|k-1}^{(i,j)}, \boldsymbol{P}_{k|k-1}^{(i,j)}) \mathcal{IW}(\boldsymbol{X}; v_{k|k-1}^{(i,j)}, \boldsymbol{V}_{k|k-1}^{(i,j)}) \tag{2-160}$$

(2) 更新：

更新后的多扩展目标后验概率密度为

$$\pi_k = \left\{(r_{L,k}^{(i)}, p_{L,k}^{(i)})\right\}_{i=1}^{M_{k|k-1}} \cup \left\{(r_{U,k}(W), p_{U,k}(\boldsymbol{x}; W))\right\}_{W \subset \mathcal{P}} \tag{2-161}$$

其中：

$$r_{L,k}^{(i)} = r_{k|k-1}^{(i)} \frac{q_{D,k} + p_{D,k}\mathrm{e}^{-\gamma}}{1 - r_{k|k-1}^{(i)} p_{D,k}(1 - \mathrm{e}^{-\gamma})} \tag{2-162}$$

$$p_{L,k}^{(i)} = p_{k|k-1}^{(i)}(\boldsymbol{x}) \tag{2-163}$$

$$r_{U,k}(W)=\frac{\sum\limits_{1\leqslant i_1\leqslant M_{k|k-1}}\frac{r_{k|k-1}^{(i_1)}(1-r_{k|k-1}^{(i_1)})\rho_{U,k}^{(i_1)}(W)}{[1-r_{k|k-1}^{(i_1)}(p_{D,k}-p_{D,k}\mathrm{e}^{-\gamma})]^2}}{\delta_{|W|,1}+\sum\limits_{1\leqslant i_1\leqslant M_{k|k-1}}\frac{r_{k|k-1}^{(i_1)}\rho_{U,k}^{(i_1)}(W)}{1-r_{k|k-1}^{(i_1)}(p_{D,k}-p_{D,k}\mathrm{e}^{-\gamma})}} \tag{2-164}$$

$$p_{U,k}(\boldsymbol{x};W)=\frac{\sum\limits_{i_1=1}^{M_{k|k-1}}\sum\limits_{j=1}^{J_{k|k-1}^{(i_1)}}w_{U,k}^{(i_1,j)}(W)\mathcal{N}(\boldsymbol{x};\boldsymbol{m}_{U,k}^{(i_1,j)},\boldsymbol{P}_{U,k}^{(i_1,j)})\mathcal{IW}(\boldsymbol{X};v_{U,k}^{(i_1,j)},\boldsymbol{V}_{U,k}^{(i_1,j)})}{\sum\limits_{i_1=1}^{M_{k|k-1}}\sum\limits_{j=1}^{J_{k|k-1}^{(i_1)}}w_{U,k}^{(i_1,j)}(W)} \tag{2-165}$$

$$\rho_{U,k}^{(i_1)}(W)=p_{D,k}\mathrm{e}^{-\gamma}\sum_{j=1}^{J_{k|k-1}^{(i_1)}}\left(w_{k|k-1}^{(i_1,j)}\prod_{\boldsymbol{z}\in W}\frac{\gamma q_k^{(i_1,j)}(\boldsymbol{z})}{\lambda c(\boldsymbol{z})}\right) \tag{2-166}$$

$$w_{U,k}^{(i_1,j)}(W)=\frac{r_{k|k-1}^{(i_1)}p_{D,k}\mathrm{e}^{-\gamma_k}w_{k|k-1}^{(i_1,j)}\prod\limits_{\boldsymbol{z}\in W}\frac{\gamma q_k^{(i_1,j)}(\boldsymbol{z})}{\lambda c(\boldsymbol{z})}}{1-r_{k|k-1}^{(i_1)}(p_{D,k}-p_{D,k}\mathrm{e}^{-\gamma})} \tag{2-167}$$

$$q_k^{(i_1,j)}(\boldsymbol{z})=\mathcal{N}(\boldsymbol{z};(\boldsymbol{H}_k\otimes\boldsymbol{I}_d)\boldsymbol{m}_{k|k-1}^{(i_1,j)},\boldsymbol{H}_k\boldsymbol{P}_{k|k-1}^{(i_1,j)}\boldsymbol{H}_k^{\mathrm{T}}+\boldsymbol{X}_{k|k-1}^{(i_1,j)}) \tag{2-168}$$

$$\boldsymbol{m}_{U,k}^{(i_1,j)}(W)=\boldsymbol{m}_{k|k-1}^{(i_1,j)}+\boldsymbol{K}_{U,k}^{(i_1,j)}\boldsymbol{G}_{U,k}^{(i_1,j)} \tag{2-169}$$

$$\boldsymbol{P}_{U,k}^{(i_1,j)}=[\boldsymbol{I}-\boldsymbol{K}_{U,k}^{(i_1,j)}\boldsymbol{H}_k]\boldsymbol{P}_{k|k-1}^{(i_1,j)} \tag{2-170}$$

$$\boldsymbol{S}_{U,k}^{(i_1,j)}=\boldsymbol{H}_k\boldsymbol{P}_{k|k-1}^{(i_1,j)}\boldsymbol{H}_k^{\mathrm{T}}+\frac{\eta_e\overline{\boldsymbol{X}}_{U,k|k-1}^{(i_1,j)}+\boldsymbol{R}_k}{|W|} \tag{2-171}$$

$$\boldsymbol{K}_{U,k}^{(i_1,j)}=\boldsymbol{P}_{k|k-1}^{(i_1,j)}\boldsymbol{H}_k^{\mathrm{T}}(\boldsymbol{S}_{U,k}^{(i_1,j)})^{-1} \tag{2-172}$$

$$\boldsymbol{G}_{U,k}^{(i_1,j)}=\bar{\boldsymbol{z}}_{k,i}-\boldsymbol{H}_k\boldsymbol{m}_{k|k-1}^{(i_1,j)} \tag{2-173}$$

$$\overline{\boldsymbol{X}}_{U,k|k-1}^{(i_1,j)}=\frac{\boldsymbol{V}_{k|k-1}^{(i_1,j)}}{v_{k|k-1}^{(i_1,j)}-2d-2} \tag{2-174}$$

$$\bar{\boldsymbol{z}}_k=\frac{1}{|W|}\sum_{i_2=1}^{|W|}\boldsymbol{z}_{k,i_2} \tag{2-175}$$

$$v_{U,k}^{(i_1,j)}=v_{k|k-1}^{(i_1,j)}+|W| \tag{2-176}$$

$$\boldsymbol{V}_{U,k}^{(i_1,j)}=\boldsymbol{V}_{k|k-1}+\boldsymbol{N}_{U,k}^{(i_1,j)}+\overline{\boldsymbol{Z}}_{U,k}^{(i_1,j)} \tag{2-177}$$

$$\boldsymbol{N}_{U,k}^{(i_1,j)}=(\boldsymbol{S}_{U,k}^{(i_1,j)})^{-1}\boldsymbol{G}_{U,k}^{(i_1,j)}(\boldsymbol{G}_{U,k}^{(i_1,j)})^{\mathrm{T}} \tag{2-178}$$

$$\overline{\boldsymbol{Z}}_{U,k}^{(i_1,j)}=\sum_{i_2=1}^{|W|}(\boldsymbol{z}_{k,i_2}-\bar{\boldsymbol{z}}_k)(\boldsymbol{z}_{k,i_2}-\bar{\boldsymbol{z}}_k)^{\mathrm{T}} \tag{2-179}$$

4. ET-SMC-CBMeMBer 滤波

(1) 预测:

假设 $k-1$ 时刻多扩展目标后验概率密度为 $\pi_{k-1}=\{(r_{k-1}^{(i)},\ p_{k-1}^{(i)})\}_{i=1}^{M_{k-1}}$，$p_{k-1}^{(i)}$定义为

$$p_{k-1}^{(i)}(\boldsymbol{x})=\sum_{j=1}^{L_{k-1}^{(i)}}w_{k-1}^{(i,j)}\delta_{\boldsymbol{x}_{k|k-1}^{(i,j)}}(\boldsymbol{x}) \tag{2-180}$$

则预测多扩展目标后验概率密度为

$$\pi_{k|k-1}=\left\{(r_{P,k|k-1}^{(i)},\ p_{P,k|k-1}^{(i)})\right\}_{i=1}^{M_{k-1}}\cup\left\{(r_{\Gamma,k}^{(i)},\ p_{\Gamma,k}^{(i)})\right\}_{i=1}^{M_{\Gamma,k-1}} \tag{2-181}$$

在 ET-SMC-CBMeMBer 滤波中，分别采用 $q_k^{(i)}(\cdot|\boldsymbol{x}_{k-1}^{(i,j)},\ Z_k)$和 $b_k^{(i)}(\cdot|Z_k)$作为存在目标和新生目标的重要性密度函数。依据先验信息，通常选择 $p_k^{(i)}(\cdot|\boldsymbol{x}_{k-1}^{(i,j)})$作为 $q_k^{(i)}(\cdot|\boldsymbol{x}_{k-1}^{(i,j)},\ Z_k)$[138]，则存在目标和新生目标可分别表示为

$$r_{P,k|k-1}^{(i)}=r_{k-1}^{(i)}\sum_{j=1}^{L_{k-1}^{(i)}}w_{k-1}^{(i,j)}p_{S,k}(\boldsymbol{x}_{k-1}^{(i,j)}) \tag{2-182}$$

$$p_{P,k|k-1}^{(i)}(\boldsymbol{x})=r_{k-1}^{(i)}\sum_{j=1}^{L_{k-1}^{(i)}}\tilde{w}_{P,k|k-1}^{(i,j)}\delta_{\boldsymbol{x}_{P,k|k-1}^{(i,j)}}(\boldsymbol{x}) \tag{2-183}$$

$$w_{P,k|k-1}^{(i,j)}=\frac{w_{k-1}^{(i,j)}f_{k|k-1}(\boldsymbol{x}_{P,k|k-1}^{(i,j)}\mid\boldsymbol{x}_{k-1}^{(i,j)})p_{S,k}(\boldsymbol{x}_{k-1}^{(i,j)})}{q_k^{(i)}(\boldsymbol{x}_{P,k|k-1}^{(i,j)}\mid\boldsymbol{x}_{k-1}^{(i,j)},\ Z_k)} \tag{2-184}$$

$$\tilde{w}_{P,k|k-1}^{(i,j)}=\frac{w_{P,k|k-1}^{(i,j)}}{\sum_{j=1}^{L_{k-1}^{(i)}}w_{P,k|k-1}^{(i,j)}} \tag{2-185}$$

$$p_{\Gamma,k}^{(i)}=\sum_{j=1}^{L_{\Gamma,k}^{(i)}}\tilde{w}_{\Gamma,k}^{(i,j)}\delta_{\boldsymbol{x}_{\Gamma,k}^{(i,j)}}(\boldsymbol{x}) \tag{2-186}$$

$$w_{\Gamma,k}^{(i,j)}=\frac{p_{\Gamma,k}(\boldsymbol{x}_{\Gamma,k}^{(i,j)})}{b_k^{(i)}(\boldsymbol{x}_{\Gamma,k}^{(i,j)}\mid Z_k)} \tag{2-187}$$

$$\tilde{w}_{\Gamma,k}^{(i,j)}=\frac{w_{\Gamma,k}^{(i,j)}}{\sum_{j=1}^{L_{k-1}^{(i)}}w_{\Gamma,k}^{(i,j)}} \tag{2-188}$$

其中，$r_{\Gamma,k}^{(i)}$可通过先验信息确定。

(2) 更新:

假设 $k-1$ 时刻预测的多目标后验概率密度为 $\pi_{k|k-1}=\{(r_{k|k-1}^{(i)},\ p_{k|k-1}^{(i)})\}_{i=1}^{M_{k|k-1}}$，$p_{k|k-1}^{(i)}(\boldsymbol{x})=$

$\sum_{j=1}^{L_{k|k-1}^{(i)}} w_{k|k-1}^{(i,j)} \delta_{x_{k|k-1}^{(i,j)}}(\boldsymbol{x})$，则更新后的多扩展目标后验概率密度为

$$\pi_k = \left\{ \left(r_{L,k}^{(i)},\ p_{L,k}^{(i)} \right) \right\}_{i=1}^{M_{k|k-1}} \cup \left\{ \left(r_{U,k}(W),\ p_{U,k}(\boldsymbol{x};\ W) \right) \right\}_{W \subset \mathcal{P}} \tag{2-189}$$

其中：

$$r_{L,k}^{(i)} = r_{k|k-1}^{(i)} \frac{1 - \sum_{j=1}^{L_{k|k-1}^{(i)}} w_{k|k-1}^{(i,j)} \left(1 - \mathrm{e}^{-\gamma\left(x_{k|k-1}^{(i,j)}\right)}\right) p_{D,k}\left(\boldsymbol{x}_{k|k-1}^{(i,j)}\right)}{1 - r_{k|k-1}^{(i)} \left[\sum_{j=1}^{L_{k|k-1}^{(i)}} w_{k|k-1}^{(i,j)} \left(1 - \mathrm{e}^{-\gamma\left(x_{k|k-1}^{(i,j)}\right)}\right) p_{D,k}\left(\boldsymbol{x}_{k|k-1}^{(i,j)}\right) \right]} \tag{2-190}$$

$$p_{L,k}^{(i)} = \frac{\left(1 - p_{D,k}\left(\boldsymbol{x}_{k|k-1}^{(i,j)}\right) + p_{D,k}\left(\boldsymbol{x}_{k|k-1}^{(i,j)}\right) \mathrm{e}^{-\gamma\left(x_{k|k-1}^{(i,j)}\right)}\right) p_{k|k-1}^{(i)}}{1 - \sum_{j=1}^{L_{k|k-1}^{(i)}} w_{k|k-1}^{(i,j)} \left(1 - \mathrm{e}^{-\gamma\left(x_{k|k-1}^{(i,j)}\right)}\right) p_{D,k}\left(\boldsymbol{x}_{k|k-1}^{(i,j)}\right)} \tag{2-191}$$

$$r_{U,k}(W) = \frac{\sum_{1 \leqslant i_1 \leqslant M_{k|k-1}} \frac{r_{k|k-1}^{(i_1)} \left(1 - r_{k|k-1}^{(i_1)}\right) \sum_{j=1}^{L_{k|k-1}^{(i_1)}} w_{k|k-1}^{(i_1,j)} p_{D,k}\left(\boldsymbol{x}_{k|k-1}^{(i_1,j)}\right) \mathrm{e}^{-\gamma\left(x_{k|k-1}^{(i_1,j)}\right)} l_w\left(\boldsymbol{x}_{k|k-1}^{(i_1,j)}\right)}{\left[1 - r_{k|k-1}^{(i_1)} \sum_{j=1}^{L_{k|k-1}^{(i_1)}} w_{k|k-1}^{(i_1,j)} p_{D,k}\left(\boldsymbol{x}_{k|k-1}^{(i_1,j)}\right) \left(1 - \mathrm{e}^{-\gamma\left(x_{k|k-1}^{(i_1,j)}\right)}\right)\right]^2}}{\delta_{|W|,1} + \sum_{1 \leqslant i_1 \leqslant M_{k|k-1}} \frac{r_{k|k-1}^{(i_1)} \sum_{j=1}^{L_{k|k-1}^{(i_1)}} w_{k|k-1}^{(i_1,j)} p_{D,k}\left(\boldsymbol{x}_{k|k-1}^{(i_1,j)}\right) \mathrm{e}^{-\gamma\left(x_{k|k-1}^{(i_1,j)}\right)} l_w\left(\boldsymbol{x}_{k|k-1}^{(i_1,j)}\right)}{\left[1 - r_{k|k-1}^{(i_1)} \sum_{j=1}^{L_{k|k-1}^{(i_1)}} w_{k|k-1}^{(i_1,j)} p_{D,k}\left(\boldsymbol{x}_{k|k-1}^{(i_1,j)}\right) \left(1 - \mathrm{e}^{-\gamma\left(x_{k|k-1}^{(i_1,j)}\right)}\right)\right]}} \tag{2-192}$$

$$p_{U,k}(\boldsymbol{x};\ W) = \frac{\sum_{i_1=1}^{M_{k|k-1}} \frac{r_{k|k-1}^{(i_1)} \sum_{j=1}^{L_{k|k-1}^{(i_1)}} w_{k|k-1}^{(i_1,j)} p_{D,k}\left(\boldsymbol{x}_{k|k-1}^{(i_1,j)}\right) \mathrm{e}^{-\gamma\left(x_{k|k-1}^{(i_1,j)}\right)} l_w\left(\boldsymbol{x}_{k|k-1}^{(i_1,j)}\right) \delta_{x_{k|k-1}^{(i_1,j)}}(\boldsymbol{x})}{1 - r_{k|k-1}^{(i_1)} \sum_{j=1}^{L_{k|k-1}^{(i_1)}} w_{k|k-1}^{(i_1,j)} p_{D,k}\left(\boldsymbol{x}_{k|k-1}^{(i_1,j)}\right) \left(1 - \mathrm{e}^{-\gamma\left(x_{k|k-1}^{(i_1,j)}\right)}\right)}}{\sum_{i_1=1}^{M_{k|k-1}} \frac{r_{k|k-1}^{(i_1)} \sum_{j=1}^{L_{k|k-1}^{(i_1)}} w_{k|k-1}^{(i_1,j)} p_{D,k}\left(\boldsymbol{x}_{k|k-1}^{(i_1,j)}\right) \mathrm{e}^{-\gamma\left(x_{k|k-1}^{(i_1,j)}\right)} l_w\left(\boldsymbol{x}_{k|k-1}^{(i_1,j)}\right)}{1 - r_{k|k-1}^{(i_1)} \sum_{j=1}^{L_{k|k-1}^{(i_1)}} w_{k|k-1}^{(i_1,j)} p_{D,k}\left(\boldsymbol{x}_{k|k-1}^{(i_1,j)}\right) \left(1 - \mathrm{e}^{-\gamma\left(x_{k|k-1}^{(i_1,j)}\right)}\right)}} \tag{2-193}$$

其中，$l_w(\boldsymbol{x}_{k|k-1}^{(i_1,j)})=\prod_{z\in W} l_z(\boldsymbol{x}_{k|k-1}^{(i_1,j)})$，$l_z(\boldsymbol{x}_{k|k-1}^{(i_1,j)})=\dfrac{\gamma(\boldsymbol{x}_{k|k-1}^{(i_1,j)})\cdot\phi(z\mid\boldsymbol{x}_{k|k-1}^{(i_1,j)})}{\lambda c(z)}$。

2.4　性能评价准则

性能评价是指参照一定的度量准则对评估对象的性能优劣进行评判比较，它在滤波/控制问题中的作用至关重要。本书中，度量准则由状态误差和势误差两部分组成，其中状态误差主要由目标的运动状态、扩展状态、量测率状态等的波动引起，而势误差主要由目标数的波动产生。一个好的度量准则应能同时考虑这两个误差，并权衡它们之间的影响，故准则的好坏直接影响到对目标跟踪方法的评价与选择，对目标跟踪技术的发展具有重要的指导意义。

对于多目标跟踪场景而言，目前公认的评价准则是最优子模式分配（Optimal Subpattem Assignment，OSPA）距离[139]，它直接度量的是目标真实状态 RFS 和估计状态 RFS 之间的距离，即

$$\bar{d}_p^{(c)}(X,\ \hat{X})=\left(\frac{1}{n}\left(\min_{\pi\in\Pi_n}\sum_{i=1}^{m} d^{(c)}\ (\boldsymbol{x}_i,\ \hat{\boldsymbol{x}}_{\pi(i)})^p+c^p(n-m)\right)\right)^{\frac{1}{p}}\tag{2-194}$$

其中：$m\leqslant n$，$X=\{\boldsymbol{x}_1,\ \boldsymbol{x}_2,\ \cdots,\ \boldsymbol{x}_m\}$和$\hat{X}=\{\hat{\boldsymbol{x}}_1,\ \hat{\boldsymbol{x}}_2,\ \cdots,\ \hat{\boldsymbol{x}}_n\}$分别为真实的和估计的多目标状态集；$p$ 和 c 分别满足 $1\leqslant p<\infty$ 和 $c>0$，p 为阶数，c 为势误差惩罚因子，c 的值越大，度量时更偏向势误差对算法跟踪性能的影响；Π_n 表示$\{1,\ 2,\ \cdots,\ n\}$的排列组合集。如果 $m>n$，则有 $\bar{d}_p^{(c)}(X,\ \hat{X})=\bar{d}_p^{(c)}(\hat{X},\ X)$。然而，在扩展目标跟踪中，不仅需要度量运动状态，还需要考虑扩展状态和量测率状态误差。为了全面评价扩展目标的估计结果，接下来分别给出椭圆扩展目标状态和非椭圆扩展目标状态的度量方法。

对于椭圆扩展目标而言，如果采用随机矩阵模型估计椭圆目标的扩展状态，则扩展目标状态 ξ 可表示为

$$\xi=(\gamma,\ \boldsymbol{x},\ \boldsymbol{X})\tag{2-195}$$

其中，γ 为量测率，$\boldsymbol{x}$ 为目标的运动状态，$\boldsymbol{X}$ 为目标的扩展状态。为了综合考虑多种状态对最终评价的影响，本书采用 Lundquist 等人提出的椭圆扩展目标评价准则[107]。该准则有效结合了经典 OSPA 评价准则的优点和椭圆扩展目标的各个状态，将式(2-194)中的 $\bar{d}_p^{(c)}(X,\ \hat{X})$变为如下形式：

$$d(\xi,\bar{\xi})=\frac{w_\gamma}{c_\gamma}\bar{d}^{(c_\gamma)}+\frac{w_x}{c_x}\bar{d}^{(c_x)}+\frac{w_{\boldsymbol{X}}}{(c_{\boldsymbol{X}})}\bar{d}^{(c_{\boldsymbol{X}})} \tag{2-196}$$

其中：w_γ、w_x 和 $w_{\boldsymbol{X}}$ 为评价准则中量测率状态、运动状态和扩展状态的权重，满足 $w_\gamma+w_x+w_{\boldsymbol{X}}=1$；$c_\gamma$、$c_x$ 和 $c_{\boldsymbol{X}}$ 分别为各个状态的截断误差，且

$$\bar{d}^{(c_\gamma)}=\min(c_\gamma,\ |\gamma-\bar{\gamma}|_1) \tag{2-197}$$

$$\bar{d}^{(c_x)}=\min(c_x,\ \|\boldsymbol{x}-\bar{\boldsymbol{x}}\|_2) \tag{2-198}$$

$$\bar{d}^{(c_{\boldsymbol{X}})}=\min(c_{\boldsymbol{X}},\ \|\boldsymbol{X}-\bar{\boldsymbol{X}}\|_F) \tag{2-199}$$

其中，$|\cdot|_1$ 表示取绝对值，$\|\cdot\|_2$ 表示欧氏距离，$\|\cdot\|_F$ 表示 Frobenius 范数。

然而，对于非椭圆扩展目标而言，扩展状态 $\boldsymbol{X}$ 通常不再采用矩阵建模，因此式(2-199)中的 Frobenius 范数不再适用，此时可利用真实与估计扩展状态的交集面积和并集面积之差来度量它们之间的差异，则式(2-199)可重写为

$$\bar{d}^{(c_{\boldsymbol{X}})}=\min(c_{\boldsymbol{X}},\ S_{\boldsymbol{X}\cup\bar{\boldsymbol{X}}}-S_{\boldsymbol{X}\cap\bar{\boldsymbol{X}}}) \tag{2-200}$$

其中，$S_{\boldsymbol{X}\cup\bar{\boldsymbol{X}}}$表示真实与估计扩展状态的并集面积，$S_{\boldsymbol{X}\cap\bar{\boldsymbol{X}}}$表示它们的交集面积。

2.5　本章小结

本章简要介绍了扩展目标跟踪的相关基础理论。首先介绍了扩展目标的形状建模方法，包括随机矩阵和随机超曲面两种建模方法；然后，针对多扩展目标跟踪问题，分别介绍了本书主要研究的两种基于随机有限集的多扩展目标滤波方法及其实现，即 ET-PHD 滤波及其实现和 ET-CBMeMBer 滤波及其实现；最后，针对椭圆和非椭圆扩展目标跟踪，简要介绍了其对应的性能评价准则。本章内容为后续章节的研究提供了相关的理论基础。

第3章　扩展目标形状建模方法

3.1 引　　言

目前，在近似扩展目标形状时，通常采用椭圆和非椭圆两种建模方法，从而衍生出椭圆和非椭圆两种扩展目标跟踪方法。针对椭圆扩展目标跟踪方法，2013年，Ristic和Sherrah提出了基于伯努利滤波的扩展目标跟踪方法[140]，该方法通过估计每一时刻目标的存在概率和后验概率密度函数联合检测和跟踪观测区域内的单扩展目标。该方法可实现杂波环境中单椭圆扩展目标的跟踪，但由于未对目标扩展状态建立确切的数学模型，致使目标扩展状态的估计存在较大的偏差。

此外，针对非椭圆扩展目标跟踪方法，2012年，兰剑首次提出了基于随机矩阵的非椭圆扩展目标跟踪(Non-ellipsoidal Extended Target Tracking，NETT)框架[92]，假设每个子椭圆独立描述非椭圆扩展目标的一部分，并采用高斯逆威沙特(GIW)方法实现[141]。随后，Granström在其基础上采用GGIW方法实现了非椭圆扩展目标的跟踪[97]，并认为所有子椭圆之间的相对位置保持不变且具有相同的运动属性(如速度、加速度和转向率等)，取得了良好的效果。为了简化算法框架的构建，上述方法均假设非椭圆扩展目标算法所用子椭圆的数目为固定常数。然而，在实际应用中，这些假设过于理想，难以满足复杂多变的真实场景，并且随着目标与传感器之间空间几何关系的不断演变以及目标在运动中做出的自旋、翻滚等动作，目标相对于传感器的姿态也会发生变化，必将导致传感器测得的目标形状不断变化，致使用于拟合非椭圆扩展目标扩展状态的子椭圆数也是变量。

本章针对椭圆和非椭圆扩展目标跟踪中存在的一系列问题，例如如何将形状数学模型应用到椭圆扩展目标跟踪中，如何在滤波过程中考虑子椭圆数的变化等，提出一系列解决方法，包括基于随机超曲面模型(RHM)的伯努利椭圆扩展目标跟踪方法、子椭圆数目可变的非椭圆扩展目标跟踪方法等。

3.2　椭圆扩展目标建模与跟踪方法

传统伯努利滤波方法[140]可在杂波环境中联合检测和跟踪扩展目标，但对目标扩展状态估计偏差较大。因此，本节介绍一种基于随机超曲面模型(RHM)的伯努利扩展目标跟踪方法[142]。该方法首先采用 RHM 对目标量测源建模，实现扩展目标的形状建模；然后，在扩展目标伯努利滤波框架下，实现扩展目标运动状态和扩展状态的实时估计；最后，引入伽马(Gamma)分布，提高量测率状态估计的精度。

3.2.1　基于 RHM 的伯努利椭圆扩展目标跟踪方法

假设 k 时刻扩展目标的后验概率密度函数表示为 $p_{k|k}(X_k|Z^k)$[143]，其中 Z^k 表示从初始时刻到 k 时刻的所有量测集。扩展目标状态集 X_k 用伯努利随机有限集(RFS)表示，则后验概率密度函数为[144]

$$p_{k|k}(X_k \mid Z^k) = \begin{cases} 1 - r_{k|k}, & X_k = \varnothing \\ r_{k|k} \cdot p_{k|k}(\boldsymbol{x}_k), & X_k = \{\boldsymbol{x}_k\} \end{cases} \tag{3-1}$$

其中，$r_{k|k}$ 表示目标的存在概率，$p_{k|k}(\boldsymbol{x}_k)=p(\boldsymbol{x}_k|Z^k)$ 表示目标的后验概率密度函数。这样，每一时刻目标状态的后验概率密度可用伯努利项 $\{r_{k|k}, p_{k|k}(\boldsymbol{x}_k)\}$ 表示。

由于伯努利扩展目标跟踪方法[140]中对量测率状态的估计较为简单，仅通过当前量测数、检测概率以及杂波期望值估计量测率，未进一步考虑其内在的数学模型，致使估计误差较大，影响整体跟踪效果。为此，本节引入伽马分布估计目标的量测率，这样，量测率后验概率密度函数定义为

$$p(\gamma_k \mid Z_k) = \mathcal{GAM}(\gamma_k; \alpha_k, \beta_k) = \frac{\beta_k \alpha_k}{\Gamma(\alpha_k)} (\gamma_k)^{\alpha_k - 1} \mathrm{e}^{-\beta_k \cdot \gamma_k} \tag{3-2}$$

其中，$\alpha_k>0$ 和 $\beta_k>0$ 分别表示伽马分布的形状参数和尺度参数。量测率的概率密度函数可用参数集 $\{\alpha_{k|k}, \beta_{k|k}\}$ 表示。

基于 RHM 的伯努利扩展目标跟踪方法对伯努利参数 $\{r_{k|k}, p_{k|k}(\boldsymbol{x}_k)\}$ 和量测率参数 $\{\alpha_{k|k}, \beta_{k|k}\}$ 的预测和更新如下：

1. 预测

(1) 伯努利项预测：基于 RHM 的伯努利扩展目标跟踪方法是将扩展目标看作整体进

行估计，不单独估计分布在扩展目标表面上的每一量测源，故扩展目标的伯努利预测过程和点目标的伯努利预测过程一致，即

$$r_{k|k-1} = p_B \cdot (1 - r_{k-1|k-1}) + p_S \cdot r_{k-1|k-1} \tag{3-3}$$

$$p_{k|k-1}(\boldsymbol{x}) = \frac{p_B(1 - r_{k-1|k-1}) b_{k|k-1}(\boldsymbol{x})}{r_{k|k-1}} + \frac{p_S \cdot r_{k-1|k-1} \int f_{k|k-1}(\boldsymbol{x} \mid \boldsymbol{x}') p_{k-1}(\boldsymbol{x}') \mathrm{d}\boldsymbol{x}'}{r_{k|k-1}} \tag{3-4}$$

其中，p_B 为新生目标的存在概率，p_S 为存活目标的存在概率，$b_{k|k-1}(\boldsymbol{x})$为新生目标的概率密度，$f_{k|k-1}(\boldsymbol{x}|\boldsymbol{x}')$为目标状态转移函数。

(2) 量测率预测：依据伽马分布，量测率相关参数的预测为

$$\alpha_{k|k-1} = \frac{\alpha_{k-1}}{\eta}, \quad \beta_{k|k-1} = \frac{\beta_{k-1}}{\eta} \tag{3-5}$$

其中，$\frac{1}{\eta}$为遗忘因子，且 $\eta = \frac{\omega_w - 1}{\omega_w}$，$\omega_w > 1$ 为窗宽。

2. 量测似然计算

似然函数的计算完全取决于目标量测模型，本章采用椭圆 RHM 构建目标量测源，由于基于椭圆 RHM 的量测模型是非线性的，故采用非线性量测似然函数[145]，其解析式为

$$\begin{aligned} g(\boldsymbol{z}_k \mid \boldsymbol{x}_k) &= \iint \delta(\boldsymbol{z}_k - (h(\boldsymbol{x}_k, \boldsymbol{z}_k, s_k) + \boldsymbol{v}_k)) \cdot \mathcal{N}(\boldsymbol{v}_k; \boldsymbol{0}, \boldsymbol{R}_k) \cdot f^s(s_k) \mathrm{d}\boldsymbol{v}_k \mathrm{d}s_k \\ &= \int \mathcal{N}(\boldsymbol{z}_k - h(\boldsymbol{x}_k, \boldsymbol{z}_k, s_k); \boldsymbol{0}, \boldsymbol{R}_k) \cdot f^s(s_k) \mathrm{d}s_k \end{aligned} \tag{3-6}$$

其中，$h(\boldsymbol{x}_k, \boldsymbol{z}_k, s_k)$的表达式见式(2-37)。

为了得到数值稳定的似然函数闭合解，采用矩匹配的方式将随机尺度因子 s_k 近似为高斯分布，即

$$f^s(s_k) \approx \mathcal{N}(s_k; \hat{s}, \sigma_s^2) \tag{3-7}$$

这样，可以得到数值稳定的非线性量测似然函数闭合解析表达式

$$g(\boldsymbol{z}_k \mid \boldsymbol{x}_k) = \int \mathcal{N}(\boldsymbol{z}_k - h(\boldsymbol{x}_k, \boldsymbol{z}_k, s_k); \boldsymbol{0}, \boldsymbol{R}_k) \cdot \mathcal{N}(s_k; \hat{s}, \sigma_s^2) \mathrm{d}s_k \tag{3-8}$$

由于似然函数的值存在很小的情况，为了便于数值计算与工程实现，通常需计算似然函数的对数形式。将式(3-8)中的高斯分布乘积展开，可计算得到基于椭圆 RHM 对数似然函数的解，即

$$\log(g(\boldsymbol{z}_k \mid \boldsymbol{x}_k)) = -\log(2\pi) - \frac{1}{2}\log(|\boldsymbol{R}_k|) - \frac{1}{2}\mathrm{log1p}(p_{r,k}\sigma_s^2) -$$

$$\frac{1}{2}(d_{r,k} - \frac{w_{r,k}^2}{p_{r,k}}) - \frac{1}{2}\frac{(\hat{s} - q_{r,k})^2}{(p_{r,k})^{-1} + \sigma_s^2} \tag{3-9}$$

其中，$\mathrm{log1p}(x)$表示 $\log(1+x)$的精确实现函数，其余参数为

$$q_{r,k} = \frac{w_{r,k}}{p_{r,k}},\ p_{r,k} = \boldsymbol{a}_{r,k}^{\mathrm{T}}\boldsymbol{R}_k^{-1}\boldsymbol{a}_{r,k},\ w_{r,k} = \boldsymbol{b}_{r,k}^{\mathrm{T}}\boldsymbol{R}_k^{-1}\boldsymbol{a}_{r,k} \tag{3-10}$$

$$d_{r,k} = \boldsymbol{b}_{r,k}^{\mathrm{T}}\boldsymbol{R}_k^{-1}\boldsymbol{b}_{r,k},\ \boldsymbol{a}_{r,k} = R(\theta, a, b, \varphi) \cdot \begin{bmatrix}\cos\theta \\ \sin\theta\end{bmatrix},\ \boldsymbol{b}_{r,k} = \boldsymbol{z}_k - \boldsymbol{m}_k \tag{3-11}$$

其中，$R(\theta, a, b, \varphi)$的表达式见式(2-35)。

上述量测似然函数的计算仅为单个量测的似然，即量测集合中仅有一个量测。在实际应用中，扩展目标每一时刻会产生多个量测，即 $Z_k = \{\boldsymbol{z}_k^{(1)}, \boldsymbol{z}_k^{(2)} \cdots, \boldsymbol{z}_k^{(n)}\}$，各量测之间相互独立，此时，扩展目标的对数似然函数进一步可表示为

$$\log(g(Z_k \mid \boldsymbol{x}_k)) = \sum_i \log(g(\boldsymbol{z}_k^{(i)} \mid \boldsymbol{x}_k)) \tag{3-12}$$

3. 更新

(1) 量测率更新：首先计算每一个划分子集 W 的量测率参数，然后取最大值作为目标的量测率。

具体计算过程如下：

对每一个划分子集 W，量测率的后验概率密度为

$$\begin{aligned} p(\gamma_k \mid W) &= \mathcal{GAM}(\gamma_{k|k-1}; \alpha_{k|k-1}, \beta_{k|k-1}) \cdot \mathcal{PS}(|W| \mid \gamma_k) \\ &= \mathcal{GAM}(\gamma_{k|k-1}; \alpha_{k|k-1} + |W|, \beta_{k|k-1} + 1) \end{aligned} \tag{3-13}$$

若扩展目标的真实量测率恒定不变，即目标的运动姿态、尺寸大小等不发生任何变化，则量测率的后验概率密度恒定，但这种情况不符合实际场景。因此，量测率可通过如下公式计算：

$$\alpha_{k|k,\Omega} = \alpha_{k|k-1} + |W|,\ \beta_{k|k,\Omega} = \beta_{k|k-1} + 1 \tag{3-14}$$

$$M_{k,\max} = \max\left\{E\left(\frac{\alpha_{k|k,\Omega}}{\beta_{k|k,\Omega}}\right)\right\},\ i = 1, 2, \cdots, n \tag{3-15}$$

$$\hat{\gamma}_k = \left\lceil \frac{M_{k,\max}}{p_D} \right\rceil \tag{3-16}$$

（2）伯努利项更新：若将标准点目标伯努利更新方程拓展到扩展目标伯努利更新，则

$$r_{k|k}=\frac{1-\Delta_k}{1-\Delta_k r_{k|k-1}}\cdot r_{k|k-1} \tag{3-17}$$

$$p_{k|k}(\boldsymbol{x}_k)=\left[(1-p_D)^{\hat{\gamma}_k}+\sum_{W\in P_{1:L_k}(Z_k)}\frac{\hat{\gamma}_k!\,p_D^{|W|}}{(\hat{\gamma}_k-|W|)!\,(1-p_D)^{|W|-\hat{\gamma}_k}}\cdot\prod_{z\in W}\frac{g(\boldsymbol{z}\mid\boldsymbol{x}_k)}{\lambda c(\boldsymbol{z})}\right]\cdot\frac{p_{k|k-1}(\boldsymbol{x}_{k|k-1})}{1-\Delta_k} \tag{3-18}$$

$$\Delta_k=1-(1-p_D)^{\hat{\gamma}_k}-\sum_{W\in P_{1:L_k}(Z_k)}\frac{\hat{\gamma}_k!\,p_D^{|W|}}{(\hat{\gamma}_k-|W|)!\,(1-p_D)^{|W|-\hat{\gamma}_k}}\cdot\frac{\int\prod_{z\in W}g(\boldsymbol{z}\mid\boldsymbol{x}_k)s_{k|k-1}(\boldsymbol{x}_{k|k-1})\mathrm{d}\boldsymbol{x}_{k|k-1}}{\prod_{z\in\Omega}\lambda c(\boldsymbol{z})} \tag{3-19}$$

其中，$P_{1:L_k}(Z_k)$表示量测集全划分。由更新公式可知，当量测率 $\gamma_k=1$ 时，该更新过程退化为标准的伯努利更新公式。

3.2.2 基于 RHM 的伯努利椭圆扩展目标跟踪方法实现

为了便于实现基于 RHM 的伯努利扩展目标跟踪方法，并将其应用于非高斯、非线性跟踪系统中，此处推导出其序贯蒙特卡洛(SMC)实现形式，即 SMC - RHM - Bernoulli。在实现过程中，将目标空间概率密度 $p_{k|k}(\boldsymbol{x}_k)$采用 M 个带有权值的粒子$\{w_{k|k}^{(i)},\boldsymbol{x}_{k|k}^{(i)}\}_{i=1}^{M}$ 近似，$\boldsymbol{x}_{k|k}^{(i)}$表示第 i 个粒子的状态向量，$w_{k|k}^{(i)}$为该粒子对应的权值，则 $p_{k|k}(\boldsymbol{x}_k)$可表示为

$$p_{k|k}(\boldsymbol{x}_k)\approx\sum_{i=1}^{M}w_{k|k}^{(i)}\delta(\boldsymbol{x}_k-\boldsymbol{x}_{k|k}^{(i)}) \tag{3-20}$$

其中，$\delta(\cdot)$表示克罗内克(Kronecker)函数。

依据 3.2.1 节目标空间概率密度的预测公式，可得到每个粒子权值的预测公式，即

$$w_{k|k-1}^{(i)}=\begin{cases}\dfrac{p_S\cdot r_{k-1}}{r_{k|k-1}}\cdot\dfrac{f_{k|k-1}(\boldsymbol{x}_{k|k-1}^{(i)}\mid\boldsymbol{x}_{k-1}^{(i)})w_{k-1}^{(i)}}{q_k(\boldsymbol{x}_{k|k-1}^{(i)}\mid\boldsymbol{x}_{k-1}^{(i)},Z_k)}, & i=1,2,\cdots,N\\[2ex]\dfrac{p_B\cdot(1-r_{k-1})}{r_{k|k-1}}\cdot\dfrac{\eta_{k|k-1}(\boldsymbol{x}_{k|k-1}^{(i)})}{b_k(\boldsymbol{x}_{k|k-1}^{(i)}\mid Z_k)}\dfrac{1}{B}, & i=N+1,N+2,\cdots,N+B\end{cases} \tag{3-21}$$

其中，N 为上一时刻存活的粒子数，B 为当前时刻新生的粒子数，$q_k(\boldsymbol{x}_{k|k-1}^{(i)} \mid \boldsymbol{x}_{k-1}^{(i)}, Z_k)$表示存活粒子的建议分布函数，$b_k(\boldsymbol{x}_{k|k-1}^{(i)} \mid Z_k)$表示新生粒子的建议分布函数。所有新生粒子权值相等，都为 $1/B$。

依据 3.2.1 节扩展目标空间概率密度函数的更新方程，可得到每个粒子的更新公式，即

$$w_{k|k}^{(i)} \propto w_{k|k-1}^{(i)} \cdot \left[(1-p_D)^{\hat{\gamma}_k} + \sum_{W \in P_{1:L_k}(Z_k)} \frac{\hat{\gamma}_k ! p_D^{|W|}}{(\hat{\gamma}_k - |W|)!(1-p_D)^{|W|-\hat{\gamma}_k}} \cdot \prod_{z \in W} \frac{g(\boldsymbol{z} \mid \boldsymbol{x}_k)}{\lambda c(\boldsymbol{z})} \right] \tag{3-22}$$

为了更为清晰地了解基于 RHM 的伯努利椭圆扩展目标跟踪方法，即 SMC - RHM - Bernoulli，此处给出其具体实现流程，如图 3.1 所示，具体实现步骤如表 3.1 所示。

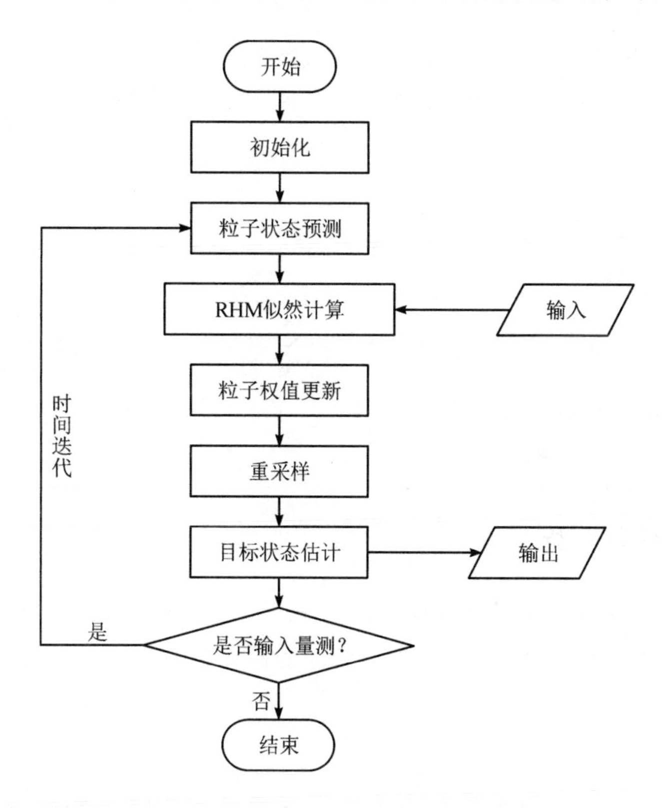

图 3.1　SMC - RHM - Bernoulli 流程图

表 3.1　SMC - RHM - Bernoulli 实现步骤

步骤 1：粒子初始化

(1) 初始化目标存活概率 r_{k-1} 及量测率参数$(\alpha_{k-1}, \beta_{k-1})$；

(2) 初始化粒子状态及对应权值$\{w_{k-1}^{(i)}, \boldsymbol{x}_{k-1}^{(i)}\}_{i=1}^{N+B}$，其中 $i=1, 2, \cdots, N$ 为存活粒子，$i=N+1, N+2, \cdots, N+B$ 为新生粒子，新生粒子权值初始化为 $1/B$；

(3) 初始化量测集合 Z_k。

步骤 2：粒子状态预测

(1) 预测目标存活概率 $r_{k|k-1}$ 及量测率参数$(\alpha_{k|k-1}, \beta_{k|k-1})$；

(2) 由 $\boldsymbol{x}_{k|k-1}^{(i)} \sim q_k(\boldsymbol{x}_{k|k-1}^{(i)} | \boldsymbol{x}_{k-1}^{(i)}, Z_k)$预测存活粒子的状态；

(3) 由 $\boldsymbol{x}_{k|k-1}^{(i)} \sim b_k(\boldsymbol{x}_{k|k-1}^{(i)} | Z_k)$预测新生粒子的状态；

(4) 由式(3 - 21)计算存活以及新生粒子的预测权值。

步骤 3：粒子状态更新

(1) 用 RHM 建模目标量测源，计算非线性量测似然函数值；

(2) 对每一划分子集更新量测率参数，并将最大的量测率作为估计值；

(3) 更新目标存活概率 $r_{k|k}$；

(4) 更新每个粒子的状态及对应的权值。

步骤 4：重采样

为了保证粒子的多样性，对粒子进行重采样。

步骤 5：目标状态估计

(1) 选出权值最大的 N 个粒子，估计目标状态 $\hat{\boldsymbol{x}}_k = \sum_{i=1}^{N} \boldsymbol{x}_{k|k}^{(i)} \cdot w_{k|k}^{(i)}$，若 $r_{k|k} > 0.5$，则目标存在，输出结果；

(2) 判断迭代是否继续，若是，则更新时刻 $k=k+1$，合并新生粒子$\{1/B, \boldsymbol{x}_k^{(i)}\}_{i=1}^{B}$与存活粒子$\{w_k^{(i)}, \boldsymbol{x}_{k|k}^{(i)}\}_{i=1}^{N}$，转步骤 2，否则，跟踪结束。

3.2.3　仿真实验与分析

本节主要验证 SMC - RHM - Bernoulli 跟踪方法的有效性，对比方法为伯努利(Bernoulli)扩展目标跟踪方法。同时，为了验证所提方法的实际应用价值，将其应用于视频监控场景。

1. 仿真实验

考虑单目标跟踪场景，观测区域为[0, 400]×[0, 200](m)，采样间隔为 $T=1$ s，跟踪时长为 60 s，目标在 $k=5$ s 时出现，在 $k=55$ s 时消失。目标初始状态设置为 $\boldsymbol{x}_0 = [180, 0, 4, 4, 70, 30, -5]^{\mathrm{T}}$，其中，$[180, 0, 4, 4]^{\mathrm{T}}$ 表示目标的初始运动状态，包括目

标出现的初始位置以及目标的初始速度，$[70, 30, -5]^{T}$ 表示目标的初始扩展状态。均匀分布在观测区域内的杂波数目服从泊松分布。目标的量测率在跟踪过程中逐渐减小，定义为 $\gamma_{k,\mathrm{real}}=\lfloor d_{\gamma}k+e_{\gamma}\rceil$，其中 $d_{\gamma}=-0.1493$，$e_{\gamma}=20.7463$，$5\leqslant k\leqslant 55$。具体参数设置如表 3.2 所示。

表 3.2　仿真实验相关参数设置

参数	符号	设定值
采样间隔	T	1
初始状态	$\boldsymbol{x}_0$	$[180, 0, 4, 4, 70, 30, -5]^{T}$
杂波泊松率	λ	5
存活概率	p_S	0.98
新生概率	p_B	0.02
检测概率	p_D	0.6
椭圆长短轴	$[a, b]$	[10, 2]
伽马分布参数	$[\alpha_0, \beta_0, \eta]$	[20, 1, 2.25]
新生粒子数	B	100
存活粒子数	N	5000

采用均方根误差(Root Mean Square Error，RMSE)评价跟踪方法的性能，并进行 100 次相互独立的蒙特卡洛(Monte Carlo，MC)仿真，实验结果如图 3.2～图 3.5 所示。

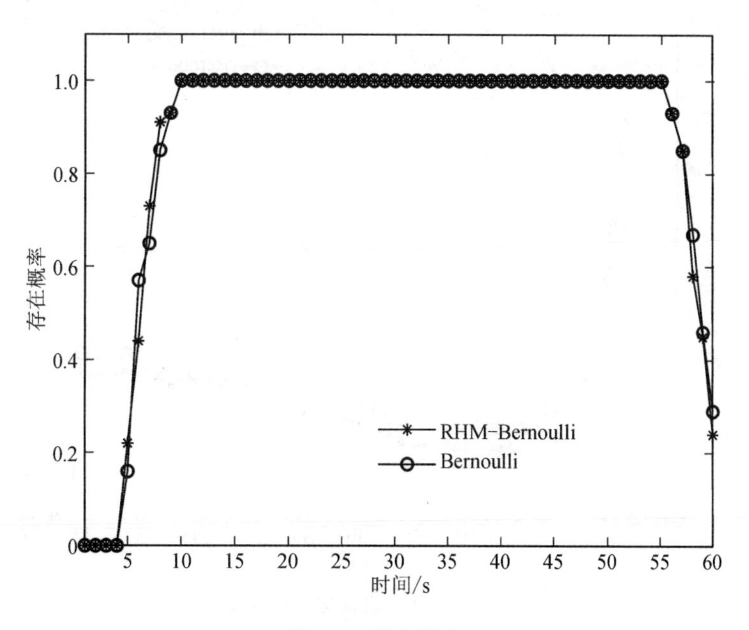

图 3.2　存在概率

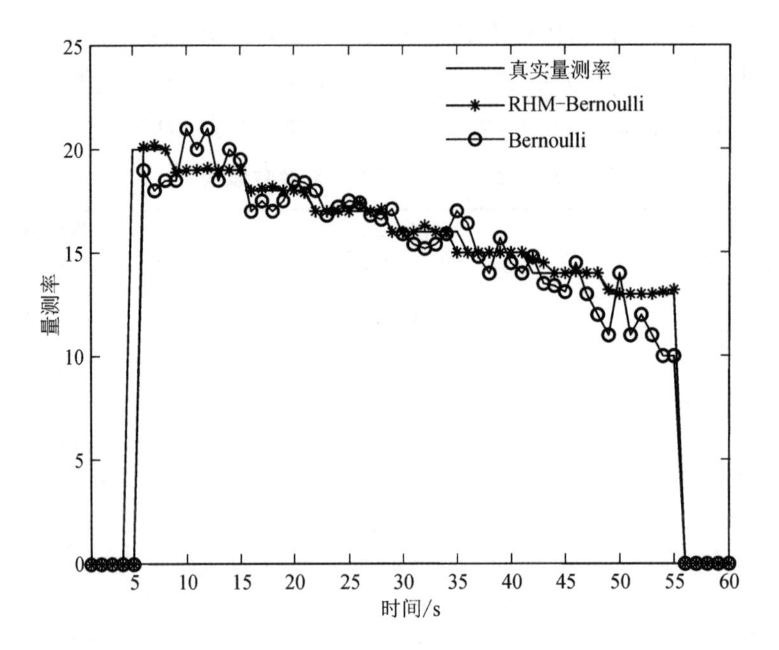

图 3.3　量测率

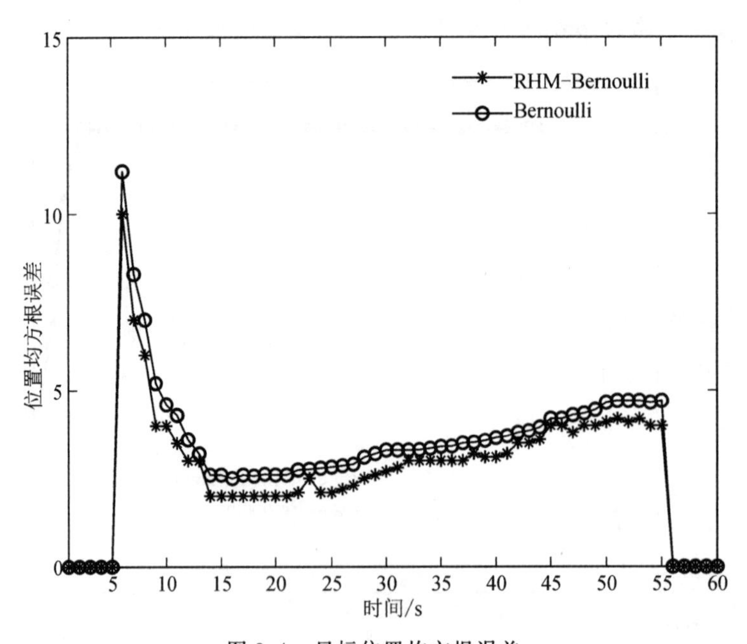

图 3.4　目标位置均方根误差

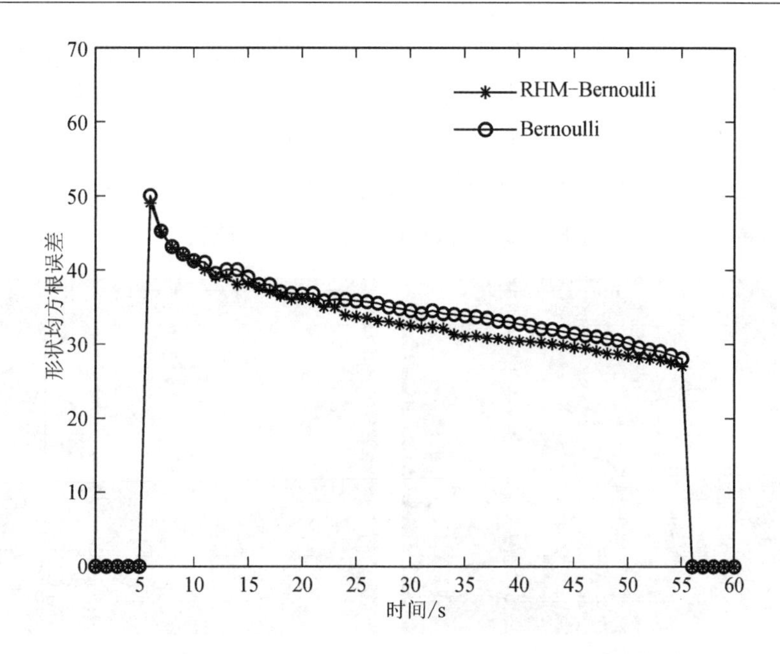

图 3.5　目标形状均方根误差

图 3.2 为两种方法的存在概率结果对比图，图 3.3 为两种方法对目标量测率的估计结果图。从图 3.2 中可以看出，两种方法的存在概率对比结果基本一致，均能准确反映出目标在区域内的存在状态，且目标在 $k=55$ s 消失时，两种方法均能快速捕捉到目标的消失。此外，由图 3.3 可知，由于采用 Gamma 分布对扩展目标量测率建立了确定的数学模型，所介绍方法明显提高了量测率估计的准确率。

图 3.4 和图 3.5 为两种方法 100 次 MC 仿真结果对比图，分别为椭圆扩展目标位置估计和形状估计的 RMSE。从这两幅图中可以看出，当目标出现时，两种方法的 RMSE 均达到了最大值，这是因为当目标新生时 RFS 方法固有的跟踪延迟所致。随着时间的推移，RMSE 逐渐减小，并趋于稳定。此外，由于所提方法采用椭圆随机超曲面建模量测源，并运用尺度因子使量测源散布在目标表面，更加准确地描述了量测源分布，使得拟合目标的扩展状态更为精确。同时，通过引入 Gamma 分布使量测率估计更接近真实值，跟踪性能优于对比方法。

2. 实际应用

为了验证所提方法的实际应用价值，我们采用真实视频场景中移动的目标来验证该方法的跟踪性能。本实验所用视频来源于 PETS 2000，视频中每帧图像的分辨率为 768×576。在视频中，跟踪目标为一白色车辆，该车在第 31 帧进入场景，第 180 帧离开场景。跟踪场景中，拍摄角度不变，所跟踪车辆的尺寸大小、前进速度和方向随时间而变，且场景中还有其他小的移动目标，本实验默认在高过程噪声环境中进行跟踪。实验中，采用Shi-Tomasi角点检测算法[146]检测每一帧图像中出现的角点，并且将前10帧图像建立为背景集合，通过对比每一帧图像中检测到的角点与背景集合中检测到的角点，留下跟踪场景中白色车辆的角点，即目标量测点。跟踪结果图如图3.6所示。

(a) 第45帧　(b) 第75帧　(c) 第115帧　(d) 第145帧

图 3.6　跟踪白色移动车辆结果图

图3.6(a)～(d)分别展示了第45、75、115和145帧的跟踪结果，图中移动汽车上的黑点为滤除背景之后检测到的目标角点，黑色椭圆表示所提算法估计得到的目标扩展状态。从图中可以看出，随着目标移动方向和尺寸的变化，所提方法可实现目标的精确跟踪，并能估计出目标的扩展状态。

3.3　非椭圆扩展目标建模与跟踪方法

3.3.1　非椭圆扩展目标跟踪与随机超曲面模型的关系

非椭圆扩展目标跟踪(NETT)和随机超曲面模型(RHM)都是为了解决扩展目标复杂形状估计问题而提出的算法框架，但解决思路各不相同。基于 RHM 框架，特别是星凸 RHM 方法，通过构建并训练边界函数来估计扩展目标复杂形状的边界。如图 3.7(a)所示，RHM 函数的自变量为角度，一个角度变量对应的函数值是表示中心点到扩展边界的距离，理论上能够描述任意的复杂形状。然而，这种描述仍局限于函数描述框架，即一个角度变量只能对应一个边界距离值，这是函数最基本的性质。

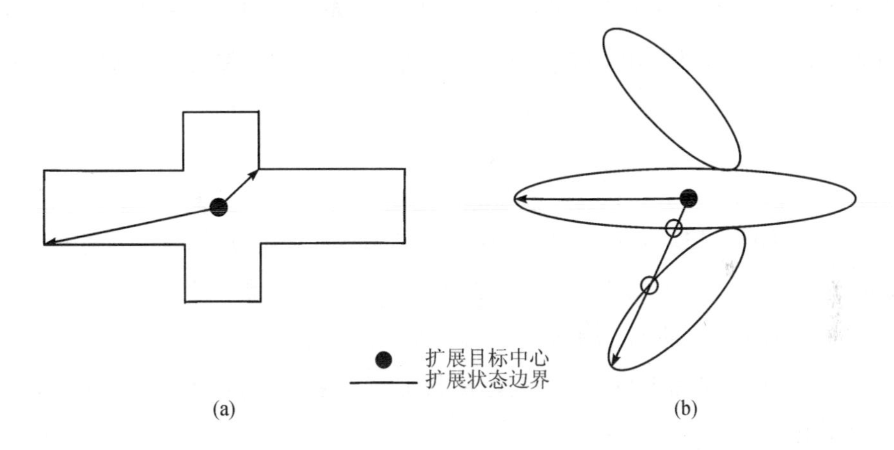

图 3.7　随机超曲面方法示意图

然而，当扩展目标形状更加复杂时，基于训练边界函数的 RHM 方法描述能力已不足以准确描述目标扩展状态。如图 3.7(b)所示，RHM 边界函数同一个角度变量需要两个额外的边界距离输出值(空心小圆圈)才能精确描述其扩展边界，而这违反了函数的基本性质[97]。因此，RHM 方法描述目标复杂形状的能力局限于函数框架。而 NETT 方法则利用多个子椭圆来分块拟合复杂形状的扩展状态，不局限于 RHM 边界函数描述框架。理论上，足够多的子椭圆能够描述任意复杂形状的非椭圆扩展目标，但随着子椭圆数目增加，算法计算量呈指数增长。

3.3.2 NETT 方法

目前，NETT 方法主要包括两种：一种是兰剑提出的原始 NETT 方法(2.2.2 节中已经介绍)；另一种是 Granström 提出的运动状态一致的 NETT 算法[97]。本节在 2.2.2 节介绍方法的基础上，主要介绍 Granström 提出的方法。

与 2.2.2 节式(2-21)建模方法不同，运动状态一致的 NETT 方法的多个椭圆状态为

$$\xi_k = (\gamma_k^{(1)}, \gamma_k^{(2)}, \cdots, \gamma_k^{(N)}, \boldsymbol{x}_k, \boldsymbol{X}_k^{(1)}, \boldsymbol{X}_k^{(2)}, \cdots, \boldsymbol{X}_k^{(N)}) \tag{3-23}$$

$$\boldsymbol{x}_k = ((\boldsymbol{p}_k^{(1)})^{\mathrm{T}}, (\boldsymbol{p}_k^{(2)})^{\mathrm{T}}, \cdots, (\boldsymbol{p}_k^{(N)})^{\mathrm{T}}, \boldsymbol{c}_k^{\mathrm{T}}) \tag{3-24}$$

其中：$\gamma_k^{(1)}, \gamma_k^{(2)}, \cdots, \gamma_k^{(N)}$ 和 $\boldsymbol{X}_k^{(1)}, \boldsymbol{X}_k^{(2)}, \cdots, \boldsymbol{X}_k^{(N)}$ 分别表示 N 个子椭圆的量测率状态和扩展状态；多个子椭圆的运动状态表示为式(3-24)，$(\boldsymbol{p}_k^{(1)})^{\mathrm{T}}, (\boldsymbol{p}_k^{(2)})^{\mathrm{T}}, \cdots, (\boldsymbol{p}_k^{(N)})^{\mathrm{T}}$ 表示 N 个子椭圆的位置，$\boldsymbol{c}_k^{\mathrm{T}}$ 表示所有子椭圆共同的运动属性，如速度和转向率等。给定 n_k 个量测，需要将其聚类为 $N_c \leqslant N$ 类，用 $C(N_c)$表示聚为 N_c 个可能的聚类情况，则所有子椭圆与聚类后得到的量测类之间的关联事件总数为

$$|\overline{\Theta}_k| = \sum_{N_c=1}^{N} C(N_c) \frac{N!}{(N-N_c)!} \tag{3-25}$$

量测聚类方法可采用最大期望聚类、K 均值聚类、模糊 C 均值聚类、贝叶斯聚类、模糊 ART 聚类等，式(3-25)中 N_c 越小，对量测聚类方法的性能要求越高。

为了便于介绍接下来的 NETT 概率密度函数，需要做出如下假设：

假设 1：扩展目标量测率预测状态与运动状态、扩展状态的预测状态均无关，且服从启发式的预测形式；

假设 2：扩展目标运动预测状态与扩展状态无关；

假设 3：扩展目标扩展预测状态依赖于运动状态；

假设 4：所使用的子椭圆数目 N 已知，且在目标跟踪过程中保持不变；

假设 5：子椭圆与量测之间的所属关系未知，即无任何信息表明量测与任何子椭圆关联。

基于上述假设，目标状态 ξ_k 的概率密度函数可表示为

$$p(\xi_k \mid Z^k) = \mathcal{N}(\boldsymbol{x}_k; \boldsymbol{m}_{k|k}, \boldsymbol{P}_{k|k}) \prod_{i=1}^{N} (\mathcal{GAM}(\gamma_k^{(i)}; \alpha_{k|k}^{(i)}, \beta_{k|k}^{(i)}) \mathcal{IW}(\boldsymbol{X}_k^{(i)}; v_{k|k}^{(i)}, \boldsymbol{V}_{k|k}^{(i)})) \tag{3-26}$$

则 k 时刻目标预测状态的概率密度函数表示为

$$p(\xi_k \mid Z^{k-1}) = \mathcal{N}(\boldsymbol{x}_k; \boldsymbol{m}_{k|k-1}, \boldsymbol{P}_{k|k-1}) \prod_{i=1}^{N} \mathcal{GAM}(\gamma_k^{(i)}; \alpha_{k|k-1}^{(i)}, \beta_{k|k-1}^{(i)}) \cdot \prod_{i=1}^{N} \mathcal{IW}(\boldsymbol{X}_k^{(i)}; v_{k|k-1}^{(i)}, \boldsymbol{V}_{k|k-1}^{(i)}) \tag{3-27}$$

其中，$\boldsymbol{m}_{k|k-1}$、$\boldsymbol{P}_{k|k-1}$、$\alpha_{k|k-1}^{(i)}$、$\beta_{k|k-1}^{(i)}$、$v_{k|k-1}^{(i)}$、$\boldsymbol{V}_{k|k-1}^{(i)}$ 的计算可参考式(2-13)中预测参数的计算方法。

基于全概率理论和贝叶斯估计框架，式(3-26)可重写为

$$p(\xi_k \mid Z^k) = \sum_{\theta \in \overline{\Theta}_k} \frac{p(Z_k \mid \xi_k, \theta, Z^{k-1}) p(\xi_k \mid \theta, Z^{k-1})}{\int p(Z_k \mid \xi_k, \theta, Z^{k-1}) p(\xi_k \mid \theta, Z^{k-1}) \mathrm{d}\xi_k} \mu_k^{\theta} \tag{3-28}$$

其中，μ_k^{θ} 表示关联事件 θ 的概率，$\mu_k^{\theta} = p(\theta | Z^k)$。假设每个子椭圆产生量测过程相互独立，则量测似然函数为 $p(Z_k \mid \xi_k, \theta, Z^{k-1}) = \prod_{i=1}^{N} p(Z_k^{i|\theta} \mid \xi_k, \theta, Z^{k-1})$，关联事件 θ 下第 i 个子椭圆量测似然函数为

$$\begin{aligned}
&\mathcal{PS}(n_k^{i|\theta}; \gamma_k^{i|\theta}) \prod_{z_j \in Z_k^{i|\theta}} \prod_{j=1}^{|Z_k^{i|\theta}|} \phi(\boldsymbol{z}_j; \boldsymbol{H}_k \boldsymbol{m}_{k|k-1}^{(i)}, \boldsymbol{X}_k^{i|\theta}) \\
&= \mathcal{PS}(n_k^{i|\theta}; \gamma_k^{i|\theta}) (2\pi)^{\frac{-(n_k^{i|\theta}-1)d}{2}} |\boldsymbol{X}_k^{i|\theta}|^{\frac{-(n_k^{i|\theta}-1)}{2}} (n_k^{i|\theta})^{-\frac{d}{2}} \cdot \\
&\quad \mathrm{e}^{\mathrm{tr}(-\overline{\boldsymbol{Z}}_k^{i|\theta} \boldsymbol{X}_k^{i|\theta}/2)} \mathcal{N}\left(\overline{\boldsymbol{z}}_k^{i|\theta}; \boldsymbol{H}_k \boldsymbol{m}_{k|k-1}^{(i)}, \frac{\boldsymbol{X}_k^{i|\theta}}{n_k^{i|\theta}}\right) \\
&= \mathcal{PS}(n_k^{i|\theta}; \gamma_k^{i|\theta}) \mathcal{W}(\overline{\boldsymbol{Z}}_k^{i|\theta}; n_k^{i|\theta} - 1, \boldsymbol{X}_k^{i|\theta}) \mathcal{N}\left(\overline{\boldsymbol{z}}_k^{i|\theta}; \boldsymbol{H}_k \boldsymbol{m}_{k|k-1}^{(i)}, \frac{\boldsymbol{X}_k^{i|\theta}}{n_k^{i|\theta}}\right)
\end{aligned} \tag{3-29}$$

其中，$n_k^{i|\theta}$ 表示关联事件 θ 下关联到第 i 个子椭圆的量测集合 $Z_k^{i|\theta}$ 包含的量测个数，$\overline{z}_k^{i|\theta}$ 和 $\overline{\boldsymbol{Z}}_k^{i|\theta}$ 分别表示量测集合 $Z_k^{i|\theta}$ 的均值和方差。与式(2-24)和式(2-25)类似，$\mu_k^{\theta} = p(\theta | Z^k)$ 可以重写为

$$\begin{aligned}
&\mu_k^{\theta} = p(\theta \mid Z^k) = (c_k^{\theta})^{-1} p(Z_k \mid \theta, Z^{k-1}) p(\theta \mid Z^{k-1}) \\
&p(Z_k \mid \theta, Z^{k-1}) = \prod_{i=1}^{N} p(Z_k^{i|\theta} \mid \theta, Z^{k-1}) \\
&p(Z_k^{i|\theta} \mid \theta, Z^{k-1}) \\
&\quad = \iiint p(Z_k^{i|\theta} \mid \gamma_k^{i|\theta}, \boldsymbol{x}_k^{i|\theta}, \boldsymbol{X}_k^{i|\theta}, \theta, Z^{k-1}) p(\gamma_k^{i|\theta}, \boldsymbol{x}_k^{i|\theta}, \boldsymbol{X}_k^{i|\theta} \mid \theta, Z^{k-1}) \mathrm{d}\gamma_k^{i|\theta} \mathrm{d}\boldsymbol{x}_k^{i|\theta} \mathrm{d}\boldsymbol{X}_k^{i|\theta}
\end{aligned} \tag{3-30}$$

其中：c_k^θ 为归一化系数，$c_k^\theta = \sum_{\theta\in\overline{\Theta}_k} p(Z_k \mid \theta, Z^{k-1})p(\theta \mid Z^{k-1})$；$p(\theta \mid Z^{k-1}) = 1/|\overline{\Theta}_k|$；$p(Z_k^{i|\theta}|\theta, Z^{k-1})$具体计算形式为

$$p(Z_k^{i|\theta} \mid \theta, Z^{k-1}) = \frac{\Gamma(\alpha_{k|k}^{i|\theta})\,(\beta_{k|k-1}^{(i)})^{\alpha_{k|k-1}^{(i)}}}{\Gamma(\alpha_{k|k-1}^{(i)})\,(\beta_{k|k}^{i|\theta})^{\alpha_{k|k}^{i|\theta}}} \frac{(n_k^{i|\theta}\pi^{n_k^{i|\theta}})^{-\frac{d}{2}}2^{-\frac{n_k^{i|\theta}(d-1)}{2}}}{\left|(\overline{\boldsymbol{X}}_k^{i|\theta})^{-\frac{1}{2}}\left((\overline{\boldsymbol{X}}_k^{i|\theta})^{-\frac{1}{2}}\right)^{\mathrm{T}}\right|^{\frac{1}{2}}} \cdot \frac{\Gamma_d\left(\dfrac{v_{k|k}^{i|\theta}-d-1}{2}\right)}{\Gamma_d\left(\dfrac{v_{k|k-1}^{(i)}-d-1}{2}\right)} \frac{|\boldsymbol{V}_{k|k-1}^{(i)}|^{\frac{v_{k|k-1}^{(i)}-d-1}{2}}}{|\boldsymbol{V}_{k|k}^{i|\theta}|^{v_{k|k}^{i|\theta}-d-1}} \tag{3-31}$$

其中，参数 $\alpha_{k|k}^{i|\theta}$、$\beta_{k|k}^{i|\theta}$、$\overline{\boldsymbol{X}}_k^{i|\theta}$、$\boldsymbol{V}_{k|k}^{i|\theta}$、$v_{k|k}^{i|\theta}$的计算参考 2.2.2 节。

作为兰剑方法的改进版本，Granström 提出的运动状态一致 NETT 方法最大的优点在于对子椭圆之间运动状态的关系设定了约束。然而，两种 NETT 方法均局限于子椭圆数目保持不变的跟踪框架。

3.3.3 NETT 本质分析

NETT 方法提出的初衷是跟踪具有复杂形状的扩展目标或多个靠在一起协同运动的椭圆扩展目标。而本质上，NETT 方法并没有对所使用的子椭圆数目有任何具体设定，不同子椭圆数目主要影响子椭圆拟合目标复杂形状的精度。基于 2.2.2 节介绍的 NETT 方法，我们通过一个仿真例子来分析不同子椭圆数目对 NETT 方法的影响，具体如图 3.8所示。

当一个扩展目标的真实形状由三个椭圆组成时(如图 3.8(a)所示)，如果仅用一个椭圆拟合其扩展状态，则量测信息损失较大，许多目标细节将被忽略；当扩展目标的真实形状由一个椭圆组成时(如图 3.8(b)所示)，如果用三个子椭圆拟合其扩展状态，则三个子椭圆将填充这一个椭圆占据的空间。本书中，我们将第一种情况称为欠拟合现象，而第二种情况称为过拟合现象。

正如前面所提，不同的子椭圆数目仅影响子椭圆拟合目标复杂形状的精度。换句话说，若 NETT 方法没有使用合理的子椭圆数目，则会出现欠拟合和过拟合现象，此时，我们只需调整子椭圆数目即可避免这两种现象，以提高子椭圆拟合目标复杂形状的精度。对于欠拟合现象，由于子椭圆数目不足，故需要增加所使用的子椭圆数目；对于过拟合现象，由于子椭圆数目过多，故需要减少所使用的子椭圆数目。

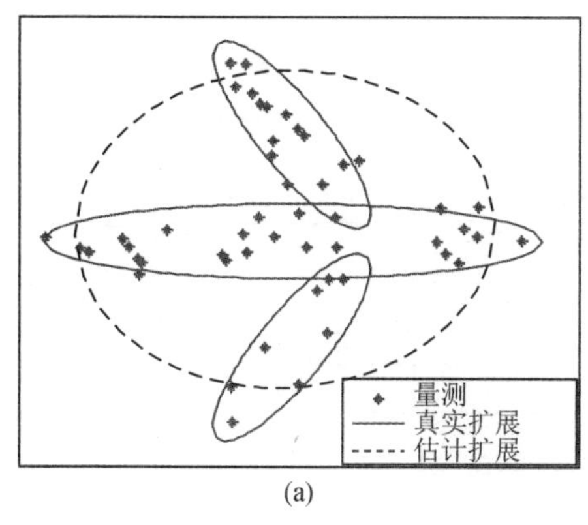

(a)

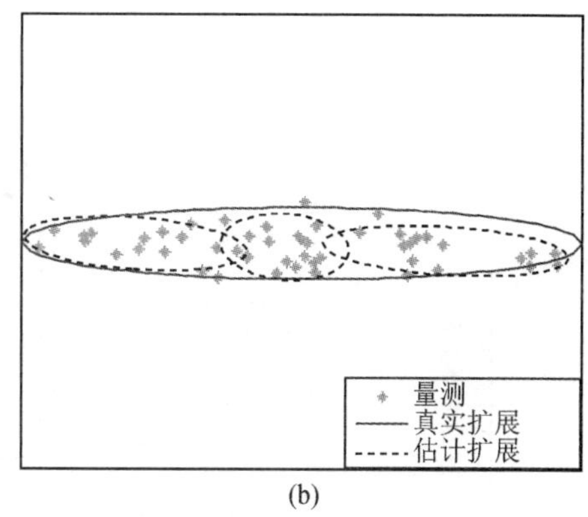

(b)

图 3.8　NETT 扩展状态估计示意图

3.4　子椭圆数目可变的非椭圆扩展目标 GGIW 滤波

本节介绍子椭圆数目可变的非椭圆扩展目标跟踪框架，针对欠拟合和过拟合现象分别介绍子椭圆目标之间的分解和合并准则，该框架可根据实际目标姿态及时改变 NETT 方法所使用的子椭圆数目，达到实时准确估计非椭圆扩展目标复杂形状的目的。所提框架采用伽马高斯逆威沙特(GGIW)方法实现，因此称为子椭圆数目可变的非椭圆扩展目标 GGIW (Varying Number of sub-objects for NETT GGIW，VN－NETT－GGIW)滤波。

假设存在非椭圆扩展目标精确拟合其复杂形状所需子椭圆数目最大值 $N_{\max}$，例如在图 3.8(a)中，3 个子椭圆足以描述其最为复杂的目标形状，即 $N_{\max}=3$；此外，还存在描述非椭圆扩展目标所需子椭圆数目最小值 $N_{\min}$，一般设为 1，此时非椭圆扩展目标退化为椭圆扩展目标。

为了便于理解，首先给出 VN－NETT－GGIW 滤波的算法框图，如图 3.9 所示。本节介绍的 VN－NETT－GGIW 滤波方法，简称 M1 方法，由目标衍生、滤波和目标合并 3 部分组成。

k 时刻 VN－NETT－GGIW 滤波目标状态建模为

$$(\gamma_k^{(1)}, \boldsymbol{x}_k^{(1)}, \boldsymbol{X}_k^{(1)}), (\gamma_k^{(2)}, \boldsymbol{x}_k^{(2)}, \boldsymbol{X}_k^{(2)}), \cdots, (\gamma_k^{(N_k)}, \boldsymbol{x}_k^{(N_k)}, \boldsymbol{X}_k^{(N_k)}) \tag{3-32}$$

其中，N_k 表示 k 时刻 NETT 算法所使用的子椭圆数目，k 时刻第 i 个子椭圆状态概率密度函数为

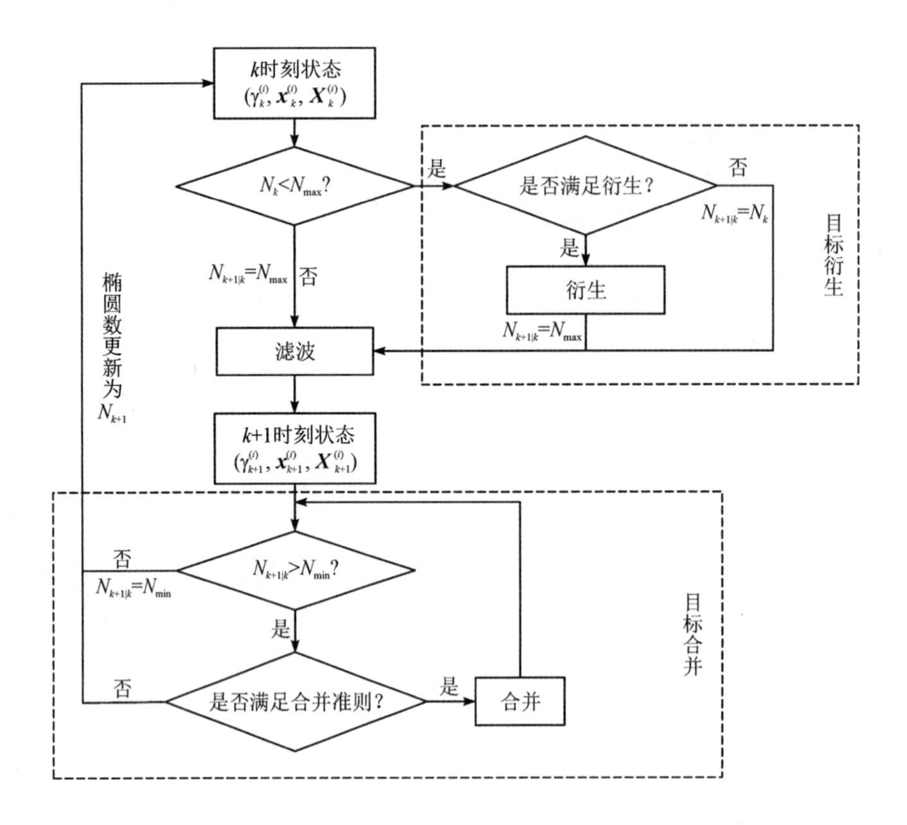

图 3.9　M1 算法框图

$$p(\gamma_k^{(i)}, \boldsymbol{x}_k^{(i)}, \boldsymbol{X}_k^{(i)} \mid Z^k) = \mathcal{GAM}(\gamma_k^{(i)}; \alpha_k^{(i)}, \beta_k^{(i)})\, \mathcal{N}(\boldsymbol{x}_k^{(i)}; \boldsymbol{m}_k^{(i)}, \boldsymbol{P}_k^{(i)}) \cdot \mathcal{IW}(\boldsymbol{X}_k^{(i)}; v_k^{(i)}, \boldsymbol{V}_k^{(i)}) \tag{3-33}$$

$k+1$ 时刻第 i 个子椭圆预测状态概率密度函数为

$$\begin{aligned} & p(\gamma_{k+1}^{(i)}, \boldsymbol{x}_{k+1}^{(i)}, \boldsymbol{X}_{k+1}^{(i)} \mid Z^k) \\ & = \mathcal{GAM}(\gamma_{k+1}^{(i)}; \alpha_{k+1|k}^{(i)}, \beta_{k+1|k}^{(i)})\, \mathcal{N}(\boldsymbol{x}_{k+1}^{(i)}; \boldsymbol{m}_{k+1|k}^{(i)}, \boldsymbol{P}_{k+1|k}^{(i)}) \cdot \\ & \mathcal{IW}(\boldsymbol{X}_{k+1}^{(i)}; v_{k+1|k}^{(i)}, \boldsymbol{V}_{k+1|k}^{(i)}) \end{aligned} \tag{3-34}$$

其中，预测状态参数 $\boldsymbol{m}_{k+1|k}^{(i)}$、$\boldsymbol{P}_{k+1|k}^{(i)}$、$\alpha_{k+1|k}^{(i)}$、$\beta_{k+1|k}^{(i)}$、$v_{k+1|k}^{(i)}$、$\boldsymbol{V}_{k+1|k}^{(i)}$ 的计算可参考式(2-13)中预测参数的计算方法。

如果 $N_k = N_{max}$，则直接跳转到滤波部分执行，子椭圆数目更新为 $N_{k+1|k} = N_k$。如果 $N_k < N_{max}$，则算法进入目标衍生部分执行。

3.4.1 目标衍生

由于缺乏目标衍生信息，因此我们很难准确知道有多少椭圆需要分解以及一个椭圆分解成多少个子椭圆合适。文献[97]中提到的扩展目标衍生准则只适用于衍生后的目标相距一定距离、目标量测空间分布能清楚反映衍生事件发生的情况。考虑到非椭圆扩展目标子椭圆之间靠得很近，以至于互相连接为一个整体，这时现有的扩展目标衍生准则已不再适用于该情况。

从图 3.8(a)可知，用一个椭圆估计得到的扩展状态出现了欠拟合现象，而实际情况是需要 3 个子椭圆才能精确拟合。给定同样的量测，用一个椭圆拟合得到的扩展状态单位空间量测数目肯定小于用 3 个子椭圆拟合得到的扩展状态单位空间量测数目。据此，扩展状态单位空间量测数目可以看作 NETT 方法出现欠拟合现象的一个指标。

下面以一幅图像为例说明以单位空间量测数目作为欠拟合指标的合理性。在一幅图像中，一个目标占据的区域由一个个像素点组成，如果图像精度一定且目标保持不动，那么表示该目标的像素点个数是固定的。当用一个椭圆简略描述图像中目标占据的区域时，目标细节(如轮廓)信息损失严重，且用一个椭圆估计得到的区域面积与目标像素点总数之比肯定要大于基于目标轮廓的区域面积与目标像素点总数之比。当传感器精度较高而量测方差较小时，非椭圆扩展目标的量测可以看作图像中表示目标的像素点。若 NETT 方法发生欠拟合现象，则估计的扩展状态区域面积与量测数目之比必然较大。

每个子椭圆的量测率状态给出的恰好是目标每时刻产生量测个数的估计，因此估计的扩展状态区域面积与量测数之比的计算公式为

$$u_s^{(i)} = \frac{4\pi \prod_{\ell=1}^{d} \sqrt{e_{k+1|k}^{(i,\ell)}}}{\gamma_{k+1}^{(i)}} \tag{3-35}$$

其中，$u_s^{(i)}$ 表示第 i 个子椭圆扩展状态区域面积与量测个数之比，$e_{k+1|k}^{(i,\ell)}$ 表示 $\bar{\boldsymbol{X}}_{k+1|k}^{(i)}$ 第 ℓ 个特征值。如果 $u_s^{(i)}$ 大于给定的衍生阈值 u_{spa}，则第 i 个子椭圆需要被分解为多个子椭圆，即

$$u_s^{(i)} > u_{\text{spa}}, \quad i = 1, 2, \cdots, N_k \tag{3-36}$$

然而，我们很难确定一个椭圆分解成多少个子椭圆合适。为了尽量避免算法出现欠拟合现象导致丢失目标形状信息，如果有一个目标符合分解准则，则直接衍生为 $N_{\max} - N_k + 1$ 子椭圆(过多的子椭圆将在合并准则中被减少)。

给定符合分解准则的子椭圆 i，具体分解方法和分解后的子椭圆状态为

$$\mathcal{GAM}(\gamma_{\text{spa},k+1|k}^{(i,j)};\ \alpha_{\text{spa},k+1|k}^{(i,j)},\ \beta_{\text{spa},k+1|k}^{(i,j)})\,\mathcal{N}(\boldsymbol{x}_{\text{spa},k+1|k}^{(i,j)};\ \boldsymbol{m}_{\text{spa},k+1|k}^{(i,j)},\ \boldsymbol{P}_{\text{spa},k+1|k}^{(i,j)})\cdot$$
$$\mathcal{IW}(\boldsymbol{X}_{\text{spa},k+1|k}^{(i,j)};\ v_{\text{spa},k+1|k}^{(i,j)},\ \boldsymbol{V}_{\text{spa},k+1|k}^{(i,j)}) \tag{3-37}$$

其中：

$$\begin{cases}\alpha_{\text{spa},k+1|k}^{(i,j)}=\alpha_{k+1|k}^{(i)},\ j=1,\ 2,\ \cdots,\ N_{\max}-N_k+1\\ \beta_{\text{spa},k+1|k}^{(i,j)}=\beta_{k|k-1}^{(i)}\cdot(N_{\max}-N_k+1)\\ \boldsymbol{m}_{\text{spa},k+1|k}^{(i,j)}(1:2)=\boldsymbol{m}_{k+1|k}^{(i)}(1:2)+2\left(\dfrac{N_k+2j-N_{\max}-2}{N_{\max}-N_k+1}\right)\sqrt{e_{k+1|k,\max}^{(i)}}\boldsymbol{v}_{k+1|k,\max}^{(i)}\\ \boldsymbol{m}_{\text{spa},k+1|k}^{(i,j)}(3:5)=\boldsymbol{m}_{k+1|k}^{(i)}(3:5)\\ \boldsymbol{P}_{\text{spa},k+1|k}^{(i,j)}=\boldsymbol{P}_{k+1|k}^{(i)}\\ v_{\text{spa},k+1|k}^{(i,j)}=v_{k+1|k}^{(i)}\\ \boldsymbol{V}_{\text{spa},k+1|k}^{(i,j)}=U(\boldsymbol{V}_{k+1|k}^{(i)})_{\text{svd}}S(\boldsymbol{V}_{k+1|k}^{(i)})_{\text{svd}}\text{diag}([\dfrac{1}{(N_{\max}-N_k+1)^2},\ 1])(V(\boldsymbol{V}_{k+1|k}^{(i)})_{\text{svd}})^{\mathrm{T}}\end{cases} \tag{3-38}$$

其中，$\gamma_{\text{spa},k+1|k}^{(i,j)}$、$\boldsymbol{x}_{\text{spa},k+1|k}^{(i,j)}$和$\boldsymbol{X}_{\text{spa},k+1|k}^{(i,j)}$分别表示分解后第 j 个子椭圆的量测率状态、运动状态和扩展状态，$e_{k+1|k,\max}^{(i)}$ 和 $\boldsymbol{v}_{k+1|k,\max}^{(i)}$ 分别表示 $\bar{\boldsymbol{X}}_{k+1|k}^{(i)}$ 最大的特征值和相应的特征向量，$U(\boldsymbol{V}_{k+1|k}^{(i)})_{\text{svd}}$、$S(\boldsymbol{V}_{k+1|k}^{(i)})_{\text{svd}}$和$V(\boldsymbol{V}_{k+1|k}^{(i)})_{\text{svd}}$分别表示$\boldsymbol{V}_{k+1|k}^{(i)}$进行 SVD 分解后得到的三个矩阵。

分解后产生的子椭圆和未分解的椭圆组成新的多个子椭圆组合，子椭圆数目更新为$N_{k+1|k}=N_{\max}$，其概率密度函数仍服从 GGIW 形式，如式(3-34)。

3.4.2　滤波和目标合并

1. 滤波

$k+1$ 时刻接收到的量测集为 Z_{k+1}，量测与 $N_{k+1|k}$个子椭圆之间的关联事件为$E_{N_{k+1|k}}$。为了减少计算量，Z_{k+1}聚类为 $N_{c,k+1}$类，$N_{c,k+1}<|Z_{k+1}|$。若 $N_{c,k+1}$太小，则对聚类算法的要求很高；若 $N_{c,k+1}$较大，则算法计算量仍然较大。由经验得知，$N_{c,k+1}=2N_{k+1|k}$时较好地折中了计算量和聚类算法性能的要求(K 均值聚类算法即可)。所有关联事件 $E_{N_{k+1|k}}$ 的总数为$(N_{k+1|k})^{2N_{k+1|k}}$，$E_{N_{k+1|k}}^{l}$ 表示第 l 个关联事件。

$k+1$ 时刻第 i 个子椭圆后验状态概率密度函数为

$$
\begin{aligned}
p(\gamma_{k+1}^{(i)}, \boldsymbol{x}_{k+1}^{(i)}, \boldsymbol{X}_{k+1}^{(i)} \mid Z^{k+1}) &= \sum_{l=1}^{|E_{N_{k+1|k}}|} p(\gamma_{k+1}^{(i)}, \boldsymbol{x}_{k+1}^{(i)}, \boldsymbol{X}_{k+1}^{(i)} \mid E_{N_{k+1|k}}^{l}, Z^{k+1})\mu_{N_{k+1|k}}^{l} \\
&= \sum_{l=1}^{\binom{N_{k+1|k}}{}^{2N_{k+1|k}}} c_{k+1}^{-1} p(Z_{k+1} \mid E_{N_{k+1|k}}^{l}, \gamma_{k+1}^{(i)}, \boldsymbol{x}_{k+1}^{(i)}, \boldsymbol{X}_{k+1}^{(i)}, Z^{k}) p(\gamma_{k+1}^{(i)}, \boldsymbol{x}_{k+1}^{(i)}, \boldsymbol{X}_{k+1}^{(i)} \mid E_{N_{k+1|k}}^{l}, Z^{k})\mu_{N_{k+1|k}}^{l} \\
&= \sum_{l=1}^{\binom{N_{k+1|k}}{}^{2N_{k+1|k}}} p(\gamma_{k+1}^{i|l}, \boldsymbol{x}_{k+1}^{i|l}, \boldsymbol{X}_{k+1}^{i|l} \mid E_{N_{k+1|k}}^{l}, Z^{k+1})\mu_{N_{k+1|k}}^{l} \\
&= \sum_{l=1}^{\binom{N_{k+1|k}}{}^{2N_{k+1|k}}} \mathcal{GAM}(\gamma_{k+1}^{i|l}; \alpha_{k+1}^{i|l}, \beta_{k+1}^{i|l}) \mathcal{N}(\boldsymbol{x}_{k+1}^{i|l}; \boldsymbol{m}_{k+1}^{i|l}, \boldsymbol{P}_{k+1}^{i|l}) \mathcal{IW}(\boldsymbol{X}_{k+1}^{i|l}; v_{k+1}^{i|l}, \boldsymbol{V}_{k+1}^{i|l})\mu_{N_{k+1|k}}^{l} \\
&= \mathcal{GAM}(\gamma_{k+1}^{(i)}; \alpha_{k+1}^{(i)}, \beta_{k+1}^{(i)}) \mathcal{N}(\boldsymbol{x}_{k+1}^{(i)}; \boldsymbol{m}_{k+1}^{(i)}, \boldsymbol{P}_{k+1}^{(i)}) \mathcal{IW}(\boldsymbol{X}_{k+1}^{(i)}; v_{k+1}^{(i)}, \boldsymbol{V}_{k+1}^{(i)})
\end{aligned} \tag{3-39}
$$

$$
\begin{aligned}
c_{k+1} = \int & p(Z_{k+1} \mid E_{N_{k+1|k}}^{l}, \gamma_{k+1}^{(i)}, \boldsymbol{x}_{k+1}^{(i)}, \boldsymbol{X}_{k+1}^{(i)}, Z^{k}) \cdot \\
& p(\gamma_{k+1}^{(i)}, \boldsymbol{x}_{k+1}^{(i)}, \boldsymbol{X}_{k+1}^{(i)} \mid E_{N_{k+1|k}}^{l}, Z^{k}) \mathrm{d}\gamma_{k+1}^{(i)} \mathrm{d}\boldsymbol{x}_{k+1}^{(i)} \mathrm{d}\boldsymbol{X}_{k+1}^{(i)}
\end{aligned} \tag{3-40}
$$

其中：c_{k+1} 为归一化系数；$\mu_{N_{k+1|k}}^{l}$ 表示关联事件 l 的概率，即

$$
\begin{aligned}
& \mu_{N_{k+1|k}}^{l} = p(E_{N_{k+1|k}}^{l} \mid Z^{k+1}) \\
& p(E_{N_{k+1|k}}^{l} \mid Z^{k+1}) = (c_{k}^{l})^{-1} p(Z_{k+1} \mid E_{N_{k+1|k}}^{l}, Z^{k}) p(E_{N_{k+1|k}}^{l} \mid Z^{k}) \\
& p(Z_{k+1} \mid E_{N_{k+1|k}}^{l}, Z^{k}) = \prod_{i=1}^{N_{k+1|k}} p(Z_{k+1}^{i|l} \mid E_{N_{k+1|k}}^{l}, Z^{k}) \\
& p(Z_{k+1}^{i|l} \mid E_{N_{k+1|k}}^{l}, Z^{k}) \\
&= \iiint p(Z_{k+1}^{i|l} \mid \gamma_{k+1}^{i|l}, \boldsymbol{x}_{k+1}^{i|l}, \boldsymbol{X}_{k+1}^{i|l}, Z^{k}) p(\gamma_{k+1}^{i|l}, \boldsymbol{x}_{k+1}^{i|l}, \boldsymbol{X}_{k+1}^{i|l} \mid E_{N_{k+1|k}}^{l}, Z^{k}) \mathrm{d}\gamma_{k+1}^{i|l} \mathrm{d}\boldsymbol{x}_{k+1}^{i|l} \mathrm{d}\boldsymbol{X}_{k+1}^{i|l}
\end{aligned} \tag{3-41}
$$

其中，函数 $p(Z_{k+1}^{i|l} | E_{N_{k+1|k}}^{l}, Z^{k})$ 的计算可参考式(3－31)。滤波后 $k+1$ 时刻第 i 个子椭圆后验状态概率密度函数为

$$
\begin{aligned}
& p(\gamma_{k+1}^{(i)}, \boldsymbol{x}_{k+1}^{(i)}, \boldsymbol{X}_{k+1}^{(i)} \mid Z^{k+1}) \\
&= \mathcal{GAM}(\gamma_{k+1}^{(i)}; \alpha_{k+1}^{(i)}, \beta_{k+1}^{(i)}) \mathcal{N}(\boldsymbol{x}_{k+1}^{(i)}; \boldsymbol{m}_{k+1}^{(i)}, \boldsymbol{P}_{k+1}^{(i)}) \mathcal{IW}(\boldsymbol{X}_{k+1}^{(i)}; v_{k+1}^{(i)}, \boldsymbol{V}_{k+1}^{(i)})
\end{aligned} \tag{3-42}
$$

如果 $N_{k+1|k} = N_{\min}$，则直接跳转到下一时刻执行，子椭圆数目更新为 $N_{k+1} = N_{k+1|k}$。如果 $N_{k} > N_{\min}$，则算法进入目标合并部分执行。

2. 目标合并

当用多个子椭圆拟合椭圆扩展目标时，如图 3.8(b)所示，这些子椭圆应合并为一个椭圆。给定两个子椭圆($\gamma_k^{(1)}$，$\boldsymbol{x}_k^{(1)}$，$\boldsymbol{X}_k^{(1)}$)和($\gamma_k^{(2)}$，$\boldsymbol{x}_k^{(2)}$，$\boldsymbol{X}_k^{(2)}$)，当它们满足下列条件之一时，两个子椭圆应合并为一个椭圆(γ_k，$\boldsymbol{x}_k$，$\boldsymbol{X}_k$)，即

$$\begin{cases} |v_k^{(1)}-v_k^{(2)}|<v_{\text{com}} \\ |\phi_k^{(1)}-\phi_k^{(2)}|<\phi_{\text{com}} \end{cases} \& \left(4\pi\prod_{\ell=1}^{d}\sqrt{e_{k+1}^{(1,\ell)}}+4\pi\prod_{\ell=1}^{d}\sqrt{e_{k+1}^{(2,\ell)}}-4\pi\prod_{\ell=1}^{d}\sqrt{e_{k+1}^{(\ell)}}\right)>0 \tag{3-43}$$

$$\begin{cases} |v_k^{(1)}-v_k^{(2)}|<v_{\text{com}} \\ |\phi_k^{(1)}-\phi_k^{(2)}|<\phi_{\text{com}} \end{cases} \& \frac{4\pi\prod_{\ell=1}^{d}\sqrt{e_{k+1}^{(\ell)}}-4\pi\prod_{\ell=1}^{d}\sqrt{e_{k+1}^{(1,\ell)}}-4\pi\prod_{\ell=1}^{d}\sqrt{e_{k+1}^{(2,\ell)}}}{4\pi\prod_{\ell=1}^{d}\sqrt{e_{k+1}^{(\ell)}}}<o_{\text{com}} \tag{3-44}$$

其中，$e_{k+1}^{(i,\ell)}$和$e_{k+1}^{(\ell)}$分别表示$\boldsymbol{X}_{k+1}^{(i)}$和$\boldsymbol{X}_{k+1}$的第$\ell$个特征值，& 代表逻辑与操作，速率合并阈值$v_{\text{com}}$和方向合并阈值$\phi_{\text{com}}$保证合并目标之间的速度相近。如果$\left(4\pi\prod_{\ell=1}^{d}\sqrt{e_{k+1}^{(1,\ell)}}+4\pi\prod_{\ell=1}^{d}\sqrt{e_{k+1}^{(2,\ell)}}-4\pi\prod_{\ell=1}^{d}\sqrt{e_{k+1}^{(\ell)}}\right)>0$成立，则表明两个子椭圆之间有重叠，应该合并；如果$\left(4\pi\prod_{\ell=1}^{d}\sqrt{e_{k+1}^{(1,\ell)}}+4\pi\prod_{\ell=1}^{d}\sqrt{e_{k+1}^{(2,\ell)}}-4\pi\prod_{\ell=1}^{d}\sqrt{e_{k+1}^{(\ell)}}\right)\leqslant 0$成立，则表明两个子椭圆之间几乎不重叠，面积比合并阈值o_{com}能保证合并后的椭圆面积与合并前子椭圆的总面积相差不大。当两个子椭圆满足合并准则时，合并后椭圆状态的计算公式为

$$\begin{cases} \gamma_{k+1}=\gamma_{k+1}^{(1)}+\gamma_{k+1}^{(2)} \\ \boldsymbol{x}_{k+1}=\dfrac{\gamma_{k+1}^{(1)}}{\gamma_{k+1}}\boldsymbol{x}_{k+1}^{(1)}+\dfrac{\gamma_{k+1}^{(2)}}{\gamma_{k+1}}\boldsymbol{x}_{k+1}^{(2)} \\ \boldsymbol{X}_{k+1}=\dfrac{\gamma_{k+1}^{(1)}}{\gamma_{k+1}}\boldsymbol{X}_{k+1}^{(1)}+\dfrac{\gamma_{k+1}^{(2)}}{\gamma_{k+1}}\boldsymbol{X}_{k+1}^{(2)}+\boldsymbol{H}(\boldsymbol{x}_{k+1}^{(1)}-\boldsymbol{x}_{k+1}^{(2)})(\boldsymbol{x}_{k+1}^{(1)}-\boldsymbol{x}_{k+1}^{(2)})^{\mathrm{T}}\boldsymbol{H}^{\mathrm{T}} \end{cases} \tag{3-45}$$

此外，我们还介绍一种 M1 方法的简化版本，称为 M2 方法。根据前面的讨论，若所使用的子椭圆数目多于实际所需，则出现过拟合现象；若相反，则出现欠拟合现象。那么，如果 NETT 算法一直使用足够多的子椭圆数目，则不会出现欠拟合现象，我们只需要用目标合并部分来处理可能出现的过拟合现象即可。M2 的算法流程图如图 3.10 所示。

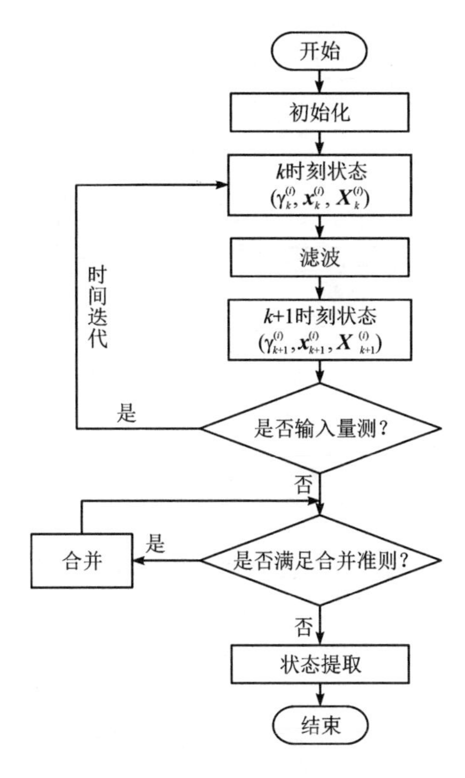

图 3.10　M2 算法流程图

3.5　仿真实验与分析

3.5.1　参数设置

为了验证所提算法的有效性，我们给出本章所提 M1 和 M2 方法与椭圆扩展目标跟踪方法(Ellipsoidal Extended Target Tracking Method，EETTM)的结果对比。仿真实验中，衍生阈值 u_{spa}、速率合并阈值 v_{com}、方向合并阈值 ϕ_{com} 和面积比合并阈值 o_{com} 分别设为 50、5、5 和 0.1，子椭圆最大数目 N_{max} 和最小数目 N_{min} 分别设为 3 和 1，非椭圆扩展目标扩展状态具体参数如图 3.11所示。

非椭圆扩展目标量测均匀分布在目标区域内，且目标在不同姿态下产生量测的个数不同。含有 3 个子椭圆部分的扩展目标在 k=1 s 到 k=17 s 期间匀速运动；在 k=18 s 到 k=37 s 之间以 $\pi/40$ 转向率匀速转弯，转弯期间目标姿态发生变化，退化为椭圆扩展目标；在 k=38 s 时目

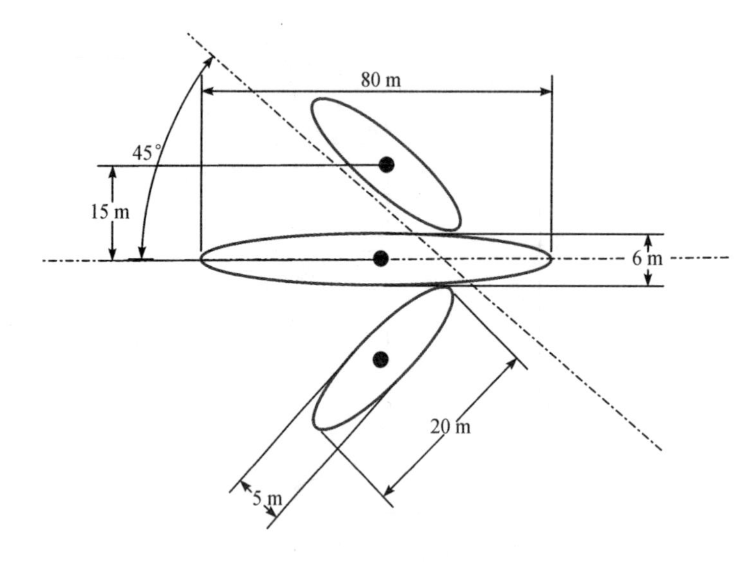

图 3.11　非椭圆扩展目标结构

标恢复为含 3 个子椭圆部分的非椭圆扩展目标，匀速运动到 $k=51$ s；在 $k=52$ s 到 $k=75$ s 时目标匀速转弯(转弯期间目标姿态不发生变化)；目标在 $k=76$ s 时再次退化为椭圆扩展目标，并匀速运动到 $k=94$ s；$k=95$ s 时目标恢复为含 3 个子椭圆部分的非椭圆扩展目标，并一直匀速运动到 $k=110$ s。目标为椭圆扩展状态时产生量测个数为 24±5，目标为含 3 个子椭圆部分的非椭圆扩展状态时产生量测个数为 50±10。目标具体的运动轨迹以及局部放大情况如图 3.12 所示。

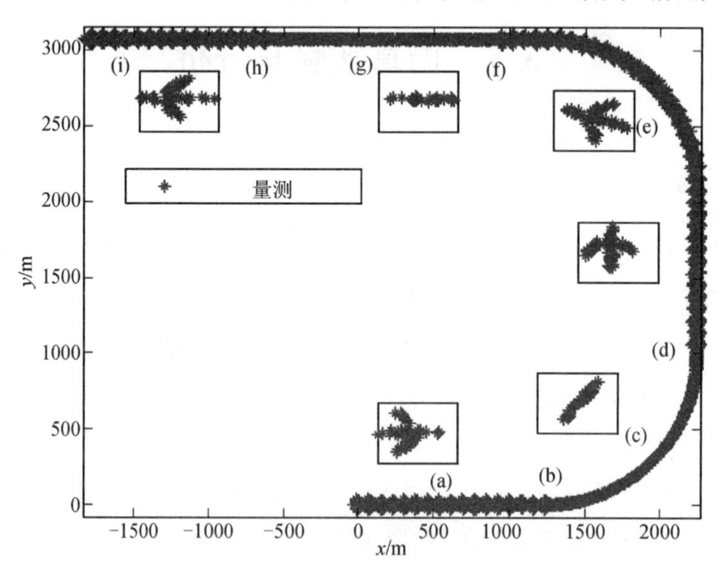

图 3.12　仿真实验的目标运动轨迹以及局部放大情况图

3.5.2　实验结果

图 3.13 给出了用 M1 方法在图 3.12 跟踪场景中一次 MC 扩展状态估计结果的多个对应位置局部放大图，点为量测，椭圆为估计的扩展状态。

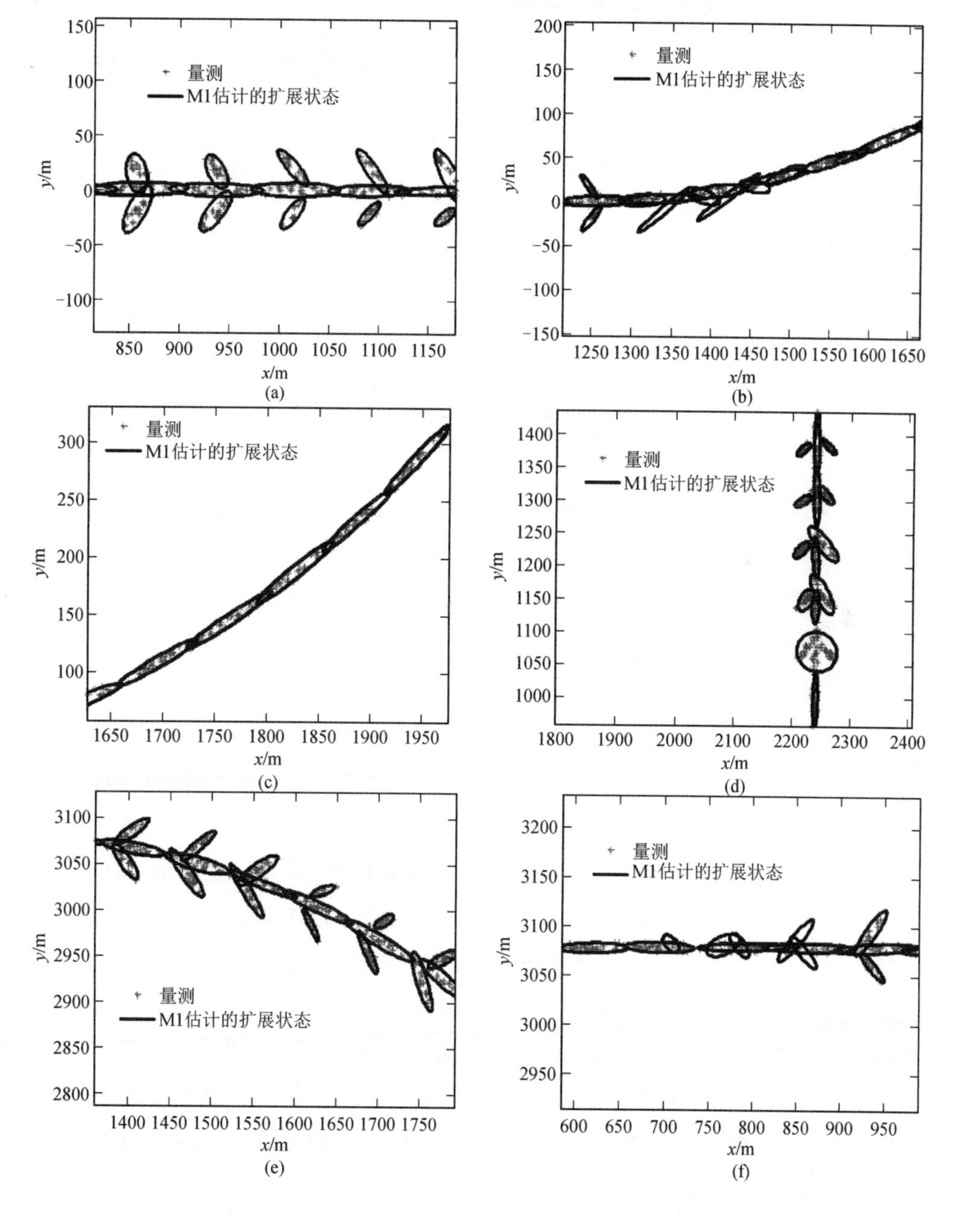

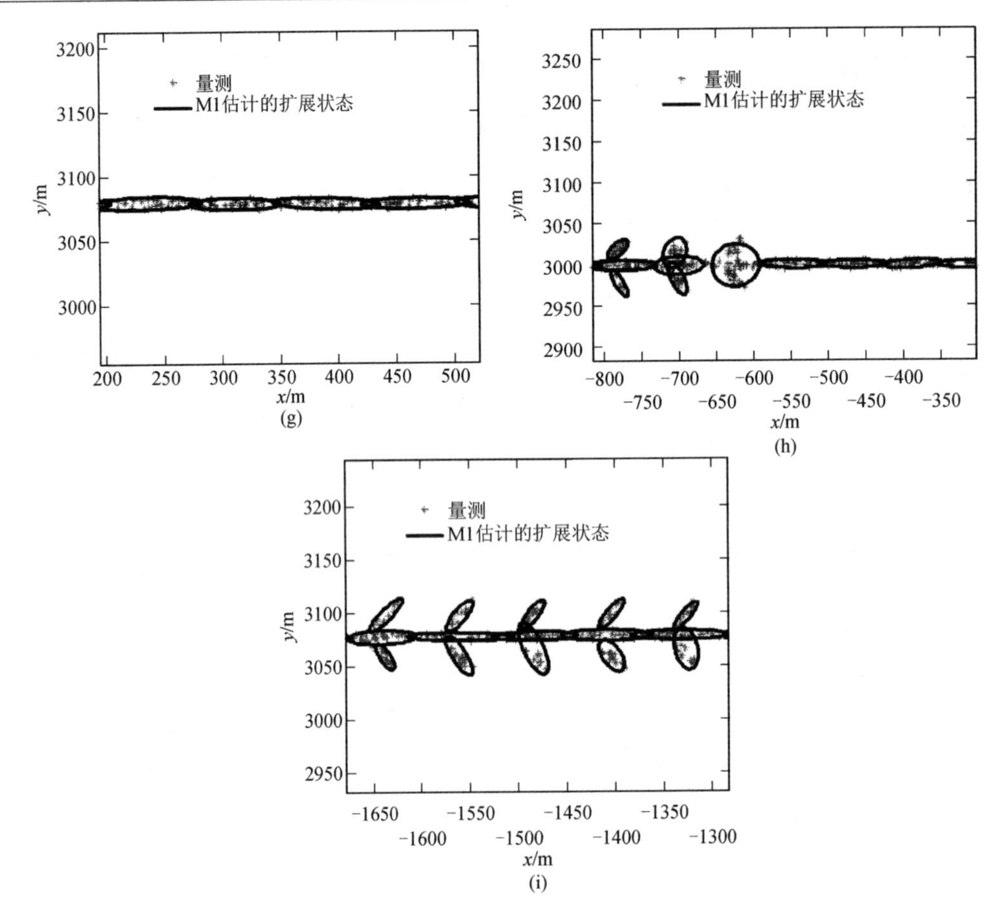

图 3.13　仿真实验的扩展状态估计局部放大图

当非椭圆扩展目标实际子椭圆数目减少退化为椭圆扩展目标时(如图 3.13(b)和(f)所示)，多余的子椭圆趋向于填充椭圆区域，出现过拟合现象。经过几个时刻的收敛，多个子椭圆满足合并准则并进行合并，子椭圆数目减少。

当扩展目标实际子椭圆数目增加，恢复为非椭圆扩展目标时(如图 3.13(d)和(h)所示)，较少的子椭圆用来描述复杂的扩展目标形状，拟合精度下降，出现欠拟合现象，满足目标分解准则，一个椭圆衍生出多个子椭圆，增加子椭圆数目。

其余位置的扩展状态估计局部放大情况如图 3.13(a)、(c)、(e)、(g)和(i)所示，当实际子椭圆数目未发生变化时，M1 算法能较好地拟合目标复杂的形状。

对比 M1、M2 和 EETTM 三种方法，图 3.14～图 3.16 给出了基于图 3.12 仿真场景 200 次 MC 仿真实验的平均结果。图 3.14 给出了子椭圆数目估计图。EETTM 一直只使用一个椭圆，而 M1 和 M2 方法估计的子椭圆数目能根据实际情况发生改变，且 M1 子椭圆数目估计要比 M2 准确。这是因为 M2 方法只采用合并准则，时时刻刻受到来自量测随机性的影响(有时满足合并准则，有时不满足)，在出现过拟合现象时不能及时减少子椭圆数。

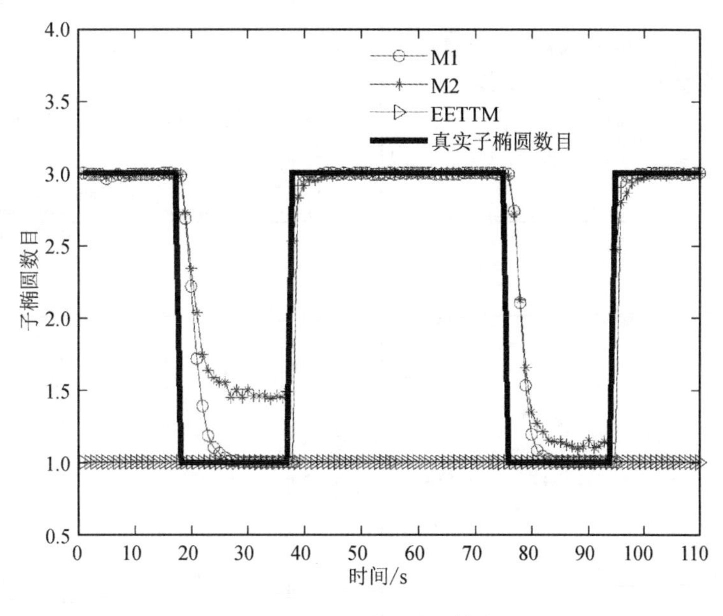

图 3.14　子椭圆数目估计

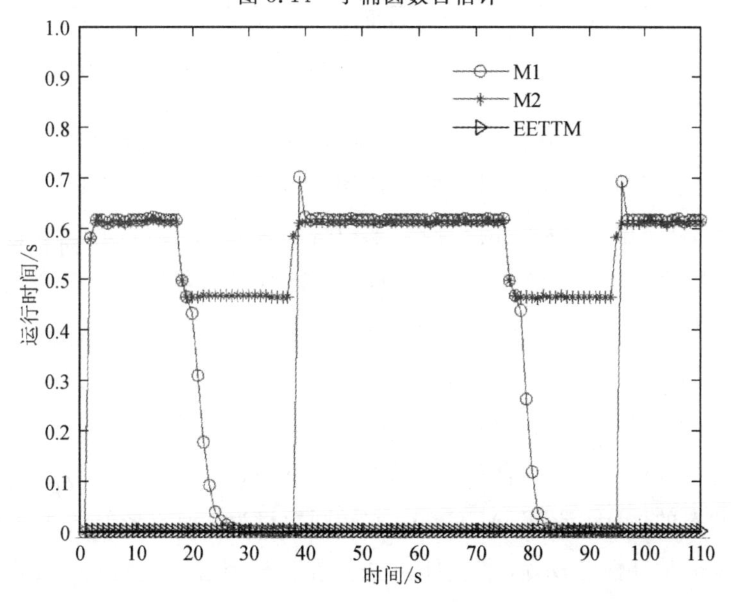

图 3.15　运行时间

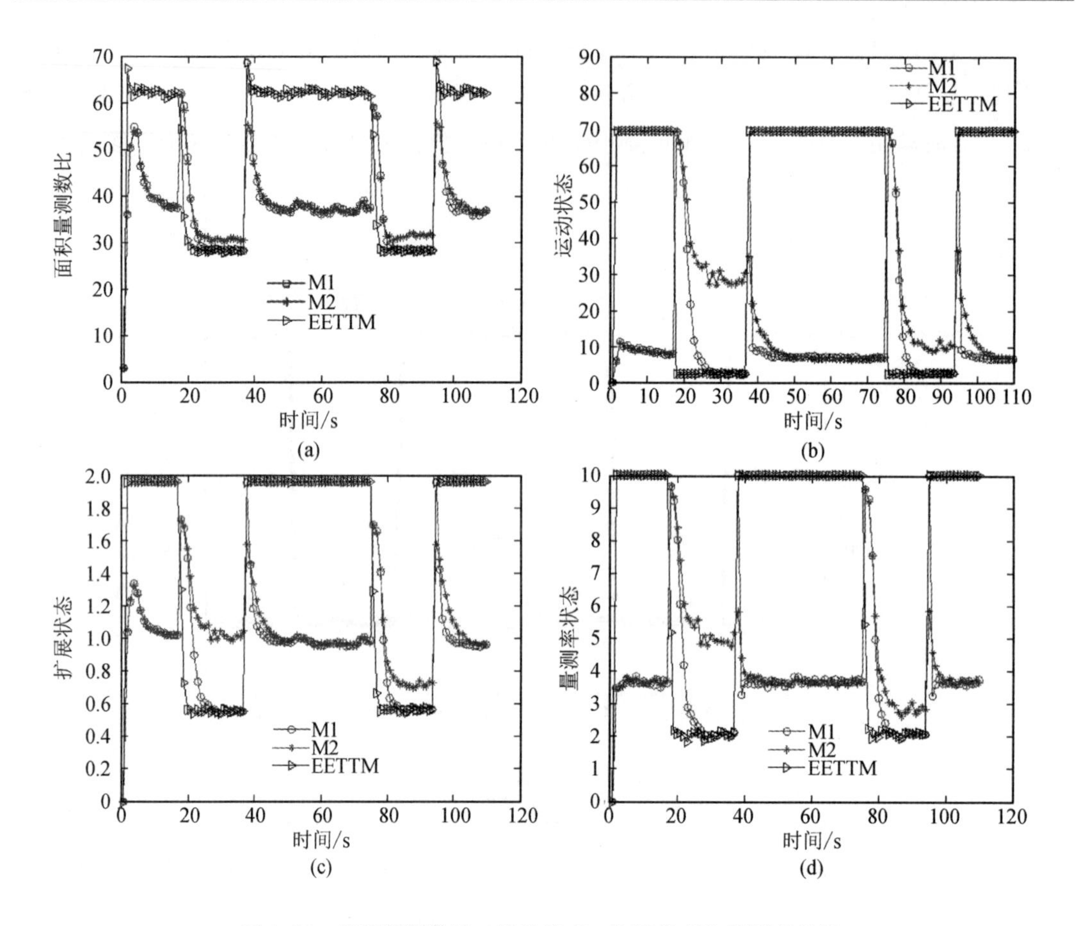

图 3.16　面积量测数比、运动状态、扩展状态和量测率估计

图 3.15 给出了三种方法运行时间的对比图。EETTM 未采用 NETT 框架，运行时间最短。M2 方法一直使用足够数量的子椭圆来拟合扩展状态，运行时间一直保持在较长范围，仅随着量测数的变化小范围波动。M1 方法运行时间随着估计子椭圆数目变化改变较大，当椭圆数目为 1 时，运行时间与 EETTM 的相同。

图 3.16(a)给出了面积量测数比结果图。从图中可知，精确扩展状态估计的面积量测数比数值较小(如 M1)，比扩展状态估计最为粗略的 EETTM 方法要小，再一次说明了将面积量测数比作为目标衍生指标的合理性。图 3.16(b)、(c)和(d)分别给出了运动状态、扩展状态和量测率状态的估计。EETTM 只在真实椭圆数目为 1 时有较好的估计性能，M2 在真实椭圆数目为 3 时估计性能较好，而 M1 方法只在目标姿态发生机动、真实椭圆数目变化的几个时刻内估计性能较差。

3.6 本章小结

本章首先针对扩展目标伯努利滤波方法中存在的扩展状态、量测率状态估计不准确和非线性问题，介绍了一种基于 RHM 的伯努利椭圆扩展目标跟踪方法。通过实验对比，本章所介绍方法要优于现有单目标伯努利滤波方法，在保证运动状态估计精度的同时，可提高扩展状态和量测率状态估计精度，并且通过对视频中真实目标的跟踪，验证了所提方法具有良好的工程应用前景和实际应用价值。然后，针对目标姿态改变情况下的非椭圆扩展目标扩展状态估计问题，介绍了一种子椭圆数目可变的非椭圆扩展目标 GGIW 跟踪方法，通过分析多个子椭圆描述扩展目标复杂形状出现的异常现象，设计了子椭圆之间的合并和分解准则，能较好地处理过拟合和欠拟合现象。所提方法可实时地估计每个子椭圆的量测率状态、运动状态和扩展状态以及 NETT 所使用的子椭圆数目，提高了机动情况下非椭圆扩展目标扩展状态估计精度。仿真实验表明，所提方法能较好地适应位置机动和姿态机动的非椭圆扩展目标跟踪场景，更贴近实际问题。

第4章 扩展目标量测划分与混合约简

4.1 引 言

在现有的大多数扩展目标跟踪方法中，量测划分是得到闭合解的关键，包括ET-PHD滤波[128]、ET-GM-PHD滤波[103]、ET-GM-CPHD滤波[104]、ET-GIW-PHD滤波[105]、ET-GGIW-PHD滤波[106]、ET-GGIW-CPHD滤波[107]以及接下来章节要介绍的扩展目标跟踪方法。理论上讲，上述跟踪方法都需要当前量测集的所有可能划分对其进行更新。然而，所有可能划分数随量测数的增加而急剧上升。为了使跟踪方法可行，需要用一个划分子集来近似所有可能划分，该子集应包含当前量测集最有可能的划分。因此，量测划分方法的选择至关重要，直接影响到跟踪方法的跟踪性能。为了解决量测划分问题，Granström等人针对扩展目标跟踪方法中的不同实现方式和不同跟踪场景，提出了多种不同的量测划分方法[103-106]。然而，对于部分跟踪场景(如本章4.3.4节的分裂跟踪场景)，由于已有的划分方法一开始就使用了错误的信息，因此会出现势过低估计问题。此外，在第5章的扩展目标线性跟踪中，混合(如高斯混合、高斯逆威沙特混合等)常用于扩展目标RFS滤波的实现。然而，混合的迭代处理会导致混合分量的指数增长。为了使滤波保持在一个可处理的水平，需要减少分量数，即混合约简。本章针对ET-GIW-PHD滤波存在的势过低估计问题，结合贝叶斯理论和模糊自适应谐振理论(Adaptive Resonance Theory，ART)模型，介绍一种改进的贝叶斯ART(Modified Bayesian ART，MB-ART)划分方法。此外，本章针对混合约简问题，介绍一种基于模糊ART的高斯混合约简(GM Reduction based on the Fuzzy ART，GMR-FART)算法。

4.2 经典划分方法

Mahler在文献[128]中提到，量测划分是ET-PHD滤波的一个重要组成部分。量测集所有可能划分的数目随量测数的增加而急剧增长，它是一个贝尔(Bell)数。ET-PHD 滤波需要当前量测集的所有可能划分对其进行更新，除简单情况外，一般是计算不可行的。为了使滤波可行，可以用一个划分子集来代替量测集所有可能的划分，然而，为了保证跟踪性能，该划分子集必须能有效近似所有可能的划分。经典的划分方法主要包括距离划分[103]、预测划分[105]、EM 划分[105]等。

4.2.1 距离划分

距离划分[103]的主要思想是，首先将空间邻近的量测根据某一距离阈值划分到相同的单元中，其次将得到的所有单元形成一个划分，最后通过一系列距离阈值形成量测集的划分子集。假设 k 时刻的量测集为 $Z_k=\{\boldsymbol{z}_k^{(i)}\}_{i=1}^{N_{z,k}}$，其中 $N_{z,k}$ 是量测数。量测间的距离集合定义为 $\Delta_{ij}\overset{\text{def}}{=}d(\boldsymbol{z}_k^{(i)},\ \boldsymbol{z}_k^{(j)})$，其中 $d(\cdot,\cdot)$ 是距离测度，$1\leqslant i\neq j\leqslant N_{z,k}$。距离阈值集合为 $\{d_l\}_{l=1}^{N_d}$，其中 $d_l<d_{l+1}$，$l=1,2,\cdots,N_d-1$。对于任一距离阈值 $d_l\geqslant 0$，有以下定理成立。

定理 4.1[128] 一个距离阈值 d_l 只能形成一个划分且唯一。该划分中，满足 $\Delta_{ij}\leqslant d_l$ 的所有量测划分到相同的单元中。

根据定理 4.1，N_d 个不同的距离阈值能产生 N_d 个不同的划分，并且划分单元数随 d_l 的增加而减少，同时单元中的量测数随之增多。

距离划分中，阈值 $\{d_l\}_{l=1}^{N_d}$ 在集合 $\mathcal{D}\overset{\text{def}}{=}\{0\}\cup\{\Delta_{ij}\mid 1\leqslant i<j\leqslant N_{z,k}\}$ 中取值，且距离测度 $d(\cdot,\cdot)$ 采用马氏距离。如果用 $\mathcal{D}$ 中的所有元素作为阈值来形成量测集的划分子集，则总共生成 $\dfrac{N_{z,k}(N_{z,k}-1)}{2}+1$ 个划分。如果用这些划分直接更新扩展目标 RFS 滤波，则时间复杂度过高。为此，Granström 等人仅选取某一合理阈值区间生成的划分来更新扩展目标 RFS 滤波。由于两个量测间的马氏距离服从自由度为量测维数的 χ^2 分布，因此，可以通过给定的概率 P_G 求得相应的距离阈值，即

$$\delta_{P_G}=\text{invchi2}(P_G) \tag{4-1}$$

其中，$\text{invchi2}(\cdot)$ 表示逆 χ^2 分布函数。这样，我们可以仅用 $\mathcal{D}$ 中满足条件 $\delta_{P_L}<d_l<\delta_{P_U}$ 的距离阈值形成划分子集，其中 P_L 和 P_U 分别为概率下界和上界，为经验值。Granström 等人通过大量仿真实验表明，当 $P_L=0.3$ 和 $P_U=0.8$ 时，扩展目标 RFS 滤波的跟踪性能最佳[103]。

4.2.2　预测划分

假设第 j 个预测 GIW 分量为[105]

$$\xi_{k|k}^{(j)} \stackrel{\text{def}}{=} (\boldsymbol{m}_{k+1|k}^{(j)}, \boldsymbol{P}_{k+1|k}^{(j)}, v_{k+1|k}^{(j)}, \boldsymbol{V}_{k+1|k}^{(j)}) \tag{4-2}$$

其中，$\boldsymbol{m}_{k+1|k}^{(j)}$和$\boldsymbol{P}_{k+1|k}^{(j)}$分别为第 j 个高斯分量的预测均值向量和协方差矩阵，$v_{k+1|k}^{(j)}$和$\boldsymbol{V}_{k+1|k}^{(j)}$分别为第 j 个逆威沙特分量的预测自由度和逆尺度矩阵。

对于预测划分[105]，量测集的划分通过对预测 GIW 分量进行迭代得到，且迭代分量通过权重降序依次选择。此外，所选择分量的权重必须满足 $w_{k+1|k}^{(j)}>0.5$，相应的位置均值通过取 $\boldsymbol{m}_{k+1|k}^{(j)}$的前 d 个元素得到，标记为 $\boldsymbol{m}_{k+1|k}^{(j),d}$，其中 d 为量测向量的维数。划分中，将所有满足

$$(\boldsymbol{z}_k^{(i)} - \boldsymbol{m}_{k+1|k}^{(j),d})^{\mathrm{T}} (\hat{\boldsymbol{X}}_{k+1|k}^{(j)})^{-1} (\boldsymbol{z}_k^{(i)} - \boldsymbol{m}_{k+1|k}^{(j),d}) < \Delta_d(p) \tag{4-3}$$

的量测 $\boldsymbol{z}_k^{(i)}$ 放入同一单元，其中 d 维的扩展状态估计 $\hat{\boldsymbol{X}}_{k+1|k}^{(j)}$定义为[7]

$$\hat{\boldsymbol{X}}_{k+1|k}^{(j)} = \frac{\boldsymbol{V}_{k|k-1}^{(j)}}{v_{k|k-1}^{(j)} - 2d - 2} \tag{4-4}$$

$\Delta_d(p)$通过以自由度为 d 和 $p=0.99$ 的逆累积 χ^2 分布计算求得。

如果一个量测落入两个或多个扩展估计中，则将其放入最大权重形成的单元中。如果一个量测对于任何 GIW 分量都不满足式(4-3)，则将其放入仅包含一个量测的单元中。

4.2.3　EM 划分

对于 EM(Expectation Maximization)划分[105]，量测集的划分也是通过预测 GIW 分量生成的。对于权重 $w_{k+1|k}^{(j)}>0.5$ 的分量，置高斯混合参数的初始均值向量为 $\boldsymbol{\mu}_l=\boldsymbol{m}_{k+1|k}^{(j),d}$，协方差矩阵为 $\boldsymbol{\Sigma}_l=\hat{\boldsymbol{X}}_{k+1|k}^{(j)}$，混合系数为 $\pi_l \propto \gamma(\xi_{k+1|k}^{(j)})$。此外，为了包含杂波量测，额外增加了一个混合分量，该分量的混合系数为 $\pi_l=10^{-9}$。均值向量为监视区域中心 $\boldsymbol{\mu}_l$，协方差矩阵为 $\boldsymbol{\Sigma}_l$，$\boldsymbol{\Sigma}_l$ 以 99%的概率近似覆盖整个监视区域。此处，首次 E 步骤(Expectation Step)执行前，应归一化混合系数 π_l，即 $\sum_l \pi_l = 1$。其后，执行高斯混合 EM 算法[147]，并生成量测集的划分。

值得注意的是，距离划分形成的划分子集能近似所有可能的划分，但需要较大的计算量。由上可知，每一距离阈值只能形成唯一的划分，因此不能对形成的划分子集进行压缩。为了保证跟踪性能，需要选取阈值区间 $[\delta_{P_L}, \delta_{P_U}]$ 中所有的值来形成足够多的划分，以便

使其包含正确的划分。这样，划分数将随着目标数的增加而急剧增大，进而增加了扩展目标 RFS 滤波的时间开销。此外，对于考虑目标扩展形状的 ET - GIW - PHD 滤波，当多个大小不同的目标空间邻近时，距离划分方法将失效，这是因为它们没有考虑目标的形状信息。为此，针对 ET - GIW - PHD 滤波，Granström 等人提出了预测划分和 EM 划分。

然而，EM 划分所采用的 EM 算法为一局部最优聚类算法，无法确保收敛到全局最优。这意味着如果预测的 GIW 分量不能正确地代表似然函数，通过 EM 划分不可能得到量测集的正确划分。因为预测划分也是通过预测 GIW 分量生成量测集的划分，所以它也存在划分结果依赖于预测分量的问题。这样，预测划分和 EM 划分均对预测 GIW 分量比较敏感。实际中，对于大小不同且空间邻近的扩展目标，如果 ET - GIW - PHD 滤波一开始就使用错误的预测 GIW 分量，预测划分和 EM 划分均得不到量测集的正确划分。如 4.3.4 节将要介绍的分裂跟踪情况，因为一开始不能得到正确的预测 GIW 分量，所以预测划分和 EM 划分将失效，导致 ET - GIW - PHD 滤波出现势过低估计问题。此外，由于 EM 划分采用了高斯混合 EM 算法，因此计算复杂度较高。对于一个实时的扩展目标跟踪系统而言，它并不是一个理想的划分方法。综上所述，本章针对 ET - GIW - PHD 滤波，结合贝叶斯理论和模糊自适应谐振理论(ART)模型，介绍一种改进的贝叶斯 ART(MB - ART)划分方法。

4.3 改进的贝叶斯 ART 划分

4.3.1 模糊自适应谐振理论

自适应谐振理论(ART)最早由 Grossberg 提出[148-149]，用于分析人脑如何以快速稳定的方式自主学习实时变化的世界。其后，针对无监督学习和模式识别，ART 衍生出了一系列实时的神经网络模型，模糊 ART 是其中之一。

如图 4.1 所示，模糊 ART[76]是一个神经网络结构，它包含一个存储当前输入向量的输入域 F_0、一个含有激励类(Categories)的选择域 F_2 和一个匹配域 F_1。F_1 同时接收来自 F_0 自底向上的输入和 F_2 自顶向下的输入。为了避免类数激增，所有输入向量在域 F_0 都要进行补充编码操作[76, 150-153]。每个 M 维的输入向量 $\boldsymbol{a}$ 经编码后变为 $2M$ 维的向量 $\boldsymbol{A}=(\boldsymbol{a}, \boldsymbol{a}^c)\stackrel{\text{def}}{=}(a_1, a_2, \cdots, a_M, a_1^c, a_2^c, \cdots, a_M^c)$，其中 $a_i^c=1-a_i$，$i=1, 2, \cdots, M$。ET - GIW - PHD 滤波中，输入向量 $\boldsymbol{a}$ 相当于归一化后的单个量测向量。域 F_2 中，与每个类节点 $j(j=1, 2,$

…，N)关联的权向量 $\boldsymbol{w}_j=(\boldsymbol{u}_j, \boldsymbol{v}_j^c)$同时包含了自底向上和自顶向下的权向量。模糊 ART 在未输入向量前，所有的权向量被初始化为 1。此时，所有的类是无约束的，一旦类经过学习，则变为约束类。类学习过程中，由于每个权向量 $\boldsymbol{w}_i(i=1, 2, \cdots, 2M)$随时间单调递减，因此其必将收敛于一个极值。这样，输入向量经模糊 ART 后必将收敛于真实类。

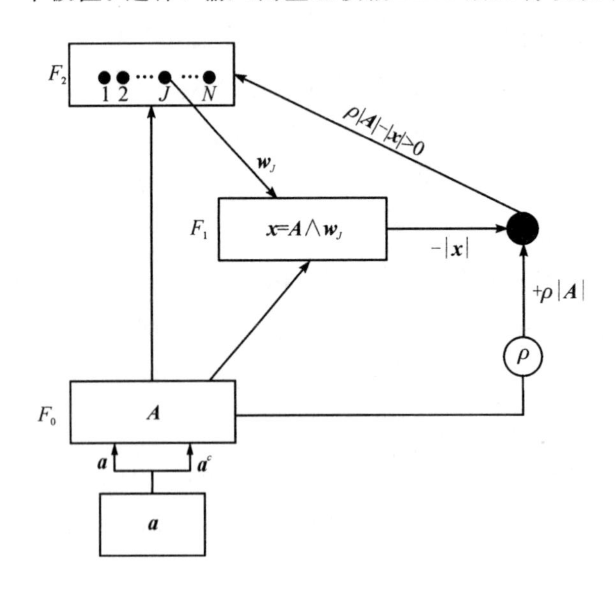

图 4.1 模糊 ART 结构图

模糊 ART 的聚类分为类选择、谐振或重置以及学习三个过程，具体描述如下。

(1) 类选择：

输入 $\boldsymbol{A}$ 的类选择函数 T_j 定义为

$$T_j=\frac{|\boldsymbol{A}\wedge\boldsymbol{w}_j|}{\alpha+|\boldsymbol{w}_j|} \tag{4-5}$$

其中，$\boldsymbol{p}\wedge\boldsymbol{q}(\boldsymbol{p}=\{p_i\}_{i=1}^M, \boldsymbol{q}=\{q_i\}_{i=1}^M)$的第 i 个元素表示为 $\min(p_i, q_i)$，$|\boldsymbol{p}|=\sum_{i=1}^M|p_i|$。

域 F_2 的第 J 个竞争获胜类可由下式得到

$$T_J=\max\{T_j; j=1, 2, \cdots, N\} \tag{4-6}$$

模糊 ART 的执行中，无约束类以 $j=1, 2, 3, \cdots$的顺序依次变为约束类。

(2) 谐振或重置(警戒测试)：

当选择第 J 个类时，模糊 ART 执行警戒测试来度量输入 $\boldsymbol{A}$ 属于权重 $\boldsymbol{w}_J$ 的模糊隶属度，即度量 $\boldsymbol{A}$ 和 $\boldsymbol{w}_J$ 之间的相似度。如果被选择类的匹配函数满足警戒准则

$$\frac{|\boldsymbol{A} \wedge \boldsymbol{w}_J|}{|\boldsymbol{A}|} \geqslant \rho \tag{4-7}$$

则类 J 竞争获胜(匹配)，然后执行学习，其中 $\rho \in [0, 1]$。否则，置 $T_J=-1$，以免在下次搜索匹配类的过程中重复选择类 J。此后，通过式(4-6)选择一个新类，并继续搜索直到所选择的类满足警戒准则(式(4-7))为止。如果没有满足警戒准则的类，则形成新类，并直接执行学习。

(3) 学习：

一旦类 J 满足警戒准则，权重 $\boldsymbol{w}_J$ 更新为

$$\boldsymbol{w}_{\text{new}, J} = \beta(\boldsymbol{A} \wedge \boldsymbol{w}_{\text{old}, J}) + (1-\beta)\boldsymbol{w}_{\text{old}, J} \tag{4-8}$$

其中，$\beta \in [0, 1]$为学习速率参数，当 $\beta=1$ 时为快速学习。

4.3.2　MB-ART 划分

本节介绍的 MB-ART 划分是基于模糊 ART 结构和贝叶斯理论的。MB-ART 划分中，我们采取类似于模糊 ART 的神经网络结构实现对量测集的正确划分。该划分方法中，采用贝叶斯后验概率作为类选择函数，使其更具有一般性。类似于模糊 ART，MB-ART 划分也包含一个存储当前输入向量的输入域 F_0、一个含有激励类的选择域 F_2 和一个匹配域 F_1。F_1 同时接收来自 F_0 自底向上的输入和 F_2 自顶向下的输入。值得注意的是，通过学习最后形成的激励类就是书中提及的类(划分单元)。域 F_2 中，与每个类 $j(j=1, 2, \cdots, N_{\text{cat}})$ 关联的均值向量和协方差矩阵分别为 $\boldsymbol{\mu}_j$ 和 $\boldsymbol{\Sigma}_j$，其中 N_{cat} 为类数。类似于模糊 ART，MB-ART划分对初始值的选择不敏感。为了方便起见，用第一个输入 MB-ART 划分的量测向量作为类均值向量的初始值。当然也可以用其他量测向量作为初始值，这对划分结果影响并不大。这样，MB-ART 划分初始化为 $N_{\text{cat}}=1$，$\boldsymbol{\mu}_1=\boldsymbol{z}_k^{(1)}$，$\boldsymbol{\Sigma}_1=\boldsymbol{\Sigma}_{\text{ini}}$ 和 $\hat{P}(c_1)=1$，其中 $\boldsymbol{\Sigma}_{\text{ini}}$ 表示初始协方差矩阵(该矩阵必须足够大以满足下面提到的警戒准则)，c_j 表示第 j 个类，$\hat{P}(c_j)$是第 j 个类先验概率的估计值。类似于模糊 ART，MB-ART 划分也包含类选择、谐振或重置以及学习三个阶段。

(1) 类选择：

假设当前输入量测集为 $Z_k=\{\boldsymbol{z}_k^{(i)}\}_{i=1}^{N_{z,k}}$，其中 k 为离散的采样时间，$N_{z,k}$ 为量测数。在类选择阶段，所有存在类竞争一个输入量测。这样，在输入量测向量 $\boldsymbol{z}_k^{(i)}$ 已知的条件下，第 j 个类的贝叶斯后验概率定义为

$$P(c_j \mid \boldsymbol{z}_k^{(i)}) = \frac{p(\boldsymbol{z}_k^{(i)} \mid c_j)\hat{P}(c_j)}{\sum_{l=1}^{N_{\text{cat}}} p(\boldsymbol{z}_k^{(i)} \mid c_l)\hat{P}(c_l)} \tag{4-9}$$

其中，$p(\boldsymbol{z}_k^{(i)} | c_j)$为高斯似然函数，定义为

$$p(\boldsymbol{z}_k^{(i)} \mid c_j) = \frac{1}{(2\pi)^{\frac{d}{2}} \ |\boldsymbol{\Sigma}_j|^{\frac{1}{2}}} \exp\left(-\frac{1}{2}(\boldsymbol{z}_k^{(i)} - \boldsymbol{\mu}_j)^{\mathrm{T}} \boldsymbol{\Sigma}_j^{-1} (\boldsymbol{z}_k^{(i)} - \boldsymbol{\mu}_j)\right) \tag{4-10}$$

式(4-10)中的 $\boldsymbol{\mu}_j$ 和 $\boldsymbol{\Sigma}_j$ 分别表示第 j 个类的均值向量(类中心)和协方差矩阵(扩展目标的形状)。

竞争获胜类 J 为

$$J = \arg\max_j (P(c_j \mid \boldsymbol{z}_k^{(i)})) \tag{4-11}$$

(2) 谐振或重置：

谐振或重置也称警戒测试，该阶段的主要目的是确定输入量测向量 $\boldsymbol{z}_k^{(i)}$ 是否与式(4-11)所选类 J 的分布形状相匹配。采用 $\boldsymbol{z}_k^{(i)}$ 和 c_J 之间的归一化相似度定义匹配函数，即

$$M(\boldsymbol{z}_k^{(i)}, J) = (2\pi)^{\frac{d}{2}} \ |\boldsymbol{\Sigma}_J|^{\frac{1}{2}} p(\boldsymbol{z}_k^{(i)} \mid c_J) \tag{4-12}$$

如果匹配函数满足警戒准则

$$M(\boldsymbol{z}_k^{(i)}, J) \geqslant \rho \tag{4-13}$$

则谐振，其中 $\rho \in [0, 1]$为警戒参数。然后对输入量测向量 $\boldsymbol{z}_k^{(i)}$ 进行学习。

如果

$$M(\boldsymbol{z}_k^{(i)}, J) < \rho \tag{4-14}$$

则重置。其后，从 $\boldsymbol{z}_k^{(i)}$ 的竞争中移除类 J，并且通过式(4-9)和式(4-11)继续搜索满足警戒准则的另一个类。如果所有存在类都不满足警戒准则，则形成一个新类代表输入量测 $\boldsymbol{z}_k^{(i)}$，且新类的初始均值向量和协方差矩阵分别为 $\boldsymbol{z}_k^{(i)}$ 和 $\boldsymbol{\Sigma}_{\text{ini}}$，然后令

$$N_{\text{cat}} = N_{\text{cat}} + 1 \tag{4-15}$$

值得注意的是，由初始协方差矩阵 $\boldsymbol{\Sigma}_{\text{ini}}$ 代表类的分布形状时，其值必须足够大以满足式(4-13)。

(3) 学习：

当类 J 满足警戒准则时，将通过学习过程更新类参数。MB-ART 划分的学习涉及类 J 的均值向量、协方差矩阵和元素个数的更新。此外，也要更新所有类先验概率的估计值。上述参数的更新分别通过下面公式实现[154]：

$$\boldsymbol{\mu}_J = \frac{N_J}{N_J + 1}\boldsymbol{\mu}_J + \frac{1}{N_J + 1}\boldsymbol{z}_k^{(i)} \tag{4-16}$$

$$\boldsymbol{\Sigma}_J = \frac{N_J}{N_J + 1}\boldsymbol{\Sigma}_J + \frac{1}{N_J + 1}(\boldsymbol{z}_k^{(i)} - \boldsymbol{\mu}_J)(\boldsymbol{z}_k^{(i)} - \boldsymbol{\mu}_J)^{\mathrm{T}} \tag{4-17}$$

$$N_J = N_J + 1 \tag{4-18}$$

最后，所有先验概率 $\hat{P}(c_j)$的估计值更新为

$$\hat{P}(c_j) = \frac{N_j}{\sum_{j=1}^{N_{\mathrm{cat}}} N_j}, \quad j = 1, 2, \cdots, N_{\mathrm{cat}} \tag{4-19}$$

为了便于理解，图 4.2 示出了 MB－ART 划分的算法流程图。如果将 MB－ART 划分应用于 ET－GIW－PHD 滤波，则一个预先设定的警戒参数只能产生一个划分。一个划分包含多个单元，即 MB－ART 划分形成的类。

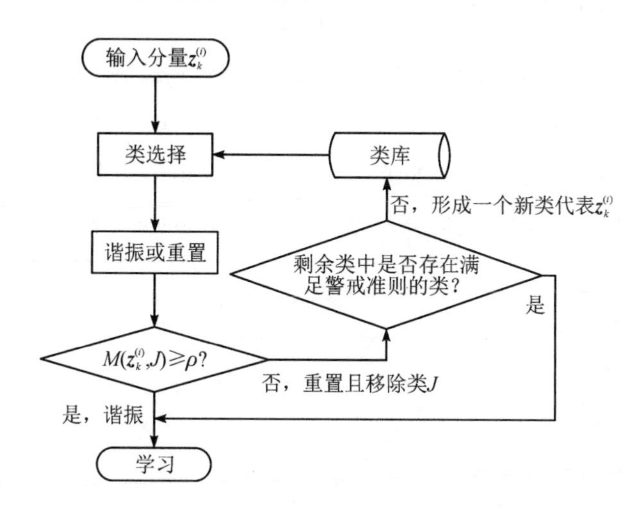

图 4.2　MB－ART 划分的流程图

以上给出了利用 MB－ART 划分形成一个划分的具体过程。下面给出形成量测集划分子集的详细过程。

4.3.3　生成划分子集

由 4.3.2 节可知，给定一警戒参数，通过贝叶斯划分可得到量测集的一个划分。因此，N_V 个不同的警戒参数，即

$$\{\rho_l\}_{l=1}^{N_V}, \ \rho_{l+1} = \rho_l + \Delta, \ l = 1, 2, \cdots, N_V - 1 \tag{4-20}$$

可产生 N_V 个量测集的划分，其中 $\rho_l \in [0, 1]$，Δ 为警戒步长，并为经验值。警戒步长的值越大，产生的划分数越少，划分需要的时间也越少，这样会牺牲一些跟踪性能。因此，警戒步长 Δ 的选择尤为重要。

此外，随着警戒参数 ρ_l 的增加，划分中包含的单元数也随之增多。MB－ART 划分中，相邻的警戒参数可能会产生相同的划分。为了使得到的每一个划分具有唯一性，此处仅保留相同划分中的一个。最后，通过删减，可得到 $N_V' \leqslant N_V$ 个不同的划分。如果 Δ 较小，则 N_V'的值较大。为了进一步减少计算复杂度，仅选取预先设置区间中的警戒参数形成量测集的划分子集，该区间的上、下界分别为 δ_{V_U} 和 δ_{V_L}。这样，只有满足条件

$$\delta_{V_L} \leqslant \rho_l \leqslant \delta_{V_U} \tag{4-21}$$

的警戒参数可形成量测集的划分子集。类似于警戒步长 Δ，δ_{V_L} 和 δ_{V_U} 也是经验值。

4.3.4 仿真实验与分析

本节分别采用图 4.3 所示的四个不同的扩展目标仿真场景，即交叉跟踪、平行跟踪、分裂跟踪和转弯跟踪，来验证 MB－ART 划分方法的有效性，并与联合划分策略[105]进行比较。联合划分同时包含预测划分、距离划分及其次划分。值得注意的是，本节采用的联合划分中不包含 EM 划分，这是因为它的分割效果与预测划分的效果相同[105]，但耗时。

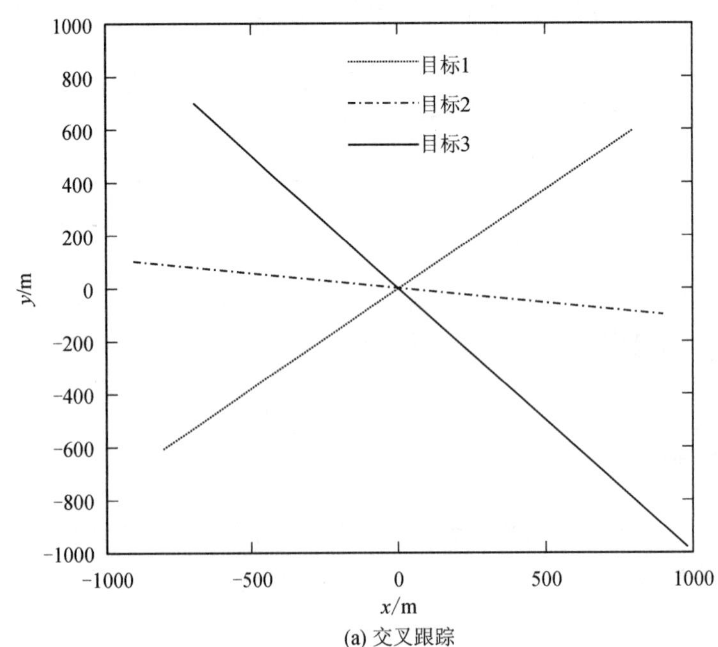

(a) 交叉跟踪

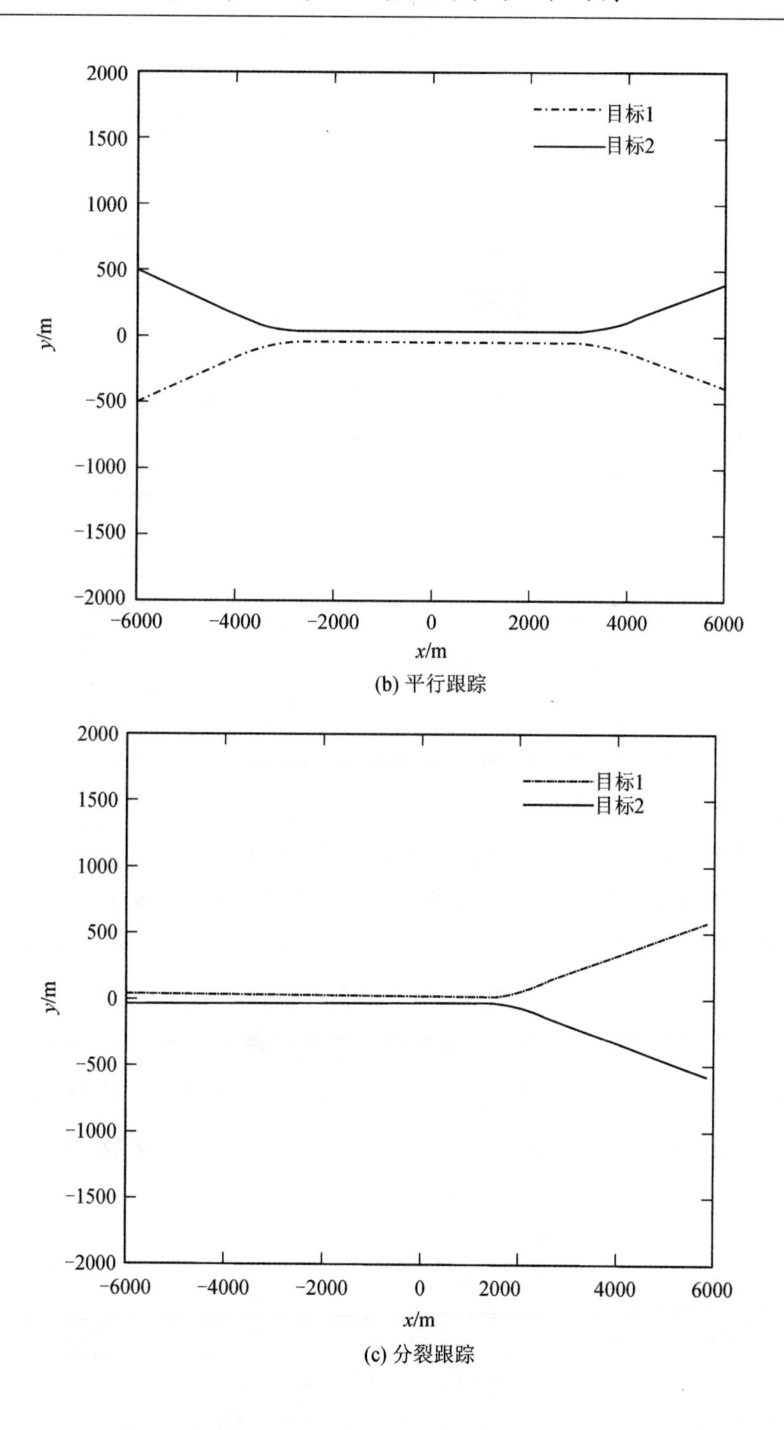

(b) 平行跟踪

(c) 分裂跟踪

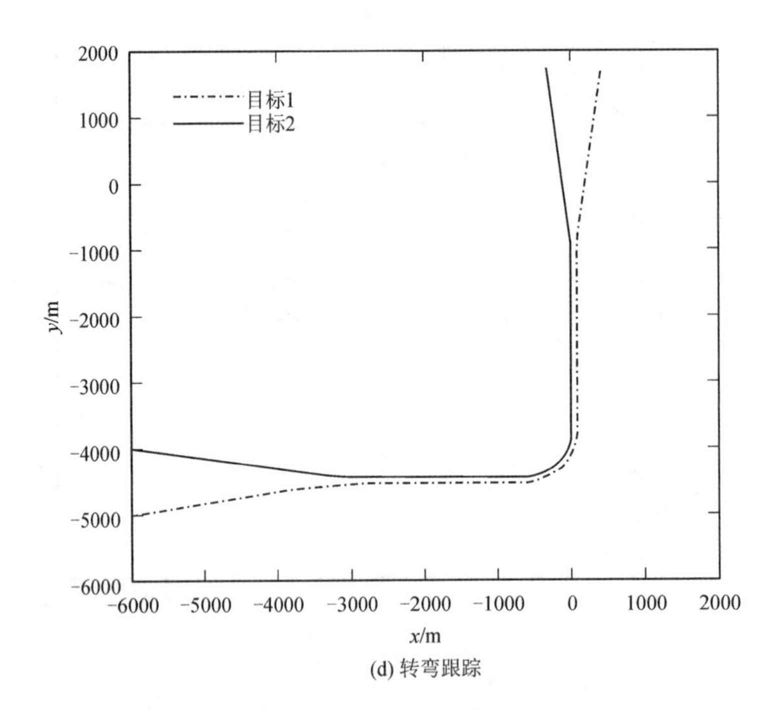

(d) 转弯跟踪

图 4.3　仿真目标轨迹

仿真中，目标的扩展定义为[105]

$$\boldsymbol{X}_k^{(i)} = \boldsymbol{M}_k^{(i)} \operatorname{diag}([a_i^2 \quad b_i^2])(\boldsymbol{M}_k^{(i)})^{\mathrm{T}} \tag{4-22}$$

其中：$\boldsymbol{M}_k^{(i)}$ 为旋转矩阵，它使 k 时刻第 i 个目标的运动方向与扩展的长轴方向一致；a_i 和 b_i 分别为扩展范围的长半轴和短半轴。平行跟踪、分裂跟踪和转弯跟踪三个仿真场景中，两个目标的长半轴和短半轴分别设置为$(a_1, b_1)=(25, 6.5)$和$(a_2, b_2)=(15, 4)$。此外，交叉跟踪仿真场景中，三个目标的长半轴和短半轴分别设置为$(a_1, b_1)=(25, 6.5)$、$(a_2, b_2)=(15, 4)$和$(a_3, b_3)=(10, 2.5)$。假设每个扩展目标产生的量测期望数是一个关于扩展目标体积 $V_k^{(i)}=\pi\sqrt{|\boldsymbol{X}_k^{(i)}|}=\pi a_i b_i$ 的函数。此处，采用以下简单量测期望数模型[105]，即

$$\gamma_k^{(i)} = \left\lfloor \sqrt{\frac{4}{\pi} V_k^{(i)}} + 0.5 \right\rfloor = \left\lfloor 2\sqrt{a_i b_i} + 0.5 \right\rfloor \tag{4-23}$$

其中，$\lfloor \cdot \rfloor$为下取整函数。

目标运动模型为[105]

$$\boldsymbol{x}_{k+1}^{(i)} = (\boldsymbol{F}_{k+1|k} \otimes \boldsymbol{I}_d)\boldsymbol{x}_k^{(i)} + \boldsymbol{w}_{k+1}^{(i)} \tag{4-24}$$

其中：$\boldsymbol{w}_{k+1}^{(i)}$ 为高斯过程噪声，其均值和协方差分别为零和 $\boldsymbol{Q}_{k+1|k} \otimes \boldsymbol{X}_{k+1}^{(i)}$，$\boldsymbol{X}_k^{(i)}$ 为 $d \times d$ 维对

称正定矩阵，d 为目标扩展维数；$\boldsymbol{I}_d$ 为 $d\times d$ 维单位矩阵；$\boldsymbol{A}\otimes\boldsymbol{B}$ 为矩阵张量积。$\boldsymbol{F}_{k+1|k}$ 和 $\boldsymbol{Q}_{k+1|k}$ 分别为[7]

$$\boldsymbol{F}_{k+1|k}=\begin{bmatrix}1 & T & 0.5T^2\\ 0 & 1 & T\\ 0 & 0 & \mathrm{e}^{-\frac{T}{\theta}}\end{bmatrix} \tag{4-25}$$

$$\boldsymbol{Q}_{k+1|k}=\sigma^2(1-\mathrm{e}^{-\frac{2T}{\theta}})\mathrm{diag}([0\quad 0\quad 1]) \tag{4-26}$$

其中，T 为采样时间间隔，σ 为加速度标准差，θ 为机动相关时间。

量测模型为[105]

$$\boldsymbol{z}_k^{(j)}=(\boldsymbol{H}_k\otimes\boldsymbol{I}_d)\boldsymbol{x}_k^{(j)}+\boldsymbol{v}_k^{(j)} \tag{4-27}$$

其中：$\boldsymbol{v}_k^{(j)}$ 是高斯白噪声，其协方差为 $\boldsymbol{R}_k^{(j)}$；$\boldsymbol{H}_k=[1\quad 0\quad 0]$。

每个扩展目标产生的量测数服从均值为 $\gamma_k^{(j)}$ 的泊松分布。四个仿真场景中，模型参数分别设置为 $T=1$ s，$\theta=1$ s 和 $\sigma=0.1\ \mathrm{m^2/s}$。新生目标参数分别设置为 $w_{b,k}^{(j)}=0.1$，$\boldsymbol{m}_{b,k}^{(j)}=[(\boldsymbol{x}_0^{(j)})^{\mathrm{T}}\quad \boldsymbol{0}_4^{\mathrm{T}}]^{\mathrm{T}}$，$\boldsymbol{P}_{b,k}^{(j)}=\mathrm{diag}([100^2\quad 25^2\quad 25^2])$，$v_{b,k}^{(j)}=7$ 和 $\boldsymbol{V}_{b,k}^{(j)}=\mathrm{diag}([1\quad 1])$。

图 4.3(b)、(c)、(d)中，两个扩展目标在时刻 1 出现，并在时刻 100 消失。图 4.3(a)中，扩展目标 1 和 2 在时刻 1 出现，在时刻 100 消失，但扩展目标 3 在时刻 20 出现，在时刻 92 消失。针对四个不同的仿真场景，分别进行 500 次的 MC 仿真实验。每个时刻产生的杂波数服从均值为 10 的泊松分布，杂波和量测的产生是相互独立的。根据前期的仿真结果，置 MB-ART 划分的初始协方差矩阵 $\boldsymbol{\Sigma}_{\mathrm{ini}}=\mathrm{diag}([2000\ 2000])$，警戒阈值 $\delta_{V_L}=0.05$ 和 $\delta_{V_U}=0.2$，步长 $\Delta=0.05$。联合划分中，预测划分、距离划分及其次划分的参数与文献[105]中的参数相同。

MB-ART 划分中，警戒参数的值越大，形成类的面积越小，且类数越多。前期的仿真表明，如果 $\delta_{V_L}<0.05$，MB-ART 划分将不能区分开大小不同且空间邻近的扩展目标。但是，如果 $\delta_{V_L}>0.2$，MB-ART 划分将会出现势过高估计问题。

仿真结果如图 4.4～图 4.7 所示，每个图中都包含平均势估计、平均 OSPA 距离[139]和平均运行时间三个性能评价指标，其中 OSPA 的参数取 $p=2$ 和 $c=100$。如图 4.6(a)所示，对于分裂跟踪场景，当两个大小不同且空间邻近的扩展目标平行运动时，联合划分的势估计远小于真实值，出现了势过低估计现象。MB-ART 划分的势估计更接近于真实值，因为它考虑了量测分布的形状信息，即更新的协方差矩阵。MB-ART 划分中，随着输入量测的增加，类的真实分布形状通过式(4-17)的迭代更新能准确地描述。这一点通过图

4.6(b)的平均 OSPA 距离也得到了验证，并且 MB - ART 划分的运行时间略少于联合划分，如图 4.6(c)所示，这对于实时扩展目标跟踪系统是可行的。

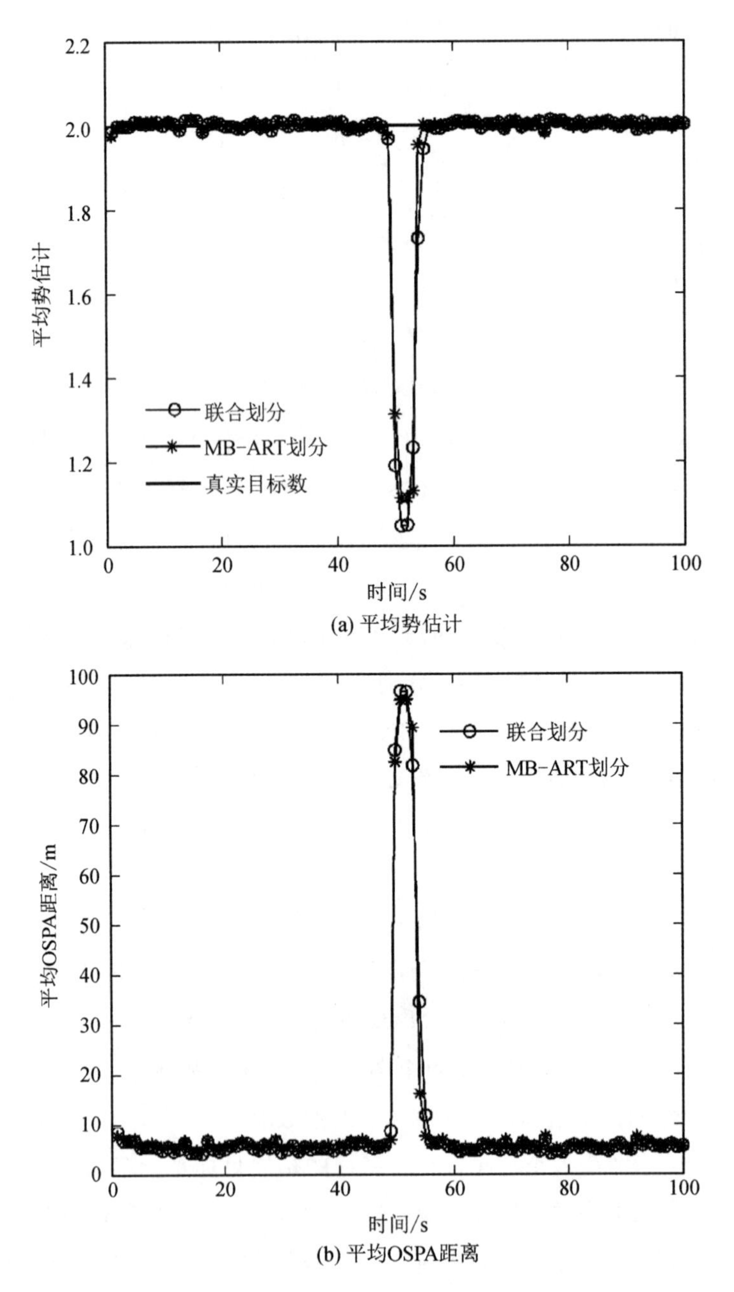

(a) 平均势估计

(b) 平均OSPA距离

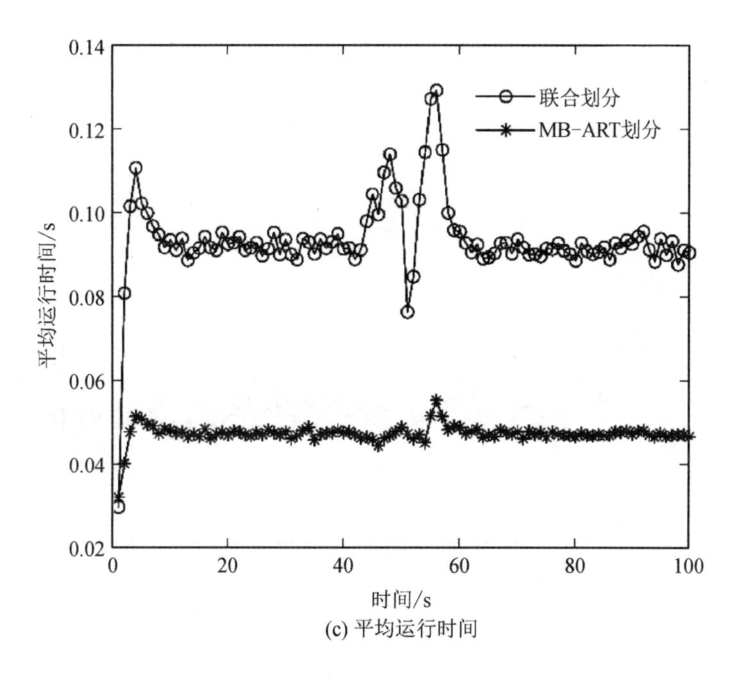

(c) 平均运行时间

图 4.4　交叉跟踪仿真结果

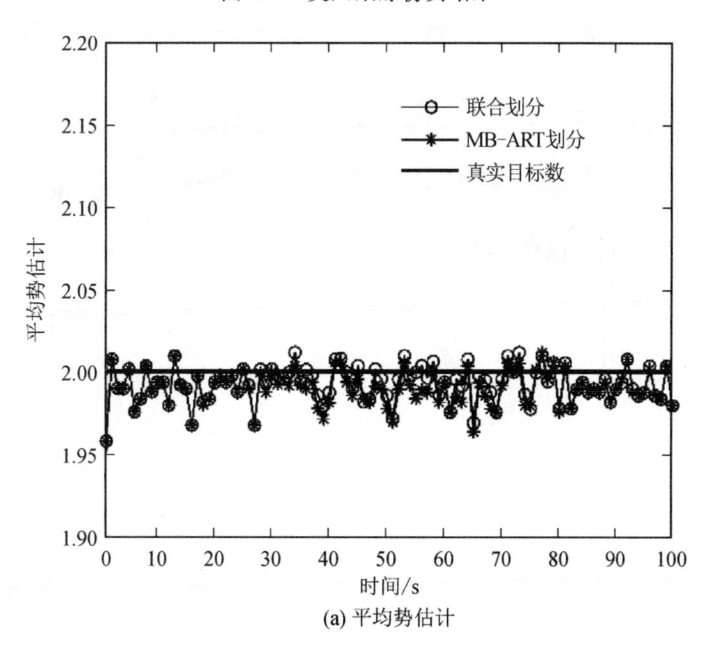

(a) 平均势估计

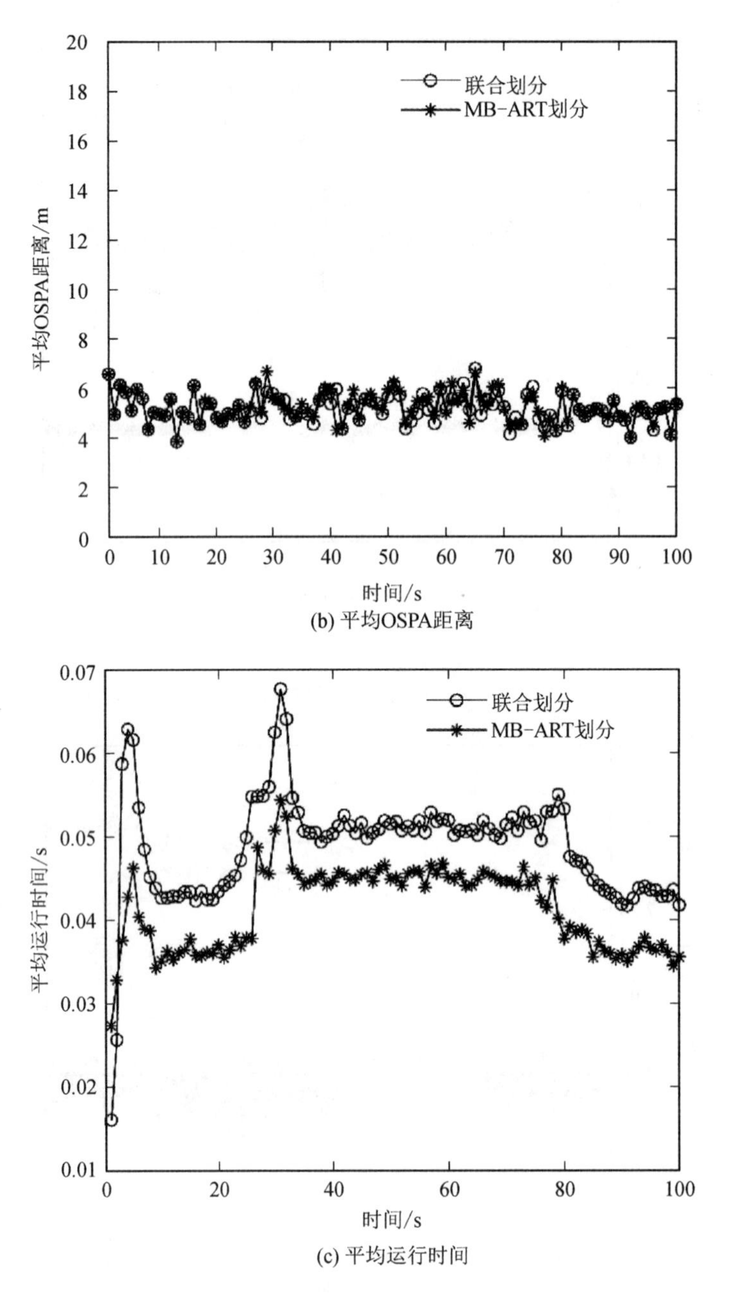

(b) 平均OSPA距离

(c) 平均运行时间

图 4.5　平行跟踪仿真结果

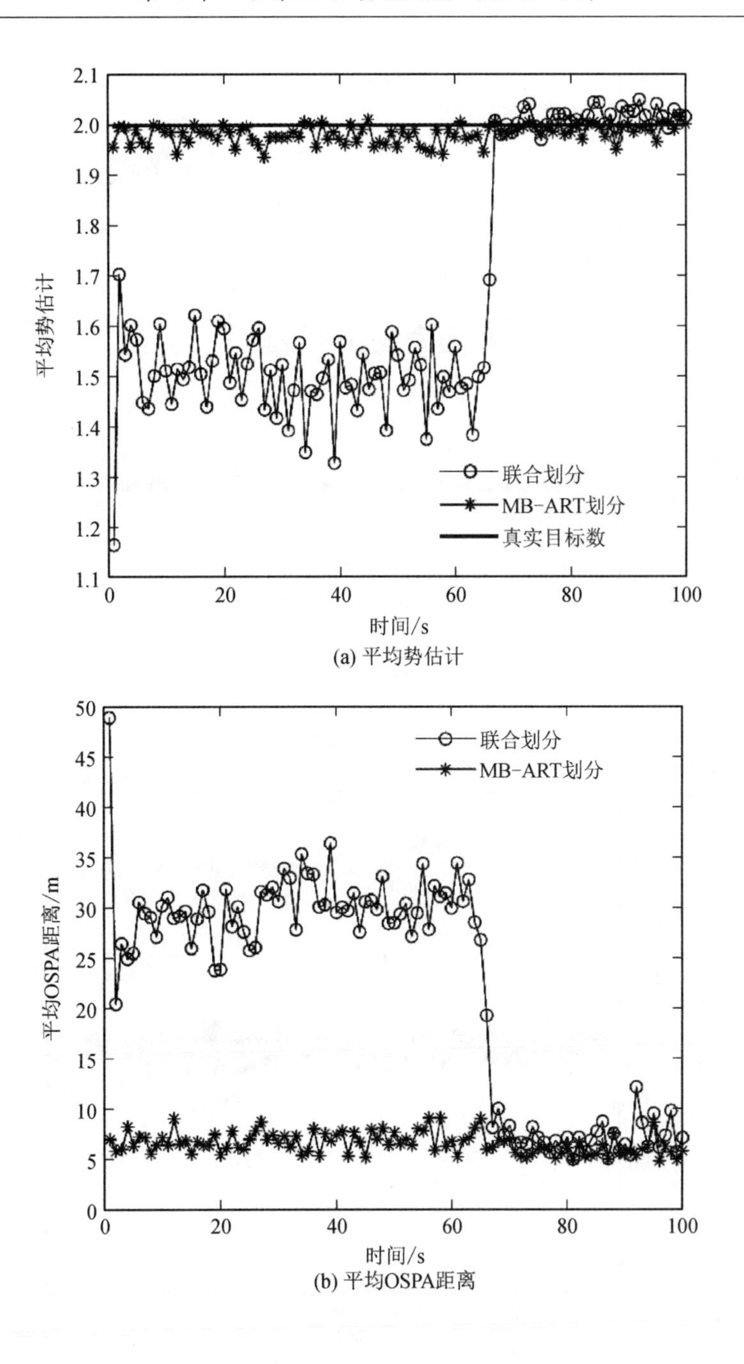

(a) 平均势估计

(b) 平均OSPA距离

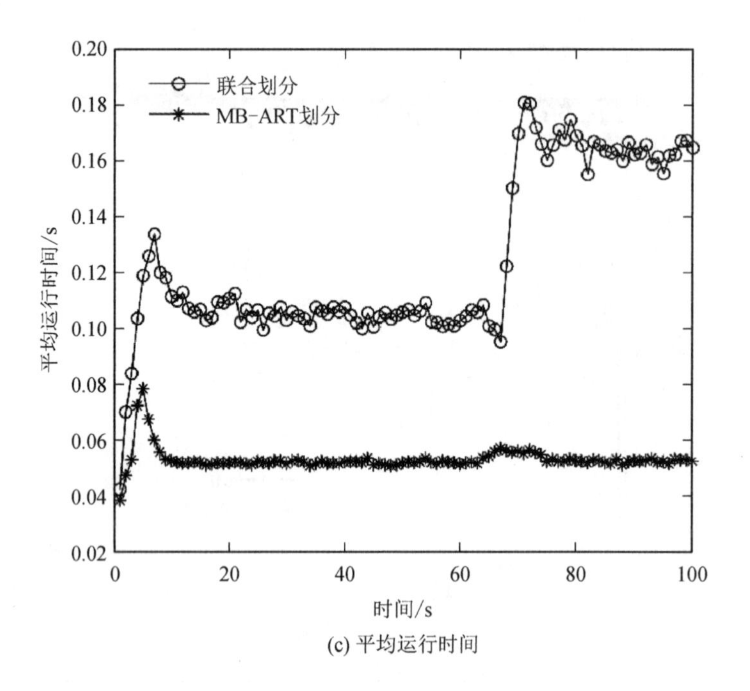

(c) 平均运行时间

图 4.6 分裂跟踪仿真结果

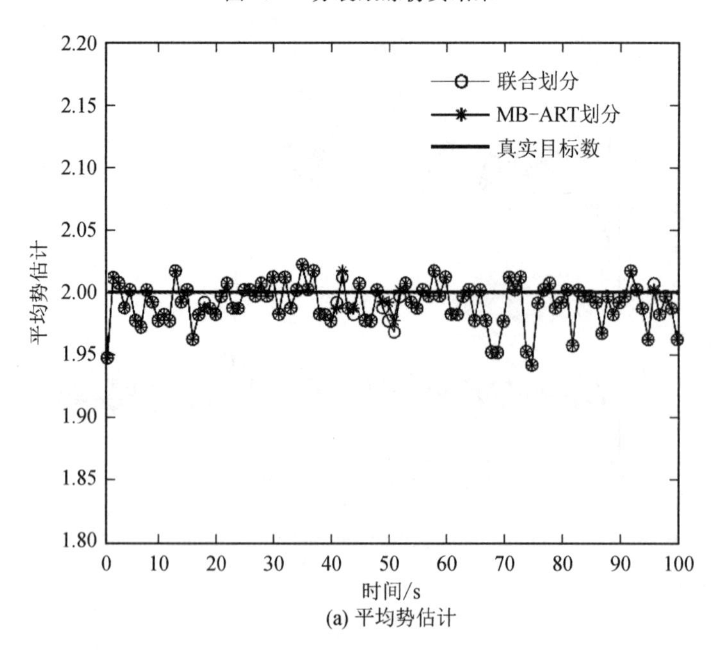

(a) 平均势估计

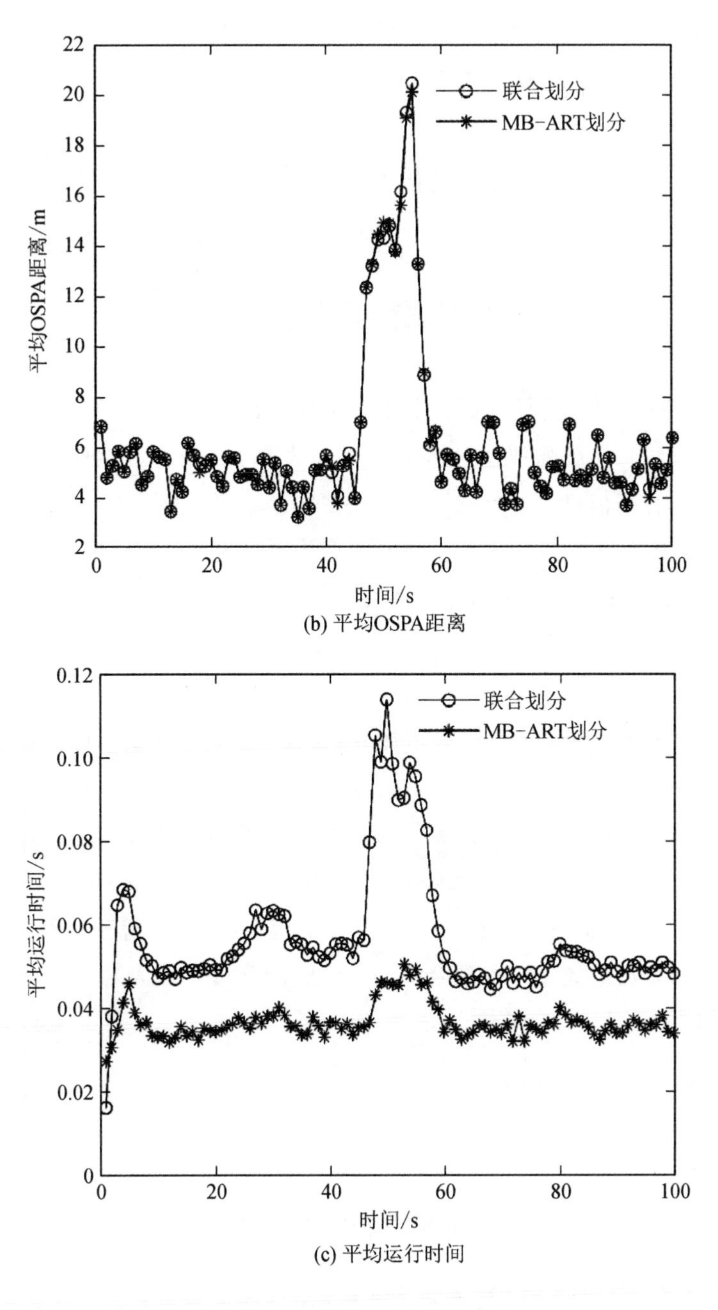

(b) 平均OSPA距离

(c) 平均运行时间

图 4.7　转弯跟踪仿真结果

如图 4.5 和图 4.7 所示，对于平行跟踪和转弯跟踪场景，MB－ART 划分均能得到很好的跟踪效果，且运行时间略少于联合划分。对于交叉跟踪场景，两个划分方法的跟踪性能相当。这是因为 MB－ART 划分和联合划分都能很好地区分开空间可分的扩展目标，并且对相交的扩展目标均不起作用。值得注意的是，MB－ART 划分和联合划分均对目标的机动比较敏感，如图 4.7 所示。

4.4 经典高斯混合约简算法

近年来，针对高斯混合约简问题，国外学者提出了诸多解决方案。最简单的是修剪，即通过预先设定的阈值直接删除那些对整个混合贡献较小的分量。然而，修剪会导致丢失包含在删除分量中的有用信息。一个较好的解决方案是合并，即通过一个标准来合并那些相似度很高的分量，从而保留有用信息。高斯混合合并算法包括 Top-down 和 Bottom-up 两种算法。Top-down 算法以原始混合为初始混合，然后在此基础上，迭代地移除分量，代表性的有 Salmond 的联合聚类算法[155]、Williams 的代价函数算法[156]、Runnalls 的 Kullback-Leibler(KL)算法[157]以及 Schieferdecker 的聚类算法[158]。Bottom-up 算法以一个单独分量为初始混合，然后在此基础上，迭代地增加分量直到约简混合能近似原始混合为止，代表性的有 Huber 的 PGMR(Progressive Gaussian Mixture Reduction)算法[159]。另外，根据选择分量的测度，混合约简算法可进一步分为局部算法(仅考虑混合信息的一个子集)和全局算法(考虑所有的混合信息)。其中，Salmond 提出的算法[155]和 West 提出的算法[160]属于局部算法。其余的除 Runnalls 提出的 KL 算法[157]外，均属于全局算法。Runnalls 尝试同时包含局部算法和全局算法的优点进行混合约简。此外，Crouse 等人对现有高斯混合约简算法进行了综述[161]。

4.4.1 高斯混合约简算法基础

1. 高斯混合约简标记

一般地，可将包含 N 个高斯分量的原始混合定义为

$$p(\boldsymbol{x}) = \sum_{i=1}^{N} w_i \mathcal{N}(\boldsymbol{x}; \boldsymbol{\mu}_i, \boldsymbol{P}_i) = \sum_{i=1}^{N} w_i p_i(\boldsymbol{x}) \tag{4-28}$$

其中：状态向量 $\boldsymbol{x}$ 的维数 $d=|\boldsymbol{x}|$；$\mathcal{N}(\cdot; \boldsymbol{\mu}, \boldsymbol{P})$是高斯分布，其均值向量为 $\boldsymbol{\mu}$，协方差矩阵为 $\boldsymbol{P}$，$\boldsymbol{P}$ 为 $d\times d$ 维对称半正定矩阵；每个分布 $p_i(\cdot)$表示一个高斯分量。

在目标跟踪框架下，如 GM - PHD 滤波[134]和 ET - GM - PHD 滤波[128]，所有权重之和并不一定等于 1。因此，$p(\cdot)$不代表概率密度，而表示强度。基于高斯混合的滤波方法中，高斯混合分量的数目 N 随时间呈指数增长，为保持 N 在一个可行的计算范围内，需要进行近似处理。本节主要研究通过聚类进行高斯混合分量的合并，即用一个分量近似多个相似分量。

原始高斯混合(式(4 - 28))经合并之后，可得约简混合

$$\tilde{p}(\boldsymbol{x}) = \sum_{i=1}^{\tilde{N}} \tilde{w}_i \mathcal{N}(\boldsymbol{x}; \tilde{\boldsymbol{\mu}}_i, \tilde{\boldsymbol{P}}_i) = \sum_{i=1}^{\tilde{N}} \tilde{w}_i \tilde{p}_i(\boldsymbol{x}) \tag{4-29}$$

其中，$\tilde{N}$ 为约简后高斯混合分量的数目，有 $\tilde{N} \leqslant N$。

2. 合并准则

本节给出一个合并准则，将任意数目的高斯混合分量 $p'(\boldsymbol{x})$合并为一个分量 $q(\boldsymbol{x})$，可通过最小化 KL 散度得到，定义为

$$d_{\mathrm{KL}}(p', q) = \int p'(\boldsymbol{x}) \log \frac{p'(\boldsymbol{x})}{q(\boldsymbol{x})} \mathrm{d}\boldsymbol{x} \tag{4-30}$$

其中，p'和 q 分别为 $p'(\boldsymbol{x})$和 $q(\boldsymbol{x})$的简记。此处，没有采用积分平方差(Integrated Squared Difference，ISD)相似性测度[155]，这是因为 ISD 准则在一些应用中效果不佳，特别是系统状态向量维数较高时，如目标跟踪系统[157]。然而，在最大似然意义上，KL 散度是最优的相似性测度[156-158]。

为了最小化 KL 散度，可将式(4 - 30)重写为一个最大化问题，即

$$q(\boldsymbol{x}) = \arg\min_{q} d_{\mathrm{KL}}(p', q) = \arg\max_{q} \int p'(\boldsymbol{x}) \log q(\boldsymbol{x}) \mathrm{d}\boldsymbol{x} \tag{4-31}$$

合并准则　令任意数目高斯混合分量的加权和为

$$p'(\boldsymbol{x}) = \sum_{i=1}^{N'} w_i \mathcal{N}(\boldsymbol{x}; \boldsymbol{\mu}_i, \boldsymbol{P}_i) = \sum_{i=1}^{N'} w_i p'_i(\boldsymbol{x}) \tag{4-32}$$

式(4 - 31)的解为

$$q(\boldsymbol{x}) = \bar{w} \mathcal{N}(\boldsymbol{x}; \boldsymbol{\mu}, \boldsymbol{P}) \tag{4-33}$$

其中，$\bar{w} = \sum_{i=1}^{N'} w_i$，参数 $\boldsymbol{\mu}$ 和 $\boldsymbol{P}$ 分别为

$$\boldsymbol{\mu} = \frac{1}{\bar{w}} \sum_{i=1}^{N'} w_i \boldsymbol{\mu}_i \tag{4-34}$$

$$\boldsymbol{P} = \frac{1}{\bar{w}} \sum_{i=1}^{N'} w_i [\boldsymbol{P}_i + (\boldsymbol{\mu}_i - \boldsymbol{\mu})(\boldsymbol{\mu}_i - \boldsymbol{\mu})^{\mathrm{T}}] \tag{4-35}$$

证明：

将式(4-31)重写为

$$
\begin{aligned}
q(\boldsymbol{x}) &= \arg\max_{q(\boldsymbol{x})}\int p'(\boldsymbol{x})\log q(\boldsymbol{x})\mathrm{d}\boldsymbol{x} \\
&= \arg\max_{q(\boldsymbol{x})}\sum_{i=1}^{N'} w_i\int \mathcal{N}(\boldsymbol{x};\boldsymbol{\mu}_i,\boldsymbol{P}_i)\log(\overline{w}\,\mathcal{N}(\boldsymbol{x};\boldsymbol{\mu},\boldsymbol{P}))\mathrm{d}\boldsymbol{x} \\
&= \arg\max_{q(\boldsymbol{x})}\sum_{i=1}^{N'} w_i\left[\log\overline{w}+\int \mathcal{N}(\boldsymbol{x};\boldsymbol{\mu}_i,\boldsymbol{P}_i)\log\mathcal{N}(\boldsymbol{x};\boldsymbol{\mu},\boldsymbol{P})\mathrm{d}\boldsymbol{x}\right]
\end{aligned}
\tag{4-36}
$$

其中：

$$
\begin{aligned}
&\int N(\boldsymbol{x};\boldsymbol{\mu}_i,\boldsymbol{P}_i)\log\mathcal{N}(\boldsymbol{x};\boldsymbol{\mu},\boldsymbol{P})\mathrm{d}\boldsymbol{x} \\
&= \int \mathcal{N}(\boldsymbol{x};\boldsymbol{\mu}_i,\boldsymbol{P}_i)\left[-\frac{d}{2}\log(2\pi)-\frac{1}{2}\log|\boldsymbol{P}|-\frac{1}{2}\mathrm{tr}((\boldsymbol{x}-\boldsymbol{\mu})(\boldsymbol{x}-\boldsymbol{\mu})^{\mathrm{T}}\boldsymbol{P}^{-1})\right]\mathrm{d}\boldsymbol{x} \\
&= -\frac{d}{2}\log(2\pi)-\frac{1}{2}\log|\boldsymbol{P}|-\frac{1}{2}\mathrm{tr}((\boldsymbol{P}_i+(\boldsymbol{\mu}_i-\boldsymbol{\mu})(\boldsymbol{\mu}_i-\boldsymbol{\mu})^{\mathrm{T}})\boldsymbol{P}^{-1}) \\
&\overset{\mathrm{def}}{=} f_i(\boldsymbol{\mu},\boldsymbol{P})
\end{aligned}
\tag{4-37}
$$

这样，可将式(4-36)重新定义为

$$
\begin{aligned}
q(\boldsymbol{x}) &\overset{\mathrm{def}}{=} \arg\max_{q(\boldsymbol{x})}\sum_{i=1}^{N'} w_i[\log\overline{w}+f_i(\boldsymbol{\mu},\boldsymbol{P})] \\
&\overset{\mathrm{def}}{=} \arg\max_{q(\boldsymbol{x})} h(\boldsymbol{\mu},\boldsymbol{P})
\end{aligned}
\tag{4-38}
$$

对函数 $h(\cdot)$求关于 $\boldsymbol{\mu}$ 的微分，然后置为零，可以得到

$$
\boldsymbol{\mu} = \frac{1}{\overline{w}}\sum_{i=1}^{N'} w_i\boldsymbol{\mu}_i \tag{4-39}
$$

类似地，可以得到

$$
\boldsymbol{P} = \frac{1}{\overline{w}}\sum_{i=1}^{N'} w_i[\boldsymbol{P}_i+(\boldsymbol{\mu}_i-\boldsymbol{\mu})(\boldsymbol{\mu}_i-\boldsymbol{\mu})^{\mathrm{T}}] \tag{4-40}
$$

证毕。

本章用 p_{ij}表示 p_i 和 p_j 合并后的分量，其权重为 $w_{ij}=w_i+w_j$。根据合并准则，p_{ij}定义为

$$
p_{ij}(\boldsymbol{x}) = \mathcal{N}(\boldsymbol{x};\boldsymbol{\mu}_{ij},\boldsymbol{P}_{ij}) \tag{4-41}
$$

其中：

$$\boldsymbol{\mu}_{ij} = \frac{1}{w_i + w_j}(w_i\boldsymbol{\mu}_i + w_j\boldsymbol{\mu}_j) \tag{4-42}$$

$$\begin{aligned} \boldsymbol{P}_{ij} &= \frac{1}{w_i + w_j}\sum_{l=i,j} w_l[\boldsymbol{P}_l + (\boldsymbol{\mu}_l - \boldsymbol{\mu}_{ij})(\boldsymbol{\mu}_l - \boldsymbol{\mu}_{ij})^{\mathrm{T}}] \\ &= \frac{w_i}{w_{ij}}\boldsymbol{P}_i + \frac{w_j}{w_{ij}}\boldsymbol{P}_j + \frac{w_i w_j}{w_{ij}^2}(\boldsymbol{\mu}_i - \boldsymbol{\mu}_j)(\boldsymbol{\mu}_i - \boldsymbol{\mu}_j)^{\mathrm{T}} \end{aligned} \tag{4-43}$$

3. 归一化积分平方距离测度

归一化积分平方距离(Normalized Integrated Squared Distance，NISD)测度定义为

$$D_{\mathrm{NISD}}(\widetilde{p},\ p) = \sqrt{\frac{\int(\widetilde{p} - p)^2\,\mathrm{d}\boldsymbol{x}}{\int\widetilde{p}^2\,\mathrm{d}\boldsymbol{x} + \int p^2\,\mathrm{d}\boldsymbol{x}}} \tag{4-44}$$

其中，p 和 $\widetilde{p}$ 分别为式(4－28)和式(4－29)的简记。

NISD 测度描述了 p 和 $\widetilde{p}$ 之间的偏差，其值在 0～1 之间。实际中，对于高斯混合约简，KL 散度[162]在最大似然意义上是最优偏差测度[156-158]。然而，由于 KL 散度中包含和的对数运算，不易计算，且得不到解析解，因此，本章选择 NISD 测度作为原始和约简高斯混合的偏差。下面给出 NISD 测度的推导[156]。

首先，展开式(4－44)，得到

$$D_{\mathrm{NISD}}(\widetilde{p},\ p) = \sqrt{\frac{\int(\widetilde{p} - p)^2\,\mathrm{d}\boldsymbol{x}}{\int\widetilde{p}^2\,\mathrm{d}\boldsymbol{x} + \int p^2\,\mathrm{d}\boldsymbol{x}}} = \sqrt{\frac{\int\widetilde{p}^2\,\mathrm{d}\boldsymbol{x} - 2\int\widetilde{p}p\,\mathrm{d}\boldsymbol{x} + \int p^2\,\mathrm{d}\boldsymbol{x}}{\int\widetilde{p}^2\,\mathrm{d}\boldsymbol{x} + \int p^2\,\mathrm{d}\boldsymbol{x}}} \tag{4-45}$$

其次，将式(4－28)和式(4－29)代入 $\int\widetilde{p}p\,\mathrm{d}\boldsymbol{x}$，得到

$$\int\widetilde{p}p\,\mathrm{d}\boldsymbol{x} = \sum_{i=1}^{\widetilde{N}}\sum_{j=1}^{N}\widetilde{w}_i w_j\int\mathcal{N}(\boldsymbol{x};\ \widetilde{\boldsymbol{\mu}}_i,\ \widetilde{\boldsymbol{P}}_i)\,\mathcal{N}(\boldsymbol{x};\ \boldsymbol{\mu}_j,\ \boldsymbol{P}_j)\,\mathrm{d}\boldsymbol{x} \tag{4-46}$$

为了得到式(4－46)的解，我们给出关于高斯概率密度函数(Probability Density Functions，PDFs)的一个引理，即：

引理 4.1[163]　给定两个高斯 PDFs，它们的积定义为

$$\mathcal{N}(\boldsymbol{x};\ \boldsymbol{\mu}_i,\ \boldsymbol{P}_i)\,\mathcal{N}(\boldsymbol{x};\ \boldsymbol{\mu}_j,\ \boldsymbol{P}_j) = \mathcal{N}(\boldsymbol{\mu}_i;\ \boldsymbol{\mu}_j,\ \boldsymbol{P}_i + \boldsymbol{P}_j)\,\mathcal{N}(\boldsymbol{x};\ \boldsymbol{\mu},\ \boldsymbol{P}) \tag{4-47}$$

其中，$\boldsymbol{\mu}$ 和 $\boldsymbol{P}$ 分别为 $\boldsymbol{\mu} = \boldsymbol{P}(\boldsymbol{P}_i^{-1}\boldsymbol{\mu}_i + \boldsymbol{P}_j^{-1}\boldsymbol{\mu}_j)$ 和 $\boldsymbol{P} = (\boldsymbol{P}_i^{-1} + \boldsymbol{P}_j^{-1})^{-1}$。

通过引理 4.1 和式(4－46)，可以推出

$$\int\widetilde{p}p\,\mathrm{d}\boldsymbol{x} = \sum_{i=1}^{\widetilde{N}}\sum_{j=1}^{N}\widetilde{w}_i w_j\,\mathcal{N}(\widetilde{\boldsymbol{\mu}}_i;\ \boldsymbol{\mu}_j,\ \widetilde{\boldsymbol{P}}_i + \boldsymbol{P}_j) \tag{4-48}$$

$\int \widetilde{p}^2 \mathrm{d}\boldsymbol{x}$ 和 $\int p^2 \mathrm{d}\boldsymbol{x}$ 可以通过类似的方法得到，即

$$\int \widetilde{p}^2 \mathrm{d}\boldsymbol{x} = \sum_{i=1}^{\widetilde{N}} \sum_{j=1}^{\widetilde{N}} \widetilde{w}_i \widetilde{w}_j \, \mathcal{N}(\widetilde{\boldsymbol{\mu}}_i ; \widetilde{\boldsymbol{\mu}}_j , \widetilde{\boldsymbol{P}}_i + \widetilde{\boldsymbol{P}}_j) \tag{4-49}$$

$$\int p^2 \mathrm{d}\boldsymbol{x} = \sum_{i=1}^{N} \sum_{j=1}^{N} w_i w_j \, \mathcal{N}(\boldsymbol{\mu}_i ; \boldsymbol{\mu}_j , \boldsymbol{P}_i + \boldsymbol{P}_j) \tag{4-50}$$

最后，将式(4-48)～式(4-50)代入式(4-45)，即可得到 p 和 $\widetilde{p}$ 之间的 NISD 测度。

4.4.2 SGMCR 算法

SGMCR(Salmond's GM Clustering Reduction)算法[155]成立的前提条件是那些权值最大的高斯混合分量携带最重要的信息，它为局部最优聚类算法。该算法首先选取权值最大的分量作为初始聚类中心，其次根据聚类阈值 U 将其周围的分量聚为一类，最后选择剩余分量中权值最大的分量，重复以上过程，直到所有分量聚到合适的类中为止。

第 j 个分量和第 i 个类中心的距离定义为

$$D_{ij}^2 = \frac{w_i w_j}{w_i + w_j} (\boldsymbol{\mu}_j - \boldsymbol{\mu}_i)^{\mathrm{T}} \boldsymbol{P}_i^{-1} (\boldsymbol{\mu}_j - \boldsymbol{\mu}_i) \tag{4-51}$$

如果 $D_{ij}^2 < U$，则将第 j 个分量合并到第 i 类中。此处，聚类阈值 U 为经验值。

4.4.3 GMRC 算法

在介绍 GMRC(GM Reduction via Clustering)算法前，首先给出 Runnalls 算法[157]，该算法用于初始化 GMRC 算法及其改进算法。相比于其他初始化算法，如 Salmond 算法[155]和 Williams 算法[163]，Runnalls 算法以全局最优的方式最小化一个基于 KL 散度的上界。Runnalls 算法中，KL 散度用于度量原始混合和约简混合间的相似度。表 4.1 给出了 Runnalls 算法。

表 4.1 Runnalls 算法

步骤 1： 初始化，令原始混合的高斯分量数为 N；

步骤 2： 采用文献[157]中定义的上界

$$B_{ij} = \frac{1}{2}[(w_i + w_j)\log\det(\boldsymbol{P}_{ij}) - w_i \log\det(\boldsymbol{P}_i) - w_j \log\det(\boldsymbol{P}_j)]$$

计算除 $i=j$ 外所有分量对 i 和 j 之间的代价，然后，对代价最小的分量 i 和 j 用前面定义的合并准则，即式(4-41)～式(4-43)，进行合并，并置合并后的当前混合为约简混合；

步骤 3： 如果当前混合的分量数 $k=\widetilde{N}$，则停止，否则，执行步骤 2。

Schieferdecker 等人提出的 GMRC 算法[158]中，假设变量维数为 1。该算法首先用表 4.1 中的 Runnalls 算法形成 k 个初始聚类中心，其次执行以 NISD 作为距离度量的 K 均值聚类，最后执行迭代最优化处理。此处，用 NISD 来度量原始混合和约简混合间的相似程度。GMRC 算法的详细执行过程如表 4.2 所示。

表 4.2　GMRC 算法

步骤 1：预处理，执行 Runnalls 算法得到 $k=\widetilde{N}$ 个初始聚类中心；
步骤 2：聚类，执行 $k=\widetilde{N}$ 且距离度量为 NISD 的 K 均值聚类来校正聚类中心的估计值；
步骤 3：凝练，对 ISE(Integral Squared Error)测度[161]执行迭代最优化处理以进一步校正聚类中心估计值。

4.4.4　MGMRC 算法

Crouse 等人在 GMRC 算法的基础上提出了改进的 GMRC 算法，即 MGMRC (Modified GMRC)算法[161]，将一维标量推广到多维向量。该算法的执行类似于 GMRC 算法，即首先用表 4.1 的 Runnalls 算法形成 k 个初始聚类中心，其次执行以 KL 散度作为距离度量的 K 均值聚类，最后执行一个迭代最优化处理。此处，用 KL 散度来衡量原始混合和约简混合间的相似程度。MGMRC 算法的详细执行过程如表 4.3 所示。

表 4.3　MGMRC 算法

步骤 1：预处理，执行 Runnalls 算法得到 $k=\widetilde{N}$ 个初始聚类中心；
步骤 2：聚类，执行 $k=\widetilde{N}$ 且距离度量为 KL 散度的 K 均值聚类来校正聚类中心的估计值；
步骤 3：凝练，对 ISE(Integral Squared Error)测度[161]执行迭代最优化处理以进一步校正聚类中心估计值。

由上可知，上述三种混合约简算法各有优缺点。SGMCR 算法为局部最优混合约简算法，其优点是简单、计算复杂度小。GMRC 算法尝试用 Runnalls 算法解决 K 均值聚类初始值的选择，但由于选择了混合参数作为 K 均值的特征向量，因此限制了其应用范围，仅可在一维空间进行混合约简。为此，Crouse 等人提出了改进的 GMRC(MGMRC)算法，扩展了混合分量的维数，改变了 K 均值聚类的距离度量，更具有普适性。然而，GMRC 和 MGMRC 算法由于采用了预处理和凝练过程，因此增加了计算量，限制了其工程应用。针对上述三种高斯混合约简算法存在的不足，后面将介绍一种基于模糊 ART 的高斯混合约

简(GMR－FART)算法，它是基于模糊 ART 模型[76]和 KL 距离的。

4.5 基于 FART 的高斯混合约简算法

4.5.1 KL 距离

由于 KL 散度是非对称的，即 $d_{\mathrm{KL}}(p_i, p_j) \neq d_{\mathrm{KL}}(p_j, p_i)$，因此不能直接将其作为距离测度。本节我们用 KL 距离描述两个分量 p_i 和 p_j 之间的距离测度，定义为

$$\begin{aligned}D_{\mathrm{KL}}(p_i, p_j) &= d_{\mathrm{KL}}(p_i, p_j) + d_{\mathrm{KL}}(p_j, p_i)\\&= \int p_i(\boldsymbol{x}) \log \frac{p_i(\boldsymbol{x})}{p_j(\boldsymbol{x})} \mathrm{d}\boldsymbol{x} + \int p_j(\boldsymbol{x}) \log \frac{p_j(\boldsymbol{x})}{p_i(\boldsymbol{x})} \mathrm{d}\boldsymbol{x}\end{aligned} \tag{4-52}$$

为了便于标记，接下来用$\mathcal{N}_l$ 表示$\mathcal{N}(\boldsymbol{x}; \boldsymbol{\mu}_l, \boldsymbol{P}_l)$，$l=i, j$。为了得到式(4－52)的解，首先给出 p_i 和 p_j 间的散度

$$\begin{aligned}d_{\mathrm{KL}}(p_i, p_j) &= d_{\mathrm{KL}}(\mathcal{N}_i, \mathcal{N}_j)\\&= \frac{1}{2}\left[\log\left|\frac{\boldsymbol{P}_j}{\boldsymbol{P}_i}\right| - d + \mathrm{tr}(\boldsymbol{P}_j^{-1}\boldsymbol{P}_i) + (\boldsymbol{\mu}_i - \boldsymbol{\mu}_j)^{\mathrm{T}}\boldsymbol{P}_j^{-1}(\boldsymbol{\mu}_i - \boldsymbol{\mu}_j)\right]\end{aligned} \tag{4-53}$$

其中，d 为分量均值维数。式(4－53)的证明可以参见文献[164]中的定理 7.2.8。p_j 和 p_i 间散度的定义类似于式(4－53)。

最后，合并式(4－52)和式(4－53)，可以得到

$$\begin{aligned}D_{\mathrm{KL}}(p_i, p_j) &= d_{\mathrm{KL}}(p_i, p_j) + d_{\mathrm{KL}}(p_j, p_i)\\&= d_{\mathrm{KL}}(\mathcal{N}_i, \mathcal{N}_j) + d_{\mathrm{KL}}(\mathcal{N}_j, \mathcal{N}_i)\\&= \frac{1}{2}\left[\log\left|\frac{\boldsymbol{P}_j}{\boldsymbol{P}_i}\right| - d + \mathrm{tr}(\boldsymbol{P}_j^{-1}\boldsymbol{P}_i) + (\boldsymbol{\mu}_i - \boldsymbol{\mu}_j)^{\mathrm{T}}\boldsymbol{P}_j^{-1}(\boldsymbol{\mu}_i - \boldsymbol{\mu}_j)\right] +\\&\quad \frac{1}{2}\left[\log\left|\frac{\boldsymbol{P}_i}{\boldsymbol{P}_j}\right| - d + \mathrm{tr}(\boldsymbol{P}_i^{-1}\boldsymbol{P}_j) + (\boldsymbol{\mu}_j - \boldsymbol{\mu}_i)^{\mathrm{T}}\boldsymbol{P}_i^{-1}(\boldsymbol{\mu}_j - \boldsymbol{\mu}_i)\right]\\&= -d + \frac{1}{2}[\mathrm{tr}(\boldsymbol{P}_j^{-1}\boldsymbol{P}_i) + \mathrm{tr}(\boldsymbol{P}_i^{-1}\boldsymbol{P}_j)] + \frac{1}{2}(\boldsymbol{\mu}_i - \boldsymbol{\mu}_j)^{\mathrm{T}}(\boldsymbol{P}_j^{-1} + \boldsymbol{P}_i^{-1})(\boldsymbol{\mu}_i - \boldsymbol{\mu}_j)\\&= \frac{1}{2}[\mathrm{tr}(\boldsymbol{P}_j^{-1}\boldsymbol{P}_i) + \mathrm{tr}(\boldsymbol{P}_i^{-1}\boldsymbol{P}_j) + (\boldsymbol{\mu}_i - \boldsymbol{\mu}_j)^{\mathrm{T}}(\boldsymbol{P}_j^{-1} + \boldsymbol{P}_i^{-1})(\boldsymbol{\mu}_i - \boldsymbol{\mu}_j) - 2d]\end{aligned} \tag{4-54}$$

即 KL 距离为

$$D_{\mathrm{KL}}(p_i,\ p_j)=\frac{1}{2}[\mathrm{tr}(\boldsymbol{P}_j^{-1}\boldsymbol{P}_i)+\mathrm{tr}(\boldsymbol{P}_i^{-1}\boldsymbol{P}_j)+(\boldsymbol{\mu}_i-\boldsymbol{\mu}_j)^{\mathrm{T}}(\boldsymbol{P}_j^{-1}+\boldsymbol{P}_i^{-1})(\boldsymbol{\mu}_i-\boldsymbol{\mu}_j)-2d] \tag{4-55}$$

值得注意的是，本章的 KL 散度和 KL 距离是两个完全不同的概念，但也存在联系，即 KL 距离为两个 KL 散度之和。

4.5.2 GMR - FART 算法

本节详细讨论 GMR - FART 算法，类似于模糊 ART，GMR - FART 也包含一个输入域 F_0、一个匹配域 F_1 和一个选择域 F_2，它们的作用与模糊 ART 中域的作用相同。GMR - FART 算法中，由于通过合并相似高斯分量形成类，因此用约简分量 $\widetilde{p}_j(\boldsymbol{x})$来表示 F_2 中的每个类，并且类 $\widetilde{p}_j(\boldsymbol{x})$用分量特征(包括 $\widetilde{w}_j$、$\widetilde{\boldsymbol{\mu}}_j$ 和$\widetilde{\boldsymbol{P}}_j$)定义，$j=1,\ 2,\ \cdots,\ N_{\mathrm{cat}}$，$N_{\mathrm{cat}}$为类数。与前面提到的 SGMCR、GMRC 和 MGMRC 算法不同，GMR - FART 算法的聚类结果不依赖于初始值的选择。这样，可以任意设置初始值。方便起见，用原始混合的第一个分量对 GMR - FART 算法进行初始化，即取 $N_{\mathrm{cat}}=1$，$\widetilde{w}_1=w_1$，$\widetilde{\boldsymbol{\mu}}_1=\boldsymbol{\mu}_1$，$\widetilde{\boldsymbol{P}}_1=\boldsymbol{P}_1$。除原始混合的第一个分量外，GMR - FART 算法对每一个输入的原始混合分量执行类选择、谐振或重置以及学习三个过程。

(1) 类选择：

在类选择阶段，所有存在类进行竞争以代表当前输入高斯分量。为了得到更为准确的类代表，此处采用类 $\widetilde{p}_j(\boldsymbol{x})$和输入分量 $p_i(\boldsymbol{x})$之间的 KL 距离作为类选择函数。根据式(4 - 55)，类选择函数定义为

$$D_{\mathrm{KL}}(p_i,\ \widetilde{p}_j)=\frac{1}{2}[\mathrm{tr}(\widetilde{\boldsymbol{P}}_j^{-1}\boldsymbol{P}_i)+\mathrm{tr}(\boldsymbol{P}_i^{-1}\widetilde{\boldsymbol{P}}_j)+(\boldsymbol{\mu}_i-\widetilde{\boldsymbol{\mu}}_j)^{\mathrm{T}}(\widetilde{\boldsymbol{P}}_j^{-1}+\boldsymbol{P}_i^{-1})(\boldsymbol{\mu}_i-\widetilde{\boldsymbol{\mu}}_j)-2d] \tag{4-56}$$

其中，$i=2,\ 3,\ \cdots,\ N$，N 为原始混合分量数。

竞争获胜类为

$$J=\arg\min_j(D_{\mathrm{KL}}(p_i,\ \widetilde{p}_j)) \tag{4-57}$$

(2) 谐振或重置：

谐振或重置也称警戒测试，该阶段的主要目的是确定输入分量 $p_i(\boldsymbol{x})$是否与被选择类 $\widetilde{p}_J(\boldsymbol{x})$的分布形状相匹配。本节采用基于 KL 散度的最优上界[157]定义匹配函数，该上界从全局最优的角度描述了当前输入分量在合并前后混合的变化情况。匹配函数定义为[157]

$$M_{i,J}=\frac{1}{2}[(w_i+\widetilde{w}_J)\log\det(\boldsymbol{P}_{iJ})-w_i\log\det(\boldsymbol{P}_i)-\widetilde{w}_J\log\det(\widetilde{\boldsymbol{P}}_J)] \tag{4-58}$$

其中，$\boldsymbol{P}_{i,J}$ 可以通过式(4-43)求得。

如果匹配函数满足警戒准则

$$M_{i,J}\leqslant\rho \tag{4-59}$$

则谐振，其中 $\rho\geqslant 0$ 为警戒参数。然后，针对类 $\widetilde{p}_J(\boldsymbol{x})$ 对输入分量 $p_i(\boldsymbol{x})$ 进行学习。

与模糊 ART 不同，GMR-FART 中，警戒参数的值越大，形成类的数目越少，即约简高斯混合的分量数越少。同时，GMR-FART 需要的计算时间更少，但聚类的正确率会有所下降。因此，警戒参数 ρ 的选择非常重要，应根据不同的应用场景进行取值。

如果

$$M_{i,J}>\rho \tag{4-60}$$

则重置。然后，从分量 $p_i(\boldsymbol{x})$ 的竞争中移除类 $\widetilde{p}_J(\boldsymbol{x})$，并且通过式(4-56)和式(4-57)继续搜索满足警戒准则式(4-59)的另一个类。

如果所有存在的类都不满足警戒准则，则形成一个新类代表当前输入分量 $p_i(\boldsymbol{x})$。然后，令

$$N_{\text{cat}}=N_{\text{cat}}+1 \tag{4-61}$$

新类 $\widetilde{p}_{N_{\text{cat}}}(\boldsymbol{x})$ 用分量 $p_i(\boldsymbol{x})$ 的参数定义，即 $\widetilde{w}_{N_{\text{cat}}}=w_i$，$\widetilde{\boldsymbol{\mu}}_{N_{\text{cat}}}=\boldsymbol{\mu}_i$，$\widetilde{\boldsymbol{P}}_{N_{\text{cat}}}=\boldsymbol{P}_i$。

(3) 学习：

当类 $\widetilde{p}_J(\boldsymbol{x})$ 满足警戒准则时，其参数通过学习进行更新。GMR-FART 算法的学习涉及类的权值、均值向量和协方差矩阵的更新。类参数的更新通过下式实现：

$$\widetilde{\boldsymbol{\mu}}_{\text{new}}^{(J)}=\frac{1}{w_i+\widetilde{w}_{\text{old}}^{(J)}}(w_i\boldsymbol{\mu}_i+\widetilde{w}_{\text{old}}^{(J)}\widetilde{\boldsymbol{\mu}}_{\text{old}}^{(J)}) \tag{4-62}$$

$$\begin{aligned}\widetilde{\boldsymbol{P}}_{\text{new}}^{(J)}=&\frac{1}{w_i+\widetilde{w}_{\text{old}}^{(J)}}w_i[\boldsymbol{P}_i+(\boldsymbol{\mu}_i-\widetilde{\boldsymbol{\mu}}_{\text{new}}^{(J)})(\boldsymbol{\mu}_i-\widetilde{\boldsymbol{\mu}}_{\text{new}}^{(J)})^{\text{T}}]+\\&\frac{1}{w_i+\widetilde{w}_{\text{old}}^{(J)}}\widetilde{w}_{\text{old}}^{(J)}[\widetilde{\boldsymbol{P}}_{\text{old}}^{(J)}+(\widetilde{\boldsymbol{\mu}}_{\text{old}}^{(J)}-\widetilde{\boldsymbol{\mu}}_{\text{new}}^{(J)})(\widetilde{\boldsymbol{\mu}}_{\text{old}}^{(J)}-\widetilde{\boldsymbol{\mu}}_{\text{new}}^{(J)})^{\text{T}}]\end{aligned} \tag{4-63}$$

$$\widetilde{w}_{\text{new}}^{(J)}=w_i+\widetilde{w}_{\text{old}}^{(J)} \tag{4-64}$$

其中，式(4-62)和式(4-63)可通过式(4-42)和式(4-43)求得。

为了便于理解，图 4.8 示出了 GMR-FART 算法的流程图。

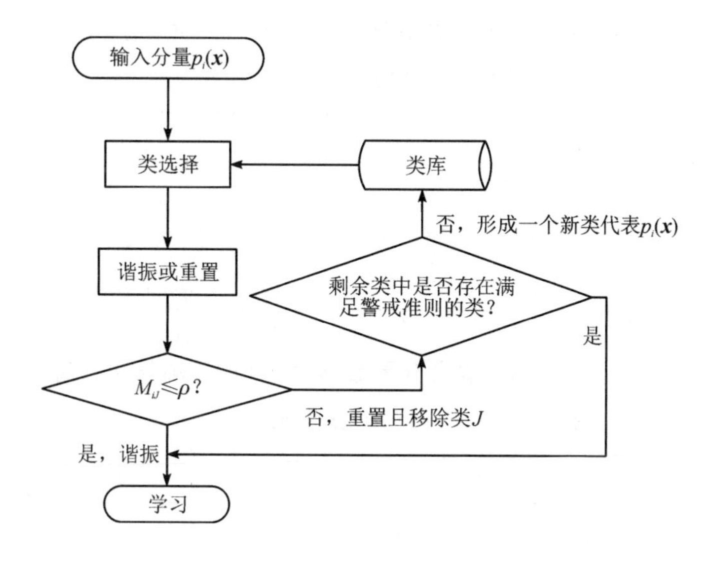

图 4.8　GMR - FART 算法的流程图

4.5.3　仿真实验与分析

1. 一维情况

实验采用的原始(真实)高斯混合包含 $N\in\{50, 100\}$个分量，其参数通过对区间 $w_i\in[0, 1]$、$\mu_i\in[0, 10]$和 $P_i\in[0.25^2, 0.75^2]$进行独立同分布均匀采样得到。约简后的高斯混合分量数用 $\widetilde{N}$ 表示。对于每个 N，分别进行 200 次 MC 仿真实验。

鉴于 GMRC 的局限性，仿真中采用其改进算法 MGMRC 作为对比算法。一般地，我们用 Runnalls 算法(如表 4.1 所示)验证约简算法的有效性，它能通过两两合并将原始高斯混合分量数 N 约简为 $\widetilde{N}$，$\widetilde{N}$ 的值是预先设定的。然而，对于聚类约简算法，只能通过调整其参数(如 SGMCR 的合并阈值 U、MGMRC 的聚类数 k 以及 GMR - FART 的警戒参数 ρ)使 $\widetilde{N}$ 相同。仿真中，针对原始 $N\in\{50, 100\}$，设置约简分量数为 $\widetilde{N}\in\{11, 15\}$。对于 SGMCR、MGMRC 和 GMR - FART，其相应参数应调整为 $U\in\{0.50, 0.32\}$、$k\in\{11, 15\}$和 $\rho\in\{0.30, 0.26\}$。

表 4.4 和表 4.5 给出了本章所介绍的 GMR - FART 算法与基于聚类高斯混合约简算法(SGMCR 和 MGMRC 算法)的对比结果，包括平均 D_{NISD}及其标准差、最大值、最小值和执行时间，其中，ET(Execution Time)表示执行时间，D_{NISD}表示 NISD 测度。

表 4.4　原始高斯混合分量数 $N=50$ 时三种算法约简后高斯混合($\tilde{N}=11$)对比结果

约简算法	$D_{\mathrm{NISD}}\pm\sigma$	$D_{\mathrm{NISD}}^{\max}$	$D_{\mathrm{NISD}}^{\min}$	ET/s
GMR - FART	0.0306±0.0064	0.0472	0.0152	0.0650
SGMCR	0.0381±0.0078	0.0660	0.0219	0.0181
MGMRC	0.0304±0.0058	0.0456	0.0181	8.6424

表 4.5　原始高斯混合分量数 $N=100$ 时三种算法约简后高斯混合($\tilde{N}=15$)对比结果

约简算法	$D_{\mathrm{NISD}}\pm\sigma$	$D_{\mathrm{NISD}}^{\max}$	$D_{\mathrm{NISD}}^{\min}$	ET/s
GMR - FART	0.0444±0.0106	0.0781	0.0230	0.0255
SGMCR	0.0529±0.0145	0.1060	0.0202	0.0079
MGMRC	0.0443±0.0098	0.0719	0.0213	1.1097

由表 4.4 和表 4.5 可知，关于 NISD 测度 D_{NISD}，MGMRC 算法的最小，GMR - FART 算法的小于 SGMCR 算法的。关于执行时间 ET，MGMRC 算法需要的最多，远大于其他约简算法。相比于 MGMRC 算法，GMR - FART 算法能有效降低执行时间，并提高高斯混合约简的有效性。这是因为所提算法采用了类似于模糊 ART 的神经网络结构，具有快速和稳定学习的优点。此外，相比于 SGMCR 算法，GMR - FART 算法的聚类精度不依赖于初始值的选择，更适合于实时应用。然而，GMR - FART 算法的执行时间略多于 SGMCR 算法，但这不影响其应用前景。

2. 四维情况

下面针对高斯混合约简问题，给出两个四维仿真例子，即线性和非线性扩展目标跟踪。考虑杂波监视区域 $[-1000,\ 1000]\times[-1000,\ 1000]$ 和 $[-6000,\ 6000]\times[-6000,\ 6000]$(单位均为 m)中的线性和非线性跟踪场景，其中线性跟踪场景如图 4.3(a)所示，观测时间为 100 s，采样间隔 $T=1$ s。图 4.9 给出了非线性仿真目标轨迹。

针对线性轨迹，每个扩展目标在 k 时刻的状态为

$$\boldsymbol{x}_k=[x_k,\ y_k,\ v_{x,k},\ v_{y,k}]^{\mathrm{T}} \tag{4-65}$$

其中，x_k 和 y_k 为目标的位置坐标，$v_{x,k}$ 和 $v_{y,k}$ 为目标的速度分量。

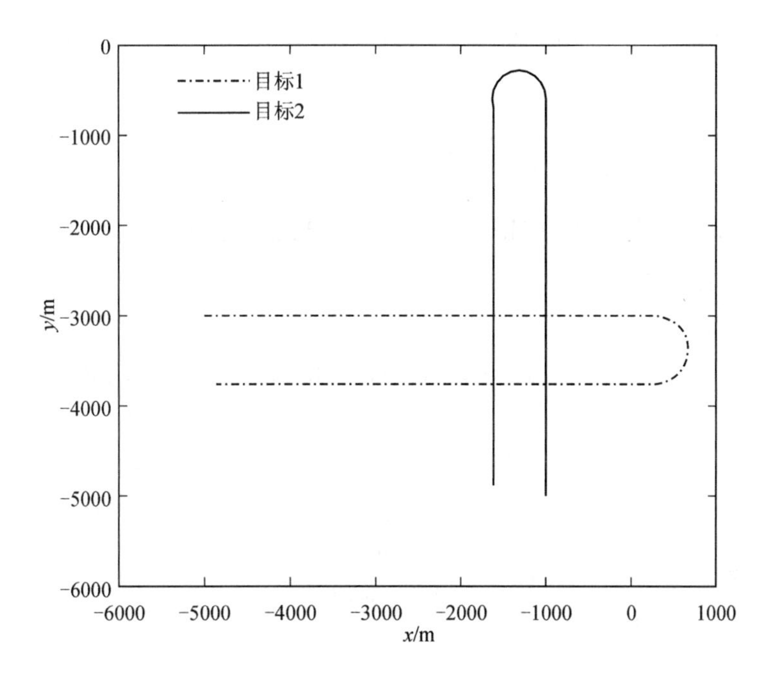

图 4.9　仿真目标轨迹

量测为

$$\boldsymbol{z}_k = [x_k, \ y_k]^{\mathrm{T}} \tag{4-66}$$

每个扩展目标和传感器分别服从线性高斯运动模型和线性高斯量测模型，即

$$f_{k|k-1}(\boldsymbol{x}_k \mid \boldsymbol{x}_{k-1}) = \mathcal{N}(\boldsymbol{x}_k; \boldsymbol{F}_{k-1}\boldsymbol{x}_{k-1}, \boldsymbol{Q}_{k-1}) \tag{4-67}$$

$$g_k(\boldsymbol{z}_k \mid \boldsymbol{x}_k) = \mathcal{N}(\boldsymbol{z}_k; \boldsymbol{H}_k\boldsymbol{x}_k, \boldsymbol{R}_k) \tag{4-68}$$

其中，$\boldsymbol{F}_{k-1}$为状态转移矩阵，$\boldsymbol{Q}_{k-1}$为过程噪声协方差，$\boldsymbol{H}_k$ 为观测矩阵，$\boldsymbol{R}_k$ 为观测噪声协方差，分别为

$$\boldsymbol{F}_{k-1} = \begin{bmatrix} \boldsymbol{I}_2 & T\boldsymbol{I}_2 \\ \boldsymbol{0}_2 & \boldsymbol{I}_2 \end{bmatrix}, \ \boldsymbol{Q}_{k-1} = \sigma_w^2 \begin{bmatrix} \dfrac{T^4}{4}\boldsymbol{I}_2 & \dfrac{T^3}{2}\boldsymbol{I}_2 \\ \dfrac{T^3}{2}\boldsymbol{I}_2 & T^2\boldsymbol{I}_2 \end{bmatrix},$$

$$\boldsymbol{H}_k = [\boldsymbol{I}_2 \quad \boldsymbol{0}_2], \ \boldsymbol{R}_k = \sigma_v^2\boldsymbol{I}_2 \tag{4-69}$$

式(4－69)中的 $\boldsymbol{I}_n$ 和 $\boldsymbol{0}_n$ 分别表示 $n\times n$ 维单位矩阵和零矩阵，$\sigma_w=2(\mathrm{m/s^2})$为过程噪声的标准差，$\sigma_v=30\ (\mathrm{m})$为观测噪声的标准差。

新生强度为

$$D_b(\boldsymbol{x}) = 0.1\,\mathcal{N}(\boldsymbol{x};\ \boldsymbol{m}_b^{(1)},\ \boldsymbol{P}_b) + 0.1\,\mathcal{N}(\boldsymbol{x};\ \boldsymbol{m}_b^{(2)},\ \boldsymbol{P}_b) + 0.1\,\mathcal{N}(\boldsymbol{x};\ \boldsymbol{m}_b^{(3)},\ \boldsymbol{P}_b) \tag{4-70}$$

其中，$\boldsymbol{m}_b^{(1)}=[-800,\ -600,\ 0,\ 0]^{\mathrm{T}}$，$\boldsymbol{m}_b^{(2)}=[-900,\ 100,\ 0,\ 0]^{\mathrm{T}}$，$\boldsymbol{m}_b^{(3)}=[-700,\ 700,\ 0,\ 0]^{\mathrm{T}}$，$\boldsymbol{P}_b=\mathrm{diag}([100^2,\ 100^2,\ 25^2,\ 25^2]^{\mathrm{T}})$。

针对非线性轨迹，每个扩展目标服从一个非线性转弯模型[165]，目标的状态为 $\boldsymbol{x}'_k=[\boldsymbol{x}_k^{\mathrm{T}},\ \omega_k]^{\mathrm{T}}$，$\omega_k$ 为转弯速率。

状态运动模型为

$$\boldsymbol{x}_k = \boldsymbol{F}(\omega_{k-1})\boldsymbol{x}_{k-1} + \boldsymbol{G}\boldsymbol{w}_{k-1} \tag{4-71}$$

$$\omega_k = \omega_{k-1} + Tu_{k-1} \tag{4-72}$$

其中：

$$\boldsymbol{F}(\omega) = \begin{bmatrix} 1 & 0 & \dfrac{\sin\omega T}{\omega} & -\dfrac{1-\cos\omega T}{\omega} \\ 0 & 1 & \dfrac{1-\cos\omega T}{\omega} & \dfrac{\sin\omega T}{\omega} \\ 0 & 0 & \cos\omega T & -\sin\omega T \\ 0 & 0 & \sin\omega T & \cos\omega T \end{bmatrix} \tag{4-73}$$

$$\boldsymbol{G} = \begin{bmatrix} \dfrac{T^2}{2} & 0 \\ 0 & \dfrac{T^2}{2} \\ \Delta & 0 \\ 0 & \Delta \end{bmatrix} \tag{4-74}$$

式中，$T=1$ s，$\boldsymbol{w}_k \sim \mathcal{N}(\cdot\,;\ \boldsymbol{0},\ \sigma_w^2\boldsymbol{I}_2)$，$\sigma_w=15\ \mathrm{m/s^2}$，$u_k \sim \mathcal{N}(\cdot\,;\ 0,\ \sigma_u^2)$，$\sigma_u=(\pi/180)\ \mathrm{rad/s}$。

新生强度为

$$D_b(\boldsymbol{x}) = 0.1\,\mathcal{N}(\boldsymbol{x};\ \boldsymbol{m}_b^{(1)},\ \boldsymbol{P}_b) + 0.1\,\mathcal{N}(\boldsymbol{x};\ \boldsymbol{m}_b^{(2)},\ \boldsymbol{P}_b) \tag{4-75}$$

其中，$\boldsymbol{m}_b^{(1)}=[-5000,\ -3000,\ 0,\ 0,\ 0]^{\mathrm{T}}$，$\boldsymbol{m}_b^{(2)}=[-1000,\ -5000,\ 0,\ 0,\ 0]^{\mathrm{T}}$，$\boldsymbol{P}_b=\mathrm{diag}([2500,\ 2500,\ 2500,\ 2500,\ (6\times\pi/180)^2]^{\mathrm{T}})$。

观测包含方位和距离量测，即

$$\boldsymbol{z}_k = \begin{bmatrix} \arctan\dfrac{x_k}{y_k} \\ \sqrt{x_k^2+y_k^2} \end{bmatrix} + \boldsymbol{\varepsilon}_k \tag{4-76}$$

其中，$\boldsymbol{\varepsilon}_k \sim \mathcal{N}(\cdot; \mathbf{0}, \boldsymbol{R}_k)$，$\boldsymbol{R}_k = \mathrm{diag}([\sigma_\theta^2, \sigma_r^2]^{\mathrm{T}})$，$\sigma_\theta = 2 \times (\pi/180) \mathrm{rad/s}$，$\sigma_r = 20$ m。

仿真中，存活概率 p_S 和检测概率 p_D 均设为 0.99。每个时刻产生的杂波数和每个扩展目标产生的量测数均服从均值为 10 的泊松分布。

图 4.9 中，扩展目标 1 和 2 在时刻 1 出现，在时刻 100 消失，且它们在时刻 45 前和时刻 55 后均做直线运动，而在时刻 45 和 55 之间做转弯运动。本节我们选择 SGMCR 算法作为 GMR - FART 的对比算法。根据前期的仿真结果，置 SGMCR 算法的合并阈值 $U=0.50$，GMR - FART 算法的警戒参数 $\rho=0.30$。针对两个不同仿真场景，分别进行 500 次 MC 仿真实验。仿真结果如图 4.10 和图 4.11 所示，每个图中都包含平均 OSPA 距离[139]、平均势估计和平均运行时间三个仿真结果，其中，OSPA 的参数取 $p=2$ 和 $c=100$。

如图 4.10 和图 4.11 所示，基于 GMR - FART 算法的 ET - GM - PHD 滤波的跟踪性能略优于基于 SGMCR 算法的，但前者需要的执行时间略多于后者，如图 4.10(c) 和图 4.11(c)所示。对于交叉跟踪场景，当时刻 50 两目标靠得很近时，两个混合约简算法均不能得到好的仿真结果。此外，对于转弯跟踪场景，当目标在时刻 45 和 55 之间转弯时，基于 GMR - FART 和 SGMCR 算法的 ET - GM - PHD 滤波的跟踪性能都不理想，只是前者略好一些，这是采取线性滤波方法的缘故。

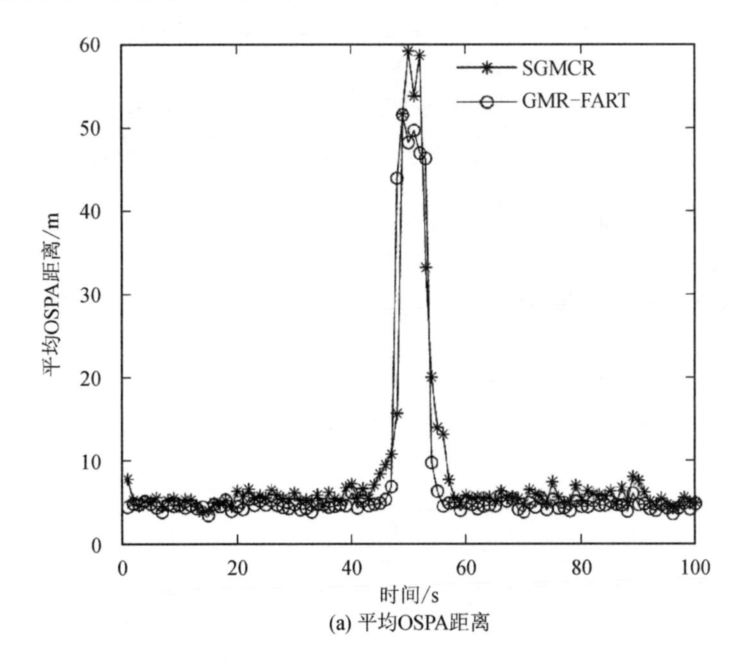

(a) 平均OSPA距离

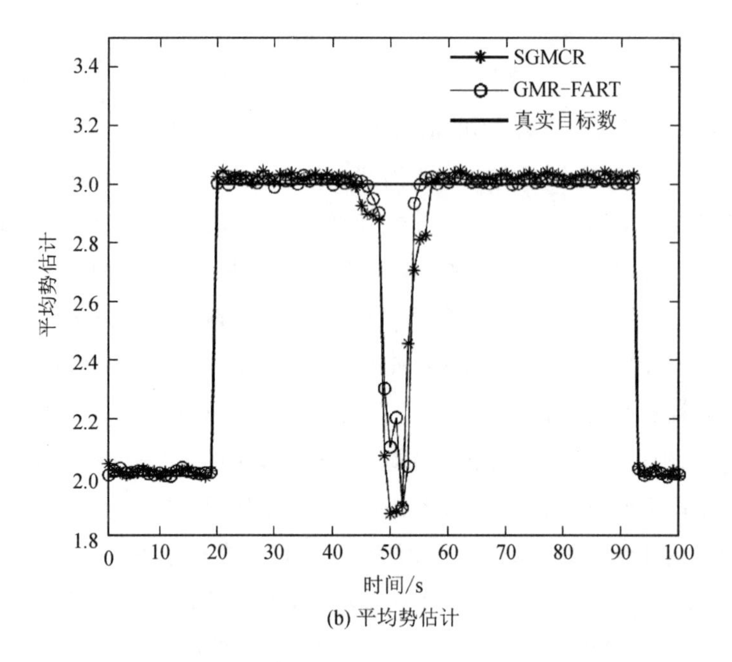

(b) 平均势估计

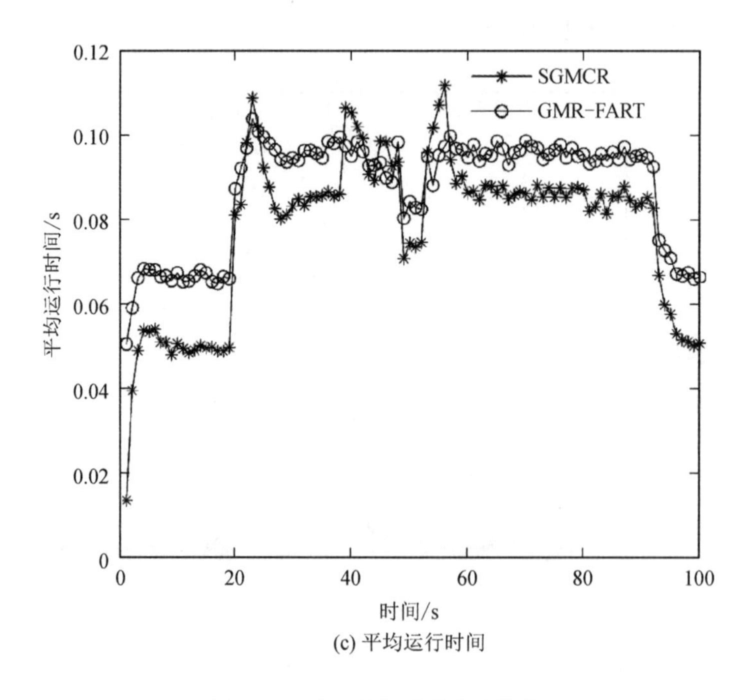

(c) 平均运行时间

图 4.10　交叉目标跟踪仿真结果

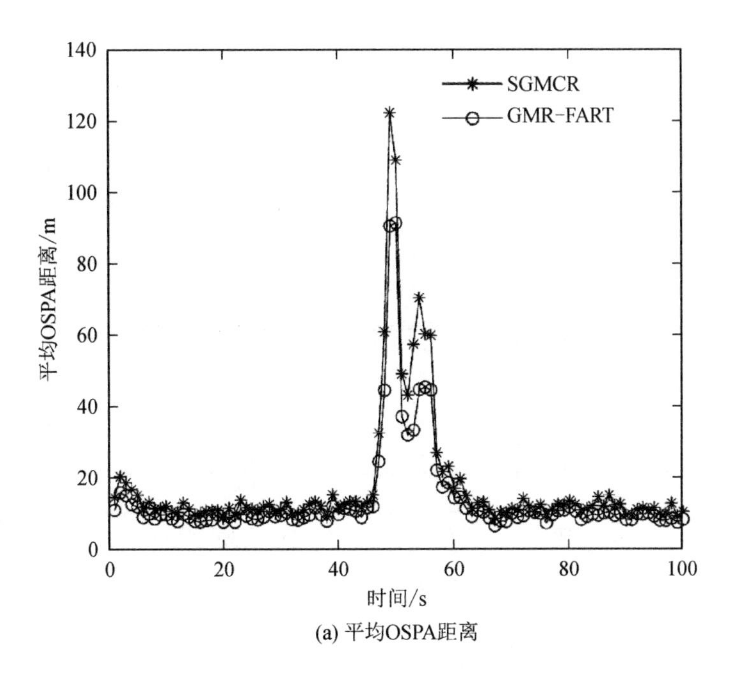

(a) 平均OSPA距离

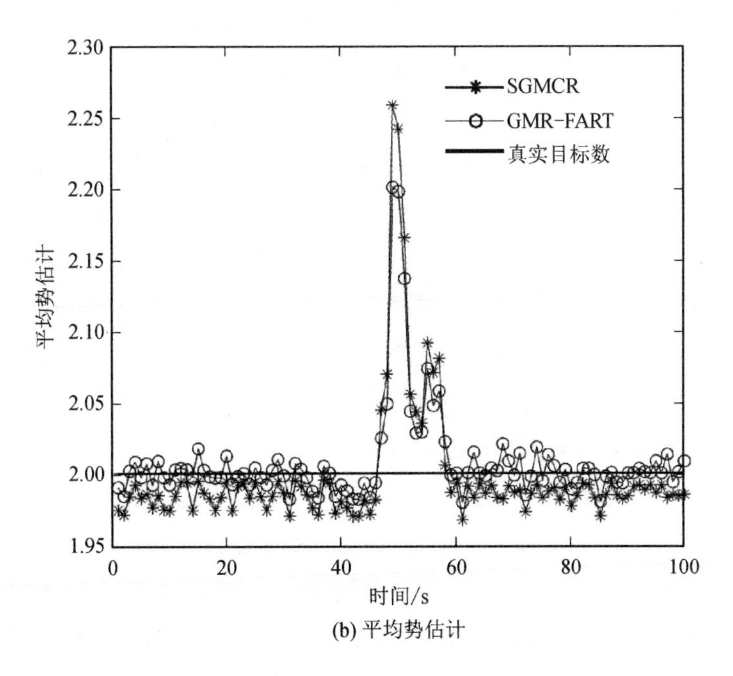

(b) 平均势估计

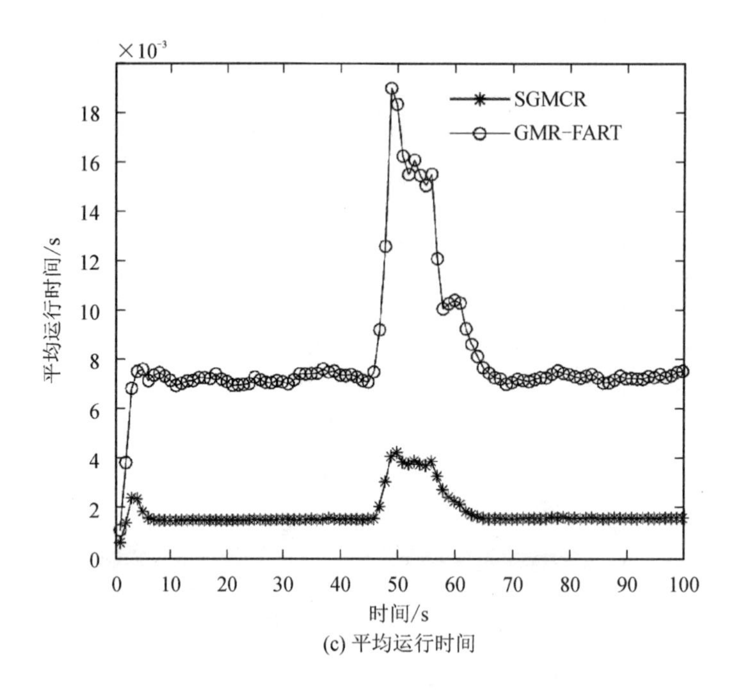

(c) 平均运行时间

图 4.11 转弯目标跟踪仿真结果

4.6 本章小结

为了解决分裂跟踪引起的势过低估计问题，本章介绍了一种基于模糊自适应谐振理论和贝叶斯理论的量测划分方法，即 MB-ART 划分。因为该划分方法同时考虑了类的中心和协方差，所以对大小不同且空间邻近的扩展目标具有潜在的优势。类的中心和分布形状(协方差)随量测向量的输入不断更新，最后得到量测在空间中的准确分布形状。仿真结果表明，本章所介绍的划分方法能有效解决由分裂跟踪引起的势过低估计问题，并且也适用于其他仿真场景的扩展目标跟踪，具有良好的应用前景。

此外，针对高斯混合约简问题，本章介绍了一种基于模糊 ART 的混合约简算法，即 GMR-FART 算法。所提约简算法采用一个合并准则进行类参数学习，从而能更准确地描述类的真实分布。仿真结果表明，GMR-FART 算法的 NISD 测度小于 SGMCR 算法的，但前者需要稍多的执行时间。此外，相比于前两种约简算法，MGMRC 算法需要更多的执行时间，因此不实用。相比而言，GMR-FART 算法更适用于目标跟踪。

第 5 章　扩展目标线性跟踪方法

5.1 引　　言

由于扩展目标线性跟踪方法具有模型假设简单、理论推导方便且易于工程实现等优点，因此在扩展目标跟踪理论与方法中发挥着重要作用。目前，扩展目标线性跟踪方法主要分为基于数据关联的扩展目标线性跟踪方法和基于随机有限集(RFS)的扩展目标线性跟踪方法。然而，对于目标数较多的复杂线性跟踪场景而言，由于数据关联的存在和扩展目标量测数目的激增，基于数据关联的多扩展目标线性跟踪方法极易造成较为严重的组合爆炸问题。相比于基于数据关联的方法，基于 RFS 的多扩展目标线性跟踪方法虽然有效避免了数据关联问题，但由于有损 RFS 滤波方法(PHD 滤波、CPHD 滤波、MeMBer 滤波、CBMeMBer 滤波)和无损 RFS 滤波方法(GLMB 滤波、LMB 滤波等)存在模型近似有损、计算复杂度过高等问题，导致基于 RFS 的方法不易于工程实现。因此，本章分别针对基于数据关联和 RFS 的多扩展目标线性跟踪方法中存在的诸多问题，例如如何避免遍历所有可行关联事件确定扩展目标和量测之间的关联关系，如何构造能够均衡估计精度和计算复杂度的 RFS 扩展目标跟踪框架等，提出了一系列解决方法，包括基于航迹概率图模型的多扩展目标数据关联算法、基于混合概率图模型的多扩展目标数据关联算法以及改进的多伯努利扩展目标滤波方法等。

5.2　基于航迹概率图模型的多扩展目标数据关联

5.2.1　问题描述

不同于点目标，一个扩展目标每个时刻可能产生多个量测，所以多扩展目标跟踪中的数据关联问题更为复杂。针对点目标跟踪中的数据关联问题，已有较多的研究，如全局最近邻(GNN)、联合概率数据关联(JPDA)、多假设跟踪(MHT)和概率多假设跟踪

(Probabilistic MHT，PMHT)[166]等算法。针对扩展目标跟踪中的数据关联问题，Koch 在文献[167]中将 PMHT 算法拓展到扩展目标跟踪，即 ET－PMHT 算法。该算法虽然能够处理多扩展目标跟踪问题，但只能应用于没有杂波的简单场景。文献[168]提出了一种扩展目标 JPDA 算法，即 ET－JPDA 算法，由于需要考虑目标和所有量测单元之间的可行关联事件，故 ET－JPDA 算法的计算量巨大，难以实现。因此，Vivone 和 Braca 在文献[169]中先对扩展目标的量测进行聚类，然后通过 JPDA 算法估计扩展目标的状态。这种做法虽然降低了计算复杂度，但是由于在滤波之前需要对扩展目标的量测进行聚类，未能充分利用量测信息，导致该算法的跟踪精度较低。

此外，有损随机有限集扩展目标跟踪算法虽然能够避免数据关联带来的组合爆炸问题，如 ET－PHD、ET－CPHD 和 ET－CBMeMBer 滤波，但其跟踪精度较低。因此，基于标签随机有限集和无标签随机有限集，Granström 等人在文献[170]和[171]中推导出两种无损随机有限集扩展目标跟踪算法，即 ET－GLMB 和 ET－PMBM 滤波。虽然这两种算法的跟踪精度高于有损随机有限集扩展目标跟踪算法，但因需要解决数据关联问题，导致计算复杂度过高。近年来，概率图模型[172-173]作为一种有效的推理和学习工具，能够处理大规模系统中的推理问题，已广泛应用于信道解码[174-177]、协同定位[178-179]、通信接收机[180-182]等领域。为了高效解决多目标跟踪中的数据关联问题，基于概率图模型的多目标跟踪方法应运而生[183-196]，为多扩展目标数据关联问题提供了新的解决路径。概率图模型是一种有效的推理和学习工具，能够高效地处理点目标跟踪中的数据关联问题，但是由于多扩展目标跟踪中的数据关联问题更为复杂，基于概率图模型的点目标跟踪方法已不再适用。为此，本章针对多扩展目标跟踪中关联变量边缘分布难以求解的问题，介绍基于航迹概率图模型的多扩展目标数据关联算法和基于混合概率图模型的多扩展目标数据关联算法。

5.2.2 航迹概率图模型构建方法

1. 多扩展目标数据关联

假设 k 时刻有 n_k 个扩展目标和 m_k 个量测，目标状态集合为 $\xi_k=\{\xi_k^i\}_{i=1}^{n_k}$，其中，目标 i 的状态为 $\xi_k^i=(\gamma_k^i,\ \boldsymbol{x}_k^i,\ \boldsymbol{X}_k^i)$；量测集合为 $Z_k=\{\boldsymbol{z}_k^1,\ \boldsymbol{z}_k^2,\ \cdots,\ \boldsymbol{z}_k^{m_k}\}$，$Z_k$ 包含目标产生的量测和杂波量测。在 k 时刻，目标 i 被传感器检测并且产生量测的概率为 $p_{D,k}(\xi_k^i)$。每个时刻的杂波量测与目标量测相互独立，杂波量测数服从泊松分布，$\lambda_f(\boldsymbol{z})$表示单位空间内产生杂波量测数的期望值。

为了描述多扩展目标的数据关联问题，需要定义扩展目标关联变量 $\boldsymbol{A}_k=\{\boldsymbol{a}_k^i\}_{i=1}^{n_k}$，其中：

$$\boldsymbol{a}_k^i = (a_k^{i,1}, a_k^{i,2}, \cdots, a_k^{i,m_k}) \tag{5-1}$$

$$a_k^{i,j} = \begin{cases} 1, & \text{量测 } j \text{ 由目标 } i \text{ 产生} \\ 0, & \text{量测 } j \text{ 由其他目标产生} \end{cases} \tag{5-2}$$

根据贝叶斯公式和扩展目标关联变量 $\boldsymbol{A}_k$，可得 k 时刻多扩展目标状态的后验概率密度为

$$\begin{aligned} f(\xi_k \mid Z^k) &= \sum_{\boldsymbol{A}_k} f(\xi_k, \boldsymbol{A}_k \mid Z^k) \\ &\propto \sum_{\boldsymbol{A}_k} f(\xi_k \mid Z^{k-1}) f(Z_k, \boldsymbol{A}_k \mid \xi_k, Z^{k-1}) \\ &= \sum_{\boldsymbol{A}_k} f(\xi_k \mid Z^{k-1}) f(Z_k, \boldsymbol{A}_k \mid \xi_k) \end{aligned} \tag{5-3}$$

其中：$f(\xi_k|Z^{k-1})$为 k 时刻多目标概率密度的预测；$f(Z_k, \boldsymbol{A}_k|\xi_k)$为似然函数，可以进一步分解为

$$f(Z_k, \boldsymbol{A}_k \mid \xi_k) = f(Z_k \mid \xi_k, \boldsymbol{A}_k) f(\boldsymbol{A}_k \mid \xi_k) \tag{5-4}$$

$$f(Z_k \mid \xi_k, \boldsymbol{A}_k) \propto \prod_{i=1}^{n_k} \lambda^{-|\boldsymbol{a}_k^i|} f(Z_k^{\boldsymbol{a}_k^i} \mid \xi_k^i)^{\theta_D(\boldsymbol{a}_k^i)} \tag{5-5}$$

$$f(\boldsymbol{A}_k \mid \xi_k) = \varphi(\boldsymbol{A}_k) \prod_{i=1}^{n_k} \left[p_{D,k}(\xi_k^i)^{\theta_D(\boldsymbol{a}_k^i)} (1 - p_{D,k}(\xi_k^i))^{1-\theta_D(\boldsymbol{a}_k^i)} \right] \tag{5-6}$$

其中：$Z_k^{\boldsymbol{a}_k^i}$ 为关联变量 $\boldsymbol{a}_k^i$ 确定的量测单元；$|\boldsymbol{a}_k^i|$表示量测单元 $Z_k^{\boldsymbol{a}_k^i}$ 中的量测数；$\theta_D(\boldsymbol{a}_k^i)$用于判断目标 i 是否被传感器检测到，表示为

$$\theta_D(\boldsymbol{a}_k^i) = \begin{cases} 0, & |\boldsymbol{a}_k^i| = 0 \\ 1, & |\boldsymbol{a}_k^i| > 0 \end{cases} \tag{5-7}$$

$\varphi(\boldsymbol{A}_k)$为约束条件，用于判断关联变量 $\boldsymbol{A}_k$ 中是否存在冲突，表示为

$$\varphi(\boldsymbol{A}_k) = \prod_{i=1}^{n_k} \prod_{j=i+1}^{n_k} \varphi(\boldsymbol{a}_k^i, \boldsymbol{a}_k^j) \tag{5-8}$$

$$\varphi(\boldsymbol{a}_k^i, \boldsymbol{a}_k^j) = \begin{cases} 0, & \text{存在 } l\text{，使得 } a_k^{i,l} = 1 \text{ 且 } a_k^{j,l} = 1 \\ 1, & \text{其他} \end{cases} \tag{5-9}$$

因此，k 时刻多扩展目标状态的后验概率密度为

$$f(\xi_k \mid Z^k) \propto \sum_{\boldsymbol{A}_k} f(\xi_k \mid Z^{k-1}) f(Z_k, \boldsymbol{A}_k \mid \xi_k)$$

$$\propto \sum_{\boldsymbol{A}_k}\prod_{i=1}^{n_k} f(\xi_k^i \mid Z^{k-1})(p_{D,k}(\xi_k^i)f(Z_k^{\boldsymbol{a}_k^i} \mid \xi_k^i))^{\theta_D(\boldsymbol{a}_k^i)} \cdot$$

$$\lambda_f^{-|\boldsymbol{a}_k^i|}(1-p_{D,k}(\xi_k^i))^{1-\theta_D(\boldsymbol{a}_k^i)}\prod_{j=i+1}^{n_k}\varphi(\boldsymbol{a}_k^i, \boldsymbol{a}_k^j) \tag{5-10}$$

根据式(5－10)可得，计算 k 时刻多扩展目标状态的后验概率密度需要考虑所有的可行关联事件，随着扩展目标数和量测数的增多，会出现组合爆炸问题。例如，JPDA 算法需要计算所有可行关联事件的概率 $f(Z_k, \boldsymbol{A}_k|\xi_k)$，才能获得每个扩展目标关联变量的边缘分布；然后，根据关联变量的边缘分布进行滤波，估计每个扩展目标的状态，但计算所有可行关联事件的概率会导致巨大的计算量。因此，针对多扩展目标跟踪的数据关联问题，如何高效计算每个扩展目标关联变量的边缘分布至关重要。

概率图模型是一种概率模型，通过图模型来描述随机变量之间的关系，从而表示所有随机变量的联合概率分布，并且置信度传播算法能够根据图模型高效地进行贝叶斯推理，获得随机变量的边缘分布，这为高效计算每个扩展目标关联变量的边缘分布提供了一种新思路。

2. 航迹概率图模型

通过概率图模型对 k 时刻多扩展目标状态的后验概率密度进行建模，则式(5－1)可表示为如图 5.1 所示的航迹概率图模型。其中，因子节点 $\varphi_i(\xi_k^i, \boldsymbol{a}_k^i)$表示目标状态 ξ_k^i 与关联变量 $\boldsymbol{a}_k^i$ 的联合分布，计算式如下：

$$\varphi_i(\xi_k^i, \boldsymbol{a}_k^i) = (p_{D,k}(\xi_k^i)f(Z_k^{\boldsymbol{a}_k^i} \mid \xi_k^i))^{\theta_D(\boldsymbol{a}_k^i)}\lambda_f^{-|\boldsymbol{a}_k^i|}(1-p_{D,k}(\xi_k^i))^{1-\theta_D(\boldsymbol{a}_k^i)} \tag{5-11}$$

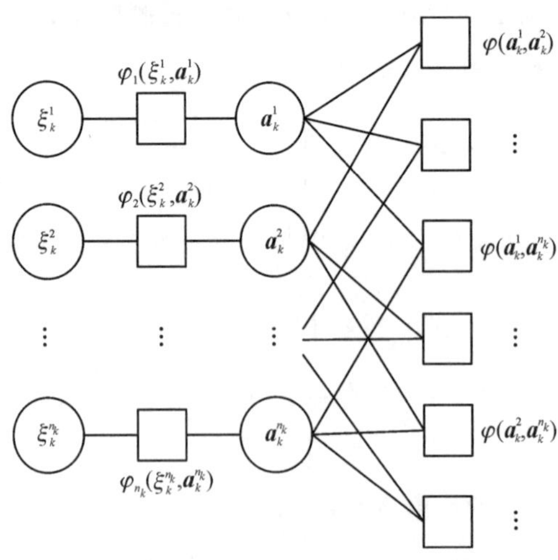

图 5.1　航迹概率图模型因子图

因子节点 $\varphi(\boldsymbol{a}_k^i, \boldsymbol{a}_k^j)$表示扩展目标关联变量 $\boldsymbol{a}_k^i$ 和 $\boldsymbol{a}_k^j$ 之间的一致性，如式(5 - 9)所示。

5.2.3　航迹概率图模型求解方法

利用置信度传播算法求解图 5.1 中航迹概率图模型的过程如下。

步骤 1： 计算因子节点 $\varphi(\xi_k^i, \boldsymbol{a}_k^i)$向扩展目标关联变量节点 $\boldsymbol{a}_k^i$ 传递的信息，即

$$\alpha_k^i(\boldsymbol{a}_k^i) = \int \varphi_i(\xi_k^i, \boldsymbol{a}_k^i) f(\xi_k^i \mid Z^{k-1}) \mathrm{d}\xi_k^i \tag{5-12}$$

步骤 2： 计算扩展目标关联变量节点 $\boldsymbol{a}_k^i$ 向因子节点 $\varphi(\boldsymbol{a}_k^i, \boldsymbol{a}_k^j)$传递的信息，即

$$\eta_{i\to i,j}(\boldsymbol{a}_k^i) = \alpha_k^i(\boldsymbol{a}_k^i) \prod_{j'=1|j'\neq j,\, j'\neq i}^{n_k} u_{i,j'\to i}(\boldsymbol{a}_k^i) \tag{5-13}$$

其中，$u_{i,j\to i}(\boldsymbol{a}_k^i)$为因子节点 $\varphi(\boldsymbol{a}_k^i, \boldsymbol{a}_k^j)$向扩展目标关联变量节点 $\boldsymbol{a}_k^i$ 传递的信息，即

$$u_{i,j\to i}(\boldsymbol{a}_k^i) = \sum_{\boldsymbol{a}_k^j} \varphi(\boldsymbol{a}_k^i, \boldsymbol{a}_k^j) \eta_{j\to i,j}(\boldsymbol{a}_k^j) \tag{5-14}$$

步骤 3： 重复步骤 2，根据式(5 - 13)和式(5 - 14)进行迭代，直至 $\eta_{i\to i,j}(\boldsymbol{a}_k^i)$和 $u_{i,j\to i}(\boldsymbol{a}_k^i)$收敛，或者达到最大迭代次数 $T_{\max}$。当算法迭代结束后，根据 $u_{i,j\to i}(\boldsymbol{a}_k^i)$计算扩展目标关联变量 $\boldsymbol{a}_k^i$ 的边缘分布，即

$$\hat{f}(\boldsymbol{a}_k^i \mid Z^k) = \frac{\alpha(\boldsymbol{a}_k^i) \prod_{j=1|j\neq i}^{n_k} u_{i,j\to i}(\boldsymbol{a}_k^i)}{\sum_{\tilde{\boldsymbol{a}}_k^i} \alpha(\tilde{\boldsymbol{a}}_k^i) \prod_{j=1|j\neq i}^{n_k} u_{i,j\to i}(\tilde{\boldsymbol{a}}_k^i)} \tag{5-15}$$

在步骤 2 中，$\eta_{i\to i,j}(\boldsymbol{a}_k^i)$和 $u_{i,j\to i}(\boldsymbol{a}_k^i)$的个数都为 $2^{m_k} n_k(n_k - 1)$，当计算 $\eta_{i\to i,j}(\boldsymbol{a}_k^i)$时，需要进行 $n_k - 2$ 次乘法；当计算 $u_{i,j\to i}(\boldsymbol{a}_k^i)$时，需要进行 $2^{m_k} - 1$ 次加法，每个求和项包含 1 次乘法。因此，每次迭代的计算复杂度为 $O((2^{m_k})^2 n_k^2 + 2^{m_k} n_k^3)$。

5.3　基于混合概率图模型的多扩展目标数据关联

虽然 5.2 节提出的基于航迹概率图模型的多扩展目标跟踪算法能够解决多扩展目标跟踪中的数据关联问题，但由于图 5.1 所示的航迹概率图模型中扩展目标关联变量相互耦合，导致该算法在置信度传播过程中，计算复杂度与量测单元数的平方呈正比关系，当量测单元较多时，计算复杂度较高，故该算法只适应于杂波量测较少，且对计算效率的要求较高的跟踪场景。此外，由于航迹概率图模型只考虑了扩展目标的关联量测单元之间的一

致性，当关联量测单元的量测较少时，虽然满足一致性，但扩展目标可能只关联到其部分量测，导致基于航迹概率图模型的多扩展目标跟踪算法的扩展状态估计误差较大。

本节针对基于航迹概率图模型的多扩展目标跟踪算法中扩展目标关联变量的耦合问题和扩展状态估计不准确的问题，提出一种新的概率图模型，用于解决多扩展目标跟踪中的数据关联问题，称为基于混合概率图模型的多扩展目标数据关联算法。

5.3.1　问题描述

在图5.1所示的航迹概率图模型中，为了描述式(5－8)中的约束条件 $\varphi(\boldsymbol{A}_k)$，扩展目标关联变量节点之间通过因子节点相互连通。在置信度传播的过程中，需要计算扩展目标关联变量节点向因子节点传递的信息 $\eta_{i\to i,j}(\boldsymbol{a}_k^i)$，以及因子节点向扩展目标关联变量节点传递的信息 $u_{i,j\to i}(\boldsymbol{a}_k^i)$，如式(5－13)和式(5－14)所示，此时扩展目标关联变量节点之间存在相互耦合。例如，对于因子节点 $\varphi(\boldsymbol{a}_k^i, \boldsymbol{a}_k^j)$，通过式(5－14)计算该因子节点向扩展目标关联变量节点 $\boldsymbol{a}_k^i$ 传递的信息 $u_{i,j\to i}(\boldsymbol{a}_k^i)$时，需要用到扩展目标关联变量 $\boldsymbol{a}_k^j$ 向该因子节点传递的信息 $\eta_{j\to i,j}(\boldsymbol{a}_k^j)$，即

$$
\begin{aligned}
u_{i,j\to i}(\boldsymbol{a}_k^i) &= \sum_{\boldsymbol{a}_k^j}\varphi(\boldsymbol{a}_k^i, \boldsymbol{a}_k^j)\eta_{j\to i,j}(\boldsymbol{a}_k^j) \\
&= \sum_{\boldsymbol{a}_k^j}\varphi(\boldsymbol{a}_k^i, \boldsymbol{a}_k^j)\alpha_k^j(\boldsymbol{a}_k^j)\prod_{j'=1|j'\neq j,j'\neq i}^{n_k} u_{i,j'\to j}(\boldsymbol{a}_k^j)
\end{aligned}
\tag{5-16}
$$

由式(5－16)可得，置信度传播过程中每次迭代的本质是扩展目标关联变量相互传递信息的过程，不仅需要根据扩展目标关联变量 $\boldsymbol{a}_k^j$ 的所有取值进行求和，还需计算该因子节点向扩展目标关联变量 $\boldsymbol{a}_k^i$ 的所有取值传递的信息，使算法的计算复杂度与量测单元数的平方呈正比关系。因此，随着量测数的增加，量测单元的数目呈指数增长，导致基于航迹概率图模型的多扩展目标跟踪算法的计算复杂度较高。

另一方面，当置信度传播过程迭代收敛后，需要通过计算扩展目标关联变量 $\boldsymbol{a}_k^i$ 的边缘分布 $\hat{f}(\boldsymbol{a}_k^i|Z^k)$对目标 i 的状态进行估计。由式(5－15)和式(5－16)可得，$\hat{f}(\boldsymbol{a}_k^i|Z^k)$的大小取决于 $\prod_{j=1|j\neq i}^{n_k} u_{i,j\to i}(\boldsymbol{a}_k^i)$，而计算 $u_{i,j\to i}(\boldsymbol{a}_k^i)$需要考虑关联变量节点 $\boldsymbol{a}_k^j$ 的所有取值，并且通过因子节点 $\varphi(\boldsymbol{a}_k^i, \boldsymbol{a}_k^j)$保证目标 i 和目标 j 所关联到的量测单元之间的一致性。因此，$\hat{f}(\boldsymbol{a}_k^i|Z^k)$要求目标 i 关联到的量测单元与其他目标关联到的量测单元满足一致性。如果目标 i 与其他

目标关联到相同的量测，那么通过因子节点的约束就能够避免这类情况。然而，当目标 i 与其他目标关联到的量测交集为空时，如果存在目标关联到量测较少的量测单元或者被假设为漏检目标，虽然满足一致性约束条件，但目标可能关联到量测较少的量测单元，导致扩展状态估计的偏差较大。

因此，针对上述两个问题，需要重新定义式(5-8)和式(5-9)中的一致性约束条件，使其对扩展目标关联变量的约束更加具体，从而提高扩展状态的估计精度，同时，为了降低计算量，其结构需较为简单。

5.3.2　混合概率图模型

为了将量测信息引入一致性约束条件中，需要定义量测关联变量 $\boldsymbol{B}_k=(b_k^1, b_k^2, \cdots, b_k^{m_k})$，其中：

$$b_k^j=\begin{cases} i, & \text{量测 } j \text{ 由目标 } i \text{ 产生} \\ 0, & \text{量测 } j \text{ 是杂波} \end{cases} \tag{5-17}$$

则式(5-8)中的扩展目标关联变量约束条件 $\varphi(\boldsymbol{A}_k)$ 等价于如下的混合约束条件：

$$\varphi(\boldsymbol{A}_k, \boldsymbol{B}_k)=\prod_{i=1}^{n_k}\prod_{j=1}^{m_k}\varphi(\boldsymbol{a}_k^i, b_k^j) \tag{5-18}$$

$$\varphi(\boldsymbol{a}_k^i, b_k^j)=\begin{cases} 0, & \text{当 } a_k^{i,j}=1 \text{ 时，} b_k^j\neq i\text{；当 } b_k^j=i \text{ 时，} a_k^{i,j}\neq 1 \\ 1, & \text{其他} \end{cases} \tag{5-19}$$

因此，k 时刻多扩展目标状态的后验概率密度为

$$\begin{aligned} f(\xi_k \mid Z^k) &\propto \sum_{\boldsymbol{A}_k} f(\xi_k \mid Z^{k-1}) f(Z_k, \boldsymbol{A}_k, \boldsymbol{B}_k \mid \xi_k) \\ &= \sum_{\boldsymbol{A}_k, \boldsymbol{B}_k}\prod_{i=1}^{n_k}\left\{ f(\xi_k^i \mid Z^{k-1})\left[p_{D,k}(\xi_k^i) f(Z_k^{\boldsymbol{a}_k^i} \mid \xi_k^i)\right]^{\theta_D(\boldsymbol{a}_k^i)} \cdot \right. \\ &\quad \left. \left(1-p_{D,k}(\xi_k^i)\right)^{1-\theta_D(\boldsymbol{a}_k^i)} \prod_{j=1}^{m_k}\varphi(\boldsymbol{a}_k^j, b_k^j)\right\} \prod_{j \mid b_k^j=0}\lambda_f(\boldsymbol{z}_k^j) \end{aligned} \tag{5-20}$$

通过概率图模型对 k 时刻多扩展目标状态的后验概率密度进行建模，则式(5-20)可表示为如图 5.2 所示的混合概率图模型。其中，因子节点 $\varphi_i(\xi_k^i, \boldsymbol{a}_k^i)$ 表示目标状态 ξ_k^i 与关联变量 $\boldsymbol{a}_k^i$ 的联合分布，如式(5-11)所示；因子节点 $\varphi(\boldsymbol{a}_k^i, b_k^j)$ 表示扩展目标关联变量 $\boldsymbol{a}_k^i$ 与量测关联变量 b_k^j 之间的一致性，如式(5-19)所示；因子节点 $\varphi(b_k^j)$ 表示量测关联变量 b_k^j 的分布，即

$$\varphi(b_k^j)=\begin{cases}\lambda_f(\boldsymbol{z}_k^j), & b_k^j=0\\ 1, & b_k^j\neq 0\end{cases} \tag{5-21}$$

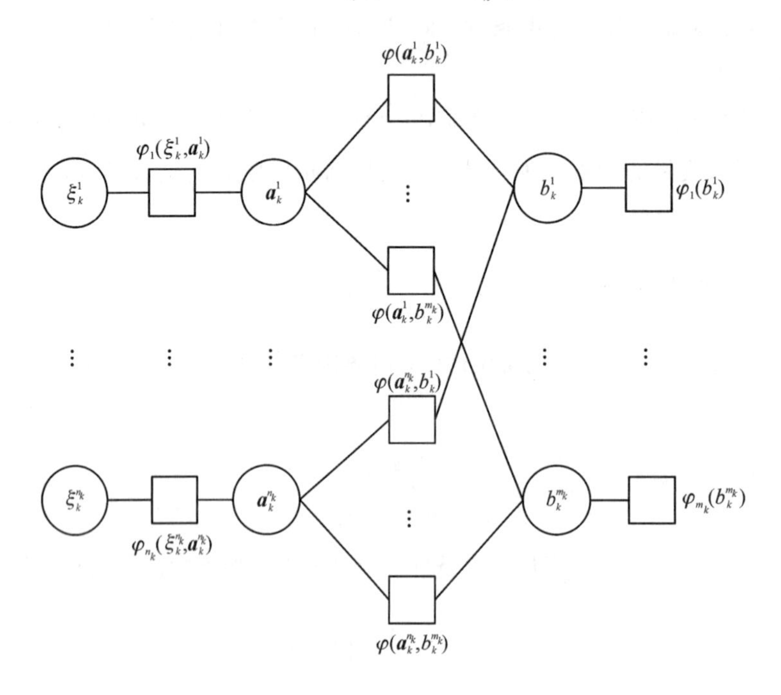

图 5.2　混合概率图模型因子图

5.3.3　混合概率图模型求解方法

利用置信度传播算法求解图 5.2 中混合概率图模型的过程如下：

步骤 1：计算因子节点 $\varphi_i(\xi_k^i, \boldsymbol{a}_k^i)$向扩展目标关联变量 $\boldsymbol{a}_k^i$ 节点传递的信息 $\alpha_k^i(\boldsymbol{a}_k^i)$，如式(5-12)所示，并计算因子节点 $\varphi(b_k^j)$向量测关联变量节点 b_k^j 传递的信息，即

$$\beta_k^j(b_k^j)=\varphi_j(b_k^j) \tag{5-22}$$

步骤 2：计算因子节点 $\varphi(\boldsymbol{a}_k^i, b_k^j)$向量测关联变量节点 b_k^j 传递的信息，即

$$u_{i,j\to j}(b_k^j)=\sum_{\boldsymbol{a}_k^i}\left[\varphi(\boldsymbol{a}_k^i, b_k^j)\alpha_k^i(\boldsymbol{a}_k^i)\prod_{j'=1|j'\neq j}^{m_k}v_{i,j'\to i}(\boldsymbol{a}_k^i)\right] \tag{5-23}$$

其中，$v_{i,j\to i}(\boldsymbol{a}_k^i)$为因子节点 $\varphi(\boldsymbol{a}_k^i, b_k^j)$向扩展目标关联变量节点 $\boldsymbol{a}_k^i$ 传递的信息，即

$$v_{i,j\to i}(\boldsymbol{a}_k^i)=\sum_{b_k^j=0}^{n_k}\left[\varphi(\boldsymbol{a}_k^i, b_k^j)\beta_k^j(b_k^j)\prod_{i'=1|i'\neq i}^{n_k}\mu_{i',j\to j}(b_k^i)\right] \tag{5-24}$$

步骤 3： 重复步骤 2，根据式(5-23)和式(5-24)进行迭代，直至 $u_{i,j\to j}(b_k^j)$和 $v_{i,j\to i}(\boldsymbol{a}_k^i)$收敛或者达到最大迭代次数 $T_{\max}$。当算法迭代结束后，根据 $v_{i,j\to i}(\boldsymbol{a}_k^i)$计算扩展目标关联变量 $\boldsymbol{a}_k^i$ 的边缘分布，即

$$\hat{f}(\boldsymbol{a}_k^i \mid Z^k) = \frac{\alpha(\boldsymbol{a}_k^i)\prod_{j=1}^{m_k} v_{i,j\to i}(\boldsymbol{a}_k^i)}{\sum_{\tilde{\boldsymbol{a}}_k^i}\alpha(\tilde{\boldsymbol{a}}_k^i)\prod_{j=1}^{m_k} v_{i,j\to i}(\tilde{\boldsymbol{a}}_k^i)} \tag{5-25}$$

根据 $u_{i,j\to j}(b_k^j)$计算量测关联变量 b_k^j 的边缘分布，即

$$\hat{f}(b_k^j = i \mid Z^k) = \frac{\beta_k^j(i)\mu_{i,j\to j}(i)}{\sum_{i'}\beta_k^j(i')\mu_{i',j\to j}(i')} \tag{5-26}$$

在步骤 2 中，$u_{i,j\to j}(b_k^j)$和 $v_{i,j\to i}(\boldsymbol{a}_k^i)$的个数分别为 $n_k^2 m_k$ 和 $2^{m_k}n_k m_k$，当计算 $u_{i,j\to j}(b_k^j)$时，需要 $2^{m_k}-1$ 次加法，每个求和项包含 m_k 次乘法；当计算 $v_{i,j\to i}(\boldsymbol{a}_k^i)$时，需要 n_k 次加法，每个求和项包含 n_k 次乘法。因此，每次迭代的计算复杂度为 $O(2^{m_k}m_k^2 n_k^2+2^{m_k}n_k^3 m_k)$。

通过简化式(5-23)和式(5-24)，可以进一步降低迭代过程的计算复杂度。当 $b_k^j \neq i$ 时，$u_{i,j\to j}(b_k^j)$的取值均相同。为了简化迭代过程，将这些相等的值标准化为 1，则 $u_{i,j\to j}(i)$可表示为

$$u_{i,j\to j}(i) = \frac{\sum_{\boldsymbol{a}_k^i \mid a_k^{i,j}=1}\left[\alpha_k^i(\boldsymbol{a}_k^i)\prod_{j' \mid a_k^{i,j'}=1, j'\neq j} v_{i,j'\to i}(\boldsymbol{a}_k^i)\right]}{\alpha_k^i(\boldsymbol{0}) + \sum_{\boldsymbol{a}_k^i \mid a_k^{i,j}=0,\ \boldsymbol{a}_k^i\neq\boldsymbol{0}}\alpha_k^i(\boldsymbol{a}_k^i)\prod_{j' \mid a_k^{i,j'}=1, j'\neq j} v_{i,j'\to i}(\boldsymbol{a}_k^i)} \tag{5-27}$$

同理，当 $a_k^{i,j}=0$ 时，$v_{i,j\to i}(\boldsymbol{a}_k^i)$的取值均相等。为了简化迭代过程，将这些相等的值标准化为 1，则 $v_{i,j\to i}(\bar{\boldsymbol{a}}_k^i)(\bar{\boldsymbol{a}}_k^i \in \{\boldsymbol{a}_k^i \mid a_k^{i,j}=1\})$可表示为

$$v_{i,j\to i}(\bar{\boldsymbol{a}}_k^i) = \frac{\beta_k^j(i)}{\beta_k^j(0) + \sum_{i'=1 \mid i'\neq i}^{n_k}\beta_k^j(i')u_{i',j\to j}(i')} \tag{5-28}$$

不同于式(5-23)和式(5-24)，$u_{i,j\to i}(i)$和 $v_{i,j\to i}(\bar{\boldsymbol{a}}_k^i)$的个数分别为 $n_k m_k$ 和 $2^{m_k-1}n_k m_k$，当计算 $u_{i,j\to i}(i)$时，需要 $2^{m_k}-2$ 次加法和 1 次除法，每个求和项至多包含 m_k 次乘法；当计算 $v_{i,j\to i}(\bar{\boldsymbol{a}}_k^i)$时，需要 n_k-1 次加法和 1 次除法，每个求和项至多包含 1 次乘法。因此，每次迭代的计算复杂度最高为 $O(2^{m_k}m_k^2 n_k+2^{m_k-1}n_k^2 m_k)$，有效降低了计算复杂度。

接下来，通过性质 1 说明式(5-25)和式(5-26)之间的关系。

性质 1： 式(5－26)中 $\hat{f}(b_k^j=i|Z^k)$ 可以通过式(5－25)中 $\hat{f}(\boldsymbol{a}_k^i|Z^k)$ 近似，即

$$\hat{f}(b_k^j=i\mid Z^k)\approx\frac{1+u_{i,j\to j}(i)}{\sum_{i'}u_{i',j\to j}(i')}\sum_{\boldsymbol{a}_k^i\mid a_k^{i,j}=1}\hat{f}(\boldsymbol{a}_k^i\mid Z^k),\ b_k^j>0 \tag{5-29}$$

证明：

假设每个时刻的杂波量测数服从泊松分布，且杂波量测均匀分布于观测场景内，则

$$\lambda_f(\boldsymbol{z})=\lambda_f \tag{5-30}$$

将式(5－12)除以常数 $\lambda_f^{m_k}$，则图 5.2 所示的混合概率图模型中的 $\alpha_k^i(\boldsymbol{a}_k^i)$ 和 $\beta_k^j(b_k^j)$ 分别表示为

$$\alpha_k^i(\boldsymbol{a}_k^i)=\frac{\int\varphi_i(\xi_k^i,\boldsymbol{a}_k^i)f(\xi_k^i\mid Z^{k-1})\mathrm{d}\xi_k^i}{\lambda_f^{|\boldsymbol{a}_k^i|}} \tag{5-31}$$

$$\beta_k^j(b_k^j)=1 \tag{5-32}$$

将式(5－27)代入式(5－26)，可得

$$\begin{aligned}\hat{f}(b_k^j=i\mid Z^k)&=\frac{u_{i,j\to j}(i)}{\sum_{i'}u_{i',j\to j}(i')}\\&=\frac{\sum_{\boldsymbol{a}_k^i\mid a_k^{i,j}=1}\alpha_k^i(\boldsymbol{a}_k^i)\prod_{j'\mid a_k^{i,j'}=1,j'\neq j}v_{i,j'\to i}(\boldsymbol{a}_k^i)}{\sum_{i'}u_{i',j\to j}(i')\cdot\sum_{\boldsymbol{a}_k^i\mid a_k^{i,j}=0}\alpha_k^i(\boldsymbol{a}_k^i)\prod_{j'\mid a_k^{i,j'}=1,j'\neq j}v_{i,j'\to i}(\boldsymbol{a}_k^i)}\end{aligned} \tag{5-33}$$

进一步化解上式，可得

$$\begin{aligned}\hat{f}(b_k^j=i\mid Z^k)&=\frac{\sum_{\boldsymbol{a}_k^i}\alpha_k^i(\boldsymbol{a}_k^i)\prod_{j'\mid a_k^{i,j'}=1,j'\neq j}v_{i,j'\to i}(\boldsymbol{a}_k^i)}{\sum_{i'}u_{i',j\to j}(i')\cdot\sum_{\boldsymbol{a}_k^i\mid a_k^{i,j}=0}\alpha_k^i(\boldsymbol{a}_k^i)\prod_{j'\mid a_k^{i,j'}=1,j'\neq j}v_{i,j'\to i}(\boldsymbol{a}_k^i)}\cdot\\&\quad\frac{\sum_{\boldsymbol{a}_k^i\mid a_k^{i,j}=1}\alpha_k^i(\boldsymbol{a}_k^i)\prod_{j'\mid a_k^{i,j'}=1,j'\neq j}v_{i,j'\to i}(\boldsymbol{a}_k^i)}{\sum_{\boldsymbol{a}_k^i}\alpha_k^i(\boldsymbol{a}_k^i)\prod_{j'\mid a_k^{i,j'}=1,j'\neq j}v_{i,j'\to i}(\boldsymbol{a}_k^i)}\\&=\frac{1+u_{i,j\to j}(i)}{\sum_{i'}u_{i',j\to j}(i')}\cdot\sum_{\boldsymbol{a}_k^i\mid a_k^{i,j}=1}\frac{\alpha_k^i(\boldsymbol{a}_k^i)\prod_{j'\mid a_k^{i,j'}=1,j'\neq j}v_{i,j'\to i}(\boldsymbol{a}_k^i)}{\sum_{\boldsymbol{a}_k^i}\alpha_k^i(\boldsymbol{a}_k^i)\prod_{j'\mid a_k^{i,j'}=1,j'\neq j}v_{i,j'\to i}(\boldsymbol{a}_k^i)}\end{aligned}$$

$$\approx \frac{1+u_{i,j\to j}(i)}{\sum_{i'} u_{i',j\to j}(i')} \cdot \sum_{\boldsymbol{a}_k^i \mid a_k^{i,j}=1} \hat{f}(\boldsymbol{a}_k^i \mid Z^k) \tag{5-34}$$

证毕。

在性质 1 的证明过程中，已将 $\hat{f}(\boldsymbol{a}_k^i|Z^k)$近似为 $\tilde{f}(\boldsymbol{a}_k^i|Z^k)$，其中：

$$\tilde{f}(\boldsymbol{a}_k^i \mid Z^k) = \frac{\alpha_k^i(\boldsymbol{a}_k^i) \prod\limits_{j' \mid a_k^{i,j'}=1, j' \neq j} v_{i,j'\to i}(\boldsymbol{a}_k^i)}{\sum\limits_{\boldsymbol{a}_k^i} \alpha_k^i(\boldsymbol{a}_k^i) \prod\limits_{j' \mid a_k^{i,j'}=1, j' \neq j} v_{i,j'\to i}(\boldsymbol{a}_k^i)} \tag{5-35}$$

这是因为，当 $a_k^{i,j}=0$ 时，$v_{i,j\to i}(\boldsymbol{a}_k^i)=1$，$\hat{f}(\boldsymbol{a}_k^i|Z^k)$与 $\tilde{f}(\boldsymbol{a}_k^i|Z^k)$相等；当 $a_k^{i,j}=1$ 时，如果量测 j 由目标 i 产生，$\alpha_k^{i'}(\boldsymbol{a}_k^{i'})(\boldsymbol{a}_k^{i'} \in \{\boldsymbol{a}_k^{i'}|a_k^{i',j}=1\}$，$i' \neq i$)的值较小，$\alpha_k^{i'}(\boldsymbol{a}_k^{i'})(\boldsymbol{a}_k^{i'} \in \{\boldsymbol{a}_k^{i'}|a_k^{i',j}=0\}$，$i' \neq i$)的值可能较大，导致式(5-28)中 $u_{i',j\to j}(i')(i' \neq i)$的值较小。因此，式(5-28)中 $v_{i,j\to i}(\bar{\boldsymbol{a}}_k^i)(\bar{\boldsymbol{a}}_k^i \in \{\boldsymbol{a}_k^i|a_k^{i,j}=1\}) \approx 1$，$\hat{f}(\boldsymbol{a}_k^i|Z^k)$近似等于 $\tilde{f}(\boldsymbol{a}_k^i|Z^k)$。如果量测 j 由其他目标产生，同理 $v_{i,j\to i}(\boldsymbol{a}_k^i)(\boldsymbol{a}_k^i \in \{\boldsymbol{a}_k^i|a_k^{i,j}=1\})$的值较小，$\alpha_k^i(\boldsymbol{a}_k^i)(\boldsymbol{a}_k^i \in \{\boldsymbol{a}_k^i|a_k^{i,j}=1\})$的值也较小，因此，$\hat{f}(\boldsymbol{a}_k^i|Z^k)$和 $\tilde{f}(\boldsymbol{a}_k^i|Z^k)$的值均较小，$\hat{f}(\boldsymbol{a}_k^i|Z^k)$近似等于 $\tilde{f}(\boldsymbol{a}_k^i|Z^k)$。

5.3.4　量测单元集合优化

1. 简化的量测单元集合

假设 k 时刻的量测集合为 $Z=\{\boldsymbol{z}^1, \boldsymbol{z}^2, \cdots, \boldsymbol{z}^m\}$(为了简化表示，省略了时刻 k)，量测单元集合 W 包含 Z 的 2^m 个子集。对于一个扩展目标，每个时刻可能产生多个量测，对应的关联变量就有 2^m 种取值，导致式(5-13)和式(5-14)的计算复杂度过高，难以实现。通常情况下，距离较近的量测源属于同一扩展目标的可能性较大，距离较远的量测源属于不同扩展目标的可能性较大。因此，不需要考虑 k 时刻量测集合的所有子集。接下来，基于最小生成树算法对量测单元集合进行简化。

对于量测集合 Z，量测 $\boldsymbol{z}^i$ 和 $\boldsymbol{z}^j$ 之间的欧氏距离定义为

$$d_{i,j} \overset{\text{def}}{=} d(\boldsymbol{z}^i, \boldsymbol{z}^j) = \sqrt{(\boldsymbol{z}^i - \boldsymbol{z}^j)^{\mathrm{T}}(\boldsymbol{z}^i - \boldsymbol{z}^j)} \tag{5-36}$$

则可以根据 Prim 算法构造量测集合 Z 的最小生成树，具体如算法 1 所示。

算法 1　Prim 算法

输入：Z
输出：MST_Z

$P=\{\boldsymbol{z}^1\}$；
$\mathrm{MST}_Z=\varnothing$；
while $P\neq Z$ **do**
　　找出 P 到 $Z-P$ 最短的边 $e_{i,j}(\boldsymbol{z}^i\in P,\ \boldsymbol{z}^j\in Z-P)$；
　　$P=P\cup\{\boldsymbol{z}_k^j\}$；
　　$\mathrm{MST}_Z=\mathrm{MST}_Z\oplus\{i,\ j,\ d_{i,j}\}$；
end while

假设量测集合 Z 的最小生成树为 $\mathrm{MST}_Z=\{(I_i,\ J_i,\ \Delta_i)\}_{i=1}^{m-1}$，其中包含 $m-1$ 条边，I_i 和 J_i 分别表示第 i 条边的两个顶点，Δ_i 表示第 i 条边的长度。根据最小生成树 MST_Z 构造简化的量测单元集合 W_S 的过程如算法 2 所示。需要注意的是，在从最短边到最长边画出 MST_Z 的过程中，简化的量测单元集 W_S 包含该过程中出现的所有连通量测组成的量测单元。由此可以看出，算法 2 将量测单元的个数从 2^m 降低到了 $2m-1$，极大地降低了计算复杂度。

算法 2　简化量测单元集合的构造方法

输入：Z，MST_Z
输出：W_S

$l=0$；
$n=m$；
$\mathrm{MST}'_Z=\mathrm{MST}_Z$；
$W_S=Z$；
while $n\leqslant 2m-1$ **do**
　　$n=n+1$；
　　找出 $\{\Delta'_i\}_{i=1}^{m-1}$ 中的最小值 Δ'_{i^*}；
　　$\Delta'_{i^*}=\mathrm{Inf}$；
　　令 I' 和 J' 中与 I'_{i^*} 或者 J'_{i^*} 相等的值等于 n；
　　$l=l+1$；
　　找出所有满足 $I'_L=J'_L=n$ 的 L，令 $w_l=w_l\cup\{I_L,\ J_L\}$；
　　$W_S=W_S\oplus w_l$；
end while

虽然算法 2 中的简化量测单元集合 W_S 降低了置信度传播算法的计算复杂度，但其中仍然存在量测过少或者过多的量测单元。因此，需要选取合理的阈值区间，进一步简化量测单元集合 W_S。由于两个量测之间的马氏距离服从自由度为量测维数的 χ^2 分布，故距离阈值可以通过 χ^2 分布计算，即

$$\delta_{P_G} = \mathrm{invchi2}(P_G) \tag{5-37}$$

其中，invchi2(·)表示逆 χ^2 分布，P_G 为给定的概率。根据概率上界 P_U 和下界 P_L，可得到对应的距离上界 δ_{P_U} 和下界 δ_{P_L}。根据距离阈值区间$[\delta_{P_L}, \delta_{P_U}]$构造带阈值的简化量测单元集合 W_{ST} 的过程如算法 3 所示，W_{ST} 能够避免包含量测过少或者过多的量测单元，同时保留了可能是杂波量测且包含单个量测的量测单元，计算复杂度与算法 2 接近。

算法 3　带阈值的简化量测单元集合的构造方法

输入：Z, MST_Z, δ_{P_U}, δ_{P_L}

输出：W_{ST}

$l=0$;
$n=m$;
treeIndex $=[1:m]$;
$\mathrm{MST}'_Z=\mathrm{MST}_Z$;
$W_{ST}=\varnothing$;
while $n\leqslant 2m-1$ **do**
　　$n=n+1$;
　　找出$\{\Delta'_i\}_{i=1}^{m-1}$中的最小值 Δ'_{i^*}；
　　treeIndex$(I_{i^*})=n$;
　　treeIndex$(J_{i^*})=n$;
　　$\Delta'_{i^*}=\mathrm{Inf}$;
　　令 I' 和 J' 中与 I'_{i^*} 或者 J'_{i^*} 相等的值等于 n;
　　if $\Delta_{i^*}\leqslant\delta_{P_U}$ 且 $\Delta_{i^*}\geqslant\delta_{P_L}$ **then**
　　　　$l=l+1$;
　　　　找出所有满足 $I'_L=J'_L=n$ 的 L，令 $w_l=w_l\cup\{I_L, J_L\}$；
　　　　$W_{ST}=W_{ST}\oplus w_l$;
　　end if
end while
找出所有满足 treeIndex$(j)\leqslant m$ 的 j，令 $W_{ST}=W_{ST}\oplus \boldsymbol{z}^j$。

为了更好地理解算法2和算法3中构造简化量测单元集合的过程，下面举例说明。假设量测集合为$Z=\{z^1, z^2, z^3, z^4\}$，如图5.3所示，其最小生成树为$\mathrm{MST}_Z=\{(1, 2, 6), (1, 3, 10), (2, 4, 20)\}$，如图5.4所示，则在从最短边到最长边画出图5.4的过程中，算法2输出该过程中出现的所有连通量测组成的量测单元，即$W_S=\{\{z^1\}, \{z^2\}, \{z^3\}, \{z^4\}, \{z^1, z^2\}, \{z^1, z^2, z^3\}, \{z^1, z^2, z^3, z^4\}\}$。

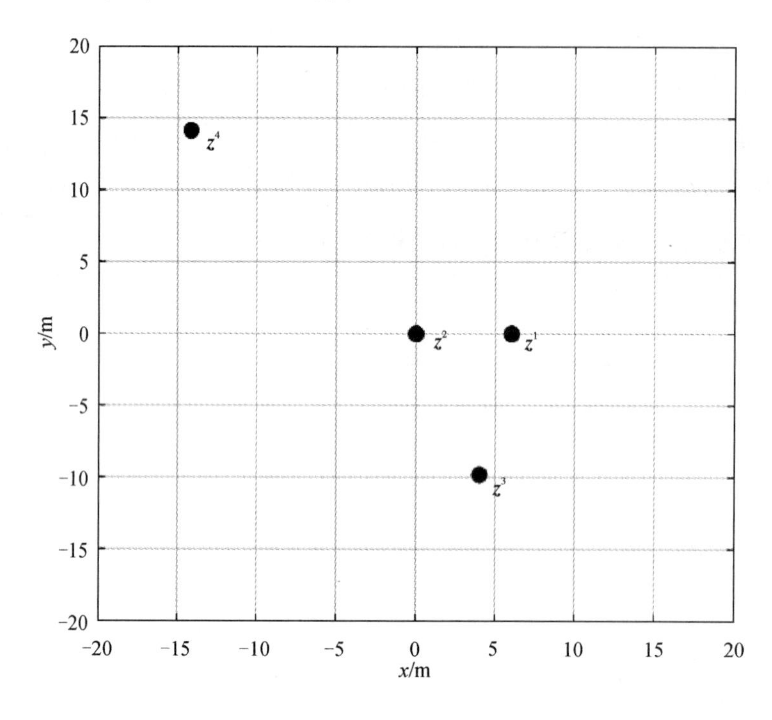

图5.3　量测分布图(圆点表示量测)

在简化量测单元集合W_S中，由于量测单元$\{z^1, z^2, z^3, z^4\}$的范围较大，因此该量测单元由同一个扩展目标产生的可能性较小。同时，由于量测z^1、z^2和z^3之间的距离较近，因此量测单元$\{z^1\}$、$\{z^2\}$和$\{z^3\}$分别为一个扩展目标产生的所有量测的可能性较小。所以，设置距离上界$\delta_{P_U}=15$和下界$\delta_{P_L}=7$，根据距离阈值区间对图5.4中的最小生成树进行简化，如图5.5所示。其中实线表示最小生成树中长度小于δ_{P_L}的边，删除了最小生成树中大于δ_{P_U}的边。在从最短边到最长边画出图5.5中的虚线部分的过程中，算法3可输出该过程中出现的所有连通量测组成的量测单元，进一步简化了量测单元集合W_S，最终得到带阈值的简化量测单元集合$W_S=\{\{z^3\}, \{z^4\}, \{z^1, z^2\}, \{z^1, z^2, z^3\}\}$。

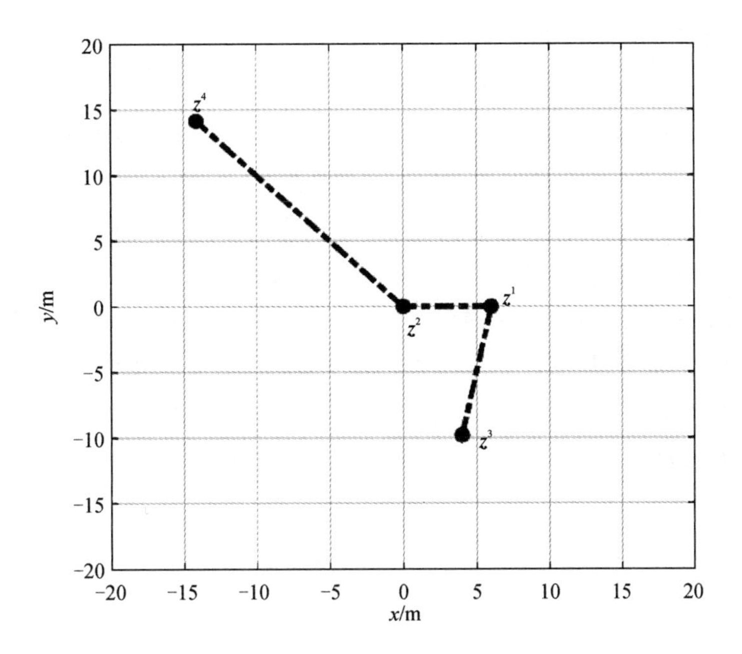

图 5.4　量测集合的最小生成树示意图(圆点表示量测)

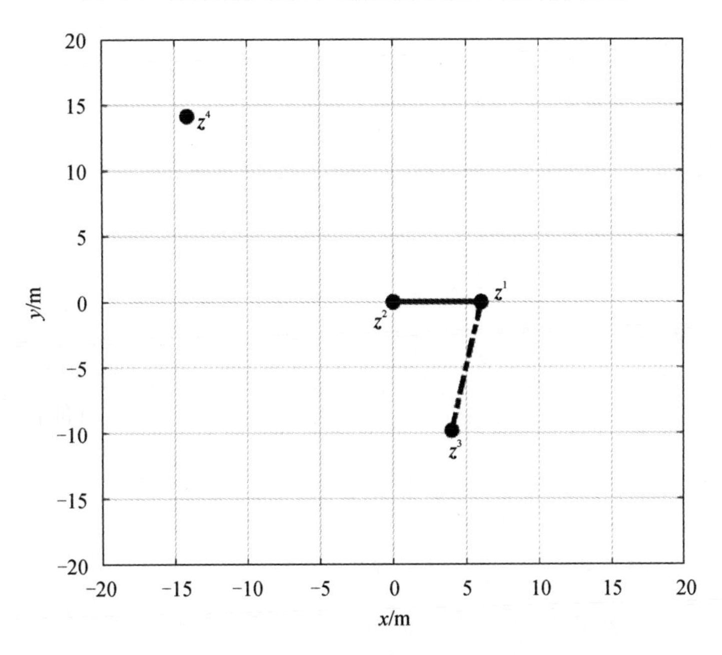

图 5.5　简化后的最小生成树示意图(圆点表示量测)

2. 改进的简化量测单元集合

根据最小生成树算法将距离靠近的量测选择划分在同一量测单元，能够简化量测单元集合。但是，当目标之间的距离靠近时，目标可能出现相互干扰，致使简化的量测单元集合出现偏差，导致目标关联到量测过多或者过少的量测单元，增大了扩展状态估计的误差。

如图 5.6 所示，我们给出一个例子来直观地说明扩展目标之间相互干扰的现象。假设有两个扩展目标距离较近，其量测如图 5.6(a)所示，其中实线和灰线表示两个扩展目标的真实形状，点表示扩展目标的量测。通过最小生成树方法构造简化的量测单元集合，图 5.6(b)给出两个目标对应似然值最高的量测单元，其中虚线表示量测单元。由图 5.6(b)可以看出，由于目标 2 的量测距离目标 1 较近，目标 2 的部分量测被划分到目标 1，导致目标 1 关联到量测过多的量测单元，目标 2 关联到量测过少的量测单元，由这些量测单元估计的扩展状态的误差较大。

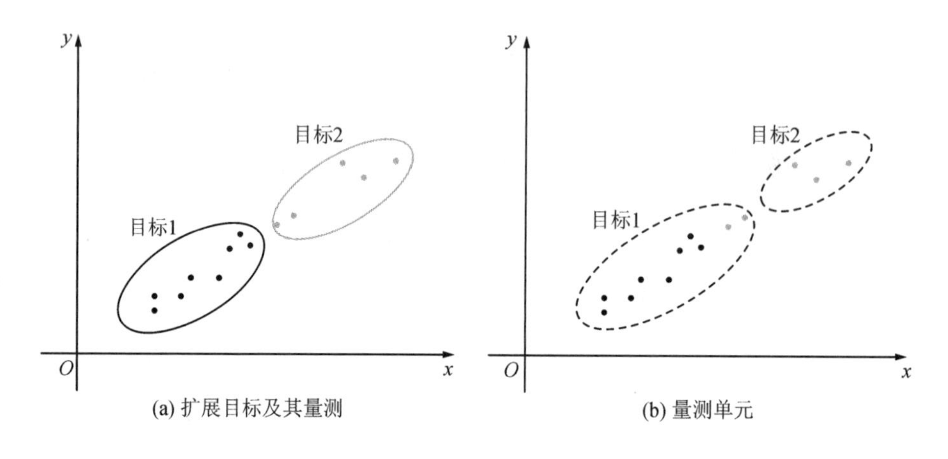

(a) 扩展目标及其量测　　(b) 量测单元

图 5.6　扩展目标之间的干扰示意图

由此可见，为了构造更加准确的简化量测单元集，需要引入扩展目标的量测分布信息，以便构造准确的量测单元，并加入简化量测单元集合。同时，对于量测过多的量测单元，应当减少其量测，提高量测单元的准确度。我们可以利用扩展目标的预测信息来改进简化量测单元集合，并且对量测过多的量测单元进行拆分。这样，当扩展目标之间的距离较近时，就能够构造更加准确的量测单元，从而减小扩展状态估计的误差。

实际上，对于扩展目标 i，目标关联变量 $\boldsymbol{a}_k^i$ 的大多数取值都具有较小的 $f(Z_k^{\boldsymbol{a}_k^i} \mid \xi_k^i)$，使得 $\alpha_k^i(\boldsymbol{a}_k^i)$也较小，可以忽略。为此，根据似然函数 $f(Z_k^{\boldsymbol{a}_k^i} \mid \xi_k^i)$构造每个扩展目标的 K 最优关联，并将每个扩展目标的 K 最优关联加入简化量测单元集合。同时，对于量测过多的量测单元，通过量测单元子划分来减少它们的量测。

1) K 最优关联

对于状态为 $\xi_k^i=(\gamma_k^i,\boldsymbol{x}_k^i,\boldsymbol{X}_k^i)$ 的扩展目标 i 和关联量测单元 $Z_k^{\boldsymbol{a}_k^i}$，似然函数 $f(Z_k^{\boldsymbol{a}_k^i}|\xi_k^i)$ 可以表示为

$$\begin{aligned}f(Z_k^{\boldsymbol{a}_k^i}\mid\xi_k^i)&=f(Z_k^{\boldsymbol{a}_k^i},m_k^{\boldsymbol{a}_k^i}\mid\xi_k^i)\\&=f(m_k^{\boldsymbol{a}_k^i}\mid\gamma_k^i)f(Z_k^{\boldsymbol{a}_k^i}\mid\boldsymbol{x}_k^i,\boldsymbol{X}_k^i)\\&=\mathcal{P}(m_k^{\boldsymbol{a}_k^i}\mid\gamma_k^i)\prod_{j\mid a_k^{i,j}=1}\mathcal{N}(\boldsymbol{z}_k^j;\boldsymbol{x}_k^i,\boldsymbol{X}_k^i)\end{aligned}\tag{5-38}$$

其中，$m_k^{\boldsymbol{a}_k^i}$ 为量测单元 $Z_k^{\boldsymbol{a}_k^i}$ 中的量测数，$\mathcal{P}(\cdot|\gamma)$ 表示泊松率为 γ 的泊松分布。

为了获得扩展目标 i 的 K 最优关联，需要根据 $f(Z_k^{\boldsymbol{a}_k^i}|\xi_k^i)$ 的大小对 $\boldsymbol{a}_k^i$ 的所有取值进行排序。在式(5-38)中，当扩展目标 i 的量测数固定时，虽然根据 Murty 算法能够计算扩展目标 i 的 K 最优关联，其中代价矩阵设置为

$$\boldsymbol{C}_k^i=[\mathcal{N}(\boldsymbol{z}_k^1;\boldsymbol{x}_k^i,\boldsymbol{X}_k^i),\mathcal{N}(\boldsymbol{z}_k^2;\boldsymbol{x}_k^i,\boldsymbol{X}_k^i),\cdots,\mathcal{N}(\boldsymbol{z}_k^{m_k};\boldsymbol{x}_k^i,\boldsymbol{X}_k^i)]\tag{5-39}$$

但是扩展目标 i 的 K 最优关联需要考虑所有可能的量测数。算法 4 给出了计算扩展目标 i 的 K 最优关联的方法。

算法 4　扩展目标 i 的 K 最优关联的计算方法

输入：ξ_k^i，Z_k，K，对于任意关联变量 $\boldsymbol{a}_k^i$ 的似然值 $f(Z_k^{\boldsymbol{a}_k^i}|\xi_k^i)$

输出：W_K

$n=1$；

$j=1$；

$W_K=\varnothing$；

while $j<m_k$ **do**

　　固定量测数为 j，计算扩展目标 i 的最大似然值 L_j，w_j 为其对应的量测索引；

　　$j=j+1$；

end while

while $n\leqslant K$ **do**

　　找出 $\{L_j\}_{j=1}^{m_k}$ 中的最大值 $L_{j'}$；

　　$W_K=W_K\oplus w_{j'}$；

　　对于量测数 j'，根据 Murty 算法找出仅次优于 $L_{j'}$ 的似然值，并取代 $L_{j'}$ 和 $w_{j'}$；

　　$n=n+1$；

end while

2）量测单元的子划分

当扩展目标之间的距离较近时，多个扩展目标的量测可能被划分在同一量测单元中，使该量测单元包含的量测过多，造成扩展状态估计偏差较大。因此，通过量测单元子划分算法[103]，可将量测较多的单元划分为多个量测数适当的量测单元，最后再将其加入简化量测单元集合中。

需要注意的是，改进的简化量测单元集合由三部分组成，包含带阈值的简化量测单元集合、所有扩展目标的 K 最优关联和量测单元的子划分。带阈值的简化量测单元集合通过粗划分，将距离靠近的量测划分在同一量测单元中，尽可能包含每个扩展目标的量测单元。但是，当扩展目标相互靠近时，会造成扩展状态估计的偏差较大。因此，需要所有扩展目标的 K 最优关联和量测单元的子划分来提高扩展状态的估计精度。此外，由于扩展目标的 K 最优关联由扩展目标状态的预测决定，如果只采用扩展目标的 K 最优关联，当目标发生机动时，会产生较大的误差，说明组成改进的简化量测单元集合的三部分都是必不可少的。

5.3.5　性能对比分析

本节通过理论分析来比较航迹概率图模型和混合概率图模型的估计精度和计算复杂度。

1. 估计精度

不同于航迹概率图模型，在混合概率图模型中，当置信度传播过程迭代收敛后，由式(5-25)和式(5-28)可知，$\hat{f}(\boldsymbol{a}_k^i|Z^k)$的大小取决于 $\prod_{j=1}^{m_k} v_{i,j\to i}(\boldsymbol{a}_k^i)$，计算 $v_{i,j\to i}(\boldsymbol{a}_k^i)$需要考虑量测关联变量节点 b_k^j 的所有取值，并且通过因子节点 $\varphi(\boldsymbol{a}_k^i, b_k^j)$保证目标 i 的关联量测单元与所有量测的关联目标之间的一致性。如果目标 i 关联的量测单元包含了其他目标的量测或者漏掉了部分自身量测，则 $\prod_{j=1}^{m_k} v_{i,j\to i}(\boldsymbol{a}_k^i)$ 的值较小，避免了航迹概率图模型中 $\hat{f}(\boldsymbol{a}_k^i|Z^k)$估计不准确的问题。同时，根据性质 1 中式(5-29)可以得出，$\hat{f}(b_k^j=i|Z^k)$与所有满足$a_k^{i,j}=1$的 $\hat{f}(\boldsymbol{a}_k^i|Z^k)$相关，所以 $\hat{f}(b_k^j=i|Z^k)$考虑了所有包含量测 j 的量测单元。因此，混合概率图模型对扩展目标关联变量的约束比航迹概率图模型更加准确，能够有效避免扩展目标关联到量测较少的量测单元，从而减小扩展状态估计的误差。此外，改进的量测单元集合具有

更准确的量测单元，能够提高目标靠近时其扩展状态的估计精度。

2. 计算复杂度

在航迹概率图模型中，因子节点 $\varphi(\boldsymbol{a}_k^i, \boldsymbol{a}_k^j)$ 与关联变量 $\boldsymbol{a}_k^i$ 和 $\boldsymbol{a}_k^j$ 相关，总共有 $(2^{m_k})^2$ 种取值。而在混合概率图模型中，因子节点 $\varphi(\boldsymbol{a}_k^i, b_k^j)$ 与关联变量 $\boldsymbol{a}_k^i$ 和 b_k^j 相关，总共有 $2^{m_k}m_k$ 种取值。因此，混合概率图模型中因子节点的取值数少于航迹概率图模型，其结构更为简单。此外，在航迹概率图模型中，所有扩展目标关联变量节点通过因子节点相互连通，存在相互耦合，使得图模型效率较低。而在混合概率图模型中，不存在扩展目标关联变量节点之间的耦合，因此其计算效率高于航迹概率图模型。

在概率图模型中，当采用所有量测单元传递信息时，航迹概率图模型的计算复杂度为 $O((2^{m_k})^2 n_k^2 + 2^{m_k} n_k^3)$，混合概率图模型的计算复杂度为 $O(2^{m_k} m_k^2 n_k + 2^{m_k-1} n_k^2 m_k)$。由于航迹概率图模型的计算复杂度与 $(2^{m_k})^2$ 相关，混合概率图模型的计算复杂度与 2^{m_k} 相关，因此混合概率图模型的计算复杂度低于航迹概率图模型。

通过构造简化的量测单元集合能够有效降低计算复杂度。假设简化的量测单元集合中量测单元的数目为 N，量测单元的平均量测数为 $\overline{m}_k$，则航迹概率图模型的计算复杂度为 $O(N^2 n_k^2 + N n_k^3)$。在混合概率图模型中，当计算因子节点向量测关联变量节点传递信息时，对于 $i=1, 2, \cdots, n_k$，需要通过式(5-27)计算所有因子节点 $\varphi(\boldsymbol{a}_k^i, b_k^j)(j=1, 2, \cdots, m_k)$ 向量测关联变量节点 b_k^j 传递的信息。其中计算 $u_{i,j\to j}(i)$ 时的求和项个数为 N，$\boldsymbol{a}_k^i$ 对应求和项中乘法的次数为 $|\boldsymbol{a}_k^i|-1$，则该过程的总运算次数为

$$\sum_{i=1}^{n_k}\sum_{j=1}^{m_k}\sum_{l=1}^{N}(M_l - 1) = \sum_{i=1}^{n_k}\sum_{j=1}^{m_k} N(\overline{m}_k - 1) = N n_k m_k(\overline{m}_k - 1) \tag{5-40}$$

其中，M_l 为第 l 个量测单元中的量测数。当计算因子节点向扩展目标关联变量节点传递信息时，对于 $i=1, 2, \cdots, n_k$，需要通过式(5-28)计算所有因子节点 $\varphi(\boldsymbol{a}_k^i, b_k^j)(j=1, 2, \cdots, m_k)$ 向扩展目标关联变量节点 $\boldsymbol{a}_k^i$ 传递的信息。扩展目标关联变量节点 $\boldsymbol{a}_k^i$ 的取值数为量测单元集合中包含量测 j 的量测单元的个数 M_j。其中计算 $v_{i,j\to i}(\overline{\boldsymbol{a}}_k^i)$ 需要 n_k-1 次加法和 1 次除法，每个求和项至多包含 1 次乘法，则该过程的总运算次数为

$$\sum_{i=1}^{n_k}\sum_{j=1}^{m_k} M_j(n_k - 1) = (n_k - 1)\sum_{i=1}^{n_k} N\overline{m}_k = N n_k(n_k - 1)\overline{m}_k \tag{5-41}$$

因此，每次迭代的计算复杂度最高为 $O(N n_k m_k \overline{m}_k + N n_k^2 \overline{m}_k)$。

由上可得，如果满足 $m_k \overline{m}_k \leqslant N n_k$，且 $\overline{m}_k \leqslant n_k$，则混合概率图模型的计算复杂度低于

航迹概率图模型。如果满足 $m_k\bar{m}_k \geqslant Nn_k$，且 $\bar{m}_k \geqslant n_k$，则混合概率图模型的计算复杂度高于航迹概率图模型。对于简化的量测单元集合，N 通常大于 m_k；对于改进的简化量测单元集合，虽然 N 接近于 m_k，但是该简化量测单元集合存在缺陷。此外，当杂波量测较多时，$\bar{m}_k$ 较小；当杂波量测较少时，$\bar{m}_k$ 较大。因此，通常情况下，混合概率图模型的计算复杂度低于航迹概率图模型。如果观测区域内的杂波量测较少，且在航迹概率图模型中利用量测单元极少的量测单元集合，航迹概率图模型的计算复杂度才可能低于混合概率图模型。

5.3.6 仿真实验与分析

为了验证所提算法的有效性，本节用简化量测单元集合(Simplified measurement cell set, S)实现基于混合概率图模型(Hybrid probability Graphical model, HG)的扩展目标跟踪、基于航迹概率图模型(Track-oriented probability Graphical model, TG)的扩展目标跟踪和 JPDA 算法，分别简称为 ET－HG－S、ET－TG－S 和 ET－JPDA－S 算法；用改进的简化量测单元集合(Improved S, IS)实现 ET－HG 算法，简称为 ET－HG－IS 算法；最后，将本章提出的 ET－HG－IS、ET－HG－S 算法与 ET－TG－S、ET－JPDA－S 算法进行跟踪性能比较。

1. 仿真环境与参数设置

下面通过设置两个仿真场景来测试所提算法的性能，参数设置如下：

在仿真实验一中，假设运动目标的观测区域为[－500，500]×[－300，300](单位均为 m)，运动轨迹如图 5.7 所示。在 $k=1$ s 时，三个目标的新生位置分别为(－500，－50)、(－500，0)和(－500，50)，且并行运动，保持目标间距不变，直至第 100 个时刻。

在仿真实验二中，假设运动目标的观测区域为[－500，500]×[－300，300]，运动轨迹如图 5.8 所示。在 $k=1$ s 时，两个目标的距离较远，然后逐渐靠近，在 $k=50$ s 时，两个目标间距离最接近，间距为 50 m，最后逐渐分开。

假设目标做匀加速直线运动，其运动方程为

$$\boldsymbol{x}_k = \boldsymbol{F}\boldsymbol{x}_{k-1} + \boldsymbol{w}_k \tag{5-42}$$

其中：$\boldsymbol{x}_k=[x_k, y_k, v_{x,k}, v_{y,k}, a_{x,k}, a_{y,k}]^{\mathrm{T}}$ 表示目标状态，x_k 和 y_k 为目标的位置坐标，$v_{x,k}$ 和 $v_{y,k}$ 为目标的速度分量，$a_{x,k}$ 和 $a_{y,k}$ 为目标的加速度分量；$\boldsymbol{w}_k \sim \mathcal{N}(\boldsymbol{0}, \boldsymbol{Q}_k)$。此外，

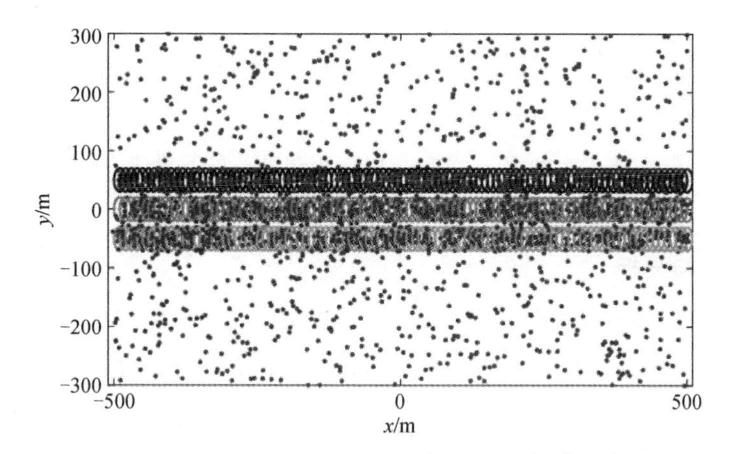

图 5.7　仿真实验一中目标的运动轨迹图(椭圆表示扩展目标，圆点表示量测)

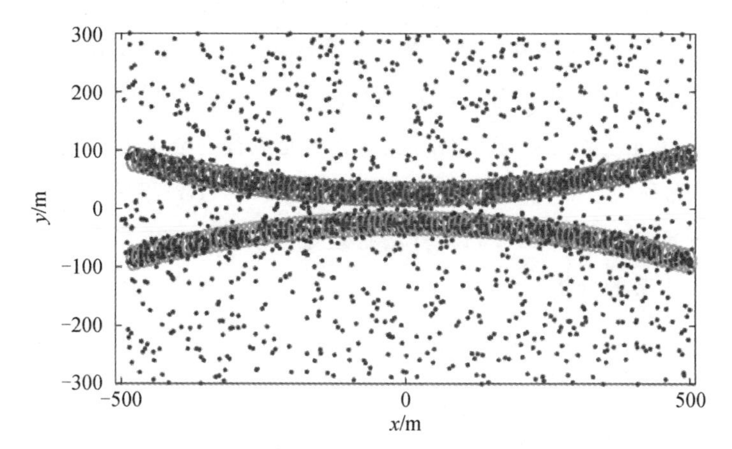

图 5.8　仿真实验二中目标的运动轨迹图(椭圆表示扩展目标，圆点表示量测)

$$\boldsymbol{F} = \begin{bmatrix} 1 & T & 0.5T^2 \\ 0 & 1 & T \\ 0 & 0 & \mathrm{e}^{-\frac{T}{\theta}} \end{bmatrix} \otimes \boldsymbol{I}_2 \tag{5-43}$$

$$\boldsymbol{Q} = \sigma^2 (1 - \mathrm{e}^{-\frac{2T}{\theta}}) \mathrm{diag}([0 \quad 0 \quad 1]) \otimes \boldsymbol{X}_k \tag{5-44}$$

其中，采样周期 T 为 1 s，加速度标准差 σ 为 0.1 m/s^2，机动相关时间 θ 为 1 s。实验中衰减常数 τ 为 5。

此时，传感器的观测方程为

$$\boldsymbol{z}_k = \boldsymbol{H}\boldsymbol{x}_k + \boldsymbol{v}_k \tag{5-45}$$

其中，$\boldsymbol{H}=[1\quad 0\quad 0]\otimes\boldsymbol{I}_2$，$\boldsymbol{v}_k\sim\mathcal{N}(\boldsymbol{0},\boldsymbol{I}_2)$。

分别考虑检测概率 $p_D\in\{0.99, 0.80\}$的情况，每个时刻杂波量测均匀地分布在观测区域内，杂波量测数的期望值为 10，每个扩展目标的量测率和跟踪门分别为 10 和 150 (m)，置信度传播算法的最大迭代次数 $T_{\max}$为 50，概率上界 P_U 和下界 P_L 分别设置为 0.7 和 0.3，$K=10$。

2. 实验结果与分析

仿真实验一中，当检测概率 $p_D=0.99$ 时，ET-HG-IS、ET-HG-S、ET-TG-S 和 ET-JPDA-S 算法的跟踪成功率(Tracking Success Rate，TSR)值分别为 97.4%、96.2%、96.4%和 94.6%。可以看出，ET-HG-IS 算法的 TSR 值高于其他算法，具有较好的稳定性。

图 5.9 给出了检测概率 $p_D=0.99$ 时，ET-HG-IS、ET-HG-S、ET-TG-S 和 ET-JPDA-S算法的位置误差和扩展状态误差曲线图。可以看出，ET-HG-IS 算法的位置和扩展状态估计误差小于其他算法，这是由于改进的简化量测单元集合同时包含了 K 最优关联集合和量测单元子划分，有效提高了量测单元集合的准确度。虽然，ET-HG-S 和 ET-TG-S 算法都利用了简化的量测单元集合，但 ET-HG-S 算法的扩展状态估计误差小于 ET-TG-S 算法，表明 ET-HG 算法有效克服了 ET-TG 算法扩展状态估计误差较大的不足，与 5.3.5 节的分析结果一致。

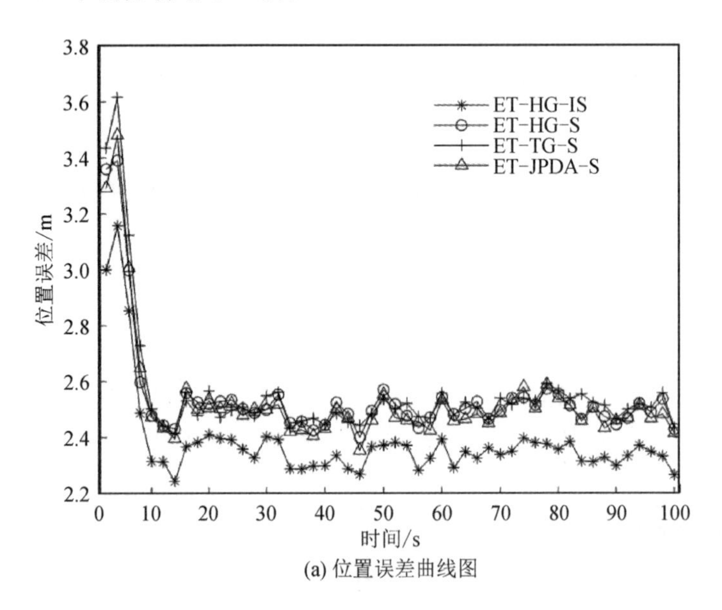

(a) 位置误差曲线图

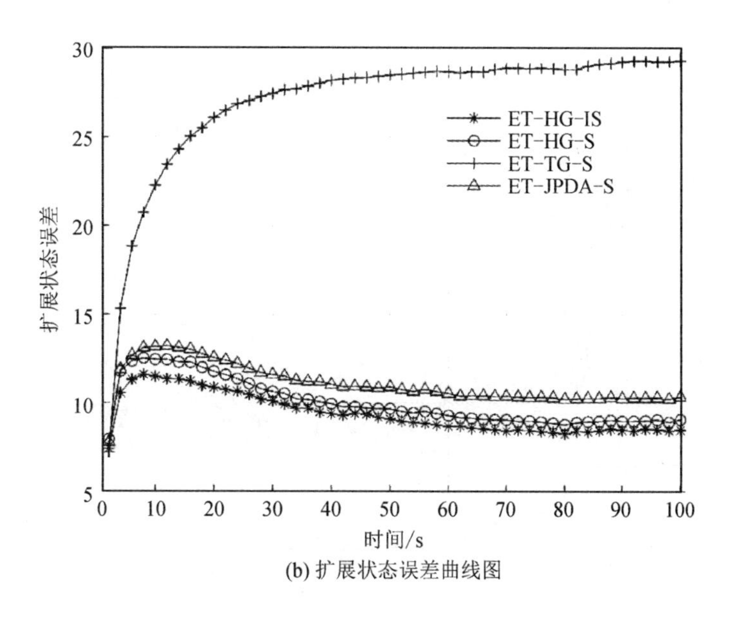

(b) 扩展状态误差曲线图

图 5.9　仿真实验一中算法的位置误差和扩展状态误差曲线图(检测概率 $p_D = 0.99$)

当检测概率 $p_D = 0.80$ 时，ET-HG-IS、ET-HG-S、ET-TG-S 和 ET-JPDA-S 算法的 TSR 值分别为 96.0%、94.4%、95.6%和 91.6%，它们的 TSR 值随检测概率的降低而下降，其中 ET-HG-IS 算法具有最高的 TSR 值，表明它的稳定性好。图 5.10 给出了检测概率 $p_D = 0.80$ 时 ET-HG-IS、ET-HG-S、ET-TG-S 和 ET-JPDA-S 算法的位置误差和扩展状态误差曲线图。可以看出，随着检测概率的降低，它们的位置和扩展状态估计误差都会增加，但均能适应较低的检测概率。由上分析可知，ET-HG-IS 算法对于较低的检测概率具有较好的鲁棒性，位置和扩展状态估计误差均小于其他算法。

当检测概率 $p_D = 0.99$ 时，ET-HG-IS、ET-HG-S、ET-TG-S 和 ET-JPDA-S 算法每个时刻的平均执行时间分别为 0.143 s、0.080 s、0.258 s 和 2.215 s。可以看出，ET-HG-IS和 ET-HG-S 算法的计算效率都比较高，但是由于改进的简化量测单元集合中的量测单元多于简化量测单元集合，因此 ET-HG-IS 算法的计算效率略低于 ET-HG-S 算法。分析表明，ET-HG 算法的计算复杂度低于 ET-TG 算法，与 5.3.5 节的分析结果一致。

ET-HG-IS、ET-HG-S 和 ET-TG-S 算法在跟踪过程中需要迭代，为了验证算法的收敛性，图 5.11 给出了检测概率 $p_D = 0.80$ 时 ET-HG-IS、ET-HG-S 和 ET-TG-S 算法的收敛曲线，图中纵轴表示每次迭代结束时，目标关联变量的边缘分布较上一次目标关联变量的边缘分布变化值的总和。

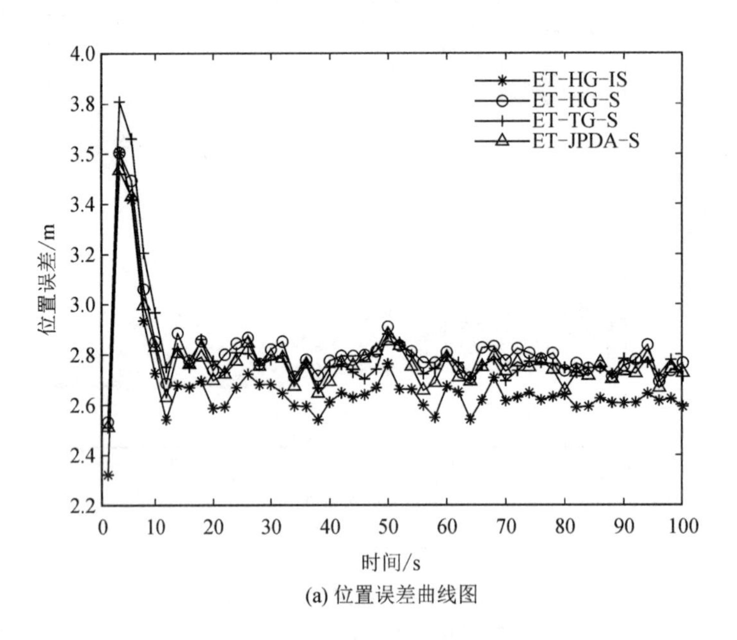

(a) 位置误差曲线图

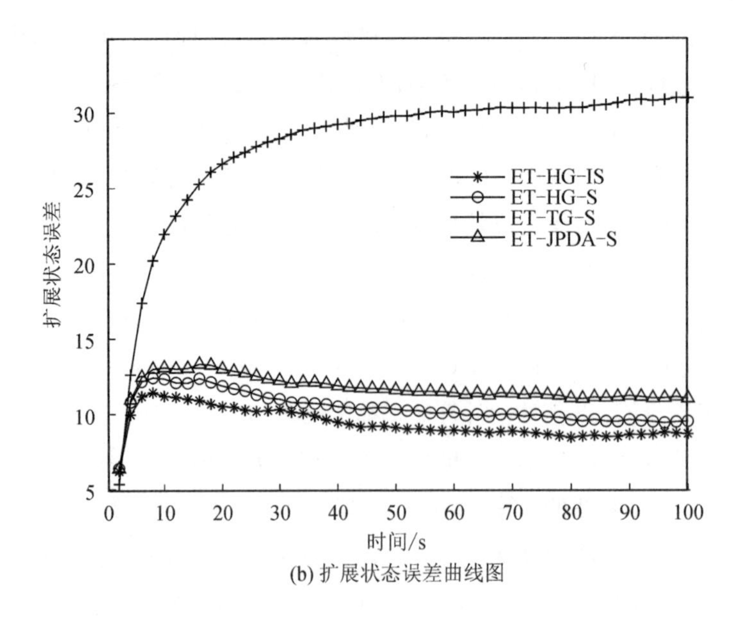

(b) 扩展状态误差曲线图

图 5.10　仿真实验一中算法的位置误差和扩展状态误差曲线图(检测概率 $p_D = 0.80$)

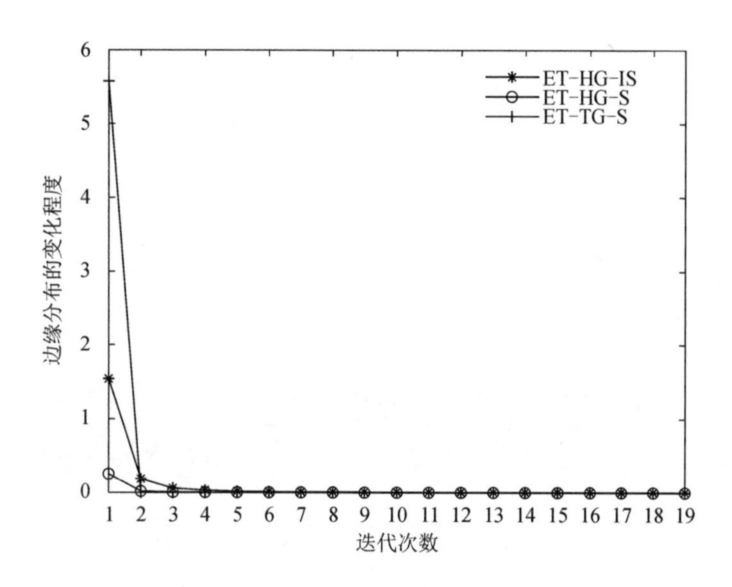

图 5.11　仿真实验一中算法的收敛图(检测概率 $p_D = 0.80$)

由图 5.11 可以看出，ET－HG－IS、ET－HG－S 和 ET－TG－S 算法都具有较好的收敛性。第一次迭代后，ET－TG－S 算法的目标关联变量的边缘分布变化大于 ET－HG－IS 和 ET－HG－S 算法。这是因为即使 ET－TG－S 算法中关联量测单元的量测较少，一致性也仍然是满足的，使得第一次迭代后，边缘分布中目标关联到量测较少的量测单元的概率偏高，其目标关联变量的边缘分布变化较大。而 ET－HG－IS 和 ET－HG－S 算法能够避免这类情况，所以目标关联变量的边缘分布变化较小。ET－HG－IS 算法的目标关联变量的边缘分布变化幅度大于 ET－HG－S 算法，这是因为 ET－HG－IS 算法中目标关联变量的取值情况多于 ET－HG－S 算法，致使其边缘分布变化大于 ET－HG－S 算法。

仿真实验二中，当检测概率 $p_D = 0.99$ 时，ET－HG－IS、ET－HG－S、ET－TG－S 和 ET－JPDA－S 算法的 TSR 值分别为 100%、99.6%、99.8%和 99.4%，ET－HG－IS 算法的 TSR 值略高于其他算法。

图 5.12 给出了检测概率 $p_D = 0.99$ 时，ET－HG－IS、ET－HG－S、ET－TG－S 和 ET－JPDA－S 算法的位置误差和扩展状态误差曲线图。

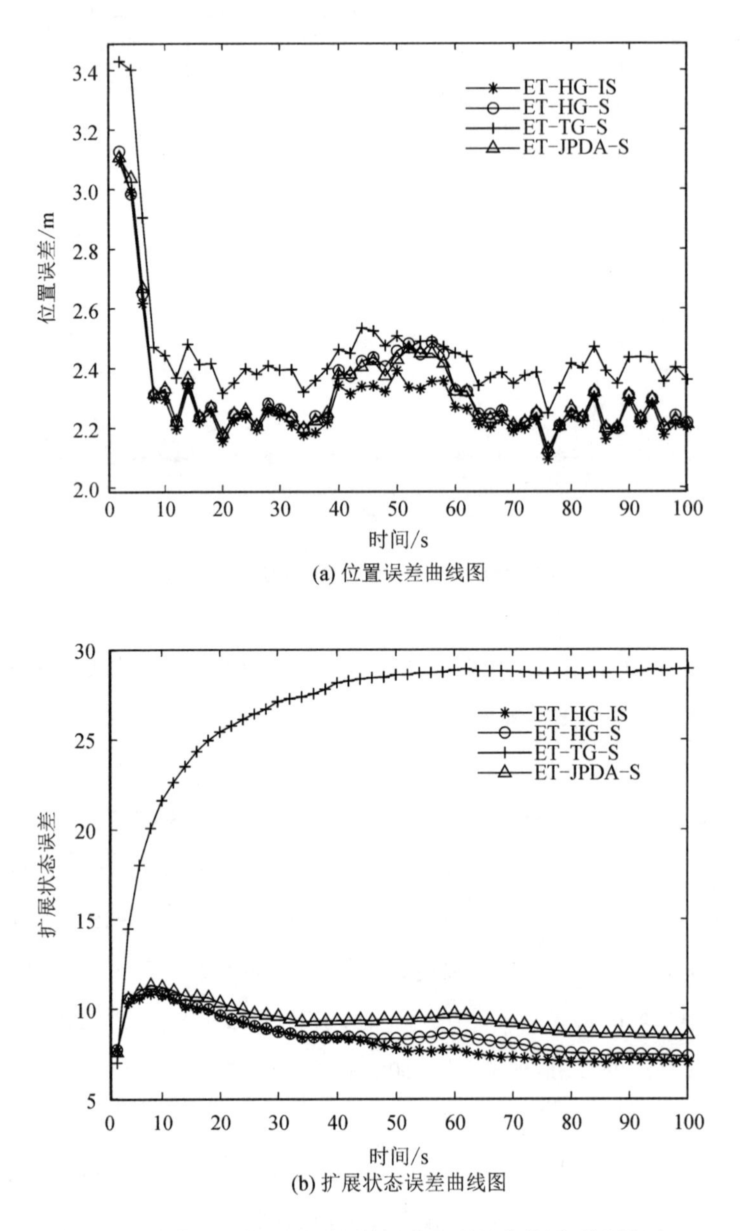

(a) 位置误差曲线图

(b) 扩展状态误差曲线图

图 5.12　仿真实验二中算法的位置误差和扩展状态误差曲线图(检测概率 $p_D = 0.99$)

可以看出，当两个目标之间的距离较大时，所有算法的位置估计误差都较小，ET－HG算法的位置估计误差小于ET－TG算法；当两个目标之间的距离变小时，所有算法的位置估计误差变大，ET－HG－IS算法的位置估计误差小于其他算法。这是因为当目标之间的距离较大时，目标间的相互干扰较弱，此时简化的量测单元集合较为准确，所以ET－HG－S和ET－TG－S算法都能够较好地跟踪目标。当目标之间的距离较小时，目标间的相互干扰增强，此时改进的简化量测单元集合更加准确，所以ET－HG－IS算法的跟踪精度最高。虽然ET－HG－IS和ET－HG－S算法的位置估计误差和ET－JPDA－S算法接近，但ET－HG－IS和ET－HG－S算法的扩展状态估计误差小于ET－JPDA－S算法。当两个目标之间的距离较小时，ET－HG－S和ET－TG－S算法的扩展状态估计误差都会有波动，但ET－HG－IS算法的适应能力强，扩展状态估计精度高。这表明ET－HG－IS算法受目标间相互干扰的影响比其他算法小。

当检测概率 $p_D=0.80$ 时，ET－HG－IS、ET－HG－S、ET－TG－S和ET－JPDA－S算法的TSR值分别为96.8%、94.8%、96.8%和93.6%。图5.13给出了检测概率 $p_D=0.80$ 时，ET－HG－IS、ET－HG－S、ET－TG－S和ET－JPDA－S算法的位置误差和扩展状态误差曲线图，可以看出所有算法均能适应较低的检测概率。

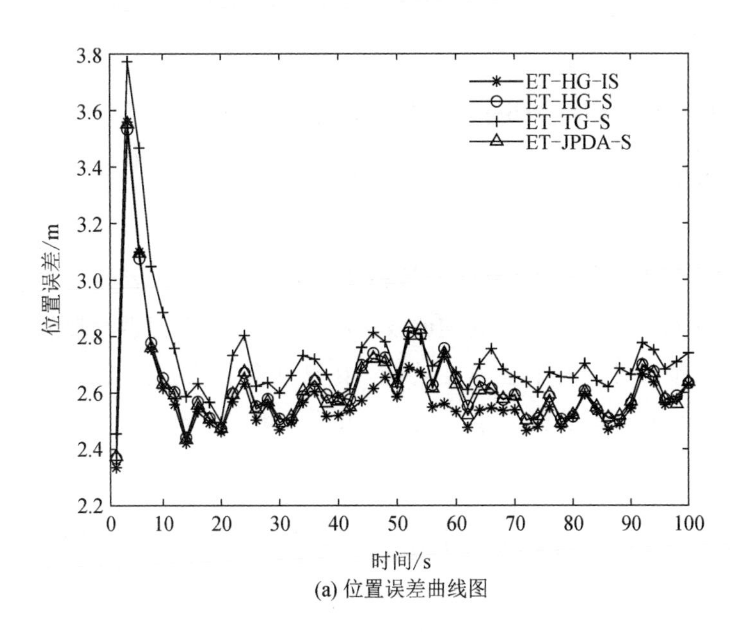

(a) 位置误差曲线图

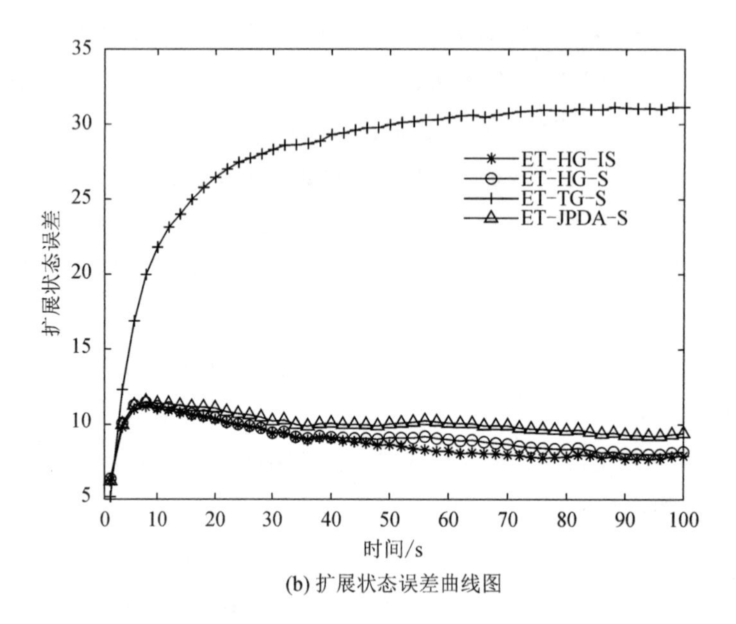

(b) 扩展状态误差曲线图

图 5.13　仿真实验二中算法的位置误差和扩展状态误差曲线图(检测概率 $p_D = 0.80$)

5.4　改进的多伯努利点目标滤波

5.4.1　MeMBer 与 CBMeMBer 滤波的局限性

为了分析 MeMBer 和 CBMeMBer 滤波框架的局限性，我们首先给出两种滤波框架的具体表现形式。

MeMBer 和 CBMeMBer 滤波算法的状态预测形式相同，两者的主要差别体现在状态更新步骤中。为了得到 MeMBer 闭合的滤波更新公式，必须经过两个近似步骤。

步骤 1：假设跟踪场景的杂波强度较低，在已知其状态预测形式服从多伯努利 RFS 形式下，其更新状态 RFS 的概率生成泛函(probability generating functional，p. g. fl.)形式为

$$G_{k|k}[h] = \prod_{i=1}^{M_{k|k-1}} G_{L,k}[h] \cdot \prod_{z_k \in Z_k} G_{U,k}[z_k;\ h] \tag{5-46}$$

$$G_{L,k}[h] = \frac{1 - r_{k|k-1}^{(i)} + r_{k|k-1}^{(i)} p_{k|k-1}^{(i)}[hq_D]}{1 - r_{k|k-1}^{(i)} + r_{k|k-1}^{(i)} p_{k|k-1}^{(i)}[q_D]} \tag{5-47}$$

$$G_{U,k}[z_k; h] = \frac{\lambda_k c_k(z_k) + \sum_{i=1}^{M_{k|k-1}} \frac{r_{k|k-1}^{(i)} p_{k|k-1}^{(i)}[hp_D\phi_{z_k}]}{1 - r_{k|k-1}^{(i)} + r_{k|k-1}^{(i)} p_{k|k-1}^{(i)}[hq_D]}}{\lambda_k c_k(z_k) + \sum_{i=1}^{M_{k|k-1}} \frac{r_{k|k-1}^{(i)} p_{k|k-1}^{(i)}[p_D\phi_{z_k}]}{1 - r_{k|k-1}^{(i)} + r_{k|k-1}^{(i)} p_{k|k-1}^{(i)}[hq_D]}} \tag{5-48}$$

其中，$q_D=1-p_D$，$G_{L,k}[\cdot]$和$G_{U,k}[z_k;\cdot]$分别表示漏检部分和量测更新部分的目标状态 p. g. fl.（具体形式参照文献[1]中 17. 4. 2. 1 节），$G_{L,k}[\cdot]$服从标准的多伯努利 p. g. fl. 形式，而$G_{U,k}[z;\cdot]$则不具有相同的 p. g. fl. 形式，为了得到闭合解，需要第 2 步近似。

步骤 2：将$G_{U,k}[z_k; h]$分母中的 h 近似为 1，则$G_{U,k}[z_k; h]$可近似为

$$G_{U,k}[z_k; h] = \frac{\kappa_k(z_k) + \sum_{i=1}^{M_{k|k-1}} G_{U,k}^{(i)}[z_k; h]}{\kappa_k(z_k) + \sum_{i=1}^{M_{k|k-1}} G_{U,k}^{(i)}[z_k; 1]} \tag{5-49}$$

$$G_{U,k}^{(i)}[z_k; h] = \frac{r_{k|k-1}^{(i)} p_{k|k-1}^{(i)}[hp_D\phi_{z_k}]}{1 - r_{k|k-1}^{(i)} + r_{k|k-1}^{(i)} p_{k|k-1}^{(i)}[hq_D]} \overset{h=1}{=} \frac{r_{k|k-1}^{(i)} p_{k|k-1}^{(i)}[p_D\phi_{z_k}]}{1 - r_{k|k-1}^{(i)} + r_{k|k-1}^{(i)} p_{k|k-1}^{(i)}[q_D]} \tag{5-50}$$

其中，$\kappa_k(z_k)=\lambda_k c_k(z_k)$。此时，$G_{U,k}[z_k; h]$服从标准的多伯努利 p. g. fl. 形式。将$G_{k|k}[h]$转化为多伯努利 RFS 形式，即

$$\pi_k = \{(r_{L,k}^{(i)}, p_{L,k}^{(i)})\}_{i=1}^{M_{k|k-1}} \cup \{(r_{U,k}(z_k), p_{U,k}(\cdot; z_k))\}_{z_k \in Z_k} \tag{5-51}$$

$$r_{L,k}^{(i)} = \frac{r_{k|k-1}^{(i)}(1 - p_{k|k-1}^{(i)}[p_D])}{1 - r_{k|k-1}^{(i)} p_{k|k-1}^{(i)}[p_D]} \tag{5-52}$$

$$p_{L,k}^{(i)}(x) = \frac{1 - p_D}{1 - p_{k|k-1}^{(i)}[p_D]} p_{k|k-1}^{(i)}(x) \tag{5-53}$$

$$r_{U,k}(z_k) = \frac{\sum_{i=1}^{M_{k|k-1}} \frac{r_{k|k-1}^{(i)} p_{k|k-1}^{(i)}[p_D\phi_{z_k}]}{1 - r_{k|k-1}^{(i)} p_{k|k-1}^{(i)}[p_D]}}{\kappa_{k+1}(z_k) + \sum_{i=1}^{M_{k|k-1}} \frac{r_{k|k-1}^{(i)} p_{k|k-1}^{(i)}[p_D\phi_{z_k}]}{1 - r_{k|k-1}^{(i)} p_{k|k-1}^{(i)}[p_D]}} \tag{5-54}$$

$$p_{U,k}(x; z_k) = \frac{\sum_{i=1}^{M_{k|k-1}} \frac{r_{k|k-1}^{(i)} p_{k|k-1}^{(i)}(x) p_D\phi_{z_k}(x)}{1 - r_{k|k-1}^{(i)} p_{k|k-1}^{(i)}[p_D]}}{\sum_{i=1}^{M_{k|k-1}} \frac{r_{k|k-1}^{(i)} p_{k|k-1}^{(i)}[p_D\phi_{z_k}]}{1 - r_{k|k-1}^{(i)} p_{k|k-1}^{(i)}[p_D]}} \tag{5-55}$$

与 MeMBer 的近似步骤 2 不同，CBMeMBer 滤波采用如下近似方法：Vo 直接用$r_{U,k}^*(z_k)$和$p_{U,k}^*(x; z_k)$的乘积来表示式(5-49)的强度密度，而不用将 h 近似为 1。对式(5-49)在 $h=1$ 处微分，可得其强度函数

$$v_{U,k}(\boldsymbol{x};\ \boldsymbol{z}_k)=\frac{\kappa_k(\boldsymbol{x}_k)+\sum_{i=1}^{M_{k|k-1}}v_{U,k}^{(i)}(\boldsymbol{x};\ \boldsymbol{z}_k)}{\kappa_k(\boldsymbol{z}_k)+\sum_{i=1}^{M_{k|k-1}}G_{U,k}^{(i)}(\boldsymbol{z};\ 1)} \tag{5-56}$$

$$v_{U,k}^{(i)}(\boldsymbol{x};\ \boldsymbol{z}_k)=\frac{p_{k|k-1}^{(i)}(\boldsymbol{x})\{(1-r_{k|k-1}^{(i)}p_{k|k-1}^{(i)}[p_D])r_{k|k-1}^{(i)}\phi_{\boldsymbol{z}_k}-(r_{k|k-1}^{(i)})^2p_{k|k-1}^{(i)}[\phi_{\boldsymbol{z}_k}](1-p_D)\}}{(1-r_{k|k-1}^{(i)}p_{k|k-1}^{(i)}[p_D])^2} \tag{5-57}$$

值得注意的是，为了保持强度函数的非负性(强度表示目标存在的可能性，理应是非负的)，式(5-57)分子中的负数部分应被删除[99]。此外，$p_{k|k-1}^{(i)}[\phi_{\boldsymbol{z}_k}]$积分后为常数，则整个负数部分未考虑量测更新，不应该出现在状态更新部分，故该负数部分也应被删除。这一反常现象的产生源自于近似步骤1。遵循集合积分形式，$r_{U,k}^{*}(\boldsymbol{z}_k)$可以由式(5-56)对$\boldsymbol{x}$积分得到，$p_{U,k}^{*}(\boldsymbol{x};\ \boldsymbol{z}_k)$可以由式(5-56)除以$r_{U,k}^{*}(\boldsymbol{z}_k)$得到。为了得到非负的目标状态概率密度函数，最终的形式需要假设$p_D\approx 1$，即

$$r_{U,k}^{*}(\boldsymbol{z}_k)=\frac{\sum_{i=1}^{M_{k|k-1}}\frac{r_{k|k-1}^{(i)}(1-r_{k|k-1}^{(i)})p_{k|k-1}^{(i)}[p_D\phi_{\boldsymbol{z}_k}]}{(1-r_{k|k-1}^{(i)}p_{k|k-1}^{(i)}[p_D])^2}}{\kappa_k(\boldsymbol{z}_k)+\sum_{i=1}^{M_{k|k-1}}\frac{r_{k|k-1}^{(i)}p_{k|k-1}^{(i)}[p_D\phi_{\boldsymbol{z}_k}]}{1-r_{k|k-1}^{(i)}p_{k|k-1}^{(i)}[p_D]}} \tag{5-58}$$

$$p_{U,k}^{*}(\boldsymbol{x};\ \boldsymbol{z}_k)=\frac{\sum_{i=1}^{M_{k|k-1}}\frac{r_{k|k-1}^{(i)}}{1-r_{k|k-1}^{(i)}}p_{k|k-1}^{(i)}(\boldsymbol{x})p_D\phi_{\boldsymbol{z}_k}}{\sum_{i=1}^{M_{k|k-1}}\frac{r_{k|k-1}^{(i)}}{1-r_{k|k-1}^{(i)}}p_{k|k-1}^{(i)}[p_D\phi_{\boldsymbol{z}_k}]} \tag{5-59}$$

为了更为直观地阐述 MeMBer 滤波势估计有偏和 CBMeMBer 滤波只适用于高检测概率的局限性，我们用下面简单的例子来说明。

例 5-1　假设杂波强度$\kappa_k(\boldsymbol{z}_k)=0$，且跟踪场景中目标之间的距离足够远。给定目标$\boldsymbol{x}$产生的量测$\boldsymbol{z}_k$，这样的假设可以保证式(5-54)中项

$$\frac{r_{k|k-1}^{(i)}p_{k|k-1}^{(i)}[p_D\phi_{\boldsymbol{z}_k}]}{1-r_{k|k-1}^{(i)}p_{k|k-1}^{(i)}[p_D]} \tag{5-60}$$

比式

$$\sum_{i=1}^{M_{k|k-1}}\frac{r_{k|k-1}^{(i)}p_{k|k-1}^{(i)}[p_D\phi_{\boldsymbol{z}_k}]}{1-r_{k|k-1}^{(i)}p_{k|k-1}^{(i)}[p_D]} \tag{5-61}$$

中除第i项的其他$M_{k|k-1}-1$项都大，则式(5-52)和式(5-54)可以重写为

$$r_{L,k}^{(i)}=\frac{r_{k|k-1}^{(i)}(1-p_{k|k-1}^{(i)}[p_D])}{1-r_{k|k-1}^{(i)}p_{k|k-1}^{(i)}[p_D]}=\frac{r_{k|k-1}^{(i)}(1-p_D)}{1-r_{k|k-1}^{(i)}p_D}\tag{5-62}$$

$$r_{U,k}(z_k)=\frac{\sum_{i=1}^{M_{k|k-1}}\frac{r_{k|k-1}^{(i)}p_{k|k-1}^{(i)}[p_D\phi_{z_k}]}{1-r_{k|k-1}^{(i)}p_{k|k-1}^{(i)}[p_D]}}{\sum_{i=1}^{M_{k|k-1}}\frac{r_{k|k-1}^{(i)}p_{k|k-1}^{(i)}[p_D\phi_{z_k}]}{1-r_{k|k-1}^{(i)}p_{k|k-1}^{(i)}[p_D]}}=\frac{\frac{r_{k|k-1}^{(i)}p_{k|k-1}^{(i)}[p_D\phi_{z_k}]}{1-r_{k|k-1}^{(i)}p_{k|k-1}^{(i)}[p_D]}}{\frac{r_{k|k-1}^{(i)}p_{k|k-1}^{(i)}[p_D\phi_{z_k}]}{1-r_{k|k-1}^{(i)}p_{k|k-1}^{(i)}[p_D]}}=1\tag{5-63}$$

在同样的条件下，式(5-58)也可以重写为

$$\begin{aligned}r_{U,k}^{*}(z_k)&=\frac{\sum_{i=1}^{M_{k|k-1}}\frac{r_{k|k-1}^{(i)}(1-r_{k|k-1}^{(i)})p_{k|k-1}^{(i)}[p_D\phi_{z_k}]}{(1-r_{k|k-1}^{(i)}p_{k|k-1}^{(i)}[p_D])^2}}{\sum_{i=1}^{M_{k|k-1}}\frac{r_{k|k-1}^{(i)}p_{k|k-1}^{(i)}[p_D\phi_{z_k}]}{1-r_{k|k-1}^{(i)}p_{k|k-1}^{(i)}[p_D]}}=\frac{\frac{r_{k|k-1}^{(i)}(1-r_{k|k-1}^{(i)})p_{k|k-1}^{(i)}[p_D\phi_{z_k}]}{(1-r_{k|k-1}^{(i)}p_{k|k-1}^{(i)}[p_D])^2}}{\frac{r_{k|k-1}^{(i)}p_{k|k-1}^{(i)}[p_D\phi_{z_k}]}{1-r_{k|k-1}^{(i)}p_{k|k-1}^{(i)}[p_D]}}\\&=\frac{1-r_{k|k-1}^{(i)}}{1-r_{k|k-1}^{(i)}p_{k|k-1}^{(i)}[p_D]}=\frac{1-r_{k|k-1}^{(i)}}{1-r_{k|k-1}^{(i)}p_D}\end{aligned}\tag{5-64}$$

为了方便对比，我们将式(5-62)～式(5-64)的目标势估计结果列于表 5.1 中。

表 5.1　MeMBer 和 CBMeMBer 势估计比较

势估计	MeMBer	CBMeMBer
漏检部分的势	$r_{L,k}^{(i)}=\frac{r_{k\|k-1}^{(i)}(1-p_D)}{1-r_{k\|k-1}^{(i)}p_D}$	$r_{L,k}^{(i)}=\frac{r_{k\|k-1}^{(i)}(1-p_D)}{1-r_{k\|k-1}^{(i)}p_D}$
量测更新部分的势	$r_{U,k}(z_k)=1$	$r_{U,k}^{*}(z_k)=\frac{1-r_{k\|k-1}^{(i)}}{1-r_{k\|k-1}^{(i)}p_D}$
总的目标的势	$r_{\mathrm{MeMBer},k}^{(i)}(z_k)=r_{L,k}^{(i)}+r_{U,k}(z_k)=\frac{r_{k\|k-1}^{(i)}(1-p_D)}{1-r_{k\|k-1}^{(i)}p_D}+1$	$r_{\mathrm{CBMeMBer},k}^{(i)}(z_k)=r_{L,k}^{(i)}+r_{U,k}^{*}(z_k)=1$

目标跟踪框架的构建有一个约定俗成的共识，即：一个量测只能由一个目标产生，且由该量测更新目标的权重不超过 1，即滤波后最多只能产生一个目标。表 5.1 中，MeMBer 滤波后单个量测产生的总的目标的势超过 1，明显导致了势过估。而 CBMeMBer 滤波后产生的总的目标的势不超过 1，满足势无偏估计条件。从表 5.1 可以看出，CBMeMBer 滤波的势估计主要受 $r_{k|k-1}^{(i)}$ 和 p_D 两个参数影响。

5.4.2　改进的 MeMBer 点目标滤波方法

在这一节，我们将分析用 CBMeMBer 滤波来修正 MeMBer 滤波有偏势估计的具体

过程，并提出一种新的势修正方法，称为改进的 MeMBer(Improved MeMBer, IMeMBer)滤波方法，该方法可有效避免 CBMeMBer 滤波因势修正而引入的高检测概率的限制。

基于表 5.1 中 MeMBer 滤波总的目标势，我们可以将其分解为

$$
\begin{aligned}
r_{\mathrm{MeMBer},k}^{(i)}(z_k) &= \overset{\text{漏检}}{r_{L,k}^{(i)}} + \overbrace{r_{U,k}(z_k)}^{\text{量测更新}} \\
&= \underbrace{\overbrace{\frac{r_{k|k-1}^{(i)}(1-p_D)}{1-r_{k|k-1}^{(i)}p_D}}^{\text{漏检}}}_{1} + \overbrace{\underbrace{1-\frac{r_{k|k-1}^{(i)}(1-p_D)}{1-r_{k|k-1}^{(i)}p_D}}_{2} + \underbrace{\frac{r_{k|k-1}^{(i)}(1-p_D)}{1-r_{k|k-1}^{(i)}p_D}}_{3}}^{\text{量测更新}}
\end{aligned}
\tag{5-65}
$$

其中，MeMBer 滤波总的目标势可以等价地分解为三项，如式(5-65)所示，为了与前面陈述保持一致，尽管公式右边不包含参数 z_k，公式左边我们仍沿用先前的表达形式。从中可以得出，只要 p_D 不等于 1，MeMBer 滤波就必然会出现势过估。此外，值得注意的是，式(5-65)中第 1 项和第 2 项分别与 CBMeMBer 滤波中漏检和量测更新部分的势完全相同。这意味着 CBMeMBer 滤波去除了 MeMBer 滤波量测更新部分多余的势估计，以达到势无偏估计的目的。

更进一步分析，我们还能得出 MeMBer 滤波势无偏估计的必要条件是式(5-65)总的目标势不大于 1。鉴于 CMeMBer 滤波通过去除第 3 项来达到势无偏估计，以及第 3 项和第 1 项完全相同，我们可以合理地去除第 1 项来达到势无偏估计，即去除 MeMBer 滤波中漏检部分多余的势估计以得到势无偏估计。

与式(5-65)相似，我们可以将式(5-50)进行分解，即

$$
\begin{aligned}
G_{U,k}^{(i)}[z_k; h] &= \frac{r_{k|k-1}^{(i)}(1-r_{L,k}^{(i)})p_{k+1|k}^{(i)}[hp_D\phi_{z_k}]}{1-r_{k|k-1}^{(i)}p_{k|k-1}^{(i)}[p_D]} + \frac{r_{k+1|k}^{(i)}r_{L,k}^{(i)}p_{k+1|k}^{(i)}[hp_D\phi_{z_k}]}{1-r_{k|k-1}^{(i)}p_{k|k-1}^{(i)}[p_D]} \\
&= \bar{G}_{U,k}^{(i)}[z_k; h] + \tilde{G}_{U,k}^{(i)}[z_k; h]
\end{aligned}
\tag{5-66}
$$

其中，$\bar{G}_{U,k}^{(i)}[z_k; h]$和$\tilde{G}_{U,k}^{(i)}[z_k; h]$分别对应于式(5-65)中第 2 项和第 3 项的 p. g. fl. 形式。式(5-49)则可以重写为

$$
G_{U,k}[z_k; h] = \frac{\kappa_k(z_k) + \sum_{i=1}^{M_{k|k-1}} \bar{G}_{U,k}^{(i)}[z_k; h] + \sum_{i=1}^{M_{k|k-1}} \tilde{G}_{U,k}^{(i)}[z_k; h]}{\kappa_k(z_k) + \sum_{i=1}^{M_{k|k-1}} G_{U,k}^{(i)}[z_k; 1]}
\tag{5-67}
$$

式(5-54)表示的 MeMBer 滤波中量测更新部分的势估计可以分解为

$$
\begin{aligned}
r_{U,k}(z_k) &= \frac{\sum_{i=1}^{M_{k|k-1}} \frac{r_{k|k-1}^{(i)}(1-r_{L,k}^{(i)})p_{k|k-1}^{(i)}[p_D\phi_{z_k}]}{1-r_{k|k-1}^{(i)}p_{k|k-1}^{(i)}[p_D]}}{\kappa_k(z_k)+\sum_{i=1}^{M_{k|k-1}} G_{U,k}^{(i)}[z;1]} + \frac{\sum_{i=1}^{M_{k|k-1}} \frac{r_{k|k-1}^{(i)}r_{L,k}^{(i)}p_{k|k-1}^{(i)}[p_D\phi_{z_k}]}{1-r_{k|k-1}^{(i)}p_{k|k-1}^{(i)}[p_D]}}{\kappa_k(z_k)+\sum_{i=1}^{M_{k|k-1}} G_{U,k}^{(i)}[z;1]} \\
&= \frac{\sum_{i=1}^{M_{k|k-1}} \bar{r}_{U,k}^{(i)}(z_k)}{\kappa_k(z_k)+\sum_{i=1}^{M_{k|k-1}} G_{U,k}^{(i)}[z_k;1]} + \frac{\sum_{i=1}^{M_{k|k-1}} \tilde{r}_{U,k}^{(i)}(z_k)}{\kappa_k(z_k)+\sum_{i=1}^{M_{k|k-1}} G_{U,k}^{(i)}[z_k;1]} \\
&= \bar{r}_{U,k}(z_k)+\tilde{r}_{U,k}(z_k)
\end{aligned}
\tag{5-68}
$$

其中，$\bar{r}_{U,k}(z_k)$和$\tilde{r}_{U,k}(z_k)$在 5.4.1 节例 5-1 中恰好分别等于式(5-65)中第 2 项和第 3 项，这说明这种分解不会破坏 MeMBer 滤波的内部结构。通过合理地去除第 1 项来达到势无偏，意味着需要有条件地删除漏检部分多余势估计来得到最后的势无偏估计，具体操作如表 5.2 所示。作为 MeMBer 滤波的后处理机制，表 5.2 中有条件地去除了 MeMBer 滤波漏检部分多余势估计。MeMBer 滤波和表 5.2 部分共同组成了 IMeMBer 滤波。

表 5.2　IMeMBer 滤波势修正方法

步骤 1：输入

$\{(r_{L,k}^{(i)},\ p_{L,k}^{(i)})\}_{i=1}^{M_{k|k-1}} \cup \{(r_{U,k}(z_k),\ \tilde{r}_{U,k}(z_k)=\sum_{i=1}^{M_{k|k-1}}\tilde{r}_{U,k}^{(i)}(z_k),\ p_{U,k}(\cdot;z_k))\}_{z_k\in Z_k},\ \mu_{\text{threshold}}$。

步骤 2：粗删减

(1) 初步得到量测数目

$n_{\text{major}}=\arg\max(\text{bernoulli}(\{\tilde{r}_{U,k+1}(z)\}_{z\in Z_{k+1}}))$；

(2) 从$\{\tilde{r}_{U,k}(z_k)\}_{z_k\in Z_k}$中选取$n_{\text{major}}$个最大的项，将项中包含的 z_k 组成 $\tilde{Z}_k$；

(3) 对 $\tilde{Z}_k$ 中每一个量测删除 $i^*=\arg\max_i \tilde{r}_{U,k}^{(i)}(z_k)$中的 $r_{L,k}^{(i^*)}$。

步骤 3：精删减

(1) 选取 Z_k 中剩余量测组成 $\bar{Z}_k=Z_k-\tilde{Z}_k$；

(2) 对于 $\bar{Z}_k$ 每一个量测，如果 $\tilde{r}_{U,k}^{(i^*)}(z_k)>\mu_{\text{threshold}}$，则删除 $r_{L,k}^{(i^*)}$。

步骤 4：输出

$\{(r_{L,k}^{(i)},\ p_{L,k}^{(i)})\}_{i=1}^{M_{L,k}} \cup \{(r_{U,k}(z_k),\ p_{U,k}(\cdot;z_k))\}_{z_k\in Z_k}$，其中 $M_{L,k}$ 为删减后的漏检部分的伯努利项总数。

如表 5.2 所示，根据 $\tilde{r}_{U,k}(z_k)$的伯努利分布，可得出漏检部分需要删除的伯努利项数，并在粗删减步骤中完成删除操作。对于漏检部分未被删减的伯努利项，为防止每个目标的微弱势估计给整体多目标势估计带来一定过估，就需要删除权值大于 $\mu_{\text{threshold}}$（精删减步骤的删减门限）的伯努利项，以进一步优化其整体势估计。

5.5 改进的多伯努利扩展目标滤波

基于 5.4 节提出的 IMeMBer 滤波，我们将其拓展到扩展目标滤波框架，提出一种 GGIW - IMeMBer 滤波。首先，我们推导出扩展目标框架下的多目标多伯努利(ET - MeMBer)滤波框架，并说明其与 MeMBer 滤波框架具有相同的势偏估计局限性。其次，将表 5.2 中的方法拓展到 ET - MeMBer 滤波框架，提出一种势无偏多目标多伯努利扩展目标滤波框架，即 ET - IMeMBer 滤波框架。最后，用 GGIW 方法实现所提框架，得到 GGIW - IMeMBer 滤波器。

5.5.1 扩展目标 MeMBer 滤波框架及势均衡修正方法

遵循集合微分和集合积分准则[1]，并借鉴 2.3.2 节 ET - CBMeMBer 滤波推导[136]过程，ET - MeMBer 滤波框架推导过程如下。

在概率生成泛函(p. g. fl.)定义中，后验概率密度函数的 p. g. fl. 形式为

$$F[g, h] = \int h(\xi) \cdot G_k[g \mid \xi] p_{k|k-1}(\xi \mid Z^k) \mathrm{d}\xi \tag{5-69}$$

$$G_k[g \mid \xi] = \int g^{Z_k} p(Z_k \mid \xi) \mathrm{d}Z_k \tag{5-70}$$

其中，$G_k[g|\xi]$是量测似然函数 $p(Z_k|\xi)$的 p. g. fl. 形式。基于泊松扩展量测模型[84]，包含杂波、漏检的多伯努利 p. g. fl. 形式为

$$F[g, h] = \mathrm{e}^{-\lambda_k c_k[g]-\lambda_k} - G_{k|k-1}[h(1 - p_D(\xi) + p_D \mathrm{e}^{-\gamma(\xi)\phi_g - \gamma(\xi)})] \tag{5-71}$$

$$G_{k|k-1}[h] = \prod_{i=1}^{M_{k|k-1}} (1 - r_{k|k-1}^{(i)} + r_{k|k-1}^{(i)} p_{k|k-1}^{(i)}[h]) \tag{5-72}$$

其中，$c_k[g] = \int g(\boldsymbol{z}_k) c_k(\boldsymbol{z}_k) \mathrm{d}\boldsymbol{z}_k$，$\phi_g = \int g(\boldsymbol{z}_k) \phi_{\boldsymbol{z}_k} \mathrm{d}\boldsymbol{z}_k$，$\boldsymbol{z}_k \in Z_k$，式(5 - 72)服从标准的多伯努利 p. g. fl. 形式(文献[1]中式(11. 175))。利用集合微分，我们可得到 $F[g, h]$在 Z_k 处的微分形式为

$$\frac{\delta F}{\delta Z_k}[g, h] = F[g, h] \cdot \prod_{Z_k} \sum_{\mathcal{P}' \angle Z_k} \prod_{W \in \mathcal{P}'} d_W[g, h] \tag{5-73}$$

$$d_W[g,h]=\delta_{1,|W|}+\sum_{i=1}^{M_{k|k-1}}\frac{r_{k|k-1}^{(i)}p_{k|k-1}^{(i)}\left[p_D(\xi)\mathrm{e}^{-\gamma(\xi)}\left(\frac{\gamma(\xi)}{\lambda_k c_k(z_k)}\right)^{|W|}\prod_{z_k\in W}\phi_{z_k}(\xi)\right]}{1-r_{k|k-1}^{(i)}+r_{k|k-1}^{(i)}p_{k|k-1}^{(i)}[h(1-p_D(\xi)+p_D\mathrm{e}^{-\gamma(\xi)\phi_g-\gamma(\xi)})]} \tag{5-74}$$

而 k 时刻的后验伯努利 p. g. fl. 形式由下面公式得到，即

$$\begin{aligned}G_{k|k}[h]&=\frac{\frac{\delta F}{\delta Z_k}[0,h]}{\frac{\delta F}{\delta Z_k}[0,1]}\\&=\prod_{i=1}^{M_{k|k-1}}\frac{1-r_{k|k-1}^{(i)}+r_{k|k-1}^{(i)}p_{k|k-1}^{(i)}[h(1-\bar{p}_D(\xi))]}{1-r_{k|k-1}^{(i)}+r_{k|k-1}^{(i)}p_{k|k-1}^{(i)}[1-\bar{p}_D(\xi)]}\cdot\frac{\sum_{\mathcal{P}'\angle Z_k}\prod_{W\in\mathcal{P}'}d_W[0,h]}{\sum_{\mathcal{P}'\angle Z_k}\prod_{W\in\mathcal{P}'}d_W[0,1]}\end{aligned} \tag{5-75}$$

$$d_W[0,h]=\delta_{1,|W|}+\sum_{i=1}^{M_{k|k-1}}\frac{r_{k|k-1}^{(i)}p_{k|k-1}^{(i)}\left[hp_D(\xi)\mathrm{e}^{-\gamma(\xi)}\left(\frac{\gamma(\xi)}{\lambda_k c_k(z_k)}\right)^{|W|}\prod_{z_k\in W}\phi_{z_k}(\xi)\right]}{1-r_{k|k-1}^{(i)}+r_{k|k-1}^{(i)}p_{k|k-1}^{(i)}[h(1-\bar{p}_D(\xi))]} \tag{5-76}$$

其中，$\bar{p}_D(\xi)=p_D(\xi)(1-\mathrm{e}^{-\gamma(\xi)})$，则式(5-75)可变形为

$$G_{k|k}[h]=\prod_{i=1}^{M_{k|k-1}}G_{L,k}^{(i)}[h]\cdot G_{U,k|k}[h] \tag{5-77}$$

$$G_{L,k}^{(i)}[h]=\frac{1-r_{k|k-1}^{(i)}+r_{k|k-1}^{(i)}p_{k|k-1}^{(i)}[h(1-\bar{p}_D(\xi))]}{1-r_{k|k-1}^{(i)}+r_{k|k-1}^{(i)}p_{k|k-1}^{(i)}[1-\bar{p}_D(\xi)]} \tag{5-78}$$

$$G_{U,k|k}[h]=\frac{\sum_{\mathcal{P}'\angle Z_k}\prod_{W\in\mathcal{P}'}d_W[0,h]}{\sum_{\mathcal{P}'\angle Z_k}\prod_{W\in\mathcal{P}'}d_W[0,1]} \tag{5-79}$$

对式(5-78)进行微分，并对微分结果在 $h=1$ 处积分，得到漏检部分的势估计为

$$r_{L,k}^{(i)}=\frac{r_{k|k-1}^{(i)}p_{k|k-1}^{(i)}[1-\bar{p}_D(\xi)]}{1-r_{k|k-1}^{(i)}+r_{k|k-1}^{(i)}p_{k|k-1}^{(i)}[1-\bar{p}_D(\xi)]} \tag{5-80}$$

将式(5-78)的微分结果除以式(5-80)，便可得到对应于漏检部分的目标状态函数，即

$$p_{L,k}^{(i)}=p_{k|k-1}^{(i)}(\xi)\frac{1-\bar{p}_D(\xi)}{p_{k|k-1}^{(i)}[1-\bar{p}_D(\xi)]} \tag{5-81}$$

与 5.4 节中类似，式(5-76)不符合标准的多伯努利形式，需要将其分母中的 h 近似为

1，得到

$$d_W[0,\ h]=\delta_{1,|W|}+\sum_{i=1}^{M_{k|k-1}}\frac{r_{k|k-1}^{(i)}p_{k|k-1}^{(i)}\left[hp_D(\xi)\mathrm{e}^{-\gamma(\xi)}\left(\frac{\gamma(\xi)}{\lambda_k c_k(z_k)}\right)^{|W|}\prod_{z_k\in W}\phi_{z_k}(\xi)\right]}{1-r_{k|k-1}^{(i)}\bar{p}_D(\xi)} \tag{5-82}$$

对式(5 - 79)在 $h=1$ 处微分，得到

$$\begin{aligned}\frac{\sum_{\mathcal{P}'\angle Z_k}\frac{\delta\prod_{W\in\mathcal{P}'}d_W[0,\ 1]}{\delta\xi}}{\sum_{\mathcal{P}'\angle Z_k}\prod_{W\in\mathcal{P}'}d_W[0,\ 1]}&=\frac{\sum_{\mathcal{P}'\angle Z_k}\frac{\prod_{W\in\mathcal{P}'}d_W[0,\ 1]}{d_W[0,\ h]}\frac{\delta d_W[0,\ 1]}{\delta\xi}}{\sum_{\mathcal{P}'\angle Z_k}\prod_{W\in\mathcal{P}'}d_W[0,\ 1]}\\&=\sum_{\mathcal{P}'\angle Z_k}\frac{\prod_{W\in\mathcal{P}'}d_W[0,\ 1]}{\sum_{\mathcal{P}'\angle Z_k}\prod_{W\in\mathcal{P}'}d_W[0,\ 1]\cdot d_W[0,\ h]}\cdot\frac{\delta d_W[0,\ 1]}{\delta\xi}\end{aligned} \tag{5-83}$$

将式(5 - 82)代入式(5 - 83)，可得

$$\begin{aligned}&\sum_{\mathcal{P}'\angle Z_k}\left(\frac{\prod_{W\in\mathcal{P}'}d_W[0,\ 1]}{\sum_{\mathcal{P}'\angle Z_k}\prod_{W\in\mathcal{P}'}d_W[0,\ 1]}\cdot\sum_{i=1}^{M_{k|k-1}}\frac{r_{k|k-1}^{(i)}p_{k|k-1}^{(i)}p_D(\xi)\mathrm{e}^{-\gamma(\xi)}\left(\frac{\gamma(\xi)}{\lambda_k c_k(z_k)}\right)^{|W|}\prod_{z_k\in W}\phi_{z_k}(\xi)}{1-r_{k|k-1}^{(i)}\bar{p}_D(\xi)}\right)\\&=\sum_{\mathcal{P}'\angle Z_k}v_{U,k}(\xi,\ W)\end{aligned} \tag{5-84}$$

将式(5 - 84)对 ξ 进行积分，可得到量测更新部分的势估计，即

$$\begin{aligned}&\sum_{\mathcal{P}'\angle Z_k}\left(\frac{\prod_{W\in\mathcal{P}'}d_W[0,\ 1]}{\sum_{\mathcal{P}'\angle Z_k}\prod_{W\in\mathcal{P}'}d_W[0,\ 1]\cdot d_W[0,\ 1]}\cdot\right.\\&\qquad\left.\sum_{i=1}^{M_{k+1|k}}\frac{r_{k|k-1}^{(i)}p_{k|k-1}^{(i)}\left[p_D(\xi)\mathrm{e}^{-\gamma(\xi)}\left(\frac{\gamma(\xi)}{\lambda_k c_k(z_k)}\right)^{|W|}\prod_{z_k\in W}\phi_{z_k}(\xi)\right]}{1-r_{k|k-1}^{(i)}\bar{p}_D(\xi)}\right)\\&=\sum_{\mathcal{P}'\angle Z_k}\frac{\omega_{\mathcal{P}}}{d_W}\cdot\sum_{i=1}^{M_{k+1|k}}\frac{r_{k|k-1}^{(i)}p_{k|k-1}^{(i)}\left[p_D(\xi)\mathrm{e}^{-\gamma(\xi)}\left(\frac{\gamma(\xi)}{\lambda_k c_k(z_k)}\right)^{|W|}\prod_{z_k\in W}\phi_{z_k}(\xi)\right]}{1-r_{k|k-1}^{(i)}\bar{p}_D(\xi)}\\&=\sum_{\mathcal{P}'\angle Z_k}r_{U,k}(W)\end{aligned} \tag{5-85}$$

其中，$\omega_{\mathcal{P}}$对应量测更新部分的目标状态函数，可由式(5-84)中 $v_{U,k}(\xi, W)$除以式(5-85)中的 $r_{U,k}(W)$得到，即

$$p_{U,k}(W)=\frac{\sum_{i=1}^{M_{k|k-1}}\frac{r_{k|k-1}^{(i)}p_{k|k-1}^{(i)}p_D(\xi)\mathrm{e}^{-\gamma(\xi)}\left(\frac{\gamma(\xi)}{\lambda_k c_k(z_k)}\right)^{|W|}\prod_{z_k\in W}\phi_{z_k}(\xi)}{1-r_{k+1|k}^{(i)}\bar{p}_D(\xi)}}{\sum_{i=1}^{M_{k|k-1}}\frac{r_{k|k-1}^{(i)}p_{k|k-1}^{(i)}\left[p_D(\xi)\mathrm{e}^{-\gamma(\xi)}\left(\frac{\gamma(\xi)}{\lambda_k c_k(z_k)}\right)^{|W|}\prod_{z_k\in W}\phi_{z_k}(\xi)\right]}{1-r_{k|k-1}^{(i)}\bar{p}_D(\xi)}}\tag{5-86}$$

此时，更新后的目标状态函数仍服从多伯努利形式，具有闭合解析解。

为了说明 ET-MeMBer 滤波延续了 MeMBer 滤波势偏估计的缺点，假设杂波强度 $\kappa_k(z_k)=0$，跟踪场景中每个扩展目标之间的距离足够远，量测划分只有一种情况（即 $|\mathcal{P}'\angle Z_k|=1$），扩展目标 ξ 产生量测子集为 $|W|>1$，我们可以得到 $r_{U,k}(W)=1$。如果加上漏检部分的势估计，则 ET-MeMBer 滤波整体势估计必然偏大。为了拓展表 5.2 势修正方法以适应扩展目标跟踪场景，我们提出一种推广形式的修正方法，如表 5.3 所示。

表 5.3　推广形式的势修正方法

步骤 1：输入

$\left\{(r_{L,k}^{(i)}, p_{L,k}^{(i)})\right\}_{i=1}^{M_{k|k-1}}\cup\{\cup_{\mathcal{P}'\angle Z_k}\{(r_{U,k}(W), \tilde{r}_{U,k}(W), \tilde{r}_{U,k}^{(i)}(W), p_{U,k}(W))\}_{W\in\mathcal{P}'}\}$，$\omega_{\mathcal{P}}$，$\mu_{\text{threshold}}$。

步骤 2：粗删减

(1) 选取所有量测划分中最大的 $\omega_{\mathcal{P}}$，并将该划分标记为 $p_{\max}$；

(2) 初步得到量测数目：$n_{\text{major}}=\arg\max(\text{bernoulli}(\{\tilde{r}_{U,k}(W)\}_{W\in p_{\max}}))$；

(3) 从$\{\tilde{r}_{U,k+1}(W)\}_{W\in p_{\max}}$中选取 n_{major} 个最大的项，将项中包含的量测子集组成 $\tilde{Z}_k$；

(4) 对 $\tilde{Z}_k$ 中包含的每一个量测子集删除 $i^*=\arg\max_i\tilde{r}_{U,k+1}^{(i)}(W)$中的 $r_{L,k}^{(i^*)}$，$W\in\tilde{Z}_k$，$W\in p_{\max}$。

步骤 3：精删减

(1) 选取 Z_k 中剩余量测组成 $\bar{Z}_k=Z_k-\tilde{Z}_k$；

(2) 对于 $\bar{Z}$ 中每一个量测子集，如果 $\tilde{r}_{U,k}^{(i^*)}(W)>\mu_{\text{threshold}}$，则删除 $r_{L,k}^{(i^*)}$，$W\in\bar{Z}_k$，$W\in p_{\max}$。

步骤 4：输出

$\left\{(r_{L,k}^{(i)}, p_{L,k}^{(i)})\right\}_{i=1}^{M_{L,k}}\cup\{\cup_{\mathcal{P}'\angle Z_k}\{(r_{U,k}(W), p_{U,k}(W))\}_{W\in\mathcal{P}'}\}$，其中 $M_{L,k}$表示删减后漏检部分的伯努利项总数。

在第 2 章中我们已提到，$\omega_{\mathcal{P}}$可以看作每种量测划分的概率。为了避免不同量测划分情况下对漏检部分的重复删除，我们认为具有最大 $\omega_{\mathcal{P}}$的量测划分情况最能反映滤波的本质。根据最大后验估计(Maximum A Posterior，MAP)准则，选取具有最大 $\omega_{\mathcal{P}}$的量测划分情况

来对漏检部分的多余势估计进行删除。表 5.3 中输入参数 $r_{L,k}^{(i)}$、$p_{L,k}^{(i)}$、$r_{U,k}(W)$、$p_{U,k}(W)$可分别由式(5－80)、式(5－81)、式(5－85)、式(5－86)计算得出，其余参数 $\widetilde{r}_{U,k}(W)$和 $\widetilde{r}_{U,k}^{(i)}(W)$具有以下形式：

$$\widetilde{r}_{U,k}(W)=\frac{\omega_{\mathcal{P}}}{d_W}\cdot\sum_{i=1}^{M_{k|k-1}}\frac{r_{k|k-1}^{(i)}r_{L,k}^{(i)}p_{k|k-1}^{(i)}\left[p_D(\xi)\mathrm{e}^{-\gamma(\xi)}\left(\frac{\gamma(\xi)}{\lambda_k c_k(z_k)}\right)^{|W|}\prod_{z_k\in W}\phi_{z_k}(\xi)\right]}{1-r_{k|k-1}^{(i)}\overline{p}_D(\xi)} \tag{5-87}$$

$$\widetilde{r}_{U,k}^{(i)}(W)=\frac{\omega_{\mathcal{P}}}{d_W}\cdot\frac{r_{k|k-1}^{(i)}r_{L,k}^{(i)}p_{k|k-1}^{(i)}\left[p_D(\xi)\mathrm{e}^{-\gamma(\xi)}\left(\frac{\gamma(\xi)}{\lambda_k c_k(z_k)}\right)^{|W|}\prod_{z_k\in W}\phi_{z_k}(\xi)\right]}{1-r_{k|k-1}^{(i)}\overline{p}_D(\xi)} \tag{5-88}$$

ET－IMeMBer 滤波的第一部分为 ET－MeMBer，第二部分为用表 5.3 中的方法来修正 ET－MeMBer 滤波的有偏势估计。

5.5.2 GGIW－IMeMBer 滤波方法

我们利用 2.3.2 节描述的 GGIW 方法来实现 5.5.1 节提出的 ET－IMeMBer 滤波框架。

在实现该滤波框架之前，需要做出如下假设：

假设 1：扩展目标量测率预测状态与运动状态、扩展状态的预测状态均无关，且服从启发式的预测形式；

假设 2：扩展目标运动预测状态与扩展状态无关；

假设 3：扩展目标扩展预测状态依赖于运动状态；

假设 4：目标之间产生量测的过程相互独立；

假设 5：目标新生服从伯努利 RFS 过程且与存活目标之间相互独立；

假设 6：跟踪场景杂波量测密度较低且杂波量测服从泊松 RFS，杂波量测与目标量测之间相互独立；

假设 7：目标存活概率和检测概率相互独立，且不随时间推移发生改变，即

$$p_S(\xi)=p_S,\ p_D(\xi)=p_D \tag{5-89}$$

假设 8：目标新生的多伯努利项也服从 GGIW 混合形式，即

$$\pi_{\Gamma,k}=\left\{(r_{\Gamma,k}^{(i)},\ p_{\Gamma,k}^{(i)})\right\}_{i=1}^{M_{\Gamma,k}}$$

$$p_{\Gamma,k}^{(i)}(\xi)=\sum_{j=1}^{J_{\Gamma,k}^{(i)}}w_{\Gamma,k}^{(i,j)}\,\mathcal{GAM}(\gamma,\alpha_{\Gamma,k},\beta_{\Gamma,k})\,\mathcal{N}(\boldsymbol{x};\boldsymbol{m}_{\Gamma,k}^{(i,j)},\boldsymbol{P}_{\Gamma,k}^{(i,j)})\,\mathcal{IW}(\boldsymbol{X};v_{\Gamma,k}^{(i,j)},\boldsymbol{V}_{\Gamma,k}^{(i,j)}) \tag{5-90}$$

其中，$M_{\Gamma,k}$表示当前时刻新生的伯努利项总数，$J_{\Gamma,k}^{(i)}$表示第i个伯努利项中的 GGIW 混合项总数，$w_{\Gamma,k}^{(i,j)}$表示对应 GGIW 混合项的权重。

基于假设 1～假设 8，GGIW－IMeMBer 滤波具体的预测和更新形式如下。

(1) 预测：

假设$k-1$时刻目标状态后验概率密度具有以下形式：

$$\pi_{k-1}=\left\{(r_{k-1}^{(i)},\ p_{k-1}^{(i)})\right\}_{i=1}^{M_{k-1}}$$

$$p_{k-1}^{(i)}(\xi)=\sum_{j=1}^{J_{k-1}^{(i)}} w_{k-1}^{(i,j)}\ \mathcal{GAM}(\gamma;\ \alpha_{k-1}^{(i,j)},\ \beta_{k-1}^{(i,j)})\ \mathcal{N}(\boldsymbol{x};\ \boldsymbol{m}_{k-1}^{(i,j)},\ \boldsymbol{P}_{k-1}^{(i,j)})\ \mathcal{IW}(\boldsymbol{X};\ v_{k-1}^{(i,j)},\ \boldsymbol{V}_{k-1}^{(i,j)}) \tag{5-91}$$

预测的目标状态后验概率密度为

$$\pi_{k|k}=\left\{(r_{k|k-1}^{(i)},\ p_{k|k-1}^{(i)})\right\}_{i=1}^{M_{k-1}}\cup\left\{(r_{\Gamma,k}^{(i)},\ p_{\Gamma,k}^{(i)})\right\}_{i=1}^{M_{\Gamma,k}},\ r_{k|k-1}^{(i)}=r_{k-1}^{(i)}p_{k-1}^{(i)}[p_S]$$

$$p_{k|k-1}^{(i)}=\sum_{j=1}^{J_{k|k-1}^{(i)}} w_{k|k-1}^{(i,j)}\ \mathcal{GAM}(\gamma;\ \alpha_{k|k-1}^{(i,j)},\ \beta_{k|k-1}^{(i,j)})\ \mathcal{N}(\boldsymbol{x};\ \boldsymbol{m}_{k|k-1}^{(i,j)},\ \boldsymbol{P}_{k|k-1}^{(i,j)})\ \mathcal{IW}(\boldsymbol{X};\ v_{k|k-1}^{(i,j)},\ \boldsymbol{V}_{k|k-1}^{(i,j)}) \tag{5-92}$$

其中，预测状态参数$\alpha_{k|k-1}^{(i,j)}$、$\beta_{k|k-1}^{(i,j)}$、$\boldsymbol{m}_{k|k-1}^{(i,j)}$、$\boldsymbol{P}_{k|k-1}^{(i,j)}$、$v_{k|k-1}^{(i,j)}$、$\boldsymbol{V}_{k|k-1}^{(i,j)}$的计算可参考 2.3.2 节。

(2) 更新：

k时刻目标状态后验概率密度具有以下形式：

$$\pi_k=\left\{(r_{L,k}^{(i)},\ p_{L,k}^{(i)})_{i=1}^{M_{k|k-1}}\right\}\cup\left\{\bigcup_{\mathcal{P}'\angle Z_k}\{(r_{U,k}(W),\ p_{U,k}(W))\}_{W\in\mathcal{P}'}\right\} \tag{5-93}$$

其中，漏检部分参数$r_{L,k}^{(i)}$、$p_{L,k}^{(i)}$可由式(5－80)和式(5－81)得到，量测更新部分(参见表 5.3)为

$$r_{U,k}(W)=\frac{\omega_{\mathcal{P}'}}{d_W}\cdot\sum_{i=1}^{M_{k|k-1}}\frac{r_{k|k-1}^{(i)}p_D\mathrm{e}^{-\gamma(\xi)}\left(\dfrac{\gamma(\xi)}{\lambda_k c_k(\boldsymbol{z}_k)}\right)^{|W|}w_{k|k-1}^{(i,j)}w_{\mathrm{GGIW}}^{(i,j)}(W)}{1-r_{k|k-1}^{(i)}\bar{p}_D} \tag{5-94}$$

$$p_{U,k}(W)=\sum_{i=1}^{M_{k|k-1}}\sum_{j=1}^{J_{k|k-1}^{(i)}}\frac{w_{U,k}^{(i,j)}(W)\ \mathcal{GAM}(\gamma;\ \alpha_k^{(i,j)},\ \beta_k^{(i,j)})\ \mathcal{N}(\boldsymbol{x};\ \boldsymbol{m}_k^{(i,j)},\ \boldsymbol{P}_k^{(i,j)})\ \mathcal{IW}(\boldsymbol{X};\ v_k^{(i,j)},\ \boldsymbol{V}_k^{(i,j)})}{\sum_{i=1}^{M_{k|k-1}}\sum_{j=1}^{J_{k|k-1}^{(i)}}w_{U,k}^{(i,j)}(W)} \tag{5-95}$$

$$w_{U,k}^{(i,j)}(W)=\frac{r_{k|k-1}^{(i)}p_D\mathrm{e}^{-\gamma(\xi)}\left(\dfrac{\gamma(\xi)}{\lambda_k c_k(\boldsymbol{z}_k)}\right)^{|W|}w_{k|k-1}^{(i,j)}w_{\mathrm{GGIW}}^{(i,j)}(W)}{1-r_{k|k-1}^{(i)}\bar{p}_D} \tag{5-96}$$

$$d_W = \delta_{1,|W|} + \sum_{i=1}^{M_{k|k-1}} \frac{r_{k|k-1}^{(i)} \sum_{j=1}^{J_{k|k-1}^{(i)}} p_D \mathrm{e}^{-\gamma(\xi)} \left(\frac{\gamma(\xi)}{\lambda_k c_k(z_k)} \right)^{|W|} w_{k|k-1}^{(i,j)} w_{\mathrm{GGIW}}^{(i,j)}(W)}{1 - r_{k|k-1}^{(i)} \bar{p}_D} \tag{5-97}$$

$$\tilde{r}_{U,k}(W) = \frac{\omega_{\mathcal{P}'}}{d_W} \cdot \sum_{i=1}^{M_{k|k-1}} \frac{r_{k|k-1}^{(i)} (1 - r_{L,k}^{(i)}) p_D \mathrm{e}^{-\gamma(\xi)} \left(\frac{\gamma(\xi)}{\lambda_k c_k(z_k)} \right)^{|W|} w_{k|k-1}^{(i,j)} w_{\mathrm{GGIW}}^{(i,j)}(W)}{1 - r_{k|k-1}^{(i)} \bar{p}_D} \tag{5-98}$$

$$\tilde{r}_{U,k}^{(i)}(W) = \frac{\omega_{\mathcal{P}'}}{d_W} \cdot \frac{r_{k|k-1}^{(i)} (1 - r_{L,k}^{(i)}) p_D \mathrm{e}^{-\gamma(\xi)} \left(\frac{\gamma(\xi)}{\lambda_k c_k(z_k)} \right)^{|W|} w_{k|k-1}^{(i,j)} w_{\mathrm{GGIW}}^{(i,j)}(W)}{1 - r_{k|k-1}^{(i)} \bar{p}_D} \tag{5-99}$$

其中，$w_{\mathrm{GGIW}}^{(i,j)}$、$\bar{p}_D$ 和 $\omega_{\mathcal{P}'}$ 的具体计算可分别参考式(2-20)、(2-126)和(2-127)。

5.5.3 仿真实验与分析

为了验证所提算法的有效性，本节给出所提算法与 GGIW-CBMeMBer 和 GGIW-LMB 滤波在以下仿真场景中的跟踪性能对比结果。

1. 参数设置

遗忘因子 $1/\eta=0.2$，采样间隔 $T=1$ s，量测噪声 $\boldsymbol{R}_k=\mathrm{diag}[1, 1]$，调节参数 $\eta_e=0.25$，监测区域内杂波个数服从泊松分布且其均值 λ_k 设为 20，目标存活概率 $p_S=0.95$，而目标检测概率 p_D 设为较低的 0.80，精删减步骤的删减门限 $\mu_{\mathrm{threshold}}=0.01$，目标运动状态转移矩阵 $\boldsymbol{F}_{k-1}$、过程噪声 $\boldsymbol{Q}_{k-1}$ 和量测矩阵 $\boldsymbol{H}_k$ 分别为

$$\boldsymbol{F}_{k-1}(\boldsymbol{x}_{k-1}, T) = \begin{bmatrix} p_{x,k-1} + \dfrac{2}{\omega_{k-1}} v_{k-1} \sin \dfrac{\omega_{k-1} T}{2} \cos(\phi_{k-1} + \dfrac{\omega_{k-1} T}{2}) \\ p_{y,k-1} + \dfrac{2}{\omega_{k-1}} v_{k-1} \sin \dfrac{\omega_{k-1} T}{2} \sin(\phi_{k-1} + \dfrac{\omega_{k-1} T}{2}) \\ v_{k-1} \\ \theta_{k-1} + \omega_{k-1} T \\ \omega_{k-1} \end{bmatrix} \tag{5-100}$$

$$\boldsymbol{Q}_{k-1} = \mathrm{diag}\left(\begin{bmatrix} 1000 & 0 \\ 0 & 1000 \end{bmatrix}, T^2 \delta_v^2, \begin{bmatrix} \dfrac{T^3 \delta_\omega^2}{3} & \dfrac{T^2 \delta_\omega^2}{2} \\ \dfrac{T^2 \delta_\omega^2}{2} & T^2 \delta_\omega^2 \end{bmatrix} \right)$$

$$\delta_v^2 = 1,\ \delta_\omega^2 = 0.1 \tag{5-101}$$

$$\boldsymbol{H}_k = \begin{bmatrix} 1 & 0 & 0 & 0 & 0 \\ 0 & 1 & 0 & 0 & 0 \end{bmatrix} \tag{5-102}$$

仿真场景中的平行运动轨迹如图 5.14 所示，跟踪时长为 100 s，两个目标的初始运动状态设置为

$$\boldsymbol{m}_1 = [-6000, -500, 0, 0, 0]^{\mathrm{T}}, \boldsymbol{m}_2 = [-6000, 500, 0, 0, 0]^{\mathrm{T}} \tag{5-103}$$

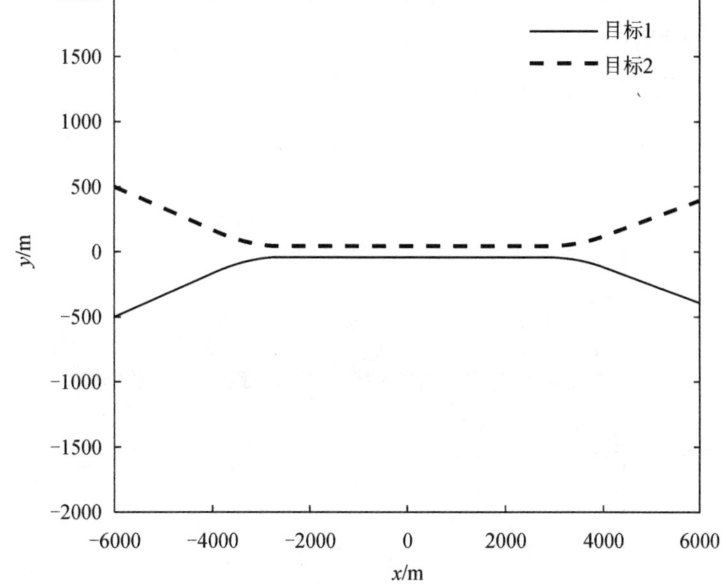

图 5.14　平行跟踪目标运动轨迹

目标 1 和目标 2 均在 $k=1$ s 时出现，在 $k=100$ s 时消失，每时刻产生量测泊松期望数分别为 20 和 10，扩展状态椭圆长半轴和短半轴分别设为 $a=\{20, 10\}$ 和 $b=\{5, 2.5\}$。其余相关参数设置为

$$\begin{aligned}
& r_{\Gamma,k}^{(i)} = 0.1,\ J_{\Gamma,k}^{(i)} = 1, \\
& \boldsymbol{P}_{\Gamma,k}^{(i,1)} = \mathrm{diag}([100^2, 25^2, 25^2]), \\
& \alpha_{\Gamma,k}^{(i,1)} = 10,\ \beta_{\Gamma,k}^{(i,1)} = 1, \\
& v_{\Gamma,k}^{(i,1)} = 10,\ \boldsymbol{V}_{\Gamma,k}^{(i,1)} = \mathrm{diag}([1, 1]), \\
& \omega_{\Gamma,k}^{(i,1)} = 0.1,\ M_{\Gamma,k} = 2
\end{aligned} \tag{5-104}$$

为了验证算法性能，每个仿真结果实验取 1000 次蒙特卡洛运行结果平均。目标跟踪评

价不仅需要度量目标真实状态与估计状态之间的差异，还要考虑目标的势估计误差对算法整体影响。为此，我们采用2.4节给出的评价准则评估所提方法的性能，即式(2-196)，其中，$[c_\gamma, c_x, c_X]$和$[w_\gamma, w_x, w_X]$分别设为[10，30，30]和[0.1，0.8，0.1]，p设为2。

2. 实验结果分析

实验结果如图5.15～图5.17所示，分别为目标数估计、OSPA距离和运行时间三个仿真结果。由图5.15可知，三种滤波方法均能正确估计出场景中目标数的实时变化情况，GGIW-IMeMBer和GGIW-LMB目标数估计结果最为接近，但GGIW-IMeMBer滤波目标数估计更为稳定，且它们的估计结果均优于GGIW-CBMeMBer滤波。

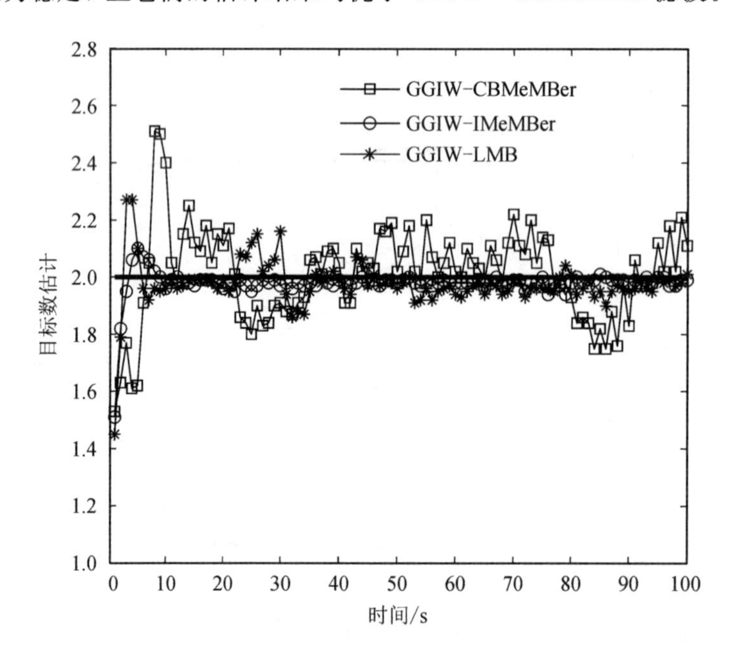

图5.15　目标数估计

由图5.16可知，GGIW-CBMeMBer滤波在检测概率较低的跟踪环境中性能下降明显。然而，GGIW-IMeMBer滤波不受此条件的限制，能达到与GGIW-LMB滤波相当的跟踪精度，较好地适应了较低检测概率的跟踪场景。此外，GGIW-IMeMBer滤波的目标状态估计要比GGIW-LMB滤波更为精确，特别是在目标发生转弯机动时刻。这是因为GGIW-IMeMBer滤波整体上去除了漏检部分伯努利项对最终结果的影响，把更大的权重分配给量测更新部分伯努利项，客观上更为相信量测信息，减弱了目标机动时目标预测误差带来的影响。

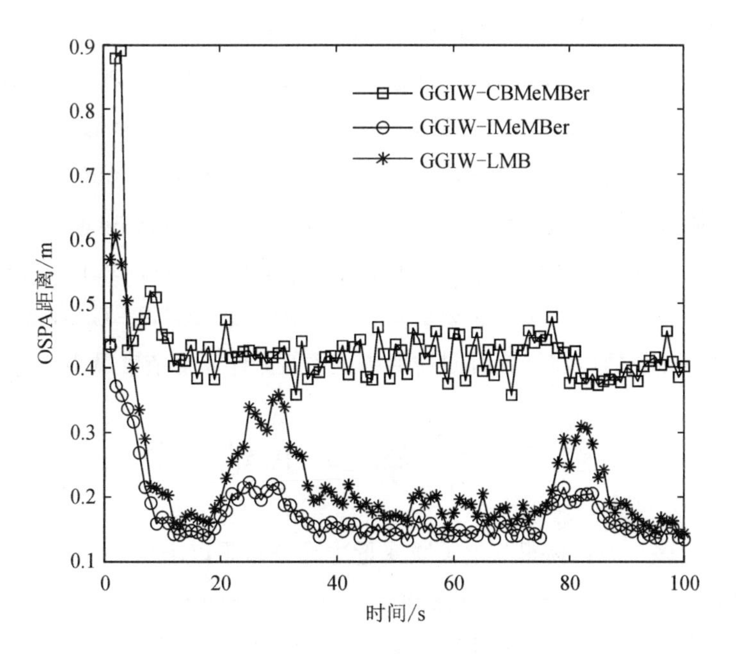

图 5.16　OSPA 距离

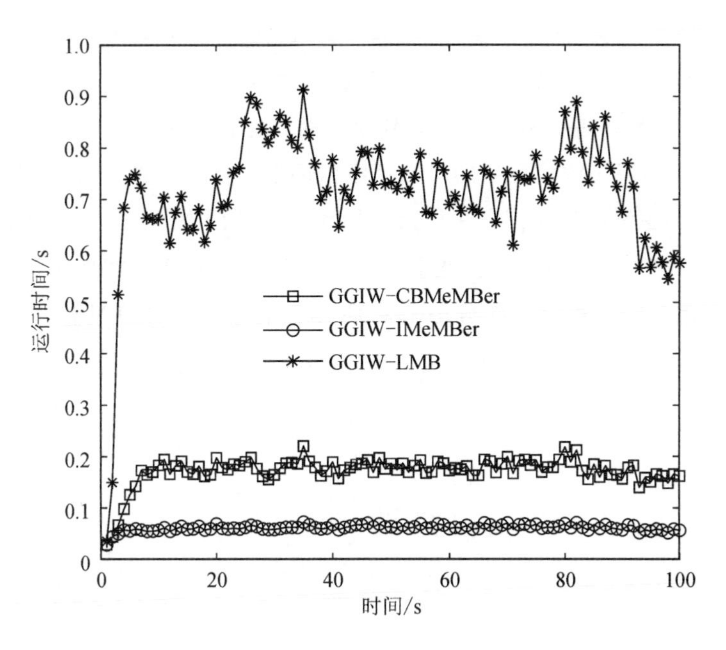

图 5.17　运行时间

图 5.17 给出了三种滤波方法的运行时间对比结果，可以明显看出，GGIW - LMB 滤波计算复杂度最高，GGIW - CBMeMBer 滤波次之，GGIW - IMeMBer 滤波最小。这是因为 GGIW - IMeMBer 滤波删除了多余的漏检部分，减少了不必要的多伯努利项。

除了仅包含两个目标的平行跟踪场景之外，对于多目标跟踪场景，我们也能得到类似的实验结果，具体可参见文献[197]。值得注意的是，多目标跟踪中 GGIW - LMB 滤波随着目标数的增加，所需计算时间增长较快，计算复杂度最高。然而，GGIW - IMeMBer 滤波因删除了多余的漏检部分，减少了不必要的多伯努利项，比 GGIW - CBMeMBer 滤波计算时间要少，且随着目标数的增加计算时间增加幅度平缓，计算复杂度最小。

5.6 本章小结

本章首先针对多扩展目标跟踪中关联变量边缘分布难以求解的问题，介绍了基于航迹概率图模型的多扩展目标数据关联算法和基于混合概率图模型的多扩展目标数据关联算法，这些算法改善了多扩展目标跟踪的跟踪精度和计算效率。所提 ET - HG 算法的跟踪成功率和计算效率高于 ET - TG 和 ET - JPDA 算法。当目标距离靠近时，ET - HG 算法位置误差和扩展状态估计误差均小于 ET - TG 算法；当目标距离较远时，两种算法的位置误差接近，但 ET - HG 算法的扩展状态估计误差较小。然后，针对多扩展目标跟踪框架计算量大的问题，介绍了一种改进的多目标多伯努利扩展目标滤波方法，该方法通过新的势修正方法有效解决了 MeMBer 滤波框架的势估计有偏问题，并将其成功拓展到扩展目标跟踪框架。与 CBMeMBer 滤波中势修正方法引入高检测概率的假设不同，本章所提方法通过合理地去除漏检部分多余的势估计以达到无偏势估计，不会引入任何额外假设，没有跟踪场景高检测概率的限制，且去除漏检部分伯努利项客观上减少了计算过程中所需的多伯努利项，用更少的时间取得了较好的目标状态跟踪效果，在估计精度和计算复杂度之间取得了较好的平衡。

第 6 章　扩展目标非线性跟踪方法

6.1 引　言

第 5 章主要介绍了扩展目标线性跟踪理论与方法。然而，随着传感器技术的快速发展，以及战场环境的日益复杂，扩展目标跟踪问题呈现出了多尺度、高维度、非线性、非高斯等特点，扩展目标线性跟踪方法已经不能满足现代防御系统的需求。目前，扩展目标非线性跟踪方法主要以粒子滤波为主，代表性方法主要有扩展目标粒子 PHD(ET - P - PHD)滤波(也称 ET - SMC - PHD 滤波)[108]、扩展目标序贯蒙特卡洛 CPHD(ET - SMC - CPHD)滤波[109]、扩展目标 SMC 势均衡多目标多伯努利(ET - SMC - CBMeMBer)滤波[110]等。然而，这些滤波方法在估计目标状态时，仅考虑了目标的运动状态，并未估计目标的形状信息，且计算复杂度较高，不易于工程实现。为此，本章针对扩展目标非线性滤波问题，介绍一种扩展目标(Extended Target，ET)PHD 滤波的高效箱(Box)粒子实现方法，即 ET - Box - PHD 滤波。同时，针对椭圆扩展目标(Ellipse Extended Target，ETT)，进一步介绍 ET - CBMeMBer 滤波的伽马(Gamma，G)箱粒子(Box Particle，BP)实现，即 EET - GBP - CBMeMBer 滤波。这两种滤波方法有效结合了箱粒子滤波高效的性能和 RFS 描述复杂多变场景的能力，可实时估计未知强杂波场景下变化的目标数目和状态。

6.2 箱粒子滤波基础理论

6.2.1 箱粒子滤波简述

箱粒子滤波技术是近年来新兴起的一种高效数值计算技术，它是基于序贯蒙特卡洛方法[1]和区间分析[198]的有机结合而提出的，旨在解决非线性滤波、分布式计算、运算复杂度过高等关键问题[199]。箱粒子滤波与粒子滤波的相似之处在于，其将当前采样时刻的单目标状态函数近似为一个由若干加权随机样本组成的集合。然而，箱粒子滤波的单个样本在状态空间中所描述的是单个可控的矩形小区域而不是单个点，这与粒子滤波截然不同。同时，由于样本对应于状态空间中的矩形区域，因此它们被形象地称为“箱”或“箱粒子”。相较于粒子滤波，箱粒子滤波的计算负担更小且适用于分布式滤波和不精确量测。例如，在某些应用中，粒子滤波可能需要采用几千个粒子才能够具备精确可靠的性能，而箱粒子滤波只需使用几十个箱粒子就能够达到与之相近的性能水平。

此外，文献[200]和[201]进一步给出了箱粒子滤波更为详细的阐述，将箱粒子解释为如下两种可能：① 由无数普通点粒子在箱内连续分布构成；② 由一个普通点粒子不精确地处于某区域内构成。前者可看作是某种未知概率密度函数的支撑集，而由于箱内所有可能的点都有相同的概率属于箱所包含的解集，因此类似于采用混合高斯模型近似后验概率密度函数，箱粒子滤波可解释为一组混合均匀概率密度函数之和。此处，之所以采用均匀分布是因为它具有简单的数学特性且易于实现。同时，文献[200]证明，均匀分布混合可以在状态估计问题中用于近似单目标状态函数，接下来要介绍的区间分析也为其在箱粒子滤波中的实现奠定了良好的理论基础。

6.2.2 区间分析

箱粒子滤波技术的主要理论基础是区间分析，区间分析是一门用区间变量代替点变量进行运算的数学分支[198]。当浮点运算受舍入误差影响产生不精确结果时，区间运算此时却能给出精确解的严格界限，例如当某些参数不是精确已知，但知道其处于某个区间内时，可以利用带有不确定参数的区间运算产生包含所有可能值的区间。对于实数$\underline{a}$，$\overline{a}\in\mathbb{R}$，当$\underline{a}\leqslant\overline{a}$时，区间$[\underline{a}, \overline{a}]$代表实数集合$\{a\in\mathbb{R}: \underline{a}\leqslant a\leqslant\overline{a}\}$，$\underline{a}$称为区间下界，$\overline{a}$称为区间上界。为方便起见，将$[\underline{a}, \overline{a}]$简记为$[a]$，将$\mathbb{R}$的所有连通闭子集组成的集合记为$\mathbb{IR}$，则$[a]\in\mathbb{IR}$。对于两个区间$[a]$，$[b]\in\mathbb{IR}$，当$\underline{a}=\underline{b}$且$\overline{a}=\overline{b}$时，则$[a]=[b]$。接下来给出箱粒子滤波中所涉及区间分析的区间运算、区间函数和区间收缩。

1. 区间运算

$[a]$与$[b]$的加法运算、减法运算、乘法运算和除法运算分别定义为

$$[a]+[b]=[\underline{a}+\underline{b}, \overline{a}+\overline{b}] \tag{6-1}$$

$$[a]-[b]=[\underline{a}-\overline{b}, \overline{a}-\underline{b}] \tag{6-2}$$

$$[a]\cdot[b]=[\min\{\underline{a}\underline{b}, \underline{a}\overline{b}, \overline{a}\underline{b}, \overline{a}\overline{b}\}, \max\{\underline{a}\underline{b}, \underline{a}\overline{b}, \overline{a}\underline{b}, \overline{a}\overline{b}\}] \tag{6-3}$$

$$[a]/[b]=[\min\{\underline{a}/\underline{b},\ \underline{a}/\overline{b},\ \overline{a}/\underline{b},\ \overline{a}/\overline{b}\},\ \max\{\underline{a}/\underline{b},\ \underline{a}/\overline{b},\ \overline{a}/\underline{b},\ \overline{a}/\overline{b}\}] \tag{6-4}$$

$[a]$与$[b]$的交集、并集和扩展并集分别定义为

$$[a]\cap[b]=[\max\{\underline{a},\ \underline{b}\},\ \min\{\overline{a},\ \overline{b}\}] \tag{6-5}$$

$$[a]\cup[b]=[\underline{a},\ \overline{a}]\cup[\underline{b},\ \overline{b}] \tag{6-6}$$

$$[a]\sqcup[b]=[\min\{\underline{a},\ \underline{b}\},\ \max\{\overline{a},\ \overline{b}\}] \tag{6-7}$$

若 $\max\{\underline{a},\ \underline{b}\}>\min\{\overline{a},\ \overline{b}\}$，则$[a]\cap[b]=\varnothing$。并集与扩展并集的关系为$([a]\cup[b])\subseteq([a]\sqcup[b])$。例如，令$[a]=[1,\ 2]$，$[b]=[4,\ 5]$，则$[a]\cup[b]=[1,\ 2]\cup[4,\ 5]$，而$[a]\sqcup[b]=[1,\ 5]$。更多区间运算规则详见文献[198]。

2. 区间函数

对于函数 $f:\mathbb{R}^n\to\mathbb{R}^m$，如果区间函数$[f]:\mathbb{IR}^n\to\mathbb{IR}^m$ 满足

$$\forall[\boldsymbol{x}]\in\mathbb{IR}^n,\ f([\boldsymbol{x}])\subset[f]([\boldsymbol{x}]) \tag{6-8}$$

则称$[f]$为 f 的包含函数，每个函数 f 可以有无穷多个包含函数。对所有$[\boldsymbol{x}]$，如果$[f]([\boldsymbol{x}])$是包含 $f([\boldsymbol{x}])$体积的最小箱，则称$[f]$为 f 的最小包含函数。例如，令 $f:\ \mathbb{R}^2\to\mathbb{R}^2$，$f$ 的自变量 x_1 和 x_2 分别在区间$[x_1]$和$[x_2]$内变化，函数 f 及其包含函数$[f]$、最小包含函数$[f]^*$ 的示意图如图 6.1 所示。

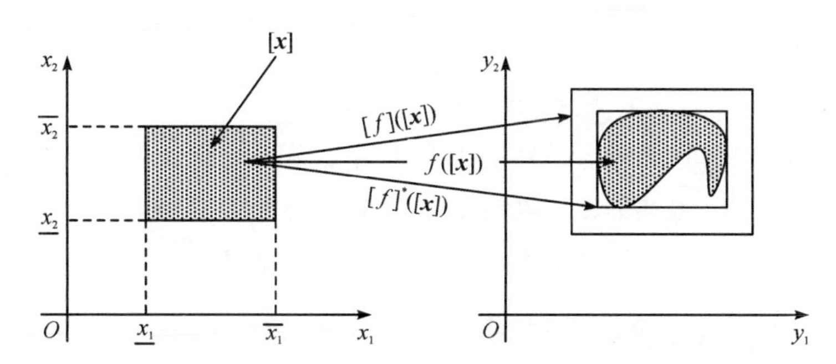

图 6.1　函数 f 及其包含函数$[f]$、最小包含函数$[f]^*$ 的示意图

假设函数 $f:\mathbb{R}^n\to\mathbb{R}$ 的表达式是由有限次加减乘除运算以及初等函数(如正弦、余弦、指数、平方等)构成的，将函数 f 的自变量记为 x_1，x_2，…，x_n。如果将 x_i 替换为区间$[x_i]$，运算规则替换为区间运算规则，函数替换为区间函数，则可以得到$[f]:\mathbb{IR}^n\to\mathbb{IR}$，即 f 的自然包含函数。如果每个变量 x_i 在 f 的表达式中只出现一次，则自然包含函数$[f]$就是 f 的最小包含函数。例如，假设函数 $f(a)$有以下三种表达式：

$$f_1(a)=a^2+2a \tag{6-9}$$

$$f_2(a)=a(a+2) \tag{6-10}$$

$$f_3(a)=(a+1)^2-1 \tag{6-11}$$

它们在$[a]=[-1,1]$上的自然包含函数为

$$[f_1]([a])=[a]^2+2[a]=[-2,3] \tag{6-12}$$

$$[f_2]([a])=[a]([a]+2)=[-3,3] \tag{6-13}$$

$$[f_3]([a])=([a]+1)^2-1=[-1,3] \tag{6-14}$$

显然，$f_3(a)$中a在表达式中只出现一次，而计算结果表明$[f_3]([a])$的体积最小，是最小包含函数。

3. 区间收缩

假设变量$x_i\in\mathbb{R}$，$i\in\{1,2,\cdots,n\}$满足

$$g_j(x_1,x_2,\cdots,x_n)=0,\ j\in\{1,2,\cdots,m\} \tag{6-15}$$

其中，x_i的取值范围为区间$[x_i]$。首先定义向量$\boldsymbol{x}\stackrel{\text{def}}{=}(x_1,x_2,\cdots,x_n)^{\mathrm{T}}$，然后定义箱$[\boldsymbol{x}]\stackrel{\text{def}}{=}([x_1],[x_2],\cdots,[x_n])^{\mathrm{T}}$，则$\boldsymbol{x}\in[\boldsymbol{x}]$。令$\boldsymbol{g}\stackrel{\text{def}}{=}(g_1,g_2,\cdots,g_m)$，则式(6-15)可简写为$\boldsymbol{g}(\boldsymbol{x})=\boldsymbol{0}$。这样，约束满足问题(Constraint Satisfaction Problem，CSP)可表示为

$$\mathcal{H}:(\boldsymbol{g}(\boldsymbol{x})=\boldsymbol{0},\ \boldsymbol{x}\in[\boldsymbol{x}]) \tag{6-16}$$

定义$\mathcal{H}$的解集合为

$$\mathcal{S}=\{\boldsymbol{x}\in[\boldsymbol{x}]:\boldsymbol{g}(\boldsymbol{x})=\boldsymbol{0}\} \tag{6-17}$$

最后，区间收缩$\mathcal{H}$，即将箱$[\boldsymbol{x}]$替换为一个更小箱$[\boldsymbol{x}']$的过程，在该过程中解集合$\mathcal{S}\subset[\boldsymbol{x}']\subset[\boldsymbol{x}]$保持不变。经典的区间收缩方法[198]有高斯消除(Gauss Elimination)、约束传播(Constraint Propagation)、线性编程(Linear Programing)等。

6.2.3 区间分析框架下的运动模型

在区间分析框架下，扩展目标的运动模型可定义为

$$[\boldsymbol{x}_k]=[f]([\boldsymbol{x}_{k-1}],[\boldsymbol{w}_k]) \tag{6-18}$$

其中，$[\boldsymbol{x}_k]$和$[\boldsymbol{w}_k]$分别表示k时刻的运动状态和状态噪声的区间向量，$[f]$为f的最小包含函数。此处，为了便于分析与处理，我们仅考虑了目标的运动状态，即

$$\begin{aligned}[\boldsymbol{x}_k]&=([x_k],[y_k],[v_{x,k}],[v_{y,k}])^{\mathrm{T}}\\&=([\underline{x}_k,\bar{x}_k],[\underline{y}_k,\bar{y}_k],[\underline{v}_{x,k},\bar{v}_{x,k}],[\underline{v}_{y,k},\bar{v}_{y,k}])^{\mathrm{T}}\end{aligned} \tag{6-19}$$

其中，(x_k,y_k)为位置，$(v_{x,k},v_{y,k})$为其对应的速度。

为了验证箱粒子滤波在扩展目标跟踪中的效果，我们本章采用 Li 和 Jilkov 提出的匀速(Constant Velocity，CV)模型[165]。在区间分析框架下，该模型可定义为

$$[\boldsymbol{x}_k^{(i)}] = \boldsymbol{F}_{k-1}[\boldsymbol{x}_{k-1}^{(i)}] + [\boldsymbol{w}_{k-1}^{(i)}] \tag{6-20}$$

其中，$i=1, 2, \cdots, N_{x,k}$，$N_{x,k}$为目标数，$\boldsymbol{F}_{k-1}$为状态转移矩阵，$\boldsymbol{w}_{k-1}^{(i)}$为协方差为$\boldsymbol{Q}_{k-1}^{(i)}$的高斯白噪声。

6.2.4　区间分析框架下的量测模型

假设 k 时刻第 i 个扩展目标的量测模型为一非线性模型，即

$$\boldsymbol{z}_k^{(j)} = h_k(\boldsymbol{x}_k^{(i)}) + \boldsymbol{v}_k^{(j)} \tag{6-21}$$

其中，$\boldsymbol{z}_k^{(j)} \in Z_k = \{\boldsymbol{z}_k^{(j)}\}_{j=1}^{N_{z,k}}$，$N_{z,k}$为量测数；函数 $h_k(\cdot)$表示目标状态空间到量测空间的非线性映射；$\boldsymbol{v}_k^{(j)}$ 为均值和协方差分别为 $\boldsymbol{0}$ 和 $\boldsymbol{R}_k$ 的量测噪声。同时，假设扩展目标之间产生的量测是相互独立的。

为了使产生的量测区间化，我们此处采用了经典的 3σ 准则。这样，在区间分析框架下，扩展目标产生的量测可定义为

$$[\boldsymbol{z}_k^{(j)}] = \boldsymbol{z}_k^{(j)} + [-3\boldsymbol{\sigma}_{z,k}, +3\boldsymbol{\sigma}_{z,k}] \tag{6-22}$$

其中，$\boldsymbol{\sigma}_{z,k}$为量测对应的标准差向量。最后，经区间处理之后，式(6-21)可重新定义为

$$[\boldsymbol{z}_k^{(j)}] = [h_k]([\boldsymbol{x}_k^{(i)}]) + [\boldsymbol{v}_k^{(j)}] \tag{6-23}$$

6.3　扩展目标 PHD 箱粒子实现

6.3.1　区间单元似然定义

实现扩展目标箱粒子 PHD(ET-Box-PHD)滤波的关键是区间分析框架下似然函数的定义，它直接影响后续跟踪的精度及算法运行的效率，故其合理可行的定义在扩展目标跟踪中至关重要。在经典的点目标箱粒子 PHD 滤波[202]中，量测似然函数定义为

$$g_k([\boldsymbol{z}_k^{(j)}] \mid [\boldsymbol{x}_{k|k-1}^{(i)}]) \overset{\text{def}}{=} \frac{\left| [h_{\text{CP}}]([\boldsymbol{x}_{k|k-1}^{(i)}], [\boldsymbol{z}_k^{(j)}]) \right|}{\left| [\boldsymbol{x}_{k|k-1}^{(i)}] \right|} \tag{6-24}$$

其中，$[h_{\text{CP}}]([\boldsymbol{x}_{k|k-1}^{(i)}], [\boldsymbol{z}_k^{(j)}])$表示在区间量测模型$[\boldsymbol{z}_k^{(j)}]=[h_k]([\boldsymbol{x}_{k|k-1}^{(i)}])$约束下$[\boldsymbol{x}_{k|k-1}^{(i)}]$的约简，即将不重叠的部分直接舍弃，其更为详细的定义可参见文献[200]。箱粒子似然函数的本质是，在区间量测约束下箱收缩后的体积与收缩前的体积之比，即给定该箱粒子条件

下该区间量测的似然函数。

如果直接将式(6－24)定义的量测似然函数作为扩展目标箱粒子实现的似然函数，则会由于扩展目标量测数的激增导致算法计算复杂度过高而无法实现。为了减少计算量，我们此处采用单元似然函数代替量测似然函数，具体定义如下。

首先，采用第 4 章介绍的 MB－ART 划分方法选取 k 时刻置信度最高的单元集 $\{W_k^{(j)}\}_{j=1}^{M_{k,C}}$，其中 $W_k^{(j)}$ 为 k 时刻的第 j 个单元，$M_{k,C}$ 为划分单元数。然后，采用 3σ 准则形成区间单元集 $\{[W_k^{(j)}]\}_{j=1}^{M_{k,C}}$，其具体形成过程如图 6.2 所示，$f(\boldsymbol{\mu}_k^{(p,\ell)}, \boldsymbol{\Sigma}_k^{(p,\ell)})$ 表示 k 时刻由第 p 个划分中的第 ℓ 个类生成的椭圆划分结果。这样，类似于式(6－24)，可以将单元似然函数定义为

$$g_k([W_k^{(j)}] \mid [\boldsymbol{x}_{k|k-1}^{(i)}]) \stackrel{\text{def}}{=} \frac{|[h_{\text{CP}}]([\boldsymbol{x}_{k|k-1}^{(i)}], [W_k^{(j)}])|}{|[\boldsymbol{x}_{k|k-1}^{(i)}]|} \tag{6-25}$$

值得注意的是，式(6－24)中的$[z_k^{(j)}]$是一个大小固定的非空矩形区间，而式(6－25)中的$[W_k^{(j)}]$的大小随扩展目标大小的变化而变化，是一个变量，可实时捕捉目标的变化信息，更适合扩展目标跟踪。

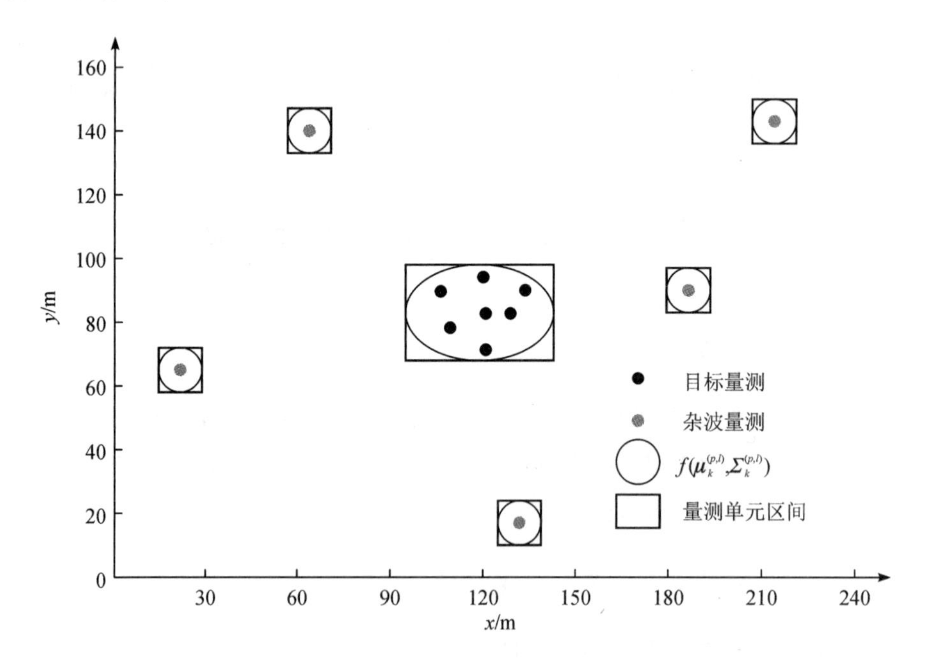

图 6.2　量测单元区间的形成过程

6.3.2 ET-Box-PHD 滤波

类似于扩展目标粒子 PHD(P-PHD)滤波[108]的实现过程，ET-Box-PHD 滤波的具体实现过程可分为初始化、状态预测、量测更新、箱粒子收缩、重采样、状态估计等过程。然而，与 P-PHD 滤波不同的是，ET-Box-PHD 滤波中包含了一些关于箱的操作，如箱粒子收缩，其具体实现如下。

1. 初始化

首先，采用第 4 章介绍的 MB-ART 划分方法选取初始时刻置信度最高的划分，并依据初始划分结果得到目标初始时刻的具体位置，该位置是通过取划分单元的中心值近似得到的。这样，可以有效避免基于 RFS 滤波方法中初始值需要人为设定的缺陷，便于得到更为精确的跟踪结果。然后，依据得到的初始位置形成 $k=1$ 时刻的初始箱粒子集

$$\{w_1^{(i)}, [\boldsymbol{x}_1^{(i)}]\}_{i=1}^{N_1} \tag{6-26}$$

其中，$w_1^{(i)}=1/N_1$，$i=1, 2, \cdots, N_1$，N_1 为初始时刻的箱粒子数。

2. 状态预测

假设 $k-1$ 时刻的存活箱粒子集为 $\{w_{k-1}^{(i)}, [\boldsymbol{x}_{k-1}^{(i)}]\}_{i=1}^{N_{P,k-1}}$，它用于表示状态空间的强度，其中每个箱粒子代表一种可能的目标状态，$N_{P,k-1}$ 为存活箱粒子数。在 ET-Box-PHD 滤波中，为了避免 k 时刻产生大量冗余的箱粒子，采用类似于文献[203]的采样策略生成新生箱粒子。首先，为了引出扩展目标新生箱粒子，我们给出点目标新生粒子的生成过程。如果采用文献[203]的策略，新生粒子可通过 $k-1$ 时刻的量测集 $\{\boldsymbol{z}_{k-1}^{(i)}\}_{i=1}^{M_{k-1}}$ 采样得到。对于每个量测，利用高斯分布 $\mathcal{N}(\boldsymbol{z}_{k-1}^{(j)}, \boldsymbol{R}_{k-1})$ 采样得到新生粒子 $\boldsymbol{x}_{B,k-1}^{(i)}$ 的数目及其对应的权重分别为

$$N_{B,k-1}^{(j)} = \left\lceil \frac{N_{B,k-1}}{M_{k-1}} \right\rceil, \ j = 1, 2, \cdots, M_{k-1} \tag{6-27}$$

$$w_{B,k-1}^{(i)} = \frac{p_B}{N_{B,k-1}}, \ i = 1, 2, \cdots, N_{B,k-1} \tag{6-28}$$

式中，$\lceil \cdot \rceil$ 为上取整，$N_{B,k-1}$ 为新生粒子数，p_B 为新生概率。然后，依据状态转移模型 $\boldsymbol{x}_{B,k-1}^{(i)}=f(\boldsymbol{x}_{B,k-1}^{(i)})$，可得到 k 时刻的新生粒子集 $\{w_{B,k}^{(i)}, \boldsymbol{x}_{B,k}^{(i)}\}_{i=1}^{N_{B,k}}$。

然而，对于扩展目标跟踪而言，一个目标在每个时刻可产生多个量测，在其箱粒子实现过程中，若依据点目标策略对每个量测生成新生箱粒子，显然由于量测数目的激增会导致算法计算复杂度过高，使计算不可行。为此，可采用 $k-1$ 时刻置信度最高的量测划分单

元生成 k 时刻的新生箱粒子集，具体过程如下。

首先，采用第 4 章介绍的 MB - ART 划分方法选取 $k-1$ 时刻置信度最高的划分。然后，利用其对应的区间单元集$\{[W_{k-1}^{(i)}]\}_{i=1}^{M_{C,k-1}}$生成 k 时刻的新生箱粒子集。类似于点目标新生粒子的生成过程，对于每个区间单元，利用高斯分布$\mathcal{N}(\dot{z}_{k-1}^{(j)}, \boldsymbol{R}_{k-1})$（$\dot{z}_{k-1}^{(j)}$为区间单元$[W_{k-1}^{(j)}]$的中心）采样得到新生箱粒子$[\boldsymbol{x}_{B,k-1}^{(i)}]$的数目及其对应的权重分别为

$$N_{B,k-1}^{(j)} = \left\lceil \frac{N_{B,k-1}}{M_{C,k-1}} \right\rceil, \ j = 1, 2, \cdots, M_{C,k-1} \tag{6-29}$$

$$w_{B,k-1}^{(i)} = \frac{p_B}{N_{B,k-1}}, \ i = 1, 2, \cdots, N_{B,k-1} \tag{6-30}$$

这样，$k-1$ 时刻的箱粒子集包含存活箱粒子集$\{w_{k-1}^{(i)}, [\boldsymbol{x}_{k-1}^{(i)}]\}_{i=1}^{N_{P,k-1}}$和新生箱粒子集$\{w_{B,k-1}^{(i)}, [\boldsymbol{x}_{B,k-1}^{(i)}]\}_{i=1}^{N_{B,k-1}}$两部分，它们可统一表示为

$$\{w_{k-1}^{(i)}, [\boldsymbol{x}_{k-1}^{(i)}]\}_{i=1}^{N_{k-1}} = \{w_{P,k-1}^{(m)}, [\boldsymbol{x}_{P,k-1}^{(m)}]\}_{m=1}^{N_{P,k-1}} \cup \{w_{B,k-1}^{(n)}, [\boldsymbol{x}_{B,k-1}^{(n)}]\}_{n=1}^{N_{B,k-1}} \tag{6-31}$$

式中，$N_{k-1}=N_{P,k-1}+N_{B,k-1}$。

最后，预测的箱粒子权重和箱粒子可写为

$$w_{k|k-1}^{(i)} = p_S([\boldsymbol{x}_{k-1}^{(i)}])w_{k-1}^{(i)}, \ i = 1, 2, \cdots, N_{k|k-1} \tag{6-32}$$

$$[\boldsymbol{x}_{k|k-1}^{(i)}] = [f_{k|k-1}]([\boldsymbol{x}_{k-1}^{(i)}]), \ i = 1, 2, \cdots, N_{k|k-1} \tag{6-33}$$

其中，$p_S([\boldsymbol{x}_{k|k-1}^{(i)}])$是存活概率，$N_{k|k-1}=N_{k-1}$。

3. 量测更新

依据 PHD 滤波的量测更新公式[32]，对状态预测得到的粒子集$\{w_{k|k-1}^{(i)}, [\boldsymbol{x}_{k|k-1}^{(i)}]\}_{i=1}^{N_{k|k-1}}$更新其每个箱粒子对应的权重，即

$$\widetilde{w}_k^{(i)} = \left[(1-p_D([\boldsymbol{x}_{k|k-1}^{(i)}])) + \sum_{j=1}^{M_{C,k}} \frac{g_k([W_k^{(j)}] \mid [\boldsymbol{x}_{k|k-1}^{(i)}])p_D([\boldsymbol{x}_{k|k-1}^{(i)}])}{\lambda_{k|k-1}([W_k^{(j)}])}\right] w_{k|k-1}^{(i)} \tag{6-34}$$

为了使式(6 - 34)易于实现，我们分别采用 $w_{\mathrm{ND},k}^{(i)}$ 和 $w_{D,k}^{(i)}$ 简记漏检情况和检测情况，则式(6 - 34)可重写为

$$\widetilde{w}_k^{(i)} = w_{\mathrm{ND},k}^{(i)} + w_{D,k}^{(i)} \tag{6-35}$$

$$w_{\mathrm{ND},k}^{(i)} \overset{\mathrm{def}}{=} [1-p_D([\boldsymbol{x}_{k|k-1}^{(i)}])]w_{k|k-1}^{(i)} \tag{6-36}$$

$$w_{D,k}^{(i)} \overset{\mathrm{def}}{=} \left[\sum_{j=1}^{M_{C,k}} \frac{g_k([W_k^{(j)}] \mid [\boldsymbol{x}_{k|k-1}^{(i)}])p_D([\boldsymbol{x}_{k|k-1}^{(i)}])}{\lambda_{k|k-1}([W_k^{(j)}])}\right] w_{k|k-1}^{(i)} \tag{6-37}$$

$$\lambda_{k|k-1}([W_k^{(j)}]) = \lambda_C([W_k^{(j)}]) + \sum_{i=1}^{N_{k|k-1}} g_k([W_k^{(j)}] \mid [\boldsymbol{x}_{k|k-1}^{(i)}])p_D([\boldsymbol{x}_{k|k-1}^{(i)}])w_{k|k-1}^{(i)} \tag{6-38}$$

式中，单元似然函数 $g_k([W_k^{(j)}]|[\boldsymbol{x}_{k|k-1}^{(i)}])$ 可依据式(6-25)得到。

最后，通过取整更新权值，可得到目标数的估计值，即

$$\hat{n}_k = \mathrm{round}\left(\sum_{i=1}^{N_{k|k-1}} \widetilde{w}_k^{(i)}\right) \tag{6-39}$$

4. 箱粒子收缩

箱粒子滤波中，量测更新过程除更新权重外，还包含箱粒子在区间量测约束下的收缩操作(即箱粒子收缩)，它是箱粒子滤波中必不可少的步骤[200]。箱粒子收缩的主要目的是修正箱粒子，即剔除箱粒子中与区间量测信息不一致的部分，具体收缩过程如下。

在 ET-Box-PHD 滤波中，我们采用第 4 章介绍的 MB-ART 划分方法生成的区间单元集 $\{[W_{k-1}^{(i)}]\}_{i=1}^{M_{C,k-1}}$ 收缩箱粒子集 $\{[\boldsymbol{x}_{k|k-1}^{(i)}]\}_{i=1}^{N_{k|k-1}}$。这样，每个箱粒子 $[\boldsymbol{x}_{k|k-1}^{(i)}]$ 通过第 J 个单元可收缩为

$$[\widetilde{\boldsymbol{x}}_k^{(i)}] = [h_{\mathrm{CP}}]([\boldsymbol{x}_{k|k-1}^{(i)}], [W_k^{(J)}]) \tag{6-40}$$

其中：

$$J \overset{\mathrm{def}}{=} \arg\max_j \{g([W_k^{(j)}] \mid [\boldsymbol{x}_{k|k-1}^{(i)}]),\ j = 1, 2, \cdots, M_{C,k}\} \tag{6-41}$$

如果通过式(6-41)无法得到 $[W_k^{(J)}]$，则 $[\boldsymbol{x}_{k|k-1}^{(i)}]$ 不收缩。需要注意的是，箱粒子收缩后，其体积减小，换言之，箱粒子所代表的不确定性减小，信息量增大。此外，箱粒子滤波更新结束时，箱粒子经过收缩后形态发生了变化，而对于粒子滤波，更新前后粒子本身不会发生任何变化。

5. 重采样

类似于粒子滤波，箱粒子滤波也存在严重的粒子退化现象。为了降低箱粒子退化现象的发生，ET-Box-PHD 滤波在状态估计之前均需要进行重采样操作。在粒子滤波中，为了降低粒子退化现象的发生，通常在重采样阶段将那些权重较高的粒子复制，并传播至下一时刻。同时，为了保证粒子的多样性，在传播之前需要进行人为加噪处理。然而，在箱粒子滤波中，由于箱粒子区间分析的特殊性，我们不再采用粒子滤波中较高权重粒子的复制操作，而是将其分割成体积较小的箱粒子。在 ET-Box-PHD 滤波中，由于箱粒子的位置维度包含了扩展目标的形状信息，故我们不能随意将一个完整的扩展目标分割成体积更小的扩展目标。因此，在具体实现过程中，我们随机选取一个速度维，并将其分割成体积更小的箱粒子。

依据上述描述的箱粒子重采样策略，更新和收缩后的箱粒子集 $\{\widetilde{w}_k^{(i)}, [\widetilde{\boldsymbol{x}}_k^{(i)}]\}_{i=1}^{N_{k|k-1}}$ 经重采样之后可得到 k 时刻的存活箱粒子集 $\{w_k^{(i)}, [\boldsymbol{x}_k^{(i)}]\}_{i=1}^{N_{P,k}}$，$N_{P,k}$ 为存活箱粒子数。

6. 状态估计

状态估计是ET－Box－PHD滤波的最后一步，为了得到扩展目标的最终状态估计结果，我们首先将重采样得到的箱粒子集$\{w_k^{(i)}, [\boldsymbol{x}_k^{(i)}]\}_{i=1}^{N_{P,k}}$转化为其对应的点粒子集$\{w_k^{(i)}, \boldsymbol{x}_k^{(i)}\}_{i=1}^{N_{P,k}}$，其每个点粒子$\boldsymbol{x}_k^{(i)}$可通过$\boldsymbol{x}_k^{(i)}=\mathrm{mid}([\boldsymbol{x}_k^{(i)}])$得到，其中mid[·]为箱取中心算子。然后，通过第4章提及的模糊ART聚类算法，将转化后的点粒子集$\{w_k^{(i)}, \boldsymbol{x}_k^{(i)}\}_{i=1}^{N_{P,k}}$聚为$\hat{n}_k$(依据式(6－39)计算得到)类。最后，依据聚类结果，我们可得到最终的扩展目标状态估计集$\{\hat{\boldsymbol{x}}_k^{(j)}\}_{j=1}^{\hat{n}_k}$。

为了便于理解和实现，可将上述ET－Box－PHD滤波的详细描述简化为表6.1。

表6.1　ET－Box－PHD滤波算法具体实现步骤

步骤1：初始化

依据得到的初始位置形成$k=1$时刻的初始箱粒子集$\{w_1^{(i)}, [\boldsymbol{x}_1^{(i)}]\}_{i=1}^{N_1}$，其中，$w_1^{(i)}=1/N_1$，$i=1, 2, \cdots, N_1$。

步骤2：状态预测

假设$k-1$时刻的箱粒子集为$\{w_{k-1}^{(i)}, [\boldsymbol{x}_{k-1}^{(i)}]\}_{i=1}^{N_{k-1}}=\{w_{P,k-1}^{(m)}, [\boldsymbol{x}_{P,k-1}^{(m)}]\}_{m=1}^{N_{P,k-1}} \cup \{w_{B,k-1}^{(n)}, [\boldsymbol{x}_{B,k-1}^{(n)}]\}_{n=1}^{N_{B,k-1}}$，其中$\{w_{P,k-1}^{(m)}, [\boldsymbol{x}_{P,k-1}^{(m)}]\}_{m=1}^{N_{P,k-1}}$和$\{w_{B,k-1}^{(n)}, [\boldsymbol{x}_{B,k-1}^{(n)}]\}_{n=1}^{N_{B,k-1}}$分别表示存活箱粒子集和新生箱粒子集，$N_{k-1}=N_{P,k-1}+N_{B,k-1}$，$N_{P,k-1}$为存活箱粒子数，$N_{B,k-1}$为新生箱粒子数。这样，预测的箱粒子权重和箱粒子可分别写为$w_{k|k-1}^{(i)}=p_S([\boldsymbol{x}_{k-1}^{(i)}])w_{k-1}^{(i)}$和$[\boldsymbol{x}_{k|k-1}^{(i)}]=[f_{k|k-1}]([\boldsymbol{x}_{k-1}^{(i)}])$，其中$p_S([\boldsymbol{x}_{k-1}^{(i)}])$是存活概率，$i=1, 2, \cdots, N_{k|k-1}$，$N_{k|k-1}=N_{k-1}$。

步骤3：量测更新

对于上述得到的预测箱粒子集$\{w_{k|k-1}^{(i)}, [\boldsymbol{x}_{k|k-1}^{(i)}]\}_{i=1}^{N_{k|k-1}}$，依据PHD滤波量测更新公式可得$\tilde{w}_k^{(i)}=\left[1-p_D([\boldsymbol{x}_{k|k-1}^{(i)}])+\sum_{j=1}^{M_{C,k}} g_k([\boldsymbol{W}_k^{(j)}] \mid [\boldsymbol{x}_{k|k-1}^{(i)}])p_D([\boldsymbol{x}_{k|k-1}^{(i)}])/\lambda_{k|k-1}([\boldsymbol{W}_k^{(j)}])\right]w_{k|k-1}^{(i)}$，其中$\lambda_{k|k-1}([\boldsymbol{W}_k^{(j)}])=\lambda_C([\boldsymbol{W}_k^{(j)}])+\sum_{i=1}^{N_{k|k-1}} g_k([\boldsymbol{W}_k^{(j)}] \mid [\boldsymbol{x}_{k|k-1}^{(i)}])p_D([\boldsymbol{x}_{k|k-1}^{(i)}])w_{k|k-1}^{(i)}$。最后，通过取整更新权值，可得估计目标数，即$\hat{n}_k=\mathrm{round}(\sum_{i=1}^{N_{k|k-1}} \tilde{w}_k^{(i)})$。

步骤4：箱粒子收缩

为了便于估计目标状态，在箱粒子更新后，需约简箱粒子。在所提滤波算法中，我们采用区间单元集$\{[\boldsymbol{W}_k^{(i)}]\}_{j=1}^{M_{C,k}}$约简箱粒子集。这样，每个箱粒子$[\boldsymbol{x}_{k|k-1}^{(i)}]$通过第$J$个单元约简为$[\tilde{\boldsymbol{x}}_k^{(i)}]=[h_{\mathrm{CP}}]([\boldsymbol{x}_{k|k-1}^{(i)}], [\boldsymbol{W}_k^{(J)}])$，其中$J \overset{\mathrm{def}}{=} \arg\max_j\{g([\boldsymbol{W}_k^{(j)}] \mid [\boldsymbol{x}_{k|k-1}^{(i)}]), j=1, 2, \cdots, M_{C,k}\}$。

步骤 5：状态估计

首先，将经过重采样后的箱粒子集 $\{w_k^{(i)}, [\boldsymbol{x}_k^{(i)}]\}_{i=1}^{N_{P,k}}$ 转化为对应的点粒子集 $\{w_k^{(i)}, \boldsymbol{x}_k^{(i)}\}_{i=1}^{N_{P,k}}$，其中 $\boldsymbol{x}_k^{(i)} = \mathrm{mid}([\boldsymbol{x}_k^{(i)}])$，$\mathrm{mid}([\cdot])$ 为箱取中心算子。然后，依据聚类算法和量测更新得到的 $\hat{n}_k$ 估计出最后的目标状态 $\{\hat{\boldsymbol{x}}_k^{(j)}\}_{j=1}^{\hat{n}_k}$。

6.3.3　ET - Box - PHD 滤波分析

相比于经典的扩展目标高斯混合实现，如 ET - GM - PHD 滤波[204]，ET - Box - PHD 滤波具有更好的抗杂波能力，可适用于较强杂波的跟踪场景，这一点将在接下来的仿真实验中得以验证。这是因为基于箱粒子的滤波算法能有效处理含有不确定性的量测源，不确定主要包括随机不确定、集合理论不确定和数据关联不确定[205]。

ET - Box - PHD 滤波中，为了处理当前时刻大量冗余的箱粒子，我们采用类似于文献[203]的采样策略生成该滤波方法的新生箱粒子。与经典箱粒子滤波不同的是，该滤波中的新生箱粒子是通过上一时刻置信度最高的量测划分单元生成的，而不是上一时刻的量测集。这样，相比于其他基于 RFS 的滤波方法，ET - Box - PHD 滤波能实时捕获目标的新生位置，不需要额外再设置目标的初始位置，更易于工程实现。同时，由于 ET - Box - PHD 滤波采用了上一时刻的量测单元集，故在跟踪中会出现延迟现象，这一点在接下来的实验中也会得到验证。此外，为了弱化权值退化的影响，箱粒子滤波与粒子滤波一样，也需要重采样过程，但二者的重采样过程却略有不同。箱粒子的重采样过程不是将权值较高的箱粒子复制多份，而是将权值较高的箱粒子分割为多个更小的箱。

6.3.4　仿真实验与分析

为了从多个角度验证 ET - Box - PHD 滤波针对线性和非线性情况的跟踪性能，我们考虑了 5 个不同的跟踪场景，分别为单目标跟踪、交叉跟踪、平行跟踪、转弯跟踪和多目标跟踪，如图 6.3 所示。同时，为了展现 ET - Box - PHD 滤波的优势，将其与粒子实现(即 ET - SMC - PHD 滤波)进行对比，具体实现过程类似于表 6.1 所示的 ET - Box - PHD 滤波，故依据 6.3.3 节的描述，ET - SMC - PHD 滤波也具有较强的抗杂波能力，这一点将在接下来的仿真实验中得以验证。此外，为了验证 ET - Box - PHD 滤波在线性情况下的实时性，采用 Granström 等人提出的 ET - GM - PHD 滤波[204]作为对比滤波算法。在非线性情况下，为简便起见，仅考虑交叉跟踪场景，其余场景可得类似实验结果。

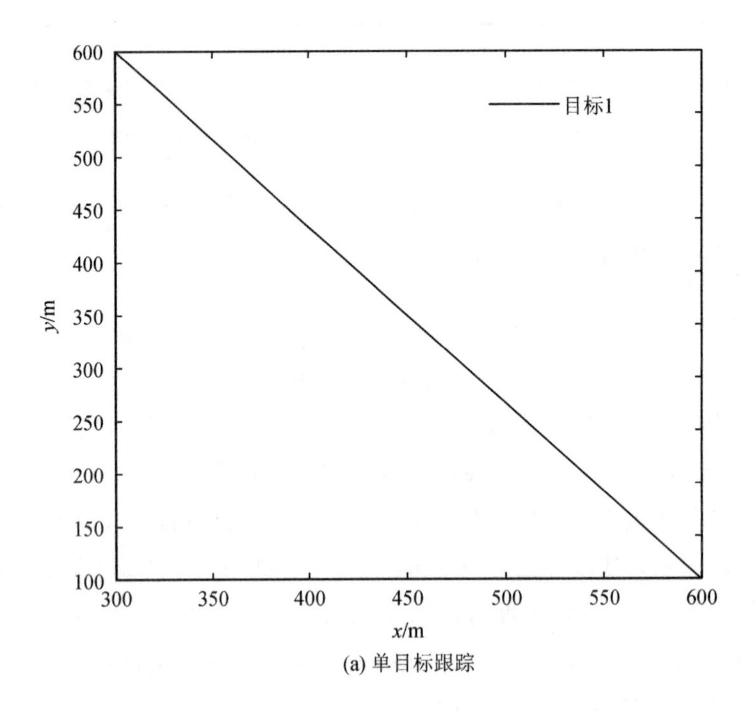

(a) 单目标跟踪

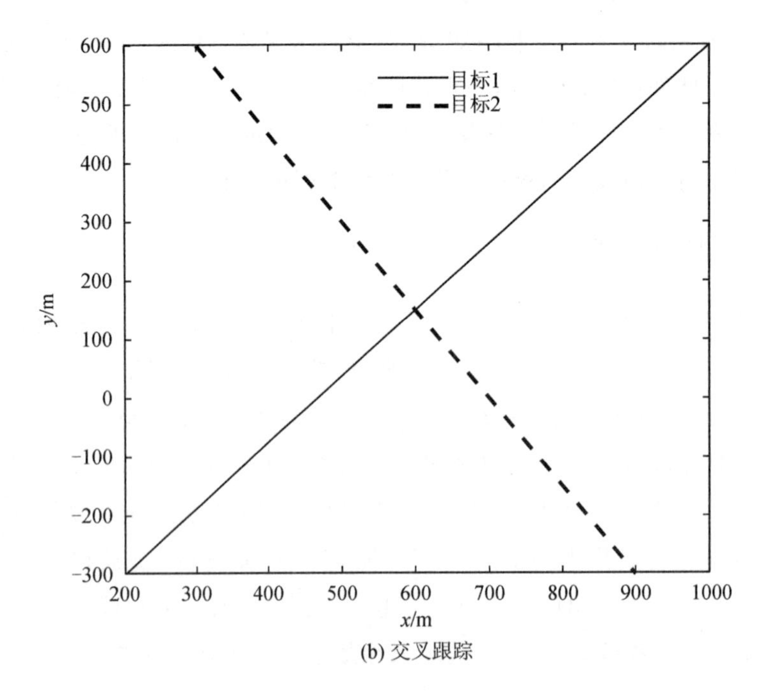

(b) 交叉跟踪

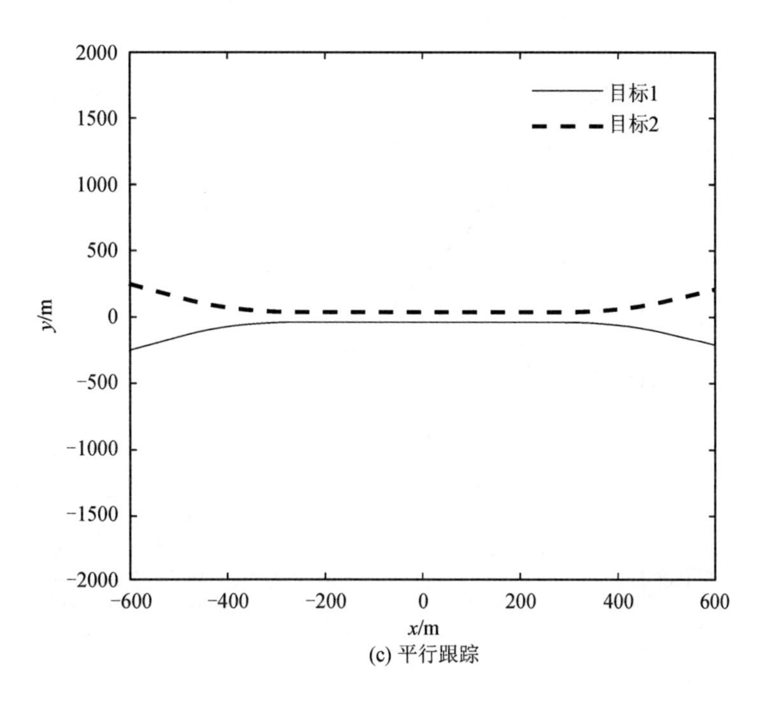
目标1
目标2
2000
1500
1000
500
0
−500
−1000
−1500
−2000
y/m
−600
−400
−200
0
200
400
600
x/m
(c) 平行跟踪

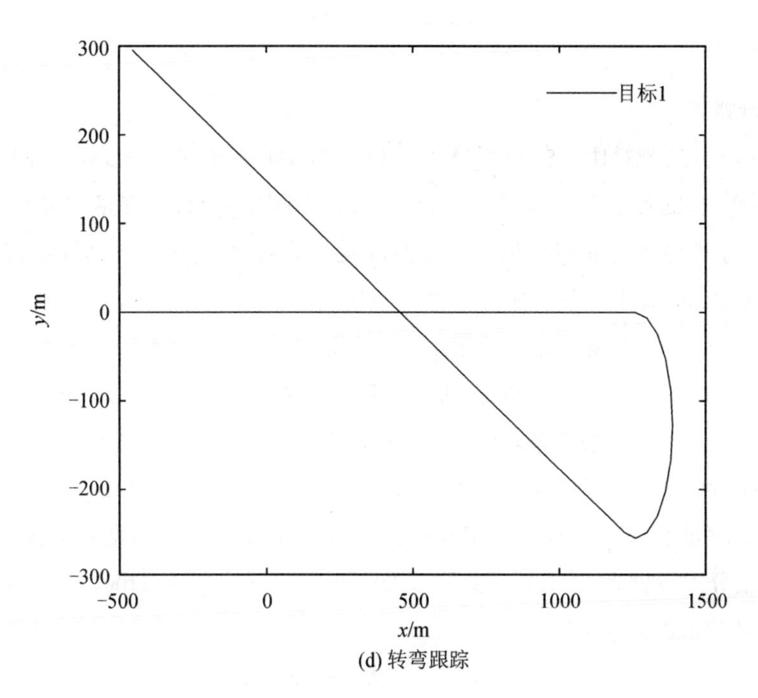
目标1
300
200
100
0
−100
−200
−300
y/m
−500
0
500
1000
1500
x/m
(d) 转弯跟踪

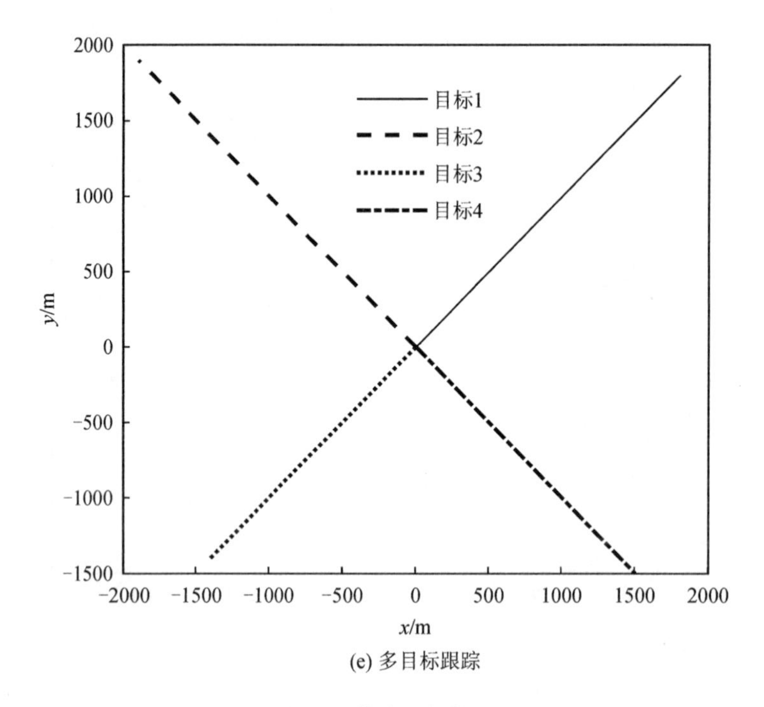

(e) 多目标跟踪

图 6.3 仿真目标轨迹

1. 线性情况

1）单目标跟踪

下面主要探索三个对比滤波算法（ET－Box－PHD 滤波、ET－SMC－PHD 滤波和 ET－GM－PHD 滤波）的参数对跟踪性能的影响，其中考虑的参数有存活箱粒子数目、存活粒子数目和每个时刻的杂波量测均值。为方便起见，下面仅考虑一个二维单目标跟踪场景，如图 6.3(a)所示。仿真中，跟踪时长为 25 s，目标在 $k=1$ s时新生，在 $k=25$ s时消失，采样间隔为 1 s，k 时刻的扩展目标线性运动模型和量测模型与式(4－67)～式(4－69)的定义相同。MC 仿真数为 200 次，目标的存活概率和检测概率均设为 0.99，每个时刻目标产生的量测数服从均值为 15 的泊松分布，且每个时刻杂波数的均值设置为 $\lambda=5$ 。依据前期大量仿真的结果，将新生箱粒子数和新生粒子数分别设置为 $N_{\text{new},B}=20$ 和 $N_{\text{new}}=100$ 。为了探索 ET－Box－PHD滤波和 ET－SMC－PHD 滤波存活箱粒子数 $N_{P,B}$ 和存活粒子数 N_P 对跟踪性能的影响，将其值分别设置为 $N_{P,B}\in\{10, 15, 20, 25, 30\}$ 和 $N_P\in\{100, 200, 300, 400, 500\}$。ET－GM－PHD滤波的新生强度为

$$D_b(\boldsymbol{x})=0.1\,\mathcal{N}(\boldsymbol{x};\boldsymbol{m}_b,\boldsymbol{P}_b) \tag{6-42}$$

其中，$\boldsymbol{m}_b=[300, 600, 0, 0]^{\mathrm{T}}$，$\boldsymbol{P}_b=\mathrm{diag}([100^2, 100^2, 50^2, 50^2])$。与 ET－GM－PHD 滤波不同的是，ET－Box－PHD 滤波和 ET－SMC－PHD 滤波由于在初始化时考虑了目标的初始位置，不需要设置目标的新生，故克服了传统 RSF 滤波方法的固有缺陷。

仿真结果如图 6.4 和图 6.5 所示，两图均包括平均 OSPA 距离和平均运行时间这两个评价指标，而图 6.5 还包括平均势(目标数)估计，其中 OSPA 的参数取 $p=2$ 和 $c=100$。

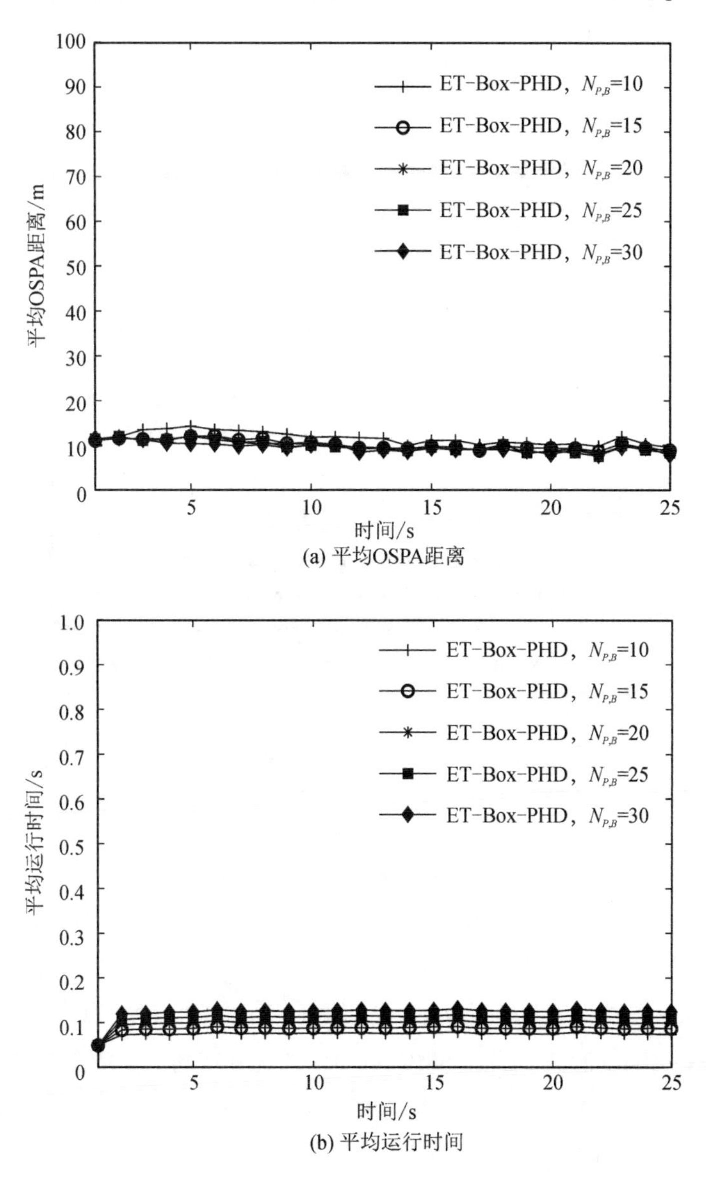

(a) 平均OSPA距离

(b) 平均运行时间

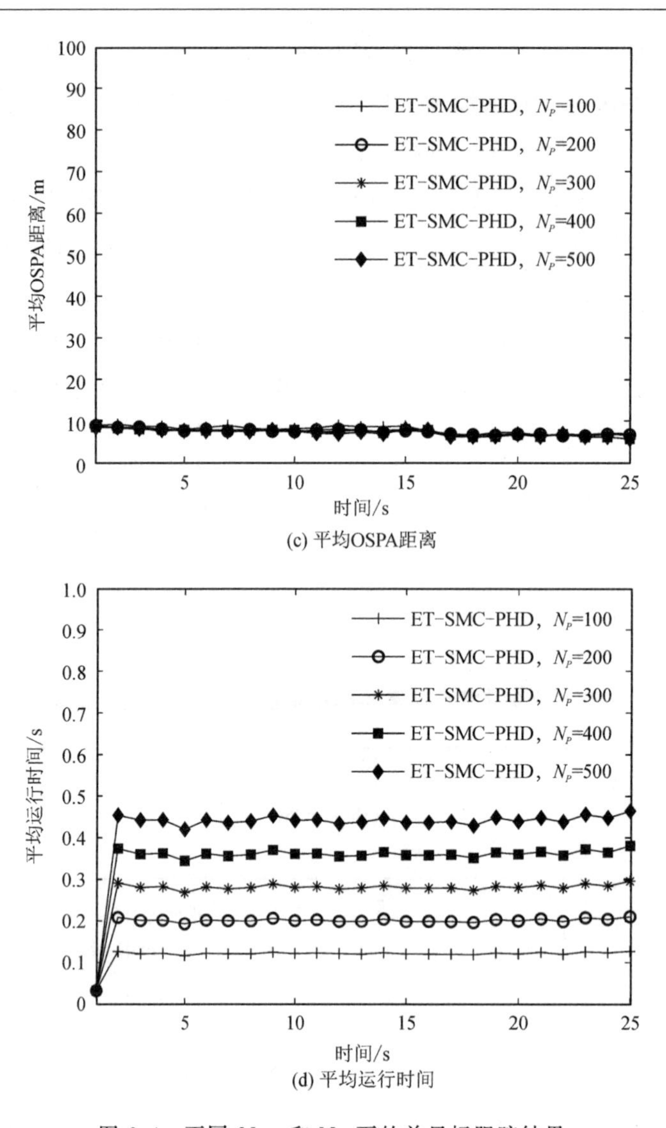

(c) 平均OSPA距离

(d) 平均运行时间

图 6.4　不同 $N_{P,B}$ 和 N_P 下的单目标跟踪结果

由图 6.4(a)和(b)可知，对于不同取值的 $N_{P,B}$ ，ET－Box－PHD 滤波的 OSPA 距离均非常接近，当 $N_{P,B}=10$ 时，其 OSPA 距离最大，但平均运行时间最少。在接下来的所有仿真中，为了同时兼顾跟踪精度和运行效率，将每个目标的存活箱粒子数均设置为 $N_{P,B}=15$。相比于 ET－Box－PHD 滤波，ET－SMC－PHD 滤波可达到更高的跟踪精度，但计算效率更低，如图 6.4(c)和(d)所示。类似于 $N_{P,B}$ 的设置，在接下来的仿真中，ET－SMC－PHD 滤波中每个目标的存活粒子数 N_P 设置为 200。

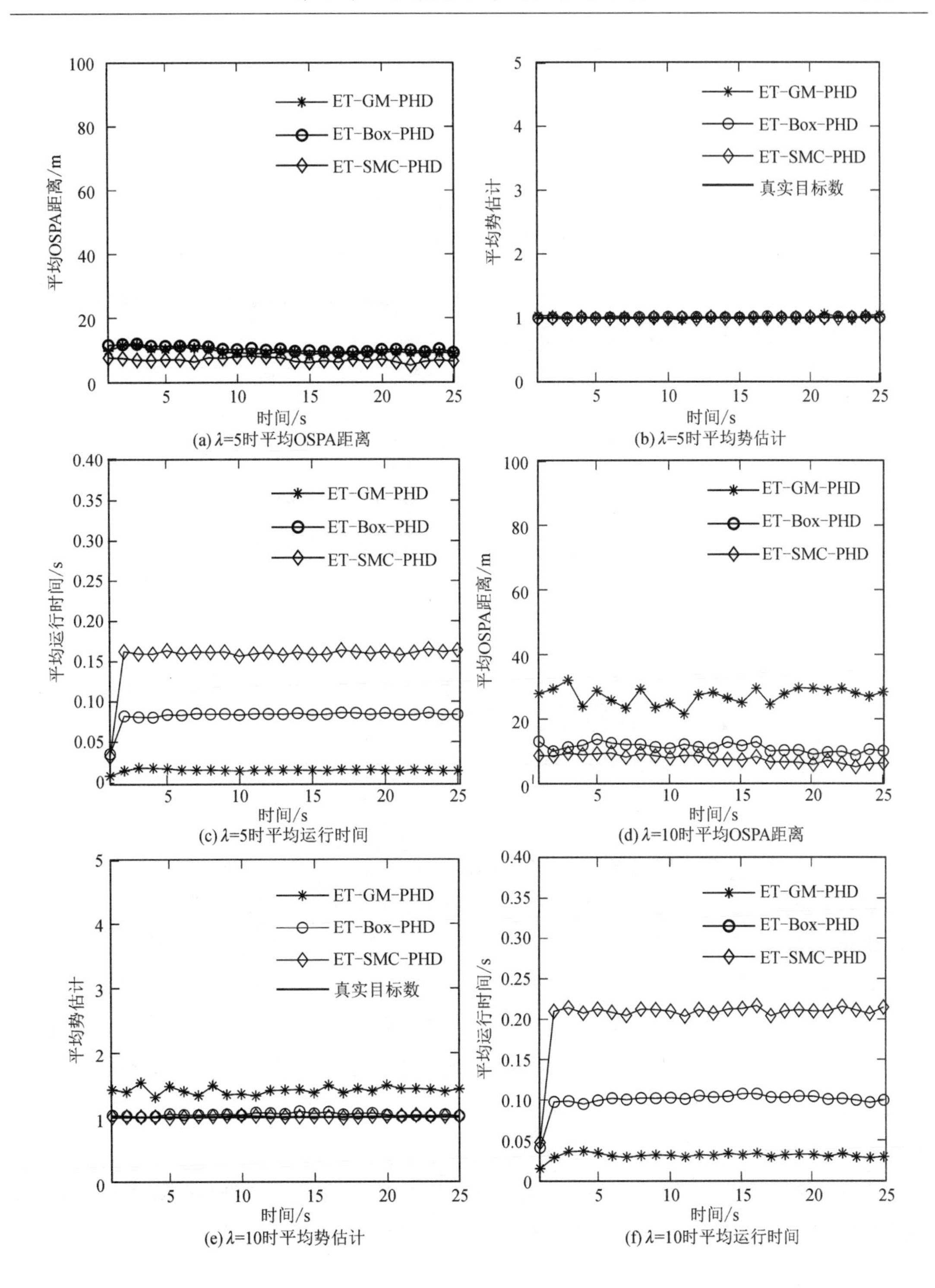

(a) λ=5时平均OSPA距离

(b) λ=5时平均势估计

(c) λ=5时平均运行时间

(d) λ=10时平均OSPA距离

(e) λ=10时平均势估计

(f) λ=10时平均运行时间

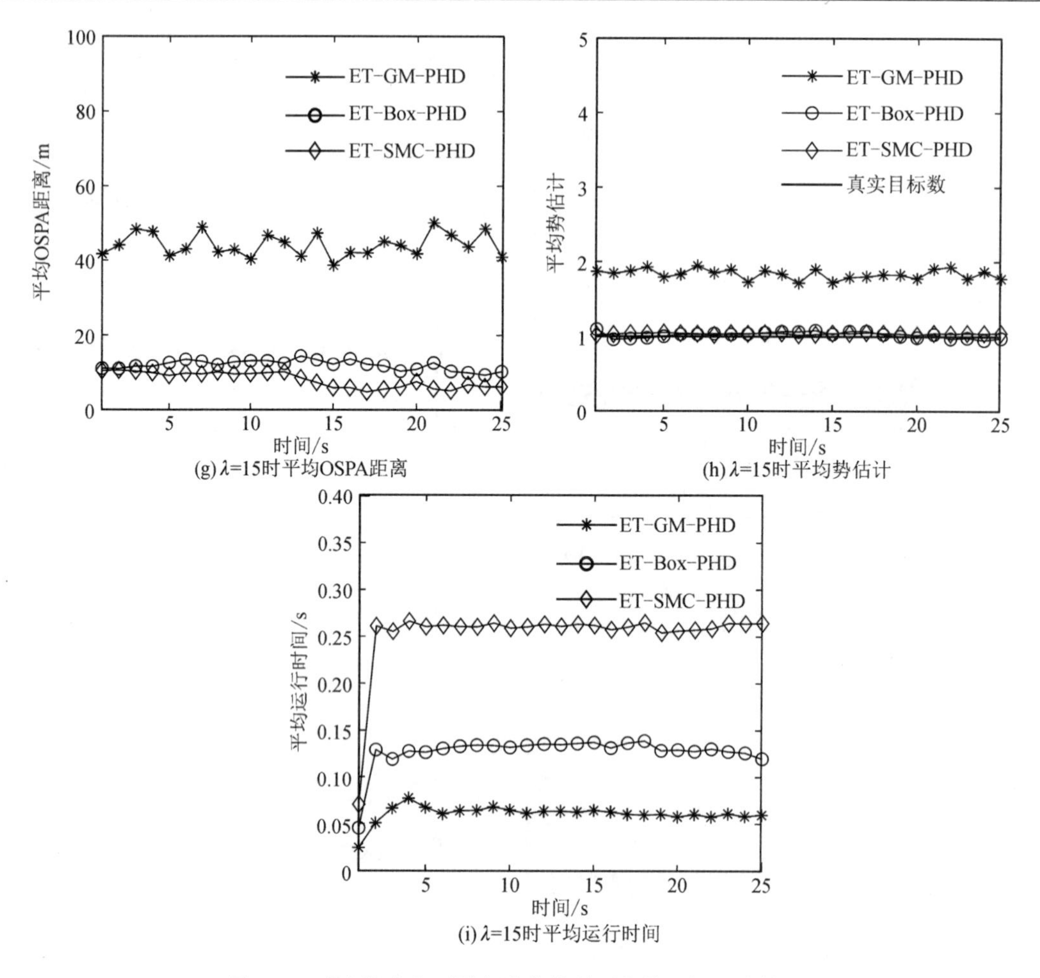

(g) λ=15时平均OSPA距离

(h) λ=15时平均势估计

(i) λ=15时平均运行时间

图 6.5　对比算法在不同杂波数情况下的单目标跟踪结果

此外，由图 6.5(a)、(b)、(d)、(e)、(g)和(h)可知，对于不同的杂波数，除 $\lambda=5$ 外，ET-Box-PHD和ET-SMC-PHD滤波的平均 OSPA 距离和势估计均优于 ET-GM-PHD 滤波，从而验证了 ET-PHD 的箱粒子和粒子实现相较于高斯混合实现有更强的抗杂波能力，具体原因已在 6.3.3 节给出。然而，为了得到理想的跟踪精度，相比于 ET-Box-PHD 和 ET-GM-PHD滤波，ET-SMC-PHD 滤波则需要大量的粒子来表示目标的状态，导致计算量较高，如图 6.5(c)、(f)和(i)所示。

2）交叉跟踪

下面主要验证 ET-Box-PHD 滤波在交叉跟踪场景(如图 6.3(b)所示)中的有效性，其中跟踪时长为 55 s。除 λ 和新生强度外，其余仿真参数的设置均与单目标跟踪场景的设置

相同。在交叉跟踪中，λ 和新生强度分别设置为 $\lambda = 15$ 和

$$D_b(\boldsymbol{x}) = 0.1\,\mathcal{N}(\boldsymbol{x};\ \boldsymbol{m}_b^{(1)},\ \boldsymbol{P}_b) + 0.1\,\mathcal{N}(\boldsymbol{x};\ \boldsymbol{m}_b^{(2)},\ \boldsymbol{P}_b) \tag{6-43}$$

其中，$\boldsymbol{m}_b^{(1)} = [300, 600, 0, 0]^{\mathrm{T}}$，$\boldsymbol{m}_b^{(2)} = [200, -300, 0, 0]^{\mathrm{T}}$ 且 $\boldsymbol{P}_b = \mathrm{diag}([100^2, 100^2, 50^2, 50^2])$。

在图 6.3(b)中，目标 1 在 $k = 9$ s 时新生，在 $k = 47$ s 时消失，而目标 2 在 $k = 1$ s 时新生，在 $k = 55$ s 时消失，仿真结果如图 6.6 所示。由图 6.6(a)和(b)可知，除 $k = 9$ s 外，我们能得到类似于单目标跟踪场景的结论，即 ET－Box－PHD 和 ET－SMC－PHD 滤波性能均优于 ET－GM－PHD 滤波，具体结论和原因已在单目标跟踪场景中讨论过。此外，从图 6.6(b)中可以看出，当目标之间的距离较近时(目标交叉附近)，所有对比算法的势估计均小于真实值，出现势过低估计现象，导致跟踪精度下降，如图 6.6(a)所示。这是因为在所有量测划分中，依据划分原则，将距离较近目标的量测划分到相同的单元中去，最终将多目标产生的量测视为单目标产生的量测。再者，当目标新生时，ET－Box－PHD 和 ET－SMC－PHD滤波的跟踪精度会急剧下降(如图 6.6(a) $k = 9$ s 的尖峰)，导致跟踪滞后，而 ET－GM－PHD 滤波由于预先人为设置了新生强度，则不会出现此现象。造成这种现象的主要原因是，ET－Box－PHD 和 ET－SMC－PHD 滤波中新生箱粒子和粒子是依据上一时刻量测集产生的，而 ET－GM－PHD 滤波的新生位置是预先设置好的，故其不利于进一步工程实现。然而，由于 ET－Box－PHD 和 ET－SMC－PHD 滤波在目标初始时刻采用了第 4 章介绍的 MB－ART 划分方法形成了置信度最高的划分单元，故不会出现目标跟踪滞后现象。

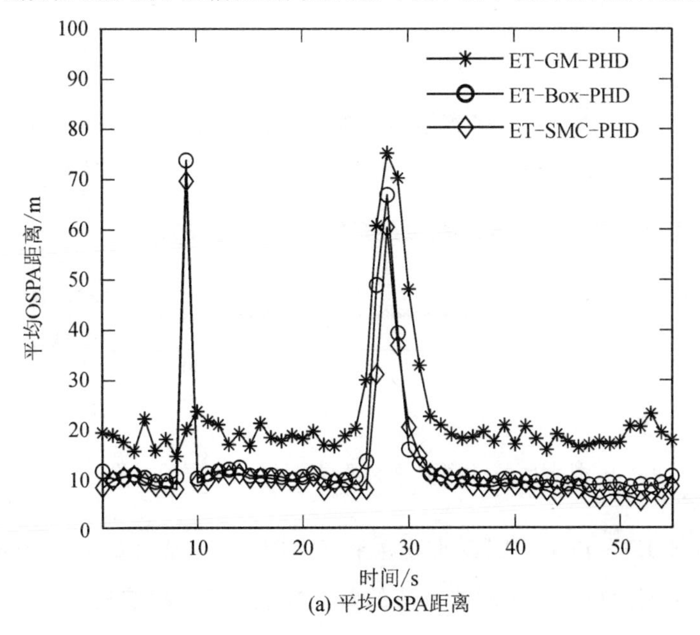

(a) 平均OSPA距离

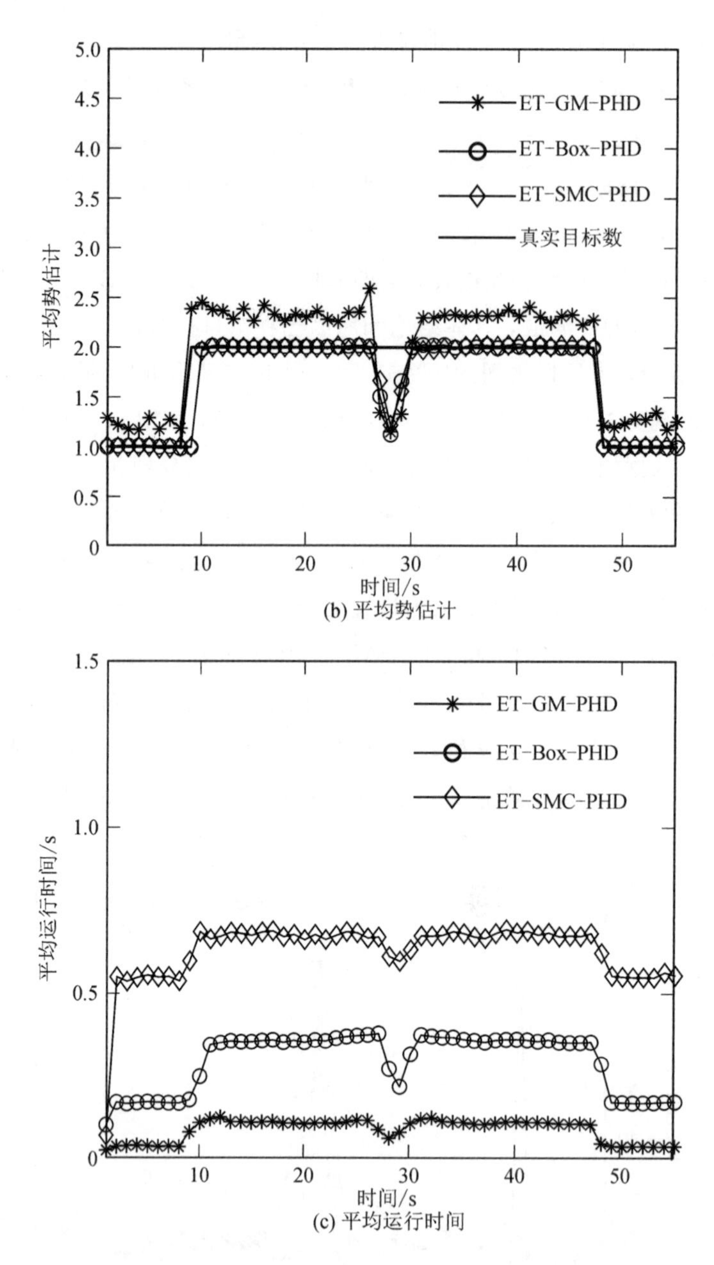

(b) 平均势估计

(c) 平均运行时间

图 6.6 对比算法在交叉跟踪场景中的仿真结果

3）平行跟踪

下面主要验证 ET - Box - PHD 滤波在平行跟踪场景(如图 6.3(c)所示)中的有效性，探索当运动目标之间距离较近时滤波方法的跟踪性能，其中跟踪时长为 50 s，目标 1 和目标 2 在 $k=1$ s 时新生，在 $k=50$ s 时消失，$\lambda=15$，其余仿真参数的设置均与单目标跟踪和交叉跟踪场景的设置相同。与上述两个场景相比，平行跟踪场景包含轻微的目标机动和较长时间近距离的目标运动。

仿真结果如图 6.7 所示，除得到与单目标跟踪场景一样的结论外，还可得到以下结论：

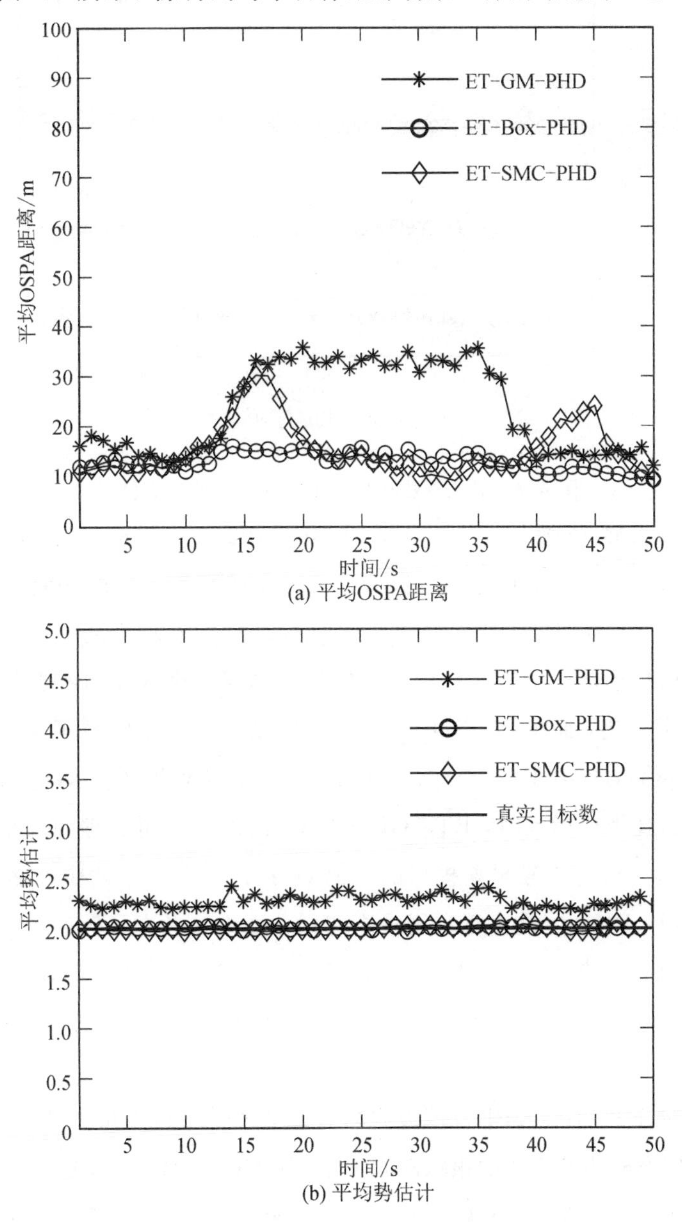

(a) 平均OSPA距离

(b) 平均势估计

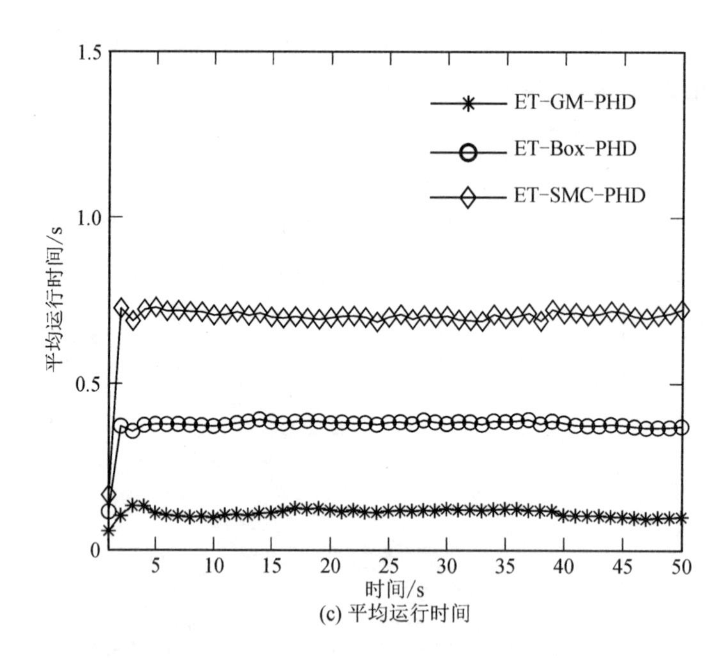

(c) 平均运行时间

图 6.7　对比算法在平行跟踪场景中的仿真结果

(1) 当目标出现轻微机动时，ET-SMC-PHD滤波的跟踪精度有所下降，而ET-Box-PHD滤波不受其影响，仍然保持良好的跟踪精度。因此，相比于ET-Box-PHD滤波，ET-SMC-PHD滤波的跟踪精度受目标机动的影响较为明显。这是因为当目标发生轻微机动时，箱粒子依据定义在目标状态空间中形成一个大小可控的矩形区域，易于捕获目标运动的轻微变化，而ET-SMC-PHD滤波则需要大量的粒子来近似目标状态，导致其计算复杂度较高，且由于粒子分布空间有限，不易于捕获目标运动的轻微变化。

(2) 当目标出现平行运动时，ET-GM-PHD滤波无法得到理想的跟踪效果。这是因为它采用了Granström等人较早期提出的距离划分方法[206]，当两个或多个目标空间距离较近时，ET-GM-PHD滤波由于采用了距离划分而无法考虑目标的形状信息，导致最终得到错误的划分结果。然而，由于ET-Box-PHD和ET-SMC-PHD滤波采用了第4章介绍的考虑形状信息的MB-ART划分，故其当目标空间较近时能得到理想的跟踪效果。

4) 转弯跟踪

下面主要验证ET-Box-PHD滤波在转弯跟踪场景(如图6.3(d)所示)中的有效性，探索当目标出现转弯时滤波算法的跟踪性能，其中跟踪时长为100 s，$\lambda=15$，目标在$k=1$ s时新生，在$k=100$ s时消失，在$k=45$ s时开始转弯，且在$k=55$ s时转弯结束。在转弯跟踪时，k 时刻扩展目标转弯模型与式(4－71)～式(4－74)的定义相同，其余仿真参数的设置均与单目标跟踪和交叉跟踪场景的设置相同。与上述场景相比，转弯跟踪场景包含目标较长时间的转弯，仿真结果如图 6.8 所示。

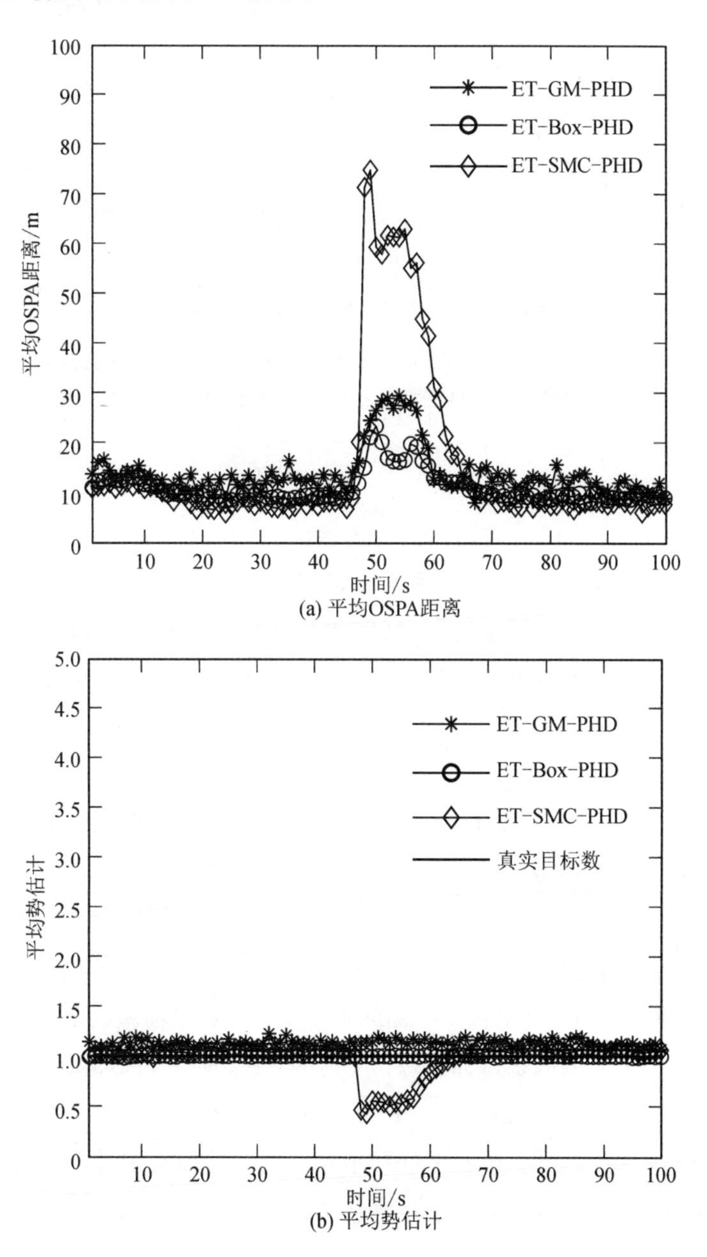

(a) 平均OSPA距离

(b) 平均势估计

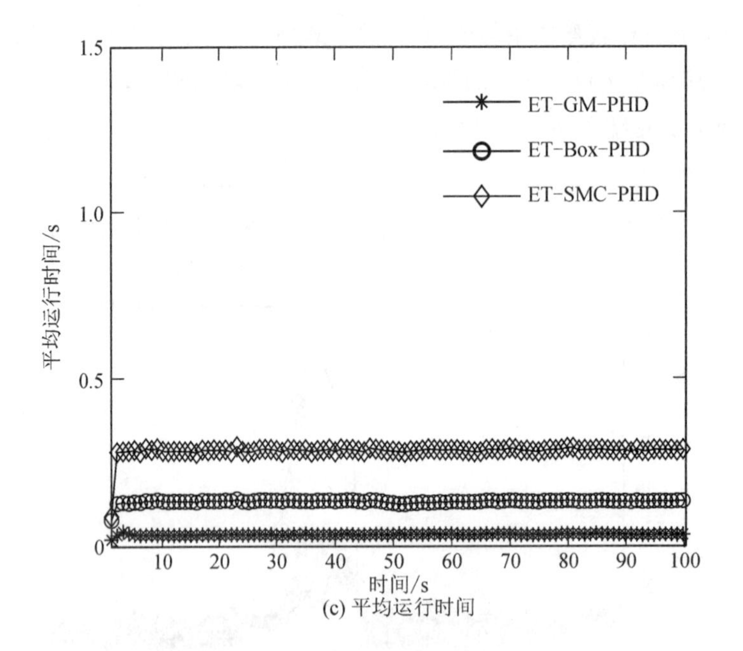

(c) 平均运行时间

图 6.8 对比算法在转弯跟踪场景中的仿真结果

由图 6.8(a)可知，对于转弯跟踪场景而言，当目标出现转弯时，ET－GM－PHD 和 ET－SMC－PHD 滤波的跟踪效果均不理想，其中 ET－SMC－PHD 滤波的跟踪性能最差且耗时最多。相比而言，ET－Box－PHD 滤波的跟踪性能最优，具体原因已在平行跟踪场景中给出。

5）多目标跟踪

下面主要验证 ET－Box－PHD 滤波在多目标跟踪场景(如图 6.3(e)所示)中的有效性，探索当多个目标同时出现时滤波算法的跟踪性能，其中跟踪时长为 100 s，$\lambda=30$，所有目标的初始位置设置为 $\boldsymbol{x}_0^{(i)}=[0, 0]$，$i=1, 2, 3, 4$。目标 1 在 $k=1$ s 时新生，在 $k=70$ s 时消失；目标 2 在 $k=10$ s 时新生，在 $k=80$ s 时消失；目标 3 在 $k=20$ s 时新生，在 $k=100$ s 时消失；目标 4 在 $k=50$ s 时新生，在 $k=100$ s 时消失。该场景模拟的是若干架飞机在不同时刻从同一机场起飞，为典型的多目标跟踪，极具挑战性。所有目标的新生强度均设置为

$$D_b(\boldsymbol{x}) = 0.1\,\mathcal{N}(\boldsymbol{x};\, \boldsymbol{m}_b,\, \boldsymbol{P}_b) \tag{6-44}$$

其中，$\boldsymbol{m}_b=[0, 0, 0, 0]^{\mathrm{T}}$，$\boldsymbol{P}_b=\mathrm{diag}([100^2, 100^2, 50^2, 50^2])$。其余仿真参数的设置均与单目标跟踪和交叉跟踪场景的设置相同，仿真结果如图 6.9 所示。

从图 6.9 可得到如下结论：

(1) 当目标新生时，ET－Box－PHD 和 ET－SMC－PHD 滤波的跟踪精度急剧下降，导致跟踪滞后(如图 6.9(a)中的 $k=10$ s，$k=20$ s 和 $k=50$ s)，因为它们均采用上一时刻的量测集产生新生箱粒子和新生粒子，这一点也在上述的交叉场景中得到了验证。

(2) 与 ET－GM－PHD 滤波相比，ET－Box－PHD 和 ET－SMC－PHD 滤波的运行时间较长，其中 ET－SMC－PHD 滤波的运行时间最长，如图 6.9(c)所示。

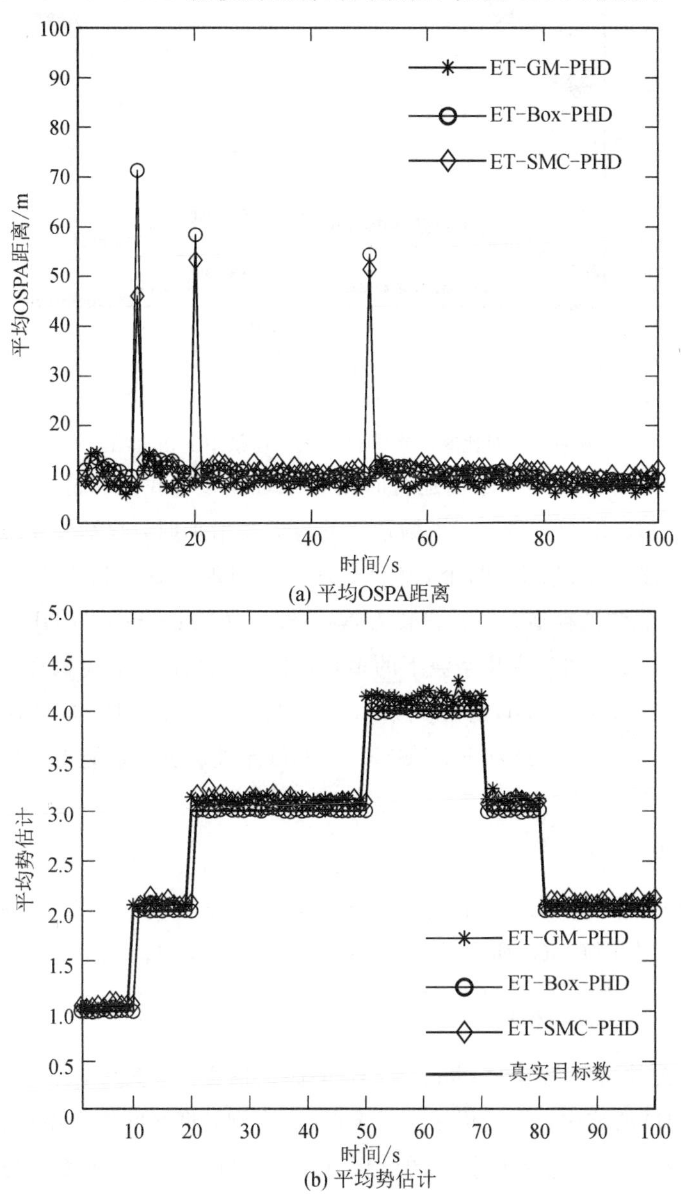

(a) 平均OSPA距离

(b) 平均势估计

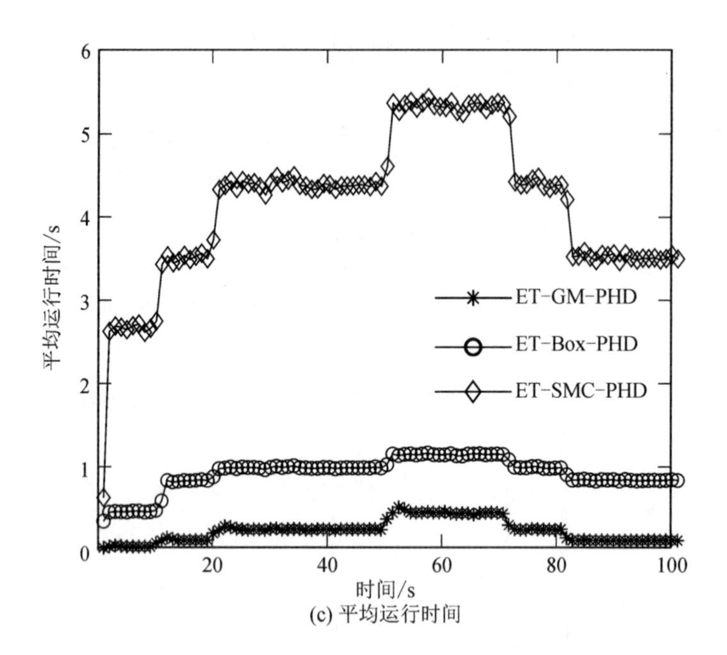

(c) 平均运行时间

图 6.9　对比算法在多目标跟踪场景中的仿真结果

在单目标跟踪场景中，为了平衡运行时间和跟踪精度，我们将存活箱粒子数和粒子数分别设置为 $N_{P,B}=15$ 和 $N_P=200$，当场景中的目标数增加时，存活粒子数急剧增加。特别是在上述的多目标跟踪场景中(四个目标)，为了得到理想的跟踪效果，依据目标数，将 ET-SMC-PHD 滤波的存活粒子数设置为 $N_P=800$，而 ET-Box-PHD 滤波的存活箱粒子数仅为 $N_{P,B}=60$。因此，对于密集杂波下的多目标跟踪场景而言，应选择抗杂波性能较好和运行效率更高的 ET-Box-PHD 滤波。然而，当场景中杂波较少时，应选择 ET-GM-PHD 滤波，因为与 ET-Box-PHD 和 ET-SMC-PHD 滤波相比，它能得到更高的跟踪精度且运行效率较高。

2. 非线性情况

为了展现 ET-Box-PHD 滤波的非线性处理能力，下面考虑一个极坐标跟踪情况，跟踪场景为交叉跟踪场景，如图 6.3(b)所示。传感器位于$[0, 0]^T$ 处，且静止不动，将量测函数定义为

$$h_k(\boldsymbol{x}) = \left[\sqrt{x^2+y^2},\ \arctan\left(\frac{y}{x}\right)\right] \tag{6-45}$$

量测噪声 $\boldsymbol{v}_k$ 是协方差为 $\boldsymbol{R}_k=\mathrm{diag}[\sigma_r^2, \sigma_\theta^2]$的高斯白噪声，其中，$\sigma_r=2.5$ m，$\sigma_\theta=0.25°$。在 ET-Box-PHD 滤波中，我们仍采用经典的 3σ 准则，将区间置信度设置为 $3\sigma_r$ 和 $3\sigma_\theta$。

在下面的讨论中，从传感器中获得的量测为区间量测，其中区间长度为 $\boldsymbol{\Delta}=[\Delta r, \Delta\theta]^T$，

$\Delta r=20$ m 和 $\Delta\theta=4°$分别为距离和方位方向的区间长度。通常，传感器受系统误差的影响，向量 $h_k(\boldsymbol{x})+\boldsymbol{v}_k$ 并非处于量测区间的中心位置。这样，可将 k 时刻的量测定义为

$$[\boldsymbol{z}_k]=\left[h_k(\boldsymbol{x})+\boldsymbol{v}_k-\frac{3}{4}\boldsymbol{\Delta},\ h_k(\boldsymbol{x})+\boldsymbol{v}_k+\frac{1}{4}\boldsymbol{\Delta}\right] \tag{6-46}$$

仿真实验中，除杂波均值设置为 $\lambda=10$ 外，其余参数的设置类似于线性情况中交叉跟踪场景的设置。仿真结果如图 6.10 所示，我们可得到与线性情况中交叉跟踪场景相同的结论，验证了 ET - Box - PHD 滤波可以处理非线性情况的跟踪场景。

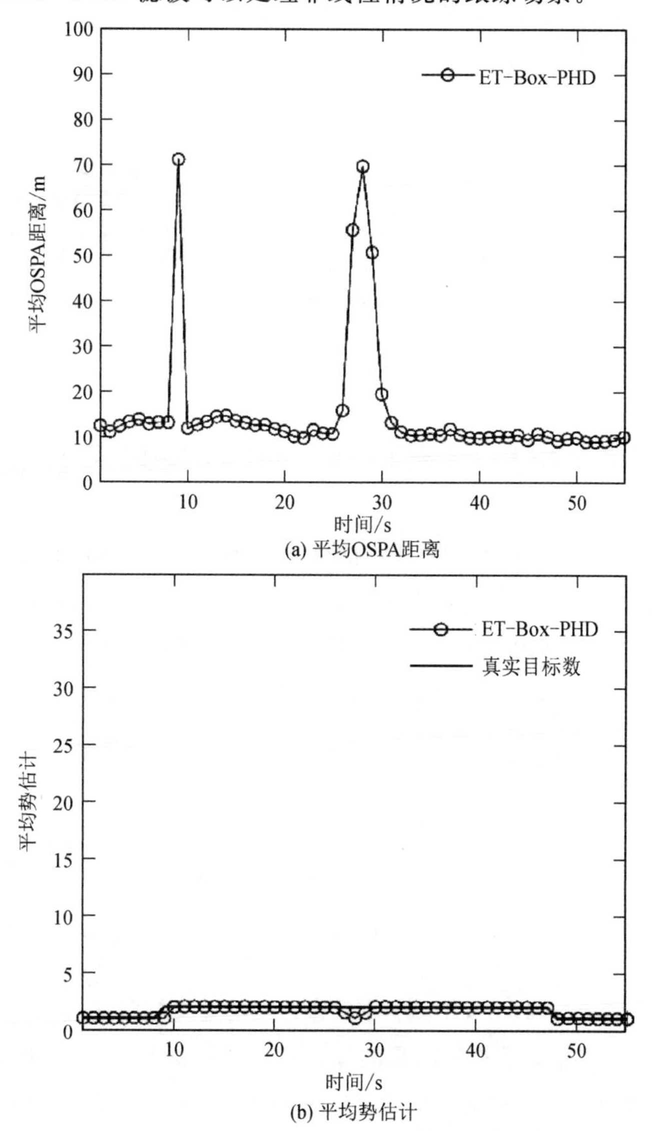

(a) 平均OSPA距离

(b) 平均势估计

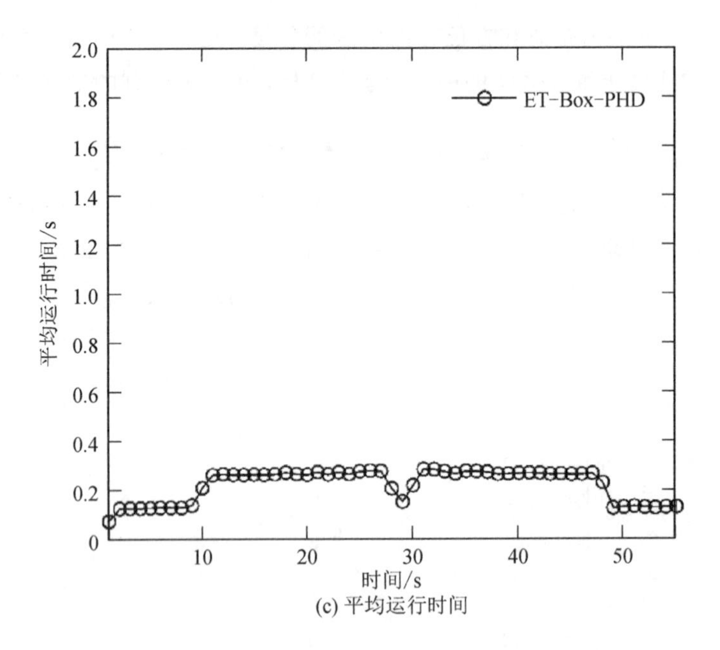

(c) 平均运行时间

图 6.10　ET - Box - PHD 滤波在非线性交叉跟踪场景中的仿真结果

6.4　扩展目标 CBMeMBer 箱粒子实现

在 6.3 节我们介绍了扩展目标 PHD 的箱粒子实现，即 ET - Box - PHD 滤波，为了便于理论推导，它仅估计了目标的运动状态，而忽略了扩展状态和量测率状态的估计。在此基础上，本节针对椭圆扩展目标(ETT)，进一步介绍 ET - CBMeMBer 滤波[136]的伽马(Gamma，G)箱粒子(BP)实现，即 EET - GBP - CBMeMBer 滤波。

6.4.1　区间量测似然定义

类似于 ET - Box - PHD 滤波，为了实现 EET - GBP - CBMeMBer 滤波，我们首先需要定义区间量测似然函数，它直接影响到滤波的跟踪精度和效率。依据 2.3.2 节介绍的 ET - CBMeMBer滤波，我们首先需要计算每个单元 $W_k^{(p,\ell)}$ 的量测似然，即 $\prod\limits_{z_k \in W_k^{(p,\ell)}} \dfrac{p_k(z_k \mid x_k)}{\lambda_k c_k(z_k)}$，$\ell=1, 2, \cdots, |\mathcal{P}_k^{(p)}|$，$p=1, 2, \cdots, N_{\mathcal{P},k}$。求解该似然的关键是定义量测似然函数 $g_k(z_k \mid x_k)$，在 6.3.1 节中我们已经定义了不考虑量测噪声的 $g_k(z_k \mid x_k)$。此处，为了考虑实际工程应用，在区间分析框架下，我们重新定义了考虑量测噪声的区间量测似然函数，即

$$g_k([\boldsymbol{z}_k] \mid [\boldsymbol{x}_k]) \stackrel{\text{def}}{=} \frac{|[h_{\text{CP}}]([\boldsymbol{x}_k], [\boldsymbol{z}_k], [\boldsymbol{v}_k])|}{|[\boldsymbol{x}_k]|} \tag{6-47}$$

其中，$[h_{\text{CP}}]([\boldsymbol{x}_k], [\boldsymbol{z}_k], [\boldsymbol{v}_k])$表示在区间量测模型$[\boldsymbol{z}_k]=[h_k]([\boldsymbol{x}_k], [\boldsymbol{v}_k])$约束下$[\boldsymbol{x}_k]$的约简。

值得注意的是，式(6-47)仅考虑了目标的运动状态，不同于 ET-Box-PHD 滤波，本节考虑的目标状态为增广状态，包括运动状态、扩展状态和量测率状态，记为 ξ_k，且 $\xi_k \stackrel{\text{def}}{=} (\gamma_k, \boldsymbol{x}_k, \boldsymbol{X}_k)$。这样，我们不能直接采用式(6-47)计算 EET-GBP-CBMeMBer 滤波的量测似然函数。本节中，为了推导出适用于该滤波方法的似然函数，我们首先需要给出如下假设。

假设 6.1：在给定增广状态 ξ_k 的前提下，量测 $\boldsymbol{z}_k$ 的量测似然可以表示为

$$p_k(\boldsymbol{z}_k \mid \xi_k) = p_k(\boldsymbol{z}_k \mid \boldsymbol{x}_k, \boldsymbol{X}_k) \tag{6-48}$$

此处，$p_k(\boldsymbol{z}_k|\xi_k)$不依赖于量测率 γ_k，因为 ET-CBMeMBer 滤波的更新公式中已经提供了关于量测率更新的似然[136]，如式(2-128)所示。本节中，量测率 γ_k 通过 Granström 等人采用的伽马分布估计[30]，具体估计过程可参考 2.2.1 节。这样，我们可以得出，量测率 γ_k 同运动状态 $\boldsymbol{x}_k$ 和扩展状态 $\boldsymbol{X}_k$ 是相互独立的。

基于假设 6.1，经推导，式(6-48)可进一步表示为

$$\begin{aligned} p_k(\boldsymbol{z}_k \mid \xi_k) &= p_k(\boldsymbol{z}_k \mid \boldsymbol{x}_k, \boldsymbol{X}_k) \\ &\propto p_k(\boldsymbol{z}_k \mid \boldsymbol{x}_k) p_k(\boldsymbol{z}_k \mid \boldsymbol{X}_k) \end{aligned} \tag{6-49}$$

证明：

依据文献[207]和[208]，同时基于假设 6.1，我们可得到

$$\begin{aligned} p_k(\xi_k \mid \boldsymbol{z}_k) &= p_k(\boldsymbol{x}_k, \boldsymbol{X}_k \mid \boldsymbol{z}_k) \\ &\approx p_k(\boldsymbol{x}_k \mid \boldsymbol{z}_k) p_k(\boldsymbol{X}_k \mid \boldsymbol{z}_k) \end{aligned} \tag{6-50}$$

为了便于接下来的理论推导，在给定量测 $\boldsymbol{z}_k$ 的前提下，式(6-50)中的运动状态和扩展状态假设是相互独立的，但实际中它们是相互依赖的。这样，基于贝叶斯公式，式(6-50)可进一步写为

$$\begin{aligned} p_k(\xi_k \mid \boldsymbol{z}_k) &= p_k(\boldsymbol{x}_k, \boldsymbol{X}_k \mid \boldsymbol{z}_k) \\ &\approx p_k(\boldsymbol{x}_k \mid \boldsymbol{z}_k) p_k(\boldsymbol{X}_k \mid \boldsymbol{z}_k) \\ &= \frac{p_k(\boldsymbol{z}_k \mid \boldsymbol{x}_k) p_k(\boldsymbol{x}_k)}{p_k(\boldsymbol{z}_k)} \cdot \frac{p_k(\boldsymbol{z}_k \mid \boldsymbol{X}_k) p_k(\boldsymbol{X}_k)}{p_k(\boldsymbol{z}_k)} \\ &= \frac{p_k(\boldsymbol{z}_k \mid \boldsymbol{x}_k) p_k(\boldsymbol{z}_k \mid \boldsymbol{X}_k) p_k(\boldsymbol{x}_k, \boldsymbol{X}_k)}{(p_k(\boldsymbol{z}_k))^2} \end{aligned} \tag{6-51}$$

此外，基于贝叶斯公式，$p_k(\xi_k|z_k)$也可转化为

$$\begin{aligned}p_k(\xi_k \mid z_k) &= p_k(x_k, X_k \mid z_k) \\ &= \frac{p_k(z_k \mid x_k, X_k)p_k(x_k, X_k)}{p_k(z_k)}\end{aligned} \tag{6-52}$$

最后，结合式(6-51)和式(6-52)，我们可以得到

$$\begin{aligned}p_k(z_k \mid \xi_k) &= p_k(z_k \mid x_k, X_k) \\ &\approx \frac{p_k(z_k \mid x_k)p_k(z_k \mid X_k)}{p_k(z_k)} \\ &\propto p_k(z_k \mid x_k)p_k(z_k \mid X_k)\end{aligned} \tag{6-53}$$

证毕。

这样，在区间分析框架下，在给定箱粒子$[\xi_k]$的条件下，箱量测$[z_k]$的似然函数定义为

$$p_k([z_k] \mid [\xi_k]) = p_k([z_k] \mid [x_k])p_k([z_k] \mid [X_k]) \tag{6-54}$$

其中，$p_k([z_k]|[x_k])$由式(6-47)定义。类似于式(6-47)的定义，$p_k([z_k]|[X_k])$可近似为

$$p_k([z_k] \mid [X_k]) \approx \frac{|[h_{x,y,k}^{-1}(z_k)] \cap [W_k^{(p,\ell)}]|}{|[W_k^{(p,\ell)}]|} \tag{6-55}$$

其中：$h_{x,y,k}^{-1}(z_k)$表示量测函数的逆函数，下标x、y表示它只包含x、y维的值；$[W_k^{(p,\ell)}]$表示由扩展状态X_k转换而来的二维区间向量，为X_k的区间近似值，其合理性解释可参见文献[209]。本节中，区间单元$[W_k^{(p,\ell)}]$可定义为

$$[W_k^{(p,\ell)}] \stackrel{\text{def}}{=} [f](\boldsymbol{\mu}_k^{(p,\ell)}, \boldsymbol{\Sigma}_k^{(p,\ell)}),\ \ell = 1, 2, \cdots, |\mathcal{P}_k^{(p)}|,\ p = 1, 2, \cdots, N_{\mathcal{P},k} \tag{6-56}$$

其中：$\boldsymbol{\mu}_k^{(p,\ell)}$和$\boldsymbol{\Sigma}_k^{(p,\ell)}$表示第$p$个划分的第$\ell$个划分单元；$[f](\cdot)$表示包含函数$f(\cdot)$的最小箱，$f(\boldsymbol{\mu}_k^{(p,\ell)}, \boldsymbol{\Sigma}_k^{(p,\ell)})$描述了$W_k^{(p,\ell)}$中量测的分布形状，其具体形成过程如图6.2所示。值得注意的是，由于扩展目标跟踪模型的复杂性，我们无法得到量测与扩展状态的精确关系，仅能通过启发式的方式(如式(6-55)所示)来近似扩展状态的不确定性。

最后，结合式(6-54)和式(6-55)，EET-GBP-CBMeMBer滤波的每个单元的区间量测似然函数可表示为

$$\begin{aligned}\prod_{z_k \in W_k^{(p,\ell)}} \frac{p_k([z_k] \mid [\xi_k])}{\lambda_k c_k([z_k])} &= \prod_{z_k \in W_k^{(p,\ell)}} \frac{p_k([z_k] \mid [x_k])p_k([z_k] \mid [X_k])}{\lambda_k c_k([z_k])} \\ &\approx \prod_{z_k \in W_k^{(p,\ell)}} \frac{|[h_{\text{CP}}]([x_k], [z_k], [v_k])| \cdot |[h_{x,y,k}^{-1}(z_k)] \cap [W_k^{(p,\ell)}]|}{\lambda_k c_k([z_k])\, |[x_k]| \cdot |[W_k^{(p,\ell)}]|}\end{aligned} \tag{6-57}$$

6.4.2　EET－GBP－CBMeMBer 滤波

本节主要介绍 ET－CBMeMBer 滤波的伽马箱粒子实现，即 EET－GBP－CBMeMBer 滤波。由于基于伽马分布的量测率估计已在 2.2.1 节给出，接下来主要介绍 ET－CBMeMBer 滤波的箱粒子实现，包括初始化、状态预测、量测更新、箱粒子收缩、修剪和重采样、状态估计等过程。

1. 初始化

假设初始多目标后验密度为 $\pi_1=\{(r_1^{(i)},\ p_1^{(i)})\}_{i=1}^{M_1}$，$p_1^{(i)}$ 由加权箱粒子集 $\{w_1^{(i,j)},\ [\xi_1^{(i,j)}]\}_{j=1}^{L_1^{(i)}}$ 组成，其中，$w_1^{(i,j)}=\dfrac{1}{L_1^{(i)}}$，$i=1,\ 2,\ \cdots,\ M_1$，$j=1,\ 2,\ \cdots,\ L_1^{(i)}$。该箱粒子集依据扩展目标的初始位置采样而成，而目标初始位置通过 MB－ART 划分方法产生的划分子集得到。EET－GBP－CBMeMBer滤波中，我们采用划分子集中每个单元的量测均值来近似目标可能的初始位置，单元 $W_k^{(p,\ell)}$ 的均值定义为

$$\bar{z}_k^{(p,\ell)}\overset{\text{def}}{=}\frac{1}{|W_k^{(p,\ell)}|}\sum_{j=1}^{|W_k^{(p,\ell)}|}z_k^{(j)},\ \ell=1,\ 2,\ \cdots,\ |\mathcal{P}_k^{(p)}|,\ p=1,\ 2,\ \cdots,\ N_{\mathcal{P},k}\qquad(6-58)$$

其中，$|W_k^{(p,\ell)}|$ 为 $W_k^{(p,\ell)}$ 中量测的数目。

值得注意的是，通过上述初始化目标初始位置的操作，可以有效避免基于 RFS 滤波方法需设定目标初始位置的固有缺陷。

2. 状态预测

假设 $k-1$ 时刻多伯努利多目标后验密度为 $\pi_{k-1}=\{(r_{k-1}^{(i)},\ p_{k-1}^{(i)})\}_{i=1}^{M_{k-1}}$，$p_{k-1}^{(i)}$ 由重采样后的箱粒子集(即存活箱粒子集)$\{w_{k-1}^{(i,j)},\ [\xi_{k-1}^{(i,j)}]\}_{j=1}^{L_{k-1}^{(i)}}$ 组成。依据箱粒子滤波理论[200]，箱粒子可解释为一组混合均匀概率密度函数之和，这样，$p_{k-1}^{(i)}$ 可近似为

$$p_{k-1}^{(i)}\approx\sum_{j=1}^{L_{k-1}^{(i)}}w_{k-1}^{(i,j)}U_{[\xi_{k-1}^{(i,j)}]}(\xi_{k-1})\qquad(6-59)$$

此外，为了避免滤波过程中大量箱粒子的产生，我们采用类似于文献[203]的采样策略生成 EET－GBP－CBMeMBer 滤波的新生箱粒子集，具体生成过程如下。

依据文献[203]的采样策略，k 时刻的新生箱粒子可通过 $k-1$ 时刻量测集的划分子集产生。首先，选取 $k-1$ 时刻划分子集中置信度最高的划分，即

$$\mathcal{P}_{k-1}^{(P)} \overset{\text{def}}{=} \arg\max_{\mathcal{P}_{k-1}^{(p)}} \{\omega_{\mathcal{P}_{k-1}^{(p)}},\ p=1,\ 2,\ \cdots,\ N_{P,k-1}\} \tag{6-60}$$

其中，$N_{P,k-1}$为划分数。

其次，使用所选取划分$\mathcal{P}_{k-1}^{(P)}$的单元集$\{W_{k-1}^{(P,\ell)}\}_{\ell=1}^{|\mathcal{P}_{k-1}^{(P)}|}$形成$k$时刻的新生箱粒子。对于每个单元$W_{k-1}^{(P,\ell)}$，可通过高斯分布$\mathcal{N}(\bar{z}_{k-1}^{(P,\ell)},\ \boldsymbol{\Sigma}_{k-1}^{(P,\ell)})$采样得到$L_{\Gamma,k}^{(i)}$个新生箱粒子$[\xi_{\Gamma,k-1}^{(i,j)}]$，$j=1,\ 2,\ \cdots,\ L_{\Gamma,k}^{(i)}$，其中，$\bar{z}_{k-1}^{(P,\ell)}$可通过式(6-58)求得，$\boldsymbol{\Sigma}_{k-1}^{(P,\ell)}$定义为

$$\boldsymbol{\Sigma}_{k-1}^{(P,\ell)} \overset{\text{def}}{=} \sum_{j=1}^{|W_{k-1}^{(P,\ell)}|} (z_{k-1}^{(j)}-\bar{z}_{k-1}^{(P,\ell)})(z_{k-1}^{(j)}-\bar{z}_{k-1}^{(P,\ell)})^{\mathrm{T}} \tag{6-61}$$

同时，存活概率$r_{\Gamma,k}^{(i)}$和新生箱粒子的权重$w_{\Gamma,k}^{(i,j)}$分别设置为

$$r_{\Gamma,k}^{(i)} = \frac{p_{B,k}([\xi_{\Gamma,k-1}^{(i,j)}])}{|\mathcal{P}_{k-1}^{(P)}|},\ i=1,\ 2,\ \cdots,\ |\mathcal{P}_{k-1}^{(P)}| \tag{6-62}$$

$$w_{\Gamma,k}^{(i,j)} = \frac{1}{L_{\Gamma,k}^{(i)}},\ i=1,\ 2,\ \cdots,\ |\mathcal{P}_{k-1}^{(P)}|,\ j=1,\ 2,\ \cdots,\ L_{\Gamma,k}^{(i)} \tag{6-63}$$

其中，$p_{B,k}(\cdot)$为k时刻的新生概率。

最后，依据式(6-62)和(6-63)得到的$r_{\Gamma,k}^{(i)}$和$w_{\Gamma,k}^{(i,j)}$，计算出预测多目标密度，即

$$\pi_{k|k-1} = \{(r_{P,k|k-1}^{(i)},\ p_{P,k|k-1}^{(i)}(\xi_k))\}_{i=1}^{M_{k-1}} \cup \{(r_{\Gamma,k}^{(i)},\ p_{\Gamma,k}^{(i)}(\xi_k))\}_{i=1}^{M_{\Gamma,k}} \tag{6-64}$$

其中，存活和新生伯努利分量为

$$r_{P,k|k-1}^{(i)} = r_{k-1}^{(i)} \sum_{j=1}^{L_{k-1}^{(i)}} w_{k-1}^{(i,j)} p_{S,k}([\xi_{k-1}^{(i,j)}]) \tag{6-65}$$

$$p_{P,k|k-1}^{(i)}(\xi_k) = \sum_{j=1}^{L_{k-1}^{(i)}} \tilde{w}_{P,k|k-1}^{(i,j)} U_{[\xi_{P,k|k-1}^{(i,j)}]}(\xi_k) \tag{6-66}$$

$$p_{\Gamma,k}^{(i)}(\xi_k) = \sum_{j=1}^{L_{\Gamma,k}^{(i)}} w_{\Gamma,k}^{(i)} U_{[\xi_{\Gamma,k}^{(i)}]}(\xi_k) \tag{6-67}$$

$$[\xi_{P,k|k-1}^{(i,j)}] = [f_{k|k-1}](\cdot|[\xi_{k-1}^{(i,j)}]),\ j=1,\ 2,\ \cdots,\ L_{k-1}^{(i)} \tag{6-68}$$

$$\tilde{w}_{P,k|k-1}^{(i,j)} = \frac{w_{k-1}^{(i,j)} p_{S,k}([\xi_{k-1}^{i,j}])}{\sum_{j=1}^{L_{k-1}^{(i)}} w_{k-1}^{(i,j)} p_{S,k}([\xi_{k-1}^{(i,j)}])} \tag{6-69}$$

$$[\xi_{\Gamma,k}^{(i,j)}] = [f_{k|k-1}](\cdot|[\xi_{\Gamma,k-1}^{(i,j)}]),\ j=1,\ 2,\ \cdots,\ L_{\Gamma,k}^{(i)} \tag{6-70}$$

其中，$f_{k|k-1}(\cdot|\cdot)$为单目标转移密度，$p_{S,k}(\cdot)$为存活概率。这样，预测分量的数目可表示为$M_{k|k-1}=M_{k-1}+M_{\Gamma,k}$。

3. 量测更新

假设 k 时刻的预测多目标密度为 $\pi_{k|k-1}=\{(r_{k|k-1}^{(i)}, p_{k|k-1}^{(i)}(\xi_k))\}_{i=1}^{M_{k|k-1}}$，$p_{k|k-1}^{(i)}(\xi_k)$ 由加权箱粒子集 $\{w_{k|k-1}^{(i,j)}, [\xi_{k|k-1}^{(i,j)}]\}_{j=1}^{L_{k|k-1}^{(i)}}$ 组成，即

$$p_{k|k-1}^{(i)}(\xi_k)=\sum_{j=1}^{L_{k|k-1}^{(i)}} w_{k|k-1}^{(i,j)} U_{[\xi_{k|k-1}^{(i,j)}]}(\xi_k) \tag{6-71}$$

则更新后的多目标密度可以近似为

$$\pi_k \approx \{(r_{L,k}^{(i)}, p_{L,k}^{(i)}(\xi_k))\}_{i=1}^{M_{k|k-1}} \cup \{(r_{U,k}(W_k^{(p,l)}), p_{U,k}(\xi_k; W_k^{(p,l)}))\}_{W_k^{(p,l)}\in\mathcal{P}_k^{(p)}\angle Z_k}$$
$$l=1, 2, \cdots, |\mathcal{P}_k^{(p)}|, \; p=1, 2, \cdots, N_{P,k} \tag{6-72}$$

其中，漏检分量和量测更新分量分别为

$$r_{L,k}^{(i)}=r_{k|k-1}^{(i)}\frac{1-\varrho_{L,k}^{(i)}}{1-r_{k|k-1}^{(i)}\varrho_{L,k}^{(i)}} \tag{6-73}$$

$$p_{L,k}^{(i)}(\xi_k)=\sum_{j=1}^{L_{k|k-1}^{(i)}} w_{L,k}^{(i,j)} U_{[\xi_{k|k-1}^{(i,j)}]}(\xi_k) \tag{6-74}$$

$$r_{U,k}(W_k^{(p,l)})=\frac{\omega_{\mathcal{P}_k^{(p)}}}{d_{W_k^{(p,l)}}}\sum_{i=1}^{M_{k|k-1}}\frac{r_{k|k-1}^{(i)}(1-r_{k|k-1}^{(i)})\varrho_{U,k}^{(i)}(W_k^{(p,l)})}{(1-r_{k|k-1}^{(i)}\varrho_{L,k}^{(i)})^2} \tag{6-75}$$

$$p_{U,k}(\xi_k; W_k^{(p,l)})=\sum_{i=1}^{M_{k|k-1}}\sum_{j=1}^{L_{k|k-1}^{(i)}} w_{U,k}^{(i,j)}(W_k^{(p,l)}) U_{[\xi_k^{(i,j)}]}(\xi_k) \tag{6-76}$$

$$\varrho_{L,k}^{(i)}=\sum_{j=1}^{L_{k|k-1}^{(i)}}(1-\mathrm{e}^{-\gamma([\xi_{k|k-1}^{(i,j)}])})p_{D,k}([\xi_{k|k-1}^{(i,j)}])w_{k|k-1}^{(i,j)} \tag{6-77}$$

$$\tilde{w}_{L,k}^{(i,j)}=\frac{w_{k|k-1}^{(i,j)}(1-(1-\mathrm{e}^{-\gamma([\xi_{k|k-1}^{(i,j)}])})p_{D,k}([\xi_{k|k-1}^{(i,j)}]))}{1-\varrho_{L,k}^{(i)}} \tag{6-78}$$

$$w_{L,k}^{(i,j)}=\frac{\tilde{w}_{L,k}^{(i,j)}}{\sum_{j=1}^{L_{k|k-1}^{(i)}}\tilde{w}_{L,k}^{(i,j)}} \tag{6-79}$$

$$\omega_{\mathcal{P}_k^{(p)}}=\frac{\prod_{W_k^{(p,l)}\in\mathcal{P}_k^{(p)}} d_{W_k^{(p,l)}}}{\sum_{\mathcal{P}_k^{'(p)}\angle Z_k}\prod_{W_k^{(p,l)}\in\mathcal{P}_k^{'(p)}} d_{W_k^{(p,l)}}} \tag{6-80}$$

$$d_{W_k^{(p,l)}}=\delta_{|W_k^{(p,l)}|,1}+\sum_{i=1}^{M_{k|k-1}}\frac{r_{k|k-1}^{(i)}\varrho_{U,k}^{(i)}(W_k^{(p,l)})}{1-r_{k|k-1}^{(i)}\varrho_{L,k}^{(i)}} \tag{6-81}$$

$$\varrho_{U,k}^{(i)}(W_k^{(p,l)}) = \sum_{j=1}^{L_{k|k-1}^{(i)}} w_{k|k-1}^{(i,j)} p_{D,k}([\xi_{k|k-1}^{(i,j)}]) \mathrm{e}^{-\gamma([\xi_{k|k-1}^{(i,j)}])} \gamma([\xi_{k|k-1}^{(i,j)}])^{|W_k^{(p,l)}|} \cdot \prod_{z_k \in W_k^{(p,l)}} \frac{|[h_{\mathrm{CP}}]([\boldsymbol{x}_{k|k-1}^{(i,j)}],[\boldsymbol{z}_k],[\boldsymbol{v}_k])| \cdot |[h_{x,y,k}^{-1}(\boldsymbol{z}_k)] \cap [W_k^{(p,l)}]|}{\lambda_k c_k([\boldsymbol{z}_k]) |[\boldsymbol{x}_{k|k-1}^{(i,j)}]| \cdot |[W_k^{(p,l)}]|} \tag{6-82}$$

$$\widetilde{w}_{U,k}^{(i,j)}(W_k^{(p,l)}) = \frac{\dfrac{r_{k|k-1}^{(i)}}{1-r_{k|k-1}^{(i)}} w_{k|k-1}^{(i,j)} p_{D,k}([\xi_{k|k-1}^{(i,j)}]) \mathrm{e}^{-\gamma([\xi_{k|k-1}^{(i,j)}])} \gamma([\xi_{k|k-1}^{(i,j)}])^{|W_k^{(p,l)}|}}{\displaystyle\sum_{i=1}^{M_{k|k-1}} \frac{r_{k|k-1}^{(i)}}{1-r_{k|k-1}^{(i)}} \varrho_{U,k}^{(i)}(W_k^{(p,l)})} \cdot \prod_{z_k \in W_k^{(p,l)}} \frac{|[h_{\mathrm{CP}}]([\boldsymbol{x}_{k|k-1}^{(i,j)}],[\boldsymbol{z}_k],[\boldsymbol{v}_k])| \cdot |[h_{x,y,k}^{-1}(\boldsymbol{z}_k)] \cap [W_k^{(p,l)}]|}{\lambda_k c_k([\boldsymbol{z}_k]) |[\boldsymbol{x}_{k|k-1}^{(i,j)}]| \cdot |[W_k^{(p,l)}]|} \tag{6-83}$$

$$w_{U,k}^{(i,j)}(W_k^{(p,l)}) = \frac{\widetilde{w}_{U,k}^{(i,j)}(W_k^{(p,l)})}{\displaystyle\sum_{i=1}^{M_{k|k-1}} \sum_{j=1}^{L_{k|k-1}^{(i)}} \widetilde{w}_{U,k}^{(i,j)}(W_k^{(p,l)})} \tag{6-84}$$

上述公式的详细证明可参见文献[209]。值得注意的是，箱粒子滤波中，量测更新过程除更新权重外，还包含箱粒子在区间量测约束下的收缩操作(即箱粒子收缩)，它是箱粒子滤波中必不可少的步骤。在 EET - GBP - CBMeMBer 滤波中，对于每个增广预测箱粒子$[\xi_{k|k-1}^{(i,j)}]$，不仅需要收缩区间运动状态$[\boldsymbol{x}_{k|k-1}^{(i,j)}]$，还需要更新相应的量测率 $\gamma_{k|k-1}^{(i,j)}$ 和扩展状态 $\boldsymbol{X}_{k|k-1}^{(i,j)}$。为了得到收缩的箱粒子，首先依据式(6 - 58)和式(6 - 61)计算单元 $W_k^{(p,l)}$ 的 $\bar{\boldsymbol{z}}_k^{(p,l)}$ 和 $\boldsymbol{\Sigma}_k^{(p,l)}$。然后，对于每个预测箱粒子，如果$[\bar{\boldsymbol{z}}_k^{(p,l)}] \cap h_k([\boldsymbol{x}_{k|k-1}^{(i,j)}]) \neq \varnothing$，则利用$[\bar{\boldsymbol{z}}_k^{(p,l)}]$收缩$[\boldsymbol{x}_{k|k-1}^{(i,j)}]$，并更新相应的 $\gamma_{k|k-1}^{(i,j)}$ 和 $\boldsymbol{X}_{k|k-1}^{(i,j)}$，其中，$[\bar{\boldsymbol{z}}_k^{(p,l)}]$是 $\bar{\boldsymbol{z}}_k^{(p,l)}$ 通过 3σ 准则得到的。EET - GBP - CBMeMBer 滤波中箱粒子收缩的详细过程可参见文献[209]。

4. 修剪和重采样

在 EET - GBP - CBMeMBer 滤波中，由于状态预测时的目标新生和量测更新时的假设轨迹，导致箱粒子数急剧增加。为了减少箱粒子数，首先需要对每个时刻的假设轨迹进行修剪操作，即丢弃那些存在概率低于修剪门限 T_d 的假设轨迹。然后，对保留的假设轨迹需进一步进行重采样操作，以避免箱粒子退化现象。EET - GBP - CBMeMBer 滤波中，我们采用类似于 6.3.2 节介绍的重采样策略。修剪和重采样后，我们可得到 k 时刻的多伯努利多目标后验密度，即 $\pi_k=\{(r_k^{(i)},\ p_k^{(i)})\}_{i=1}^{M_k}$，$p_k^{(i)}$ 由重采样箱粒子集 $\{w_k^{(i,j)},\ [\xi_k^{(i,j)}]\}_{i=1}^{L_k^{(i)}}$ 组成，M_k 是重采样后的箱粒子数。

5. 状态估计

首先，依据上述得到的后验密度($\pi_k=\{(r_k^{(i)},\ p_k^{(i)})\}_{i=1}^{M_k}$)，找出存在概率大于预设门限的假设轨迹，即

$$\pi'_k \stackrel{\text{def}}{=} \{(r_k^{(i)},\ p_k^{(i)}) \mid r_k^{(i)} > 0.5\}_{i=1}^{M'_k} \tag{6-85}$$

然后，依据式(6-85)，目标增广状态 $\xi_k^{(i)}$ 估计为

$$\hat{\xi}_k^{(i)} = (\hat{\gamma}_k^{(i)},\ \hat{\boldsymbol{x}}_k^{(i)},\ \hat{\boldsymbol{X}}_k^{(i)}) \tag{6-86}$$

其中：

$$\hat{\gamma}_k^{(i)} = \sum_{j=1}^{L_k^{(i)}} w_k^{(i,j)} \gamma_k^{(i,j)},\ i=1,\ 2,\ \cdots,\ M'_k \tag{6-87}$$

$$\hat{\boldsymbol{x}}_k^{(i)} = \sum_{j=1}^{L_k^{(i)}} w_k^{(i)} \mathrm{mid}([\boldsymbol{x}_k^{(i,j)}]),\ i=1,\ 2,\ \cdots,\ M'_k \tag{6-88}$$

$$\hat{\boldsymbol{X}}_k^{(i)} = \sum_{j=1}^{L_k^{(i)}} w_k^{(i,j)} \boldsymbol{X}_k^{(i,j)},\ i=1,\ 2,\ \cdots,\ M'_k \tag{6-89}$$

6.4.3　仿真实验与分析

本节为了验证 EET - GBP - CBMeMBer 滤波的有效性，采用 Liu 等人提出的 EET - SMC - CBMeMBer 滤波[210]作为对比滤波方法。仿真中，为了便于和 EET - GBP - CBMeMBer 滤波进行对比，我们在 EET - SMC - CBMeMBer 滤波中也增加了目标量测率和扩展状态的估计。

1. 跟踪场景参数设置

考虑监视区域为[0，π(rad)]×[0，3000 m]的二维多扩展目标跟踪场景，跟踪时长为 100 s，采样间隔设置为 $T=1$ s。每个扩展目标服从一个非线性转弯模型[165]，具体定义可参见 4.5.3 节中式(4-71)～式(4-74)。目标的扩展定义如 4.3.4 节中的式(4-22)，其对应的长短轴和量测率在两个目标场景和五个目标场景中分别设置为 $\{a_i\}_{i=1}^{2}=\{5,\ 6\}$，$\{b_i\}_{i=1}^{2}=\{3,\ 4\}$，$\{\gamma_i\}_{i=1}^{2}=\{10,\ 15\}$，$\{a_i\}_{i=1}^{5}=\{5,\ 6,\ 7,\ 8,\ 9\}$，$\{b_i\}_{i=1}^{5}=\{3,\ 4,\ 5,\ 6,\ 7\}$和 $\{\gamma_i\}_{i=1}^{5}=\{10,\ 15,\ 20,\ 25,\ 30\}$。传感器量测函数与相关参数的定义与 6.3.4 节中的式(6-45)

和式(6－46)的定义相同。

仿真中，存活概率、检测概率和新生概率分别设置为0.9、0.9和0.01，每个时刻的平均杂波量测数设置为$\lambda=20$，MC仿真数为200次。EET－SMC－CBMeMBer滤波中，每个假设轨迹的最大和最小粒子数分别设置为$L_{\max}=100$和$L_{\min}=20$，而EET－GBP－CBMeMBer滤波的最大和最小箱粒子数分别设置为$L_{\text{box},\max}=10$和$L_{\text{box},\min}=2$。同时，假设轨迹的修剪门限设置为$T_d=10^{-3}$，合并门限设置为$U=60$。此外，EET－SMC－CBMeMBer和EET－GBP－CBMeMBer滤波每个时刻单个目标的新生粒子数和箱粒子数分别设置为50和1。

2. 多目标跟踪

仿真多目标轨迹如图6.11所示，其中扩展目标1～5分别在$k=1$ s、$k=10$ s、$k=20$ s、$k=30$ s和$k=40$ s时新生，在$k=100$ s、$k=90$ s、$k=80$ s、$k=70$ s和$k=60$ s时消失。

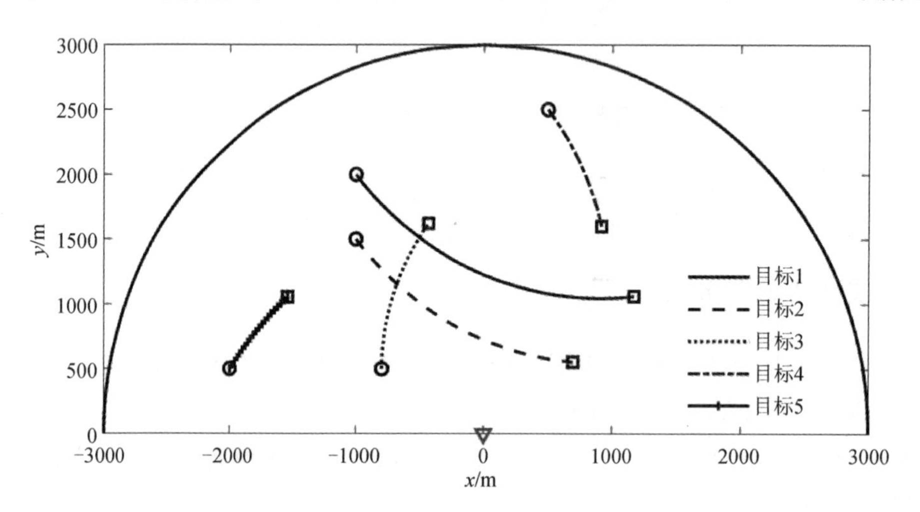

图6.11 仿真目标轨迹(“○”“□”和“▽”分别表示目标的新生、消亡和传感器的位置)

仿真结果如图6.12所示，分别为EET－SMC－CBMeMBer滤波和EET－GBP－CBMeMBer滤波的平均OSPA距离、平均势估计和平均运行时间。其中，本节采用的OSPA距离为2.4节给出的椭圆OSPA距离，如式(2－196)～(2－199)所示，且k时刻程序运行一次的势估计为$\sum_{i=1}^{M_k} r_k^{(i)}$。仿真中，量测率状态、运动状态和扩展状态的OSPA距离参数分别设置为$p_\gamma=1$、$c_\gamma=60$、$p_x=2$、$c_x=100$、$p_{\boldsymbol{X}}=2$和$c_{\boldsymbol{X}}=100$。

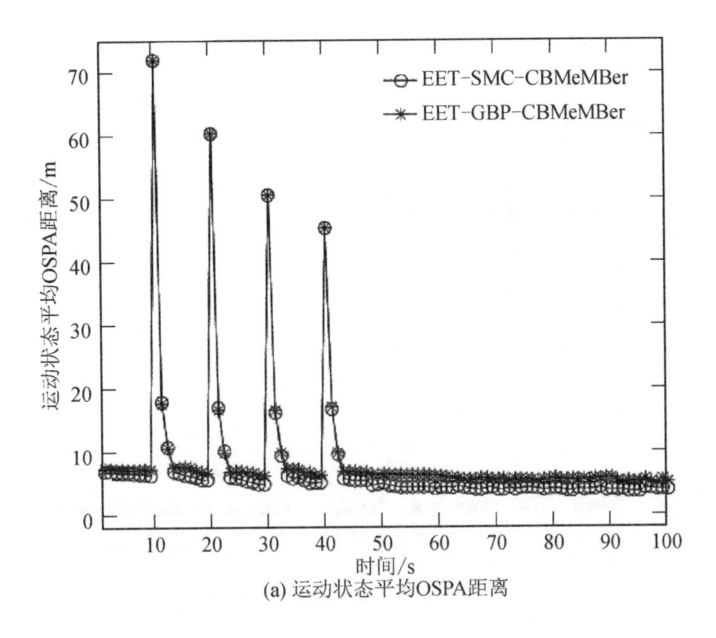

(a) 运动状态平均OSPA距离

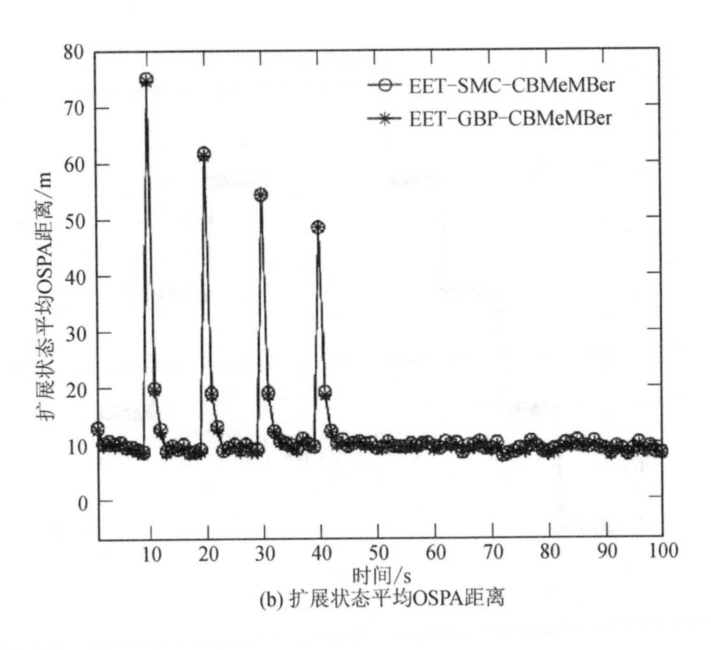

(b) 扩展状态平均OSPA距离

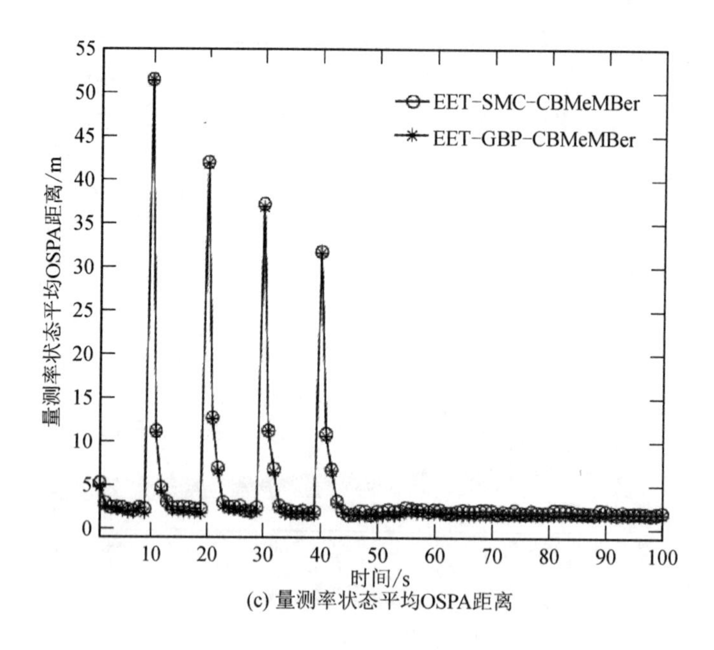

(c) 量测率状态平均OSPA距离

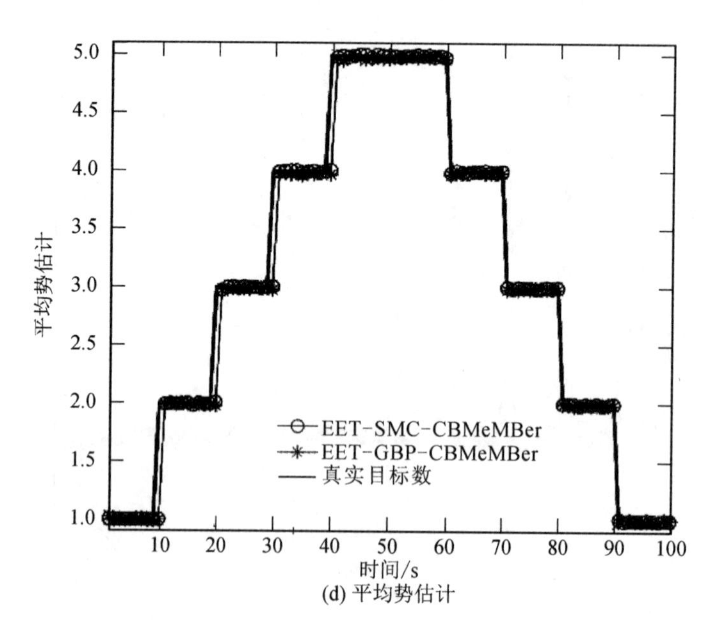

(d) 平均势估计

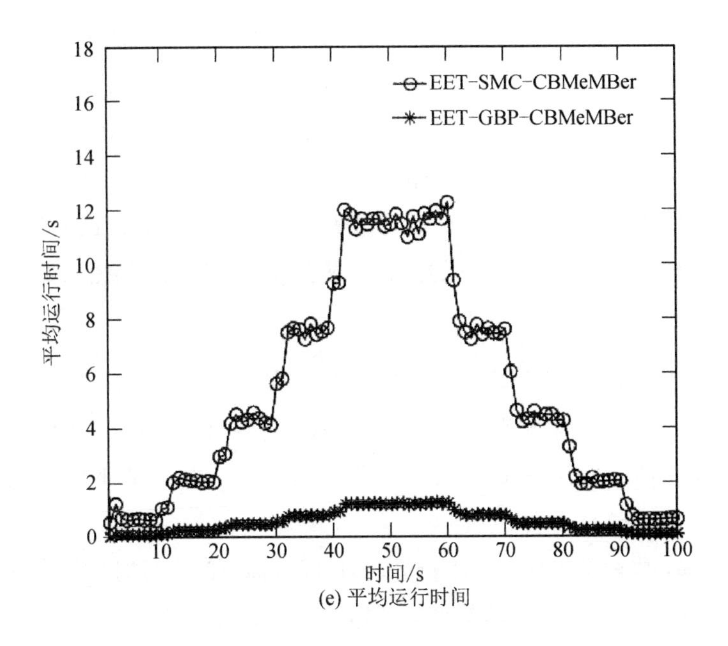

(e) 平均运行时间

图 6.12　多目标仿真结果

由图 6.12 可知，当目标新生(即 k=10 s、k=20 s、k=30 s 和 k=40 s)时，EET - GBP - CBMeMBer 和 EET - SMC - CBMeMBer 滤波的跟踪性能急剧下降(如图 6.12(a)～(c)所示)，从而出现图 6.12(d)中的跟踪滞后现象，即当新目标出现时，跟踪系统在下一时刻才能捕捉到它。这主要是由于 EET - GBP - CBMeMBer 和 EET - SMC - CBMeMBer 滤波形成新生箱粒子和粒子的策略造成的，它们是依据上一时刻的量测而形成的，必然导致跟踪滞后。然而，在初始时刻，该现象并未出现。这是因为 EET - GBP - CBMeMBer 和 EET - SMC - CBMeMBer 滤波均采用 4.3.2 节介绍的 MB - ART 划分方法以形成置信度较高的目标初始位置，可有效捕捉目标的初始位置，避免出现跟踪滞后现象。因此，EET - GBP - CBMeMBer 和 EET - SMC - CBMeMBer 滤波可有效克服基于 RFS 滤波需要设置目标初始位置的固有缺陷。

其次，我们可从图 6.12(e)中明显看出，EET - GBP - CBMeMBer 滤波的运行效率要明显优于 EET - SMC - CBMeMBer 滤波。经计算，EET - SMC - CBMeMBer 滤波一次 MC 仿真平均需要 521.1263 s，而 EET - GBP - CBMeMBer 滤波仅需 98.7376 s。与 EET - SMC - CBMeMBer 滤波相比，EET - GBP - CBMeMBer 滤波最大的优势是，它采用箱粒子避免了大量粒子的使用，有效降低了计算复杂度，具有良好的应用前景。与之相反，为了获得良好的跟踪精度，EET - SMC - CBMeMBer 滤波则需要大量的粒子来表示扩展目标状态，极为耗时。

最后，如图 6.12(a)和(d)所示，EET－GBP－CBMeMBer 滤波的运动状态 OSPA 距离略大于 EET－SMC－CBMeMBer 滤波，即 EET－SMC－CBMeMBer 滤波在跟踪精度上略优于 EET－GBP－CBMeMBer 滤波，但它们均能正确估计目标的势。其原因是，为了降低计算复杂度，EET－GBP－CBMeMBer 滤波采用了箱操作和近似，损失了一小部分跟踪精度，但它可有效避免大量粒子的使用。此外，对比的两种滤波方法由于采用了相同的扩展状态和量测率状态处理机制，它们均可很好地估计目标的扩展状态和量测率状态，如图 6.12(b)和(c)所示。

3. 平行跟踪

为了验证 EET－GBP－CBMeMBer 滤波当目标靠近时的跟踪性能，我们采用了平行跟踪场景，如图 6.3(c)所示。该场景中，当两个目标平行运动时，它们的最近距离为 2 m，此处我们采用三倍的标准差定义椭圆目标的扩展范围。每个时刻的平均杂波量测数设置为 $\lambda=10$，仿真结果如图 6.13 所示。

由图 6.13 可知，当两个扩展目标平行运动时(即目标空间靠近时)，两种对比滤波方法均能得到良好的跟踪精度。这是因为随着量测的输入，所采用的 MB－ART 划分方法能通过不断地迭代更新来表征出目标真实分布的具体形状。此外，类似于上述的多目标跟踪场景，两种滤波方法同样也能很好地估计目标的扩展状态、量测率状态和势，如图 6.13(b)～(d)所示。最后，EET－SMC－CBMeMBer 滤波的运行时间仍大于 EET－GBP－CBMeMBer 滤波的运行时间，如图 6.13(e)所示，其具体原因已在上述的多目标跟踪场景中给出。

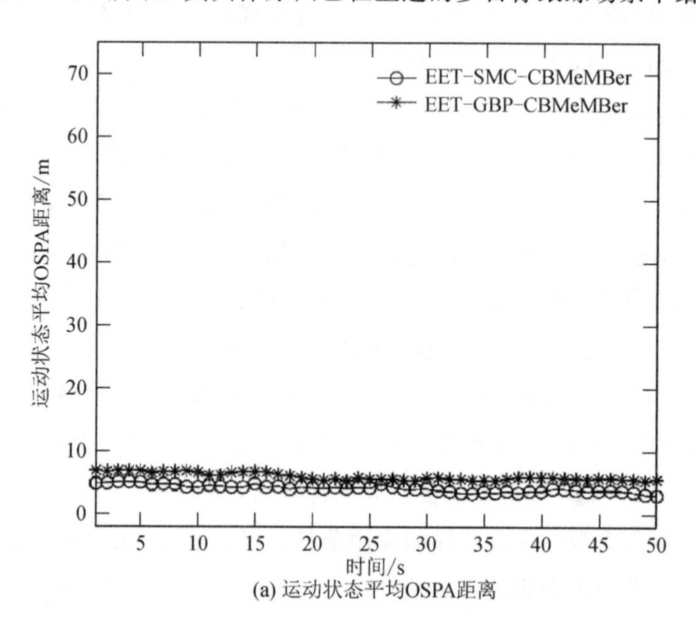

(a) 运动状态平均OSPA距离

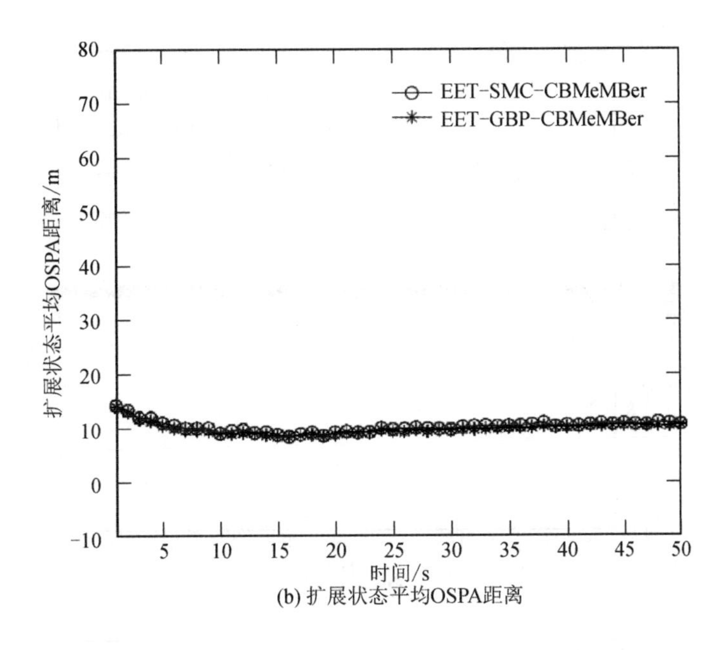

(b) 扩展状态平均OSPA距离

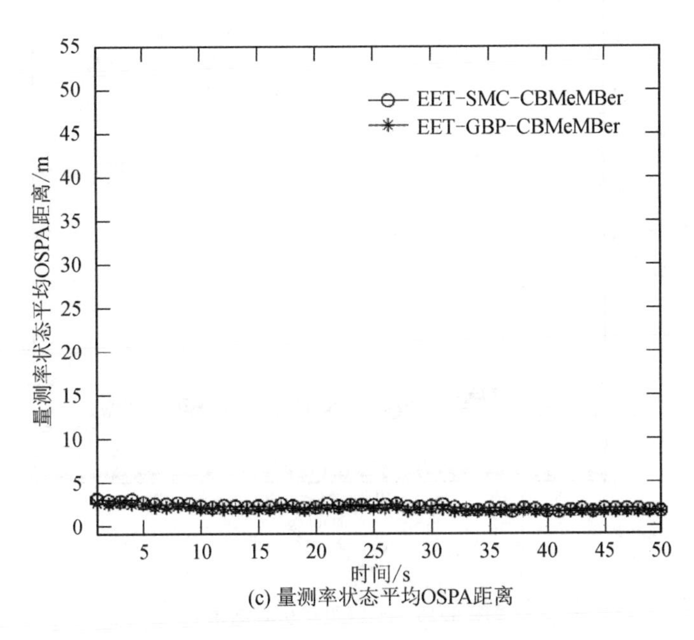

(c) 量测率状态平均OSPA距离

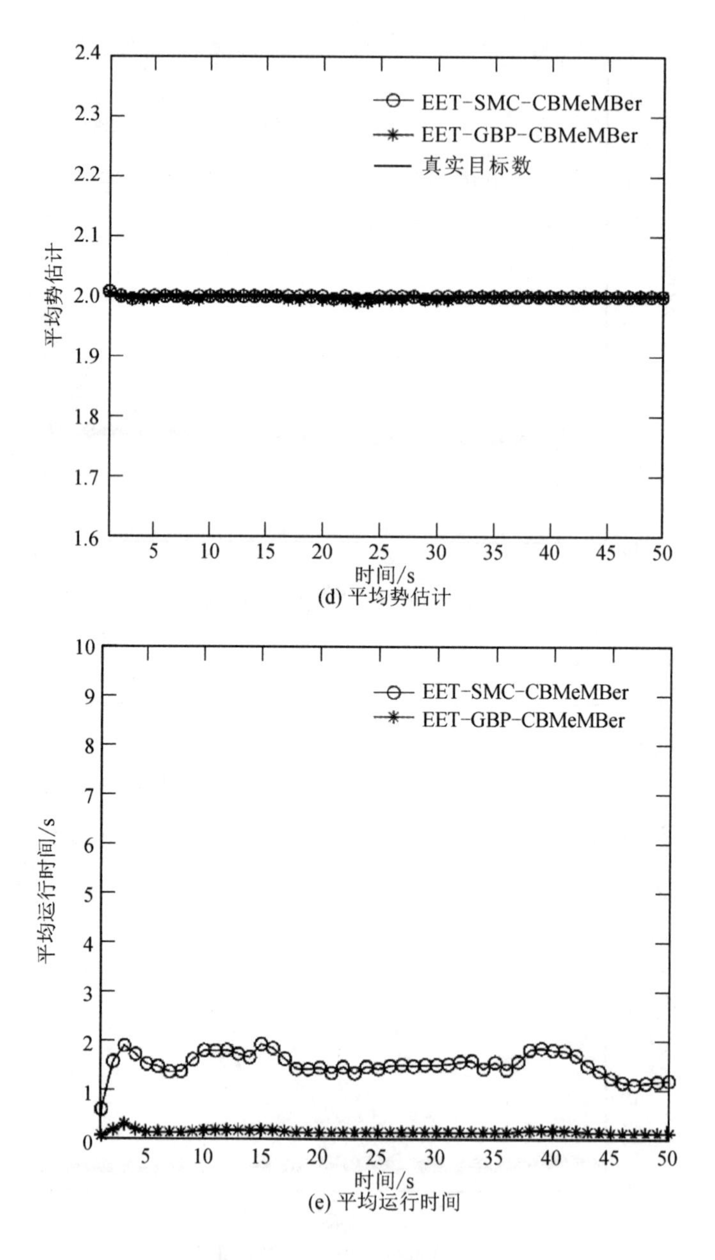

(d) 平均势估计

(e) 平均运行时间

图 6.13　平行跟踪仿真结果

6.5 本章小结

本章针对 RFS 扩展目标非线性跟踪问题，分别介绍了 ET - Box - PHD 滤波和 EET - GBP - CBMeMBer 滤波。为了引出扩展目标 PHD 和 CBMeMBer 滤波的箱粒子实现，本章首先介绍了箱粒子滤波的基础理论，由浅入深，逐步给出区间分析框架下的运动模型和量测模型，为 ET - PHD 和 ET - CBMeMBer 滤波的箱粒子实现奠定了坚实的理论基础。然后，在此基础上，深入研究了 ET - Box - PHD 和 EET - GBP - CBMeMBer 滤波的具体推导细节，如似然函数定义、置信度最高量测划分、箱操作、箱收缩等，详细介绍了它们的具体实现过程，并分析了其优势。最后，通过仿真实验验证了其有效性，主要包括较强的抗杂波性能、高效的处理速度、良好的非线性处理能力、较广的普适性，为接下来的工程实现奠定了良好的基础。

第7章 随机有限集扩展目标联合跟踪与分类

7.1 引　　言

传统的点目标跟踪方法只能估计目标的运动状态，也只能依靠目标的运动状态特性对目标进行分类[211]，可利用的特性包括转弯半径模型、加速度模型等。不同于传统的点目标跟踪，扩展目标跟踪能提供多维度的目标状态估计，除了运动状态外，还可利用扩展状态中关于目标的大小、结构等形状信息来分类目标。兰剑和李晓榕提出了基于随机矩阵的椭圆扩展目标联合跟踪与分类方法[112]以及非椭圆扩展目标联合跟踪与分类方法[113]，为扩展目标优化处理方法研究奠定了良好的基础。这些方法可通过目标扩展状态的大小来分类目标，在得出目标类状态估计的同时提高了目标扩展状态估计精度。然而，在这些方法提出之初，为了算法框架构建方便，仅考虑了非机动单目标场景下的跟踪问题，且效果较为理想，未能考虑更贴近实际跟踪问题的机动多目标跟踪，难以用到实际跟踪场景中。因此，如何将扩展目标跟踪与分类方法拓展到目标数未知的多目标机动跟踪场景是亟须解决的问题。为此，本章介绍了一种概率假设密度椭圆扩展目标联合跟踪与分类算法，构建了贝叶斯理论估计下的扩展目标联合跟踪与分类框架，并采用GGIW方法实现该框架。

7.2 扩展目标联合跟踪与分类贝叶斯推导及其GGIW实现

7.2.1 扩展目标联合跟踪与分类贝叶斯推导

与前面章节不同的是，本章为了目标分类，扩展目标状态不再只包含量测率状态、运动状态和扩展状态，还包含目标类状态，可建模为

$$(\gamma, \boldsymbol{x}, \boldsymbol{X}, \mathcal{C}) = (\xi, \mathcal{C}) \tag{7-1}$$

其中，$\mathcal{C}=(\mathcal{C}^1, \mathcal{C}^2, \cdots, \mathcal{C}^{n_c})$为目标类状态，$n_c$ 表示数据库中目标模型的总数，$\mathcal{C}^c$ 表示目标

为第 c 类。一般情况下，我们可以假设目标模型的总数保持不变。k 时刻的目标状态概率密度函数可表示为

$$
\begin{aligned}
p(\gamma_k, \boldsymbol{x}_k, \boldsymbol{X}_k, \mathcal{C} \mid Z^k) &= p(\gamma_k, \boldsymbol{x}_k, \boldsymbol{X}_k \mid \mathcal{C}, Z^k) \cdot p(\mathcal{C} \mid Z^k) \\
&= \sum_{c=1}^{n_c} p(\gamma_k^c, \boldsymbol{x}_k^c, \boldsymbol{X}_k^c \mid \mathcal{C}^c, Z^k) p(\mathcal{C}^c \mid Z^k)
\end{aligned} \tag{7-2}
$$

其中，函数 $p(\gamma_k^c, \boldsymbol{x}_k^c, \boldsymbol{X}_k^c | \mathcal{C}^c, Z^k)$ 表示跟踪部分的状态估计，$p(\mathcal{C}^c | Z^k)$ 表示分类部分的类状态估计。由于类状态 $\mathcal{C} = (\mathcal{C}^1, \mathcal{C}^2, \cdots, \mathcal{C}^{n_c})$ 的离散定义，概率函数 $p(\mathcal{C}|Z^k) = \{p(\mathcal{C}^1|Z^k), \cdots, p(\mathcal{C}^c|Z^k), \cdots, p(\mathcal{C}^{n_c}|Z^k)\}$ 被称为概率质量函数(Probability Mass Function，PMF)。

在目标状态服从一阶马尔科夫假设下，利用贝叶斯理论，跟踪部分状态估计可表示为

$$
\begin{aligned}
& p(\gamma_k^c, \boldsymbol{x}_k^c, \boldsymbol{X}_k^c \mid \mathcal{C}^c, Z^k) \\
&= (\Delta_k^c)^{-1} p(Z_k \mid \gamma_k^c, \boldsymbol{x}_k^c, \boldsymbol{X}_k^c, \mathcal{C}^c, Z^{k-1}) p(\gamma_k^c, \boldsymbol{x}_k^c, \boldsymbol{X}_k^c \mid \mathcal{C}^c, Z^{k-1}) \\
&= (\Delta_k^c)^{-1} p(Z_{r,k}, Z_{p,c,k} \mid \gamma_k^c, \boldsymbol{x}_k^c, \boldsymbol{X}_k^c, \mathcal{C}^c, Z^{k-1}) p(\gamma_k^c, \boldsymbol{x}_k^c, \boldsymbol{X}_k^c \mid \mathcal{C}^c, Z^{k-1}) \\
&= (\Delta_k^c)^{-1} p(Z_{r,k} \mid \gamma_k^c, \boldsymbol{x}_k^c, \boldsymbol{X}_k^c, \mathcal{C}^c, Z^{k-1}) p(Z_{p,c,k} \mid \gamma_k^c, \boldsymbol{x}_k^c, \boldsymbol{X}_k^c, \mathcal{C}^c, Z^{k-1}) \cdot \\
& \iiint p(\gamma_k^c, \boldsymbol{x}_k^c, \boldsymbol{X}_k^c \mid \gamma_{k-1}^c, \boldsymbol{x}_{k-1}^c, \boldsymbol{X}_{k-1}^c) p(\gamma_{k-1}^c, \boldsymbol{x}_{k-1}^c, \boldsymbol{X}_{k-1}^c \mid \mathcal{C}^c, Z^{k-1}) \mathrm{d}\gamma_{k-1}^c \mathrm{d}\boldsymbol{x}_{k-1}^c \mathrm{d}\boldsymbol{X}_{k-1}^c
\end{aligned} \tag{7-3}
$$

其中，归一化系数为 $\Delta_k^c = p(Z_k | \mathcal{C}^c, Z^{k-1})$，$p(\gamma_k^c, \boldsymbol{x}_k^c, \boldsymbol{X}_k^c | \mathcal{C}^c, Z^{k-1})$ 表示跟踪部分第 c 类的预测状态概率密度函数，$p(\gamma_k^c, \boldsymbol{x}_k^c, \boldsymbol{X}_k^c | \gamma_{k-1}^c, \boldsymbol{x}_{k-1}^c, \boldsymbol{X}_{k-1}^c)$ 表示跟踪部分目标状态转移函数，$p(\gamma_{k-1}^c, \boldsymbol{x}_{k-1}^c, \boldsymbol{X}_{k-1}^c | \mathcal{C}^c, Z^{k-1})$ 表示 $k-1$ 时刻目标后验概率密度函数，$p(Z_k | \gamma_k^c, \boldsymbol{x}_k^c, \boldsymbol{X}_k^c, \mathcal{C}^c, Z^{k-1})$ 表示对应的量测似然函数，$Z_{r,k}$ 和 $Z_{p,c,k}$ 分别表示真实量测(从传感器处接收到的物理量测)和第 c 类对应的伪量测(根据目标模型先验状态信息人为产生的虚拟量测)集合。

值得注意的是，联合跟踪与分类方法同时利用真实物理量测和目标先验信息产生的伪量测对目标状态进行更新。目标先验信息可由情报或历史估计得到，这些目标先验类信息模型储存在雷达系统数据库中。对于不同类的扩展目标扩展状态，一般都有不同大小和结构的形状，这也是我们能够通过不同扩展状态对目标进行分类的基础。一般情况下，我们可以认为真实量测和伪量测之间相互独立，即量测集 Z_k 可以分为 $Z_k = \{Z_{r,k}, Z_{p,c,k}\}$。据此，$p(Z_k | \gamma_k^c, \boldsymbol{x}_k^c, \boldsymbol{X}_k^c, \mathcal{C}^c, Z^{k-1})$ 可以重写为 $p(Z_{r,k} | \gamma_k^c, \boldsymbol{x}_k^c, \boldsymbol{X}_k^c, \mathcal{C}^c, Z^{k-1})$ 和 $p(Z_{p,c,k} | \gamma_k^c, \boldsymbol{x}_k^c, \boldsymbol{X}_k^c, \mathcal{C}^c, Z^{k-1})$ 之积。

利用全概率公式和贝叶斯理论，分类部分的类状态估计概率质量函数可表示为

$$
\begin{aligned}
p(\mathcal{C}^c \mid Z^k) &= \mu_k^c = (\nabla_k^c)^{-1} p(Z_k \mid \mathcal{C}^c, Z^{k-1}) p(\mathcal{C}^c \mid Z^{k-1}) \\
&= (\nabla_k^c)^{-1} \Delta_k^c \mu_{k-1}^c \\
&= (\nabla_k^c)^{-1} \mu_{k-1}^c \iiint p(Z_k \mid \gamma_k^c, \boldsymbol{x}_k^c, \boldsymbol{X}_k^c, \mathcal{C}^c, Z^{k-1}) p(\gamma_k^c, \boldsymbol{x}_k^c, \boldsymbol{X}_k^c \mid \mathcal{C}^c, Z^{k-1}) \mathrm{d}\gamma_k^c \mathrm{d}\boldsymbol{x}_k^c \mathrm{d}\boldsymbol{X}_k^c
\end{aligned}
\tag{7-4}
$$

其中：∇_k^c为贝叶斯估计归一化系数，具体形式为 $\nabla_k^c = \sum_{c=1}^{n_c} \Delta_k^c \mu_{k-1}^c$；$\mu_{k-1}^c = p(\mathcal{C}^c \mid Z^{k-1})$表示$k-1$时刻后验概率质量函数的第 c 类概率；$\Delta_k^c = p(Z_k \mid \mathcal{C}^c, Z^{k-1})$表示分类部分的类状态估计量测似然函数，同时也是跟踪部分贝叶斯估计的归一化系数。

在构建的贝叶斯状态估计框架下，跟踪和分类部分同步进行，同时给出目标的量测率状态、运动状态、扩展状态和类状态估计。

7.2.2 扩展目标联合跟踪与分类 GGIW 实现

基于 2.2.1 节介绍的 GGIW 方法，本节实现 7.2.1 节提出的联合跟踪与分类(JTC)框架，也称为 JTC－GGIW 方法。$k-1$ 时刻第 c 类的后验概率密度函数为

$$
\begin{aligned}
& p(\gamma_{k-1}^c, \boldsymbol{x}_{k-1}^c, \boldsymbol{X}_{k-1}^c, \mathcal{C}^c \mid Z^{k-1}) \\
&= p(\gamma_{k-1}^c, \boldsymbol{x}_{k-1}^c, \boldsymbol{X}_{k-1}^c \mid \mathcal{C}^c, Z^{k-1}) p(\mathcal{C}^c \mid Z^{k-1}) \\
&= \mathcal{GAM}(\gamma_{k-1}^c; \alpha_{k-1}^c, \beta_{k-1}^c) \mathcal{N}(\boldsymbol{x}_{k-1}^c; \boldsymbol{m}_{k-1}^c, \boldsymbol{P}_{k-1}^c) \mathcal{IW}(\boldsymbol{X}_{k-1}^c; v_{k-1}^c, \boldsymbol{V}_{k-1}^c) \mu_{k-1}^c
\end{aligned}
\tag{7-5}
$$

在介绍 JTC－GGIW 方法的预测和更新公式之前，需要做出如下假设：

假设 1：扩展目标量测率预测状态与运动状态、扩展预测状态均无关，且服从启发式的预测形式；

假设 2：扩展目标运动预测状态与扩展状态无关；

假设 3：扩展目标扩展预测状态依赖于运动状态；

假设 4：目标的类状态在预测步骤中保持不变(因为预测步骤没有其他信息作用于目标类状态预测，所以类状态在预测步骤中保持不变的假设是合理的)。

基于上述假设，k 时刻第 c 类的预测概率密度函数为

$$
\begin{aligned}
& p(\gamma_k^c, \boldsymbol{x}_k^c, \boldsymbol{X}_k^c, \mathcal{C}^c \mid Z^{k-1}) \\
&= \int p(\gamma_k^c \mid \gamma_{k-1}^c) \mathcal{GAM}(\gamma_{k-1}^c; \alpha_{k-1}^c, \beta_{k-1}^c) \mathrm{d}\gamma_{k-1}^c \cdot \\
& \int p(\boldsymbol{x}_k^c \mid \boldsymbol{x}_{k-1}^c) \mathcal{N}(\boldsymbol{x}_{k-1}^c; \boldsymbol{m}_{k-1}^c, \boldsymbol{P}_{k-1}^c) \mathrm{d}\boldsymbol{x}_{k-1}^c \cdot
\end{aligned}
$$

$$\int p(\boldsymbol{X}_k^c \mid \boldsymbol{X}_{k-1}^c, \boldsymbol{x}_{k-1}^c)\,\mathcal{IW}(\boldsymbol{X}_{k-1}^c; v_{k-1}^c, \boldsymbol{V}_{k-1}^c)\mathrm{d}\boldsymbol{X}_{k-1}^c\mu_{k-1}^c$$
$$=\mathcal{GAM}(\gamma_k^c; \alpha_{k|k-1}^c, \beta_{k|k-1}^c)\,\mathcal{N}(\boldsymbol{x}_k^c; \boldsymbol{m}_{k|k-1}^c, \boldsymbol{P}_{k|k-1}^c)\,\mathcal{IW}(\boldsymbol{X}_k^c; v_{k|k-1}^c, \boldsymbol{V}_{k|k-1}^c)\mu_{k-1}^c \tag{7-6}$$

其中，$p(\gamma_k^c|\gamma_{k-1}^c)$、$p(\boldsymbol{x}_k^c|\boldsymbol{x}_{k-1}^c)$和 $p(\boldsymbol{X}_k^c|\boldsymbol{X}_{k-1}^c, \boldsymbol{x}_{k-1}^c)$分别表示第 c 类的量测率状态、运动状态和扩展状态转移函数，预测状态参数计算的具体形式可参考 2.2.1 节。

引入转向率未知的匀速转弯模型，运动状态建模为一个六维的向量，即

$$\boldsymbol{x}_{k-1}^c=[x_{k-1}^c, y_{k-1}^c, v_{x,k-1}^c, v_{y,k-1}^c, \theta_{k-1}^c, \omega_{k-1}^c]^{\mathrm{T}} \tag{7-7}$$

其中，$[x_{k-1}^c, y_{k-1}^c]^{\mathrm{T}}$ 表示目标运动状态中的二维坐标位置，$[v_{x,k-1}^c, v_{y,k-1}^c, \theta_{k-1}^c, \omega_{k-1}^c]^{\mathrm{T}}$ 分别表示目标的 x 轴方向速度、y 轴方向速度、方向和转向率，具体如图 7.1(a)所示。

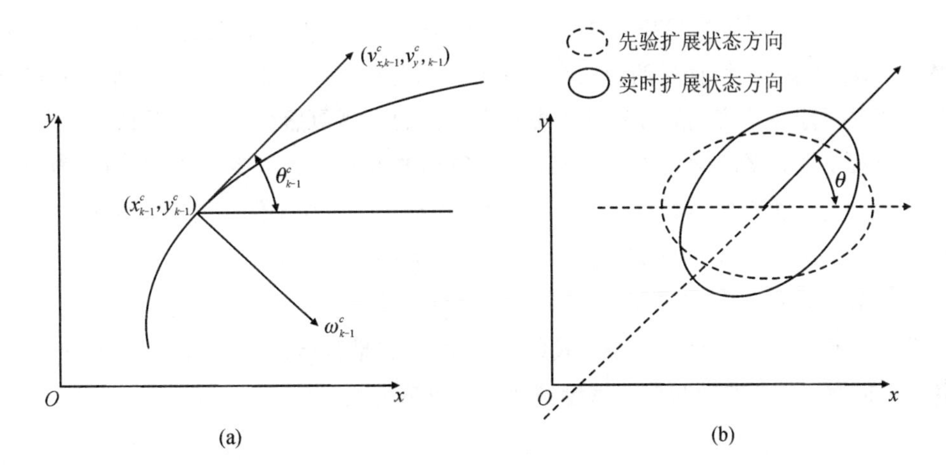

图 7.1　转向率未知的匀速转弯模型和方向不匹配示意图

扩展目标 k 时刻产生的真实量测集合为 $Z_{r,k}$，可表示为

$$Z_{r,k}=\{\boldsymbol{z}_{k,1}, \boldsymbol{z}_{k,2}, \cdots, \boldsymbol{z}_{k,|W|}\} \tag{7-8}$$

其中，$|W|$表示量测集合包含的服从泊松分布的量测个数，则真实量测似然函数形式如式(2-15)所示。而伪量测似然函数可假设服从威沙特分布，即

$$p(Z_{p,c,k} \mid \gamma_k^c, \boldsymbol{x}_k^c, \boldsymbol{X}_k^c, \mathcal{C}^c, Z^{k-1})=\mathcal{W}\left(\boldsymbol{Z}_{p,c}; \delta_{p,c}, \frac{\boldsymbol{E}_k^c\boldsymbol{X}_k^c(\boldsymbol{E}_k^c)^{\mathrm{T}}}{\delta_{p,c}}\right) \tag{7-9}$$

其中：$\boldsymbol{Z}_{p,c}$表示第 c 类的目标先验扩展状态；$\delta_{p,c}$表示威沙特的自由度参数；$\boldsymbol{E}_k^c$ 服从标准的旋转矩阵形式，主要是将目标先验扩展状态方向旋转到与目标实时估计状态方向相同。

前面提到，目标模型先验扩展状态在联合跟踪与分类框架中需要被用到跟踪部分的扩

展状态更新中。如式(2-15)所示，真实量测似然函数包含扩展状态信息的部分服从威沙特分布，为了得到共轭闭合解，伪量测似然函数也应服从威沙特分布，如式(7-9)所示。因威沙特分布与自身共轭，所以真实量测似然函数和伪量测似然函数之积仍服从威沙特分布。参数 $\boldsymbol{Z}_{p,c}$ 表示目标的先验扩展状态，具体形式如下：

$$\boldsymbol{Z}_{p,c}=\begin{bmatrix} a_{p,c}^2 & 0 \\ 0 & b_{p,c}^2 \end{bmatrix} \tag{7-10}$$

其中，$a_{p,c}$ 和 $b_{p,c}$ 分别表示第 c 类先验扩展状态椭圆形状的长半轴和短半轴。由于我们事先无法得知扩展状态的方向，在缺少方向信息时，目标的先验扩展状态方向可以设为与 x 轴平行，如图 7.1(b)中的虚线椭圆。

为了有效利用目标先验扩展状态，我们需要先验扩展状态和实时估计的扩展状态方向相同。然而，在实际跟踪场景中，目标方向因机动、旋转等有可能改变，导致无法正确使用目标先验扩展状态。一种直观的做法是将所有方向范围(如二维平面 360°)等分为若干种情况，每种情况对应一个方向，分别计算类状态估计的量测似然函数 Δ_k^c，并认为最大值的 Δ_k^c 对应的方向是扩展状态真实方向。显然，等分得到的方向总数越多，方向估计越准确，但计算量也随之增加。我们假设目标扩展状态方向和运动状态方向保持一致，并通过估计运动状态方向的方式来估计扩展状态方向，以解决目标先验扩展状态和实时估计的扩展状态方向不匹配问题，如图 7.1(b)所示。

根据式(7-6)的预测状态函数、式(2-15)的真实量测似然函数和式(7-9)的伪量测似然函数，k 时刻第 c 类的后验概率密度函数具有以下形式：

$$\begin{aligned} & p(\gamma_k^c, \boldsymbol{x}_k^c, \boldsymbol{X}_k^c, \mathcal{C}^c \mid Z^k) \\ & = \mathcal{GAM}(\gamma_k^c; \alpha_k^c, \beta_k^c)\, \mathcal{N}(\boldsymbol{x}_k^c; \boldsymbol{m}_k^c, \boldsymbol{P}_k^c)\, \mathcal{IW}(\boldsymbol{X}_k^c; v_k^c, \boldsymbol{V}_k^c)\mu_k^c \end{aligned} \tag{7-11}$$

其中，参数 α_k^c、β_k^c、$\boldsymbol{m}_k^c$、$\boldsymbol{P}_k^c$、v_k^c、$\boldsymbol{V}_k^c$ 的具体计算参考表 7.1，类状态为 $\mu_k^c=\dfrac{\Delta_k^c\mu_{k-1}^c}{\sum_{c=1}^{n_c}\Delta_k^c\mu_{k-1}^c}$，且

$$\begin{aligned} \Delta_k^c = & \frac{1}{|W|!}\frac{\Gamma(\alpha_{k|k-1}^c+|W|)(\beta_{k|k-1}^c)^{\alpha_{k|k-1}^c}}{\Gamma(\alpha_{k|k-1}^c)(\beta_{k|k-1}^c+1)^{\alpha_{k|k-1}^c+|W|}} \cdot \pi^{-\frac{|W|d}{2}} |W|^{-\frac{d}{2}} \delta_{p,c}^{\frac{\delta_{p,c}\cdot d}{2}} \cdot \\ & |\boldsymbol{Z}_{p,c}|^{\frac{\delta_{p,c}-d-1}{2}} \cdot |\boldsymbol{B}_k^c|^{-(|W|-1)} \left| ((\bar{\boldsymbol{X}}_k^c)^{-\frac{1}{2}})^{\mathrm{T}} \boldsymbol{S}_{k|k-1}^c (\bar{\boldsymbol{X}}_k^c)^{-\frac{1}{2}} \right|^{-\frac{1}{2}} \cdot \\ & \frac{\Gamma_d\left(\dfrac{v_{k|k-1}^c+|W|+\delta_{p,c}}{2}\right)}{\Gamma_d\left(\dfrac{\delta_{p,c}}{2}\right)\Gamma_d\left(\dfrac{v_{k|k-1}^c}{2}\right)} \frac{|\boldsymbol{V}_{k|k-1}^c|^{\frac{v_{k|k-1}^c}{2}}}{|\boldsymbol{V}_k^c|^{\frac{v_{k|k-1}^c+|W|+\delta_{p,c}}{2}}} \end{aligned} \tag{7-12}$$

其中，$\boldsymbol{B}_k^c=(\boldsymbol{R}_k+\eta\bar{\boldsymbol{X}}_{k|k-1}^c)^{\frac{1}{2}}(\bar{\boldsymbol{X}}_{k|k-1})^{-\frac{1}{2}}$，$\bar{\boldsymbol{X}}_{k|k-1}^c$ 表示状态 $\boldsymbol{X}_{k|k-1}^c$ 的期望值。

表 7.1　JTC－GGIW 状态更新

运动状态	$\boldsymbol{m}_k^c=\boldsymbol{m}_{k\|k-1}^c+\boldsymbol{K}_k^c\boldsymbol{G}_k$ $\boldsymbol{P}_k^c=\boldsymbol{P}_{k\|k-1}^c-\boldsymbol{K}_k^c\boldsymbol{H}_kP_{k\|k-1}^c$ $\boldsymbol{S}_{k\|k-1}^c=\boldsymbol{H}_k\boldsymbol{P}_{k\|k-1}^c\boldsymbol{H}_k^{\mathrm{T}}+\frac{\eta\bar{\boldsymbol{X}}_{k\|k-1}^c+\boldsymbol{R}_k}{\|W\|}$ $\boldsymbol{K}_k^c=\boldsymbol{P}_{k\|k-1}^c\boldsymbol{H}_k^{\mathrm{T}}(\boldsymbol{S}_{k\|k-1}^c)^{-1}$ $\boldsymbol{G}_k=\bar{\boldsymbol{z}}_k-\boldsymbol{H}_k\boldsymbol{m}_{k\|k-1}^c,\ \bar{\boldsymbol{z}}_k=\frac{1}{\|W\|}\sum_{i=1}^{\|W\|}\boldsymbol{z}_{k,i}$
扩展状态	$\boldsymbol{V}_k^c=\boldsymbol{V}_{k\|k-1}^c+\boldsymbol{N}_k^c+\left((\boldsymbol{B}_k^c)^{\mathrm{T}}\bar{\boldsymbol{Z}}_k^{-1}\boldsymbol{B}_k^c\right)^{-1}+\delta_{p,c}\left((\boldsymbol{E}_k^c)^{\mathrm{T}}\boldsymbol{Z}_{p,c}^{-1}\boldsymbol{E}_k^c\right)^{-1}$ $v_k^c=v_{k\|k-1}^c+\|W\|+\delta_{p,c}$ $\boldsymbol{N}_k^c=(\bar{\boldsymbol{X}}_{k\|k-1}^c)^{\frac{1}{2}}(\boldsymbol{S}_{k\|k-1}^c)^{-\frac{1}{2}}(\boldsymbol{G}_k\boldsymbol{G}_k^{\mathrm{T}})\left((\boldsymbol{S}_{k\|k-1}^c)^{-\frac{1}{2}}\right)^{\mathrm{T}}\left((\bar{\boldsymbol{X}}_{k\|k-1}^c)^{\frac{1}{2}}\right)^{\mathrm{T}}$ $\bar{\boldsymbol{Z}}_k=\sum_{i=1}^{\|W\|}(\boldsymbol{z}_{k,i}-\bar{\boldsymbol{z}}_k)(\boldsymbol{z}_{k,i}-\bar{\boldsymbol{z}}_k)^{\mathrm{T}}$
量测率状态	$\alpha_k^c=\alpha_{k\|k-1}^c+\|W\|,\ \beta_k^c=\beta_{k\|k-1}^c+1$

式(7－12)和表 7.1 的简要证明如下：

证明：

根据式(2－15)的真实量测似然函数和式(7－9)的伪量测似然函数，目标似然函数为

$$\mathcal{PS}\left(|W|;\gamma_k^c\right)\mathcal{N}\left(\bar{\boldsymbol{z}}_k;\boldsymbol{H}_k\boldsymbol{x}_k^c,\frac{\boldsymbol{R}_k+\eta\boldsymbol{X}_k^c}{|W|}\right)\cdot$$

$$\mathcal{W}(\bar{\boldsymbol{Z}}_k;|W|-1,\boldsymbol{R}_k+\eta\boldsymbol{X}_k^c)\,\mathcal{W}\left(\boldsymbol{Z}_{p,c};\delta_{p,c},\frac{\boldsymbol{E}_k^c\boldsymbol{X}_k^c(\boldsymbol{E}_k^c)^{\mathrm{T}}}{\delta_{p,c}}\right)\tag{7-13}$$

为了得到共轭闭合解，威沙特分布的 $\boldsymbol{R}_k+\eta\boldsymbol{X}_k^c$ 需要经过 Cholesky 分解重写为 $(\boldsymbol{R}_k+\eta\boldsymbol{X}_k^c)^{\frac{1}{2}}(\boldsymbol{X}_k^c)^{-\frac{1}{2}}\boldsymbol{X}_k^c((\boldsymbol{X}_k^c)^{-\frac{1}{2}})^{\mathrm{T}}((\boldsymbol{R}_k+\eta\boldsymbol{X}_k^c)^{\frac{1}{2}})^{\mathrm{T}}$。

同样，$\boldsymbol{X}_k^c$ 可以替换为 $\boldsymbol{B}_k^c\boldsymbol{X}_k^c(\boldsymbol{B}_k^c)^{\mathrm{T}}$，$\boldsymbol{B}_k^c=(\boldsymbol{R}_k+\eta\bar{\boldsymbol{X}}_{k|k-1}^c)^{\frac{1}{2}}(\bar{\boldsymbol{X}}_{k|k-1}^c)^{-\frac{1}{2}}$。则式(7－13)可展开为

$$2^{-(|W|+\delta_{p,c}-1)\frac{d}{2}}\pi^{-(|W|-1)\frac{d}{2}}|W|^{-\frac{d}{2}}(\delta_{p,c})^{\frac{\delta_{p,c}d}{2}}|\boldsymbol{Z}_{p,c}|^{\frac{\delta_{p,c}-d-1}{2}}\Gamma_d^{-1}\left(\frac{\delta_{p,c}}{2}\right)\cdot$$

$$|\boldsymbol{X}_k^c|^{-\frac{|W|+\delta_{p,c}-1}{2}}|\boldsymbol{B}_k^c|^{-(|W|-1)}\mathrm{e}^{\mathrm{tr}\left(-\frac{1}{2}\frac{\bar{\boldsymbol{Z}}_k+\delta_{p,c}(\boldsymbol{E}_k^c)^{-1}\boldsymbol{Z}_{p,c}((\boldsymbol{E}_k^c)^{-1})^{\mathrm{T}}}{\boldsymbol{X}_k^c}\right)}\cdot$$

$$\mathcal{PS}(|W|;\gamma_k^c)\,\mathcal{N}\left(\bar{\boldsymbol{z}}_k;\boldsymbol{H}_k\boldsymbol{x}_k^c,\frac{\boldsymbol{R}_k+\eta\boldsymbol{X}_k^c}{|W|}\right)\tag{7-14}$$

更新的运动状态计算由下式得出

$$\mathcal{N}\left(\bar{z};\ \boldsymbol{H}_k\boldsymbol{x}_k^c,\ \frac{\boldsymbol{R}_k+\eta\boldsymbol{X}_k^c}{|W|}\right)\mathcal{N}(\boldsymbol{x}_k^c;\ \boldsymbol{m}_{k|k-1}^c,\ \boldsymbol{P}_{k|k-1}^c) \tag{7-15}$$

上式中$\frac{\boldsymbol{R}_k+\eta\boldsymbol{X}_k^c}{|W|}$可以近似为

$$\begin{aligned}&\left(\frac{\boldsymbol{R}_k+\eta\boldsymbol{X}_k^c}{|W|}\right)^{\frac{1}{2}}(\boldsymbol{X}_k^c)^{-\frac{1}{2}}\boldsymbol{X}_k^c((\boldsymbol{X}_k^c)^{-\frac{1}{2}})^{\mathrm{T}}\left(\left(\frac{\boldsymbol{R}_k+\eta\boldsymbol{X}_k^c}{|W|}\right)^{-\frac{1}{2}}\right)^{\mathrm{T}}\\ =&\left(\frac{\boldsymbol{R}_k+\eta\bar{\boldsymbol{X}}_k^c}{|W|}\right)^{\frac{1}{2}}(\bar{\boldsymbol{X}}_k^c)^{-\frac{1}{2}}\boldsymbol{X}_k^c((\bar{\boldsymbol{X}}_k^c)^{-\frac{1}{2}})^{\mathrm{T}}\left(\left(\frac{\boldsymbol{R}_k+\eta\bar{\boldsymbol{X}}_k^c}{|W|}\right)^{-\frac{1}{2}}\right)^{\mathrm{T}}\end{aligned} \tag{7-16}$$

然后，式(7-15)可重写为

$$\begin{aligned}&\mathcal{N}\left(\bar{z}_k;\ \boldsymbol{H}_k\boldsymbol{x}_{k-1}^c,\ (\boldsymbol{S}_{k|k-1}^c)^{\frac{1}{2}}(\bar{\boldsymbol{X}}_k^c)^{-\frac{1}{2}}\boldsymbol{X}_k^c((\boldsymbol{X}_k^c)^{-\frac{1}{2}})^{\mathrm{T}}\left((\boldsymbol{S}_{k|k-1}^c)^{\frac{1}{2}}\right)^{\mathrm{T}}\right)\mathcal{N}(\boldsymbol{x}_k^c;\ \boldsymbol{m}_k^c,\ \boldsymbol{P}_k^c)\\ =&(2\pi)^{-\frac{d}{2}}\ |((\bar{\boldsymbol{X}}_k^c)^{-\frac{1}{2}})^{\mathrm{T}}\boldsymbol{S}_{k|k-1}^c(\bar{\boldsymbol{X}}_k^c)^{-\frac{1}{2}}|^{-\frac{1}{2}}\ |\boldsymbol{X}_k^c|^{-\frac{1}{2}}\cdot\mathrm{e}^{\mathrm{tr}\left(-\frac{1}{2}\frac{\boldsymbol{N}_k^c}{\boldsymbol{X}_k^c}\right)}\ \mathcal{N}(\boldsymbol{x}_k^c;\ \boldsymbol{m}_k^c,\ \boldsymbol{P}_k^c)\end{aligned} \tag{7-17}$$

其中：

$$\boldsymbol{S}_{k|k-1}^c=\frac{\boldsymbol{R}_k+\eta\bar{\boldsymbol{X}}_k^c}{|W|}+\boldsymbol{H}_k\boldsymbol{P}_{k|k-1}^c\boldsymbol{H}_k^{\mathrm{T}} \tag{7-18}$$

$$\boldsymbol{N}_k^c=(\bar{\boldsymbol{X}}_{k|k-1}^c)^{\frac{1}{2}}(\boldsymbol{S}_{k|k-1}^c)^{-\frac{1}{2}}(\boldsymbol{G}_k\boldsymbol{G}_k^{\mathrm{T}})((\boldsymbol{S}_{k|k-1}^c)^{-\frac{1}{2}})^{\mathrm{T}}((\bar{\boldsymbol{X}}_{k|k-1}^c)^{\frac{1}{2}})^{\mathrm{T}} \tag{7-19}$$

最后，跟踪部分的后验目标状态估计为

$$\begin{aligned}&2^{\frac{-(|W|+\delta_{p,c}-1)d}{2}}\pi^{-(|W|-1)\frac{d}{2}}\ |W|^{-\frac{d}{2}}(\delta_{p,c})^{\frac{\delta_{p,c}d}{2}}\ |\boldsymbol{Z}_{p,c}|^{\frac{\delta_{p,c}-d-1}{2}}\Gamma_d^{-1}\left(\frac{\delta_{p,c}}{2}\right)\ |\boldsymbol{X}_k^c|^{-\frac{|W|+\delta_{p,c}-1}{2}}\ \cdot\\ &|\boldsymbol{B}_k^c|^{-\frac{|W|-1}{2}}\mathrm{e}^{\mathrm{tr}\left(-\frac{1}{2}\frac{\bar{\boldsymbol{Z}}_k+\delta_{p,c}(\boldsymbol{E}_k^c)^{-1}\boldsymbol{Z}_{p,c}\left((\boldsymbol{E}_k^c)^{-1}\right)^{\mathrm{T}}}{\boldsymbol{X}_k^c}\right)}\ \mathcal{IW}(\boldsymbol{X}_k^c;\ v_{k|k-1}^c,\ \boldsymbol{V}_{k|k-1}^c)\ \cdot\\ &\frac{1}{|W|!}\frac{\Gamma(\alpha_{k|k-1}^c+|W|)(\beta_{k|k-1}^c)^{\alpha_{k|k-1}^c}}{\Gamma(\alpha_{k|k-1}^c)(\beta_{k|k-1}^c+1)^{\alpha_{k|k-1}^c+|W|}}\mathcal{GAM}(\gamma_k^c;\ \alpha_k^c,\ \beta_k^c)\ \cdot\\ &(2\pi)^{-\frac{d}{2}}\ \left|\left((\bar{\boldsymbol{X}}_k^c)^{-\frac{1}{2}}\right)^{\mathrm{T}}\boldsymbol{S}_{k|k-1}^c(\bar{\boldsymbol{X}}_k^c)^{-\frac{1}{2}}\right|^{-\frac{1}{2}}\ |\boldsymbol{X}_k^c|^{-\frac{1}{2}}\mathrm{e}^{\mathrm{tr}\left(-\frac{1}{2}\frac{\boldsymbol{N}_k^c}{\boldsymbol{X}_k^c}\right)}\ \mathcal{N}(\boldsymbol{x}_k^c;\ \boldsymbol{m}_k^c,\ \boldsymbol{P}_k^c)\\ =&\frac{1}{|W|!}\frac{\Gamma(\alpha_{k|k-1}^c+|W|)(\beta_{k|k-1}^c)^{\alpha_{k|k-1}^c}}{\Gamma(\alpha_{k|k-1}^c)(\beta_{k|k-1}^c+1)^{\alpha_{k|k-1}^c+|W|}}\cdot\pi^{-|W|\frac{d}{2}}\ |W|^{-\frac{d}{2}}\delta^{\frac{\delta_{p,c}d}{2}}\ |\boldsymbol{Z}_{p,c}|^{\frac{\delta_{p,c}-d-1}{2}}\ \cdot\\ &|\boldsymbol{B}_k^c|^{-(|W|-1)}\ \left|\left((\bar{\boldsymbol{X}}_k^c)^{-\frac{1}{2}}\right)^{\mathrm{T}}\boldsymbol{S}_{k|k-1}^c(\bar{\boldsymbol{X}}_k^c)^{-\frac{1}{2}}\right|^{-\frac{1}{2}}\frac{\Gamma_d\left(\frac{v_{k|k-1}^c+|W|+\delta_{p,c}}{2}\right)}{\Gamma_d\left(\frac{\delta_{p,c}}{2}\right)\Gamma_d\left(\frac{v_{k|k-1}^c}{2}\right)}\frac{|\boldsymbol{V}_{k|k-1}^c|^{\frac{v_{k|k-1}^c}{2}}}{|\boldsymbol{V}_k^c|^{\frac{v_{k|k-1}^c+|W|+\delta_{p,c}}{2}}}\ \cdot\end{aligned}$$

$$\mathcal{GAM}(\gamma_k^c;\ \alpha_k^c,\ \beta_k^c)\ \mathcal{N}(\boldsymbol{x}_k^c;\ \boldsymbol{m}_k^c,\ \boldsymbol{P}_k^c)\ \mathcal{IW}(\boldsymbol{X}_k^c;\ v_k^c,\ \boldsymbol{V}_k^c) \tag{7-20}$$

式(7－12)可由式(7－20)中扩展目标状态积分得到。

证毕。

7.3　扩展目标 JTC－GGIW－PHD 滤波

7.3.1　JTC－GGIW－PHD 滤波预测和更新

在介绍 JTC－GGIW－PHD 滤波方法的预测和更新步骤之前，需要做出如下假设：

假设 1：扩展目标量测率预测状态与运动状态、扩展预测状态均无关，且服从启发式的预测形式；

假设 2：扩展目标运动预测状态与扩展状态无关；

假设 3：目标之间产生量测的过程相互独立；

假设 4：目标新生服从伯努利 RFS 过程且与存活目标之间相互独立；

假设 5：杂波量测产生服从泊松 RFS 且与目标量测之间相互独立；

假设 6：目标存活概率和检测概率相互独立，且不随时间推移发生改变，即

$$p_S(\xi) = p_S,\ p_D(\xi) = p_D \tag{7-21}$$

假设 7：目标的类状态在预测步骤中保持不变；

假设 8：新生目标 PHD 强度函数服从带有初始类状态的 GGIW 混合形式，也可以称为 GGIW－C(GGIW Classification，GGIW－C)混合，即

$$\begin{aligned} D_k^b(\xi_k) = \sum_{j=1}^{J_{b,k}} \sum_{c=1}^{n_c} w_{b,k,j}^c\, \mathcal{GAM}(\gamma_k^c;\ \alpha_{b,k,j}^c,\ \beta_{b,k,j}^c)\ \cdot \\ \mathcal{N}(\boldsymbol{x}_k^c;\ \boldsymbol{m}_{b,k,j}^c,\ \boldsymbol{P}_{b,k,j}^c)\ \mathcal{IW}(\boldsymbol{X}_k^c;\ v_{b,k,j}^c,\ \boldsymbol{V}_{b,k,j}^c)\mu_{b,k,j}^c \end{aligned} \tag{7-22}$$

其中，$\mu_{b,k,j}^c = \dfrac{1}{n_c}$，$J_{b,k}$ 表示 k 时刻新生目标数目，$w_{b,k,j}^c$ 表示第 j 个新生目标中第 c 类的初始权值。

基于上述假设，接下来我们给出 JTC－GGIW－PHD 滤波的具体实现过程，包括预测和更新。

(1) 预测：

假设 $k-1$ 时刻目标状态后验 PHD 强度为

$$D_{k-1}(\xi_{k-1})=\sum_{j=1}^{J_{k-1}}\sum_{c=1}^{n_c}w_{k-1,j}^{c}\,\mathcal{GAM}(\gamma_{k-1}^{c};\alpha_{k-1,j}^{c},\beta_{k-1,j}^{c})\cdot$$
$$\mathcal{N}(\boldsymbol{x}_{k-1}^{c};\boldsymbol{m}_{k-1,j}^{c},\boldsymbol{P}_{k-1,j}^{c})\,\mathcal{IW}(\boldsymbol{X}_{k-1}^{c};v_{k-1,j}^{c},\boldsymbol{V}_{k-1,j}^{c})\mu_{k-1,j}^{c}\tag{7-23}$$

则 k 时刻存活目标状态预测 PHD 强度可写为

$$D_{k|k-1}^{S}(\xi_{k|k-1})=\sum_{j=1}^{J_{k-1}}\sum_{c=1}^{n_c}w_{k|k-1,j}^{c}\,\mathcal{GAM}(\gamma_{k}^{c};\alpha_{k|k-1,j}^{c},\beta_{k|k-1,j}^{c})\cdot$$
$$\mathcal{N}(\boldsymbol{x}_{k}^{c};\boldsymbol{m}_{k|k-1,j}^{c},\boldsymbol{P}_{k|k-1,j}^{c})\,\mathcal{IW}(\boldsymbol{X}_{k}^{c};v_{k|k-1,j}^{c},\boldsymbol{V}_{k|k-1,j}^{c})\mu_{k-1,j}^{c}\tag{7-24}$$

其中，$w_{k|k-1,j}^{c}=p_S w_{k-1,j}^{c}$。

根据式(7－22)和式(7－24)，k 时刻总的目标状态预测 PHD 强度为

$$D_{k|k-1}(\xi_{k|k-1})=\sum_{j=1}^{J_{k|k-1}}\xi_{k|k-1,j}$$
$$=\sum_{j=1}^{J_{k|k-1}}\sum_{c=1}^{n_c}w_{k|k-1,j}^{c}\,\mathcal{GAM}(\gamma_{k}^{c};\alpha_{k|k-1,j}^{c},\beta_{k|k-1,j}^{c})\cdot$$
$$\mathcal{N}(\boldsymbol{x}_{k}^{c};\boldsymbol{m}_{k|k-1,j}^{c},\boldsymbol{P}_{k|k-1,j}^{c})\,\mathcal{IW}(\boldsymbol{X}_{k}^{c};v_{k|k-1,j}^{c},\boldsymbol{V}_{k|k-1,j}^{c})\mu_{k-1,j}^{c}\tag{7-25}$$

其中，k 时刻预测目标总数为 $J_{k|k-1}=J_{b,k}+J_{k-1}$。

(2) 更新：

k 时刻目标后验 PHD 强度由漏检和量测更新两部分组成，即

$$D_k(\xi_k)=D_k^{\mathrm{ND}}(\xi_k)+\sum_{\mathcal{P}'\angle Z_{r,k}}\sum_{W\in\mathcal{P}'}D_k^{D}(\xi_k,W)\tag{7-26}$$

其中，$\mathcal{P}'\angle Z_{r,k}$表示真实量测划分结果。

若 $Z_{r,k}$为空，则漏检部分为

$$D_k^{\mathrm{ND}}(\xi_k)=\sum_{j=1}^{J_{k|k-1}}\sum_{c=1}^{n_c}w_{k,j}^{c}\,\mathcal{GAM}(\gamma_{k}^{c};\alpha_{k,j}^{c},\beta_{k,j}^{c})\cdot$$
$$\mathcal{N}(\boldsymbol{x}_{k}^{c};\boldsymbol{m}_{k,j}^{c},\boldsymbol{P}_{k,j}^{c})\,\mathcal{IW}(\boldsymbol{X}_{k}^{c};v_{k,j}^{c},\boldsymbol{V}_{k,j}^{c})\mu_{k,j}^{c}\tag{7-27}$$

其中：

$$w_{k,j}^{c}=(1-(1-\mathrm{e}^{-\gamma(\xi_{k|k-1,j})})p_D)w_{k|k-1,j}^{c},\ \mu_{k,j}^{c}=\mu_{k|k-1,j}^{c},$$
$$\alpha_{k,j}^{c}=\alpha_{k|k-1,j}^{c},\ \beta_{k,j}^{c}=\beta_{k|k-1,j}^{c},\ \boldsymbol{m}_{k,j}^{c}=\boldsymbol{m}_{k|k-1,j}^{c},$$
$$\boldsymbol{P}_{k,j}^{c}=\boldsymbol{P}_{k|k-1,j}^{c},\ v_{k,j}^{c}=v_{k|k-1,j}^{c},\ \boldsymbol{V}_{k,j}^{c}=\boldsymbol{V}_{k|k-1,j}^{c}\tag{7-28}$$

若 $Z_{r,k}$不为空，则量测更新部分为

$$D_k^D(\xi_k,W)=\sum_{j=1}^{J_{k|k-1}}D_k^D(\xi_{k,j},W)$$
$$=\sum_{j=1}^{J_{k|k-1}}\sum_{c=1}^{n_c}w_{k,j}^{c,W}\mathcal{GAM}(\gamma_k^c;\alpha_{k,j}^{c,W},\beta_{k,j}^{c,W})\mathcal{N}(\boldsymbol{x}_k^c;\boldsymbol{m}_{k,j}^{c,W},\boldsymbol{P}_{k,j}^{c,W})\mathcal{IW}(\boldsymbol{X}_k^c;v_{k,j}^{c,W},\boldsymbol{V}_{k,j}^{c,W})\mu_{k,j}^{c,W} \tag{7-29}$$

$$w_{k,j}^{c,W}=\frac{\omega_{\mathcal{P}}}{d_W}\mathrm{e}^{-\gamma(\xi_{k|k-1,j})}\left(\frac{\gamma(\xi_{k|k-1,j})}{\beta_{\mathrm{F,A},k}}\right)^{|W|}p_D\Delta_{k,j}^{c,W}w_{k|k-1,j}^c \tag{7-30}$$

$$\omega_{\mathcal{P}}=\frac{\prod_{W\in\mathcal{P}}d_W}{\sum_{\mathcal{P}'\angle Z_{r,k}}\prod_{W\in\mathcal{P}'}d_W} \tag{7-31}$$

$$d_W=\delta_{|W|,1}+\sum_{j=1}^{J_{k|k-1}}\sum_{c=1}^{n_c}\mathrm{e}^{-\gamma(\xi_{k|k-1,j})}\left(\frac{\gamma(\xi_{k|k-1,j})}{\beta_{\mathrm{FA},k}}\right)^{|W|}p_D\Delta_{k,j}^{c,W}w_{k|k-1,j}^c \tag{7-32}$$

$$\mu_{k,j}^{c,W}=(\nabla_{k,j}^{c,W})^{-1}\Delta_{k,j}^{c,W}\mu_{k|k-1,j}^c,\quad \nabla_{k,j}^{c,W}=\sum_{c=1}^{n_c}\Delta_{k,j}^{c,W}\mu_{k|k-1,j}^c \tag{7-33}$$

其中，系数 $\Delta_{k,j}^{c,W}$ 的计算可参考式(7－12)，目标更新状态参数 $\alpha_{k,j}^{c,W}$、$\beta_{k,j}^{c,W}$、$\boldsymbol{m}_{k,j}^{c,W}$、$\boldsymbol{P}_{k,j}^{c,W}$、$v_{k,j}^{c,W}$、$\boldsymbol{V}_{k,j}^{c,W}$ 的计算可参考表 7.1，$\beta_{\mathrm{FA},k}$ 表示单位空间内产生杂波个数的期望。

7.3.2 JTC－GGIW－PHD 滤波状态提取和混合约简

每个目标的状态由 n_c 个不同的 GGIW－C 混合项组成。基于期望后验估计(Expectation A Posterior，EAP)准则，第 j 个目标的量测率状态、运动状态和扩展状态提取分别计算为

$$\alpha_{k,j}=\sum_{c=1}^{n_c}\mu_{k,j}^c\alpha_{k,j}^c,\ \beta_{k,j}=\sum_{c=1}^{n_c}\mu_{k,j}^c\beta_{k,j}^c,\ \boldsymbol{m}_{k,j}=\sum_{c=1}^{n_c}\mu_{k,j}^c\boldsymbol{m}_{k,j}^c,$$
$$\boldsymbol{P}_{k,j}=\sum_{c=1}^{n_c}\mu_{k,j}^c\boldsymbol{P}_{k,j}^c,\ v_{k,j}=\sum_{c=1}^{n_c}\mu_{k,j}^c v_{k,j}^c,\ \boldsymbol{V}_{k,j}=\sum_{c=1}^{n_c}\mu_{k,j}^c\boldsymbol{V}_{k,j}^c \tag{7-34}$$

其中，$\mu_{k,j}^c$ 表示 k 时刻第 j 个目标第 c 类的类概率。

这样，提取的第 j 个目标的量测率状态、运动状态和扩展状态均值分别为

$$\gamma_{k,j}=\frac{\alpha_{k,j}}{\beta_{k,j}},\ \boldsymbol{x}_{k,j}=\boldsymbol{m}_{k,j},\ \boldsymbol{X}_{k,j}=\frac{\boldsymbol{V}_{k,j}}{v_{k,j}-2d-2} \tag{7-35}$$

随着滤波时间的推移，GGIW－C 混合项的数目呈指数增长，必须采用删减和合并准则

将计算量控制在合理水平。删减是指删除权值小于删减门限的目标，以避免计算时间浪费在对最终估计结果影响较小的目标上。合并是指将两个或多个状态相同或相近的目标合并为一个目标，以避免重复计算。

对于 JTC - GGIW - PHD 滤波，当第 j 个目标包含的 GGIW - C 混合项权值之和 $\sum_{c=1}^{n_c} w_{k,j}^c$ 小于删减门限 T_p 时，第 j 个目标将被删除。当两个目标 i 和 j 靠近且小于合并门限，即 $(\boldsymbol{m}_{k,i}-\boldsymbol{m}_{k,j})^{\mathrm{T}}(\boldsymbol{P}_{k,j})^{-1}(\boldsymbol{m}_{k,i}-\boldsymbol{m}_{k,j})<T_u$ 时，两个目标应该合并为一个目标，并且合并后的目标状态仍由 n_c 个不同的 GGIW - C 混合项组成。假如有 N_m 个满足合并条件的目标，即

$$\sum_{j=1}^{N_m}\sum_{c=1}^{n_c} w_{k,j}^c \mathcal{GAM}(\gamma_k^c;\alpha_{k,j}^c,\beta_{k,j}^c)\mathcal{N}(\boldsymbol{x}_k^c;\boldsymbol{m}_{k,j}^c,\boldsymbol{P}_{k,j}^c)\mathcal{IW}(\boldsymbol{X}_k^c;v_{k,j}^c,\boldsymbol{V}_{k,j}^c)\mu_{k,j}^c \tag{7-36}$$

则合并后的目标状态为

$$\sum_{c=1}^{n_c} w_{k,m}^c \mathcal{GAM}(\gamma_k^c;\alpha_{k,m}^c,\beta_{k,m}^c)\mathcal{N}(\boldsymbol{x}_k^c;\boldsymbol{m}_{k,m}^c,\boldsymbol{P}_{k,m}^c)\mathcal{IW}(\boldsymbol{X}_k^c;v_{k,m}^c,\boldsymbol{V}_{k,m}^c)\mu_{k,m}^c \tag{7-37}$$

合并前每个目标包含 GGIW - C 项的权值 $w_{k,j}^c$ 和对应的类概率 $\mu_{k,j}^c$ 都将影响最终合并后目标包含的 GGIW - C 混合项权值、类概率和各种状态参数，目前仍无统一的合并准则来解决此问题。为了得到较好的结果，我们依据仿真经验可得到合并后 GGIW - C 混合项权值和对应的类概率，即

$$w_{k,m}^c = \sum_{i=1}^{N_m} w_{k,i}^c \tag{7-38}$$

$$\mu_{k,m}^c = \frac{\sum_{i=1}^{N_m} w_{k,i}^c \cdot \mu_{k,i}^c}{\sum_{c=1}^{n_c}\sum_{i=1}^{N_m} w_{k,i}^c \cdot \mu_{k,i}^c} \tag{7-39}$$

其他合并后目标的状态参数可以根据合并后的 GGIW - C 混合项权值 $w_{k,m}^c$ 加权求和计算得到。

7.4　JTC 扩展状态估计分析

在 7.2.2 节中，我们已经介绍了扩展目标联合跟踪与分类的运行机制，但未说明联合估计的优点，也就是说没有分析说明一个正确的目标分类情况如何影响目标的扩展状态估

计精度。本节将通过比较 JTC－GGIW－PHD 滤波和 GGIW－PHD 滤波，从数学上分析扩展目标联合跟踪与分类框架下扩展状态估计的优点。

对于 GGIW－PHD 滤波，扩展状态估计的期望值为

$$\begin{aligned}\bar{\boldsymbol{X}}_{\text{GGIW-PHD}} &= \frac{\boldsymbol{V}_k + \boldsymbol{N}_{k|k-1} + \left(\boldsymbol{B}_k^{\mathrm{T}} \bar{\boldsymbol{Z}}_k^{-1} \boldsymbol{B}_k\right)^{-1}}{v_{k|k-1} + |W| - 2d - 2} \\ &= \frac{\boldsymbol{V}_k}{v_k - 2d - 2}\end{aligned} \tag{7-40}$$

对于 JTC－GGIW－PHD 滤波，如果目标的类状态估计正确且为第 c 类，则目标 GGIW－C 混合项第 c 类扩展状态估计为

$$\begin{aligned}\bar{\boldsymbol{X}}_{\text{JTC-GGIW-PHD}} &= \frac{\boldsymbol{V}_k^c}{v_k^c - 2d - 2} \\ &= \frac{\boldsymbol{V}_{k|k-1}^c + \boldsymbol{N}_{k|k-1}^c + \left((\boldsymbol{B}_k^c)^{\mathrm{T}} \bar{\boldsymbol{Z}}_k^{-1} \boldsymbol{B}_k^c\right)^{-1} + \delta_{p,c} \boldsymbol{E}_k^{-1} \boldsymbol{Z}_{p,c} (\boldsymbol{E}_k^{-1})^{\mathrm{T}}}{v_{k|k-1}^c + |W| + \delta_{p,c} - 2d - 2} \\ &= \frac{\boldsymbol{V}_k + \delta_{p,c} \boldsymbol{E}_k^{-1} \boldsymbol{Z}_{p,c} (\boldsymbol{E}_k^{-1})^{\mathrm{T}}}{v_k + \delta_{p,c} - 2d - 2}\end{aligned} \tag{7-41}$$

其中，式(7－40)和式(7－41)中所有的矩阵都为对称正定矩阵，两式相除可得

$$\frac{\bar{\boldsymbol{X}}_{\text{GGIW-PHD}}}{\bar{\boldsymbol{X}}_{\text{JTC-GGIW-PHD}}} = \frac{\boldsymbol{V}_k v_k - 2d\boldsymbol{V}_k - 2\boldsymbol{V}_k + \delta_{p,c} \boldsymbol{V}_k}{\boldsymbol{V}_k v_k - 2d\boldsymbol{V}_k - 2\boldsymbol{V}_k + \delta_{p,c} \boldsymbol{E}_k^{-1} \boldsymbol{Z}_{p,c} (\boldsymbol{E}_k^{-1})^{\mathrm{T}} (v_k - 2d - 2)} \tag{7-42}$$

将 $\boldsymbol{M} = \boldsymbol{V}_k v_k - 2d\boldsymbol{V}_k - 2\boldsymbol{V}_k$ 代入式(7－42)，可得

$$\frac{\bar{\boldsymbol{X}}_{\text{GGIW-PHD}}}{\bar{\boldsymbol{X}}_{\text{JTC-GGIW-PHD}}} = \frac{\boldsymbol{M} + \delta_{p,c} \boldsymbol{V}_k}{\boldsymbol{M} + \delta_{p,c} \boldsymbol{E}_k^{-1} \boldsymbol{Z}_{p,c} (\boldsymbol{E}_k^{-1})^{\mathrm{T}} (v_k - 2d - 2)} \tag{7-43}$$

若将 $\boldsymbol{M}$ 从式(7－43)中去除，可得

$$\boldsymbol{U} = \frac{\delta_{p,c} \boldsymbol{V}_k}{\delta_{p,c} \boldsymbol{E}_k^{-1} \boldsymbol{Z}_{p,c} (\boldsymbol{E}_k^{-1})^{\mathrm{T}} (v_k - 2d - 2)} = \frac{\bar{\boldsymbol{X}}_{\text{GGIW-PHD}}}{\boldsymbol{E}_k^{-1} \boldsymbol{Z}_{p,c} (\boldsymbol{E}_k^{-1})^{\mathrm{T}}} \tag{7-44}$$

为了便于分析，我们可以假设 $\bar{\boldsymbol{X}}_{\text{GGIW-PHD}}$、$\boldsymbol{M}$ 和 $\boldsymbol{E}_k^{-1} \boldsymbol{Z}_{p,c} (\boldsymbol{E}_k^{-1})^{\mathrm{T}}$ 方向一致。这种假设的合理性在于 GGIW－PHD 滤波和 JTC－GGIW－PHD 滤波具有相同的运动状态，而扩展状态的方向由运动状态向量的方向来决定。因此，决定不同椭圆扩展状态之间的变量仅剩椭圆的大小(即椭圆的面积)，椭圆大小可以由其随机矩阵的行列式值表示。我们可以用 $|\bar{\boldsymbol{X}}_{\text{GGIW-PHD}}|$、$|\boldsymbol{M}|$、$|\boldsymbol{U}|$ 和 $|\boldsymbol{E}_k^{-1} \boldsymbol{Z}_{p,c} (\boldsymbol{E}_k^{-1})^{\mathrm{T}}|$ 表示对应随机矩阵的行列式值。根据旋转矩阵的性质，可得 $|\boldsymbol{Z}_{p,c}| = |\boldsymbol{E}_k^{-1} \boldsymbol{Z}_{p,c} (\boldsymbol{E}_k^{-1})^{\mathrm{T}}|$，$\boldsymbol{Z}_{p,c}$ 表示目标的真实先验扩展状态。

行列式$|\boldsymbol{U}|$的值有三种情况，即

情况一：如果$|\boldsymbol{U}|=1$，即$|\bar{\boldsymbol{X}}_{\text{GGIW-PHD}}|=|\boldsymbol{Z}_{p,c}|$，则式(7－43)的行列式值为

$$\left|\frac{\bar{\boldsymbol{X}}_{\text{GGIW-PHD}}}{\bar{\boldsymbol{X}}_{\text{JTC-GGIW-PHD}}}\right|=1=|\boldsymbol{U}| \tag{7-45}$$

情况二：如果$|\boldsymbol{U}|>1$，即$|\bar{\boldsymbol{X}}_{\text{GGIW-PHD}}|>|\boldsymbol{Z}_{p,c}|$，则式(7－43)的行列式值为

$$1<\left|\frac{\bar{\boldsymbol{X}}_{\text{GGIW-PHD}}}{\bar{\boldsymbol{X}}_{\text{JTC-GGIW-PHD}}}\right|<|\boldsymbol{U}| \tag{7-46}$$

情况三：如果$0<|\boldsymbol{U}|<1$，即$|\bar{\boldsymbol{X}}_{\text{GGIW-PHD}}|<|\boldsymbol{Z}_{p,c}|$，则式(7－43)的行列式值为

$$0<|\boldsymbol{U}|<\left|\frac{\bar{\boldsymbol{X}}_{\text{GGIW-PHD}}}{\bar{\boldsymbol{X}}_{\text{JTC-GGIW-PHD}}}\right|<1 \tag{7-47}$$

此处，我们只给出第二种情况的分析，其他两种情况的分析类似。如果$|\boldsymbol{U}|>1$，则$|\bar{\boldsymbol{X}}_{\text{GGIW-PHD}}|>|\boldsymbol{Z}_{p,c}|$，可得$|(\boldsymbol{M}+\delta_{p,c}\boldsymbol{V}_k)/(\boldsymbol{M}+\delta_{p,c}\boldsymbol{E}_k^{-1}\boldsymbol{Z}_{p,c}(\boldsymbol{E}_k^{-1})^{\mathrm{T}}(v_k-2d-2))|$要小于$|\boldsymbol{U}|$，继而可以得到$|\bar{\boldsymbol{X}}_{\text{GGIW-PHD}}|>|\bar{\boldsymbol{X}}_{\text{JTC-GGIW-PHD}}|>|\boldsymbol{Z}_{p,c}|$，这意味着 JTC－GGIW－PHD 滤波扩展状态估计要比 GGIW－PHD 更为精确。

上面分析的具体过程如下：

假设有三个数，$m\in\mathbb{R}^+$、$n\in\mathbb{R}^+$和$f\in\mathbb{R}^+$，且$m>n$、$f=|\bar{\boldsymbol{X}}_{\text{GGIW-PHD}}|$、$n=|\boldsymbol{E}^{-1}\boldsymbol{Z}_{p,c}(\boldsymbol{E}_k^{-1})^{\mathrm{T}}|$和$m=|\boldsymbol{V}_k v_k-2d\boldsymbol{V}_k-2\boldsymbol{V}_k|$。

显然，我们可以得到

$$\frac{m}{n}>1 \tag{7-48}$$

$$\frac{|\bar{\boldsymbol{X}}_{\text{GGIW-PHD}}+\boldsymbol{V}_k v_k-2d\boldsymbol{V}_k-2\boldsymbol{V}_k|}{|\boldsymbol{E}_k^{-1}\boldsymbol{Z}_{p,c}(\boldsymbol{E}_k^{-1})^{\mathrm{T}}+\boldsymbol{V}_k v_k-2d\boldsymbol{V}_k-2\boldsymbol{V}_k|}=\frac{(m+f)^2}{(n+f)^2}$$

$$\frac{m}{n}>\frac{(m+f)^2}{(n+f)^2}>1 \tag{7-50}$$

更进一步，给定$\delta_{p,c}\in\mathbb{R}^+$，可得

$$\frac{|\delta_{p,c}\bar{\boldsymbol{X}}_{\text{GGIW-PHD}}+\boldsymbol{V}_k v_k-2d\boldsymbol{V}_k-2\boldsymbol{V}_k|}{|\delta_{p,c}\boldsymbol{E}_k^{-1}\boldsymbol{Z}_{p,c}(\boldsymbol{E}_k^{-1})^{\mathrm{T}}+\boldsymbol{V}_k v_k-2d\boldsymbol{V}_k-2\boldsymbol{V}_k|}=\frac{(m+f)^2}{(n+f)^2} \tag{7-51}$$

$$\frac{m}{n}>\frac{(\delta_{p,c}m+f)^2}{(\delta_{p,c}n+f)^2}>\frac{(m+f)^2}{(n+f)^2}>1 \tag{7-52}$$

$\delta_{p,c}$越大，$(\delta_{p,c}m+f)^2/(\delta_{p,c}n+f)^2$越大，相反$|\bar{\boldsymbol{X}}_{\text{JTC-GGIW-PHD}}|$越小。这意味着与$|\bar{\boldsymbol{X}}_{\text{GGIW-PHD}}|$相比，$|\bar{\boldsymbol{X}}_{\text{JTC-GGIW-PHD}}|$更接近$|\boldsymbol{Z}_{p,c}|$。而且，$\delta_{p,c}$越大，$|\bar{\boldsymbol{X}}_{\text{JTC-GGIW-PHD}}|$距离$|\boldsymbol{Z}_{p,c}|$更近，扩展目标

扩展状态估计更精确。

$|\bar{\boldsymbol{X}}_{\text{JTC-GGIW-PHD}}|$、$|\bar{\boldsymbol{X}}_{\text{GGIW-PHD}}|$和$|\boldsymbol{Z}_{p,c}|$在三种情况下的关系如图 7.2 所示。其中，实线圆圈表示$|\boldsymbol{Z}_{p,c}|$，圆点表示 GGIW－PHD 扩展状态估计，虚线圆圈表示 JTC－GGIW－PHD 扩展状态估计。如图 7.2 所示，三种情况下 JTC－GGIW－PHD 扩展状态估计都要比 GGIW－PHD 扩展状态估计更接近$|\boldsymbol{Z}_{p,c}|$。

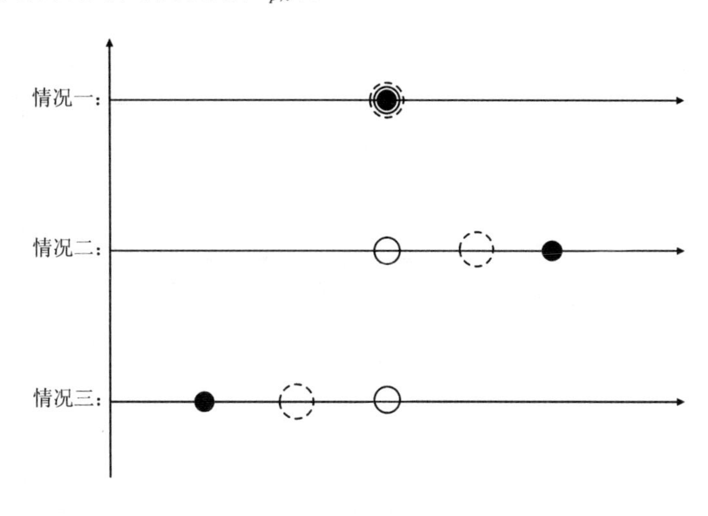

图 7.2　三种情况示意图

7.5　仿真实验与分析

7.5.1　参数设置

删减门限 T_p 和合并门限 T_u 分别设为 10^{-5} 和 4，采样间隔为 $T=1$ s，目标检测概率和存活概率均设为 0.9。对于 JTC－GGIW－PHD 滤波，数据库中目标先验扩展状态模型分别设为一个航空母舰(尼米兹级)和一个护卫舰(佩里级)，大小真实值参考网上公开数据(http://bbs.tiexue.net/post2_6319457_1.html)，即

$$\boldsymbol{Z}_{p,1}=\begin{bmatrix}170^2 & 0\\ 0 & 40^2\end{bmatrix} \tag{7-53}$$

$$\boldsymbol{Z}_{p,2}=\begin{bmatrix}70^2 & 0\\ 0 & 7.5^2\end{bmatrix} \tag{7-54}$$

两种不同大小的扩展目标每时刻产生量测个数的泊松期望值分别设为 15 和 8。为了展示不同 $\delta_{p,c}$ 值对扩展状态估计的影响，我们分别设置 $\delta_{p,1}=\delta_{p,2}=10$，15，20 三种情况。

仿真场景中的平行运动轨迹如图 7.3 所示，跟踪时长为 50 s，两个目标的初始运动状态设置为

$$\boldsymbol{m}_1=[-2000,-250,0,0,0]^{\mathrm{T}},\ \boldsymbol{m}_2=[-2000,250,0,0,0]^{\mathrm{T}} \tag{7-55}$$

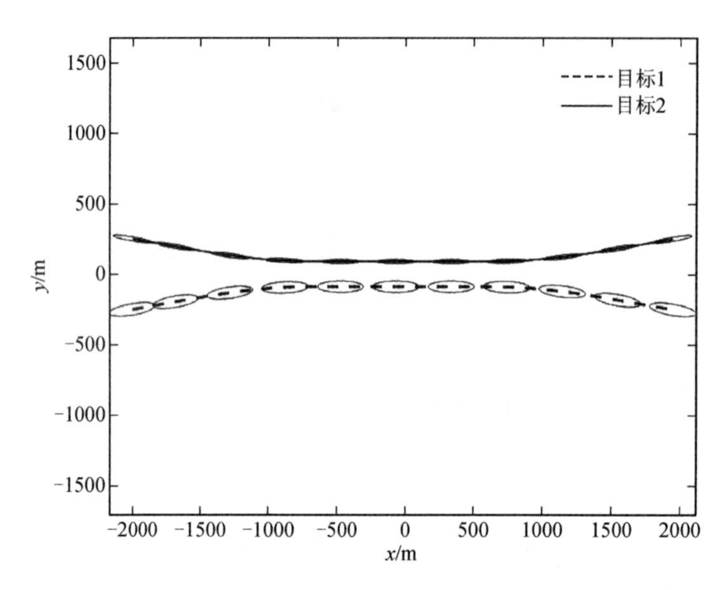

图 7.3 平行跟踪目标运动轨迹

目标 1 和目标 2 均在 $k=1$ s 时出现，在 $k=50$ s 时消失，且大小分别为 $\boldsymbol{Z}_{p,1}$ 和 $\boldsymbol{Z}_{p,2}$，其余状态参数设置为

$$\begin{aligned}&\boldsymbol{P}^c_{b,k,j}=\mathrm{diag}([100,100,100,100,100]),\\&v^c_{b,k,j}=10,\ \boldsymbol{V}^c_{b,k,j}=\mathrm{diag}([1,1]),\ \alpha^c_{b,k,j}=10,\\&\beta^c_{b,k,j}=1,\ \mu^c_{b,k,j}=0.5,\ w^c_{b,k,j}=0.05,\ J_{b,k}=2\end{aligned} \tag{7-56}$$

7.5.2 实验结果分析

平行跟踪的仿真结果如图 7.4～图 7.8 所示。图 7.4～图 7.6 分别给出了两个滤波方法的势估计、运动状态估计以及量测率估计结果。从图中可以看出，两种滤波方法均能得到良好的估计结果，且对这些状态估计的性能相近。

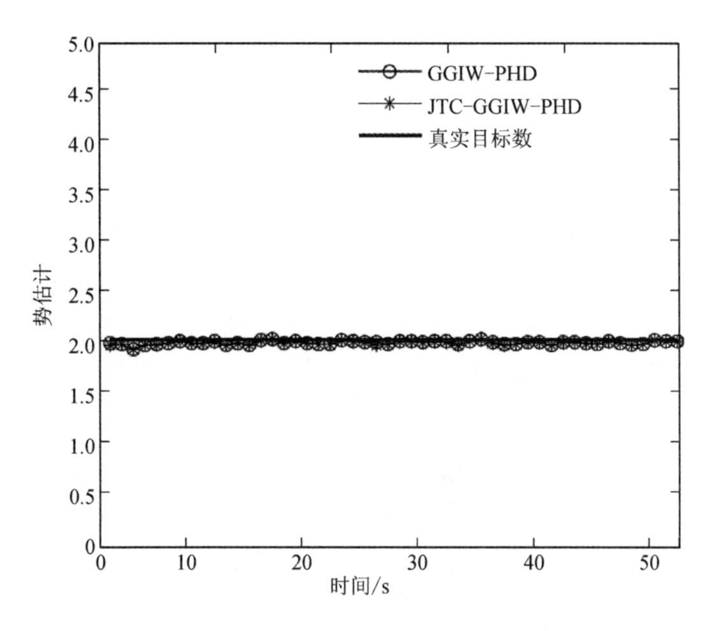

图 7.4　目标势估计

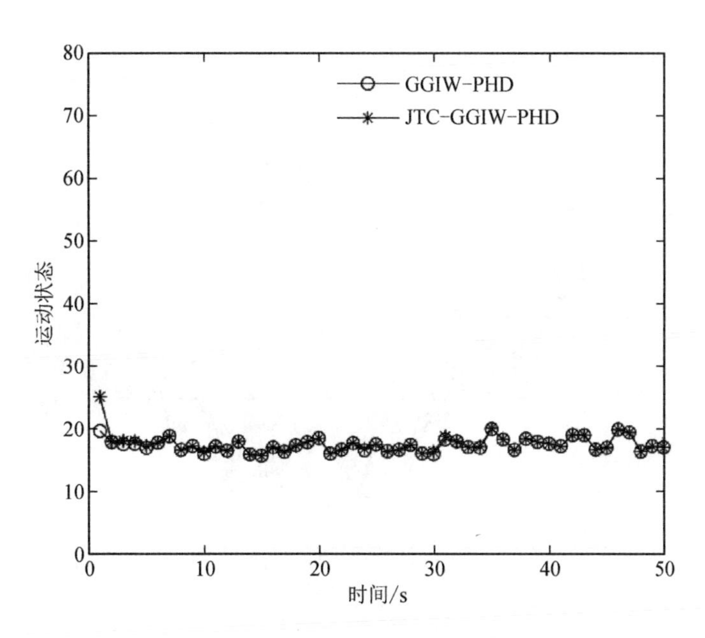

图 7.5　目标运动状态估计

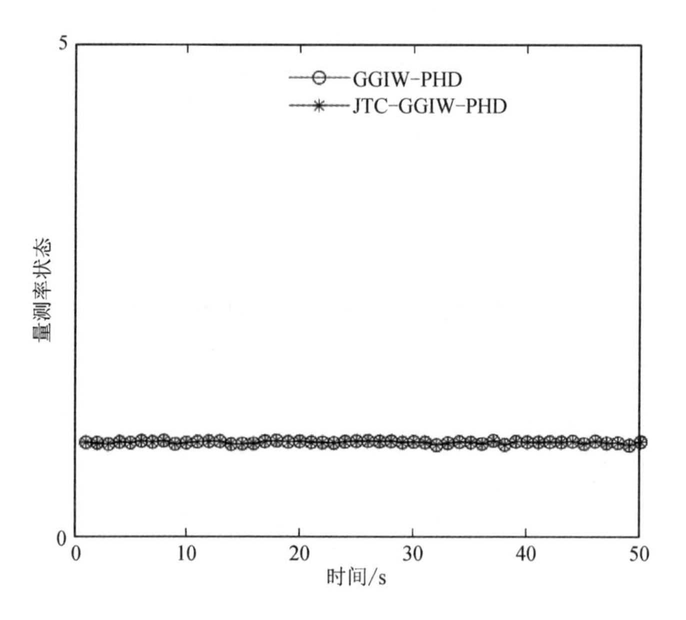

图 7.6　目标量测率状态估计

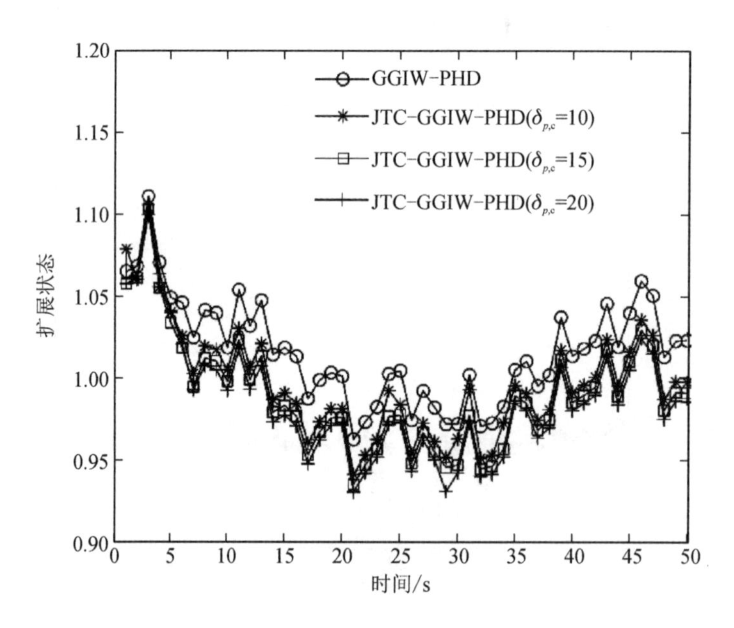

图 7.7　目标扩展状态估计

图 7.7 给出了目标的扩展状态估计结果。从图中可以看出，JTC－GGIW－PHD 滤波扩展估计的精度总体上要优于 GGIW－PHD 滤波，且参数 $\delta_{p,c}$ 越大，扩展状态估计越精确。

图 7.8 给出了目标的类状态估计结果。从图中可以看出，目标分类的类概率结果与 7.5.1节目标大小设置情况一致，表明 JTC－GGIW－PHD 滤波能基于不同大小的目标扩展状态对目标正确分类，且在目标发生轻微转弯机动时，依旧能正确估计目标的类状态。

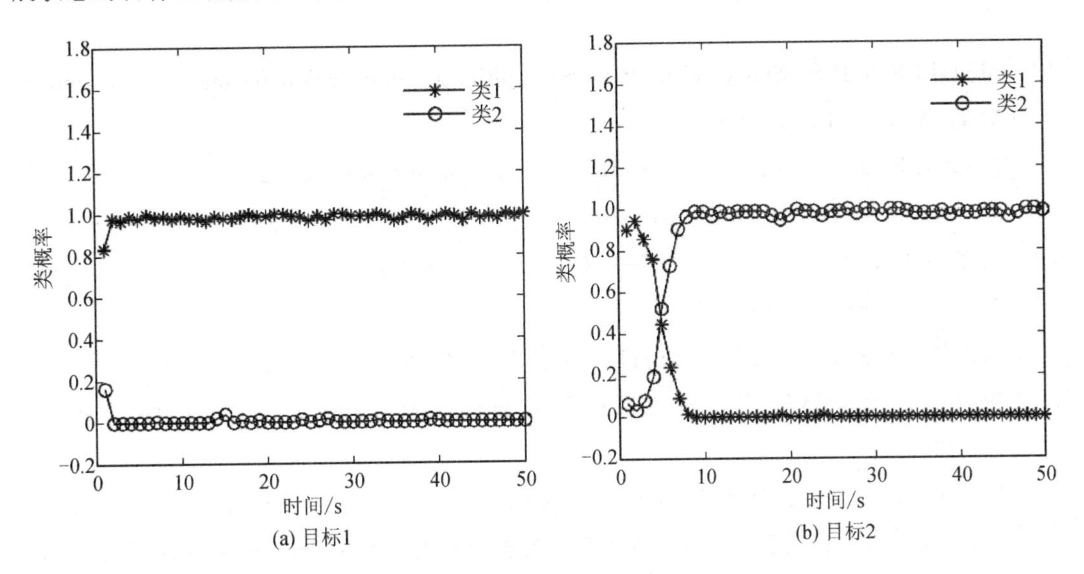

图 7.8　目标类状态估计

除了仅包含两个目标的平行跟踪场景之外，对于多目标跟踪场景，我们也能得到类似的实验结果，具体可参见文献[114]。

7.6　本章小结

GGIW 方法是多扩展目标跟踪框架通用的实现方法，能同时估计扩展目标的量测率状态、运动状态和扩展状态。本章在假设目标先验扩展状态已知的情况下，介绍了一种 JTC－GGIW 方法。作为 GGIW 方法的升级，JTC－GGIW 方法还能给出基于目标大小不同特性分类的目标类状态估计，在正确分类扩展目标的同时有效提高了扩展状态估计精度。进一步，基于 JTC－GGIW 方法实现 ET－PHD 框架，提出了 JTC－GGIW－PHD 滤波，较好地解决了目标数未知的多扩展目标联合跟踪与分类问题，同时考虑了目标机动问题，使该方法更适用于实际跟踪场景。

参 考 文 献

[1] MAHLER R P S. Statistical multisource multitarget information fusion[M]. Norwood, MA: Artech House, 2007.

[2] MAHLER R P S. Advances in statistical multisource-multitarget information fusion[M]. Norwood, MA: Artech House, 2014.

[3] BAR-SHALOM Y, FORTMANN T E. Tracking and data association[M]. Orland: Academic Press, 1988.

[4] 周宏仁，敬忠良，王培德. 机动目标跟踪[M]. 北京：国防工业出版社，1991.

[5] 潘泉，梁彦，杨峰，等. 现代目标跟踪与信息融合[M]. 北京：国防工业出版社，2009.

[6] MIHAYLOVA L, CARMI A Y, SEPTIER F, et al. Overview of Bayesian sequential Monte Carlo methods for group and extended object tracking[J]. Digital Signal Processing, 2014, 25(1): 1-16.

[7] KOCH W. Bayesian approach to extended object and cluster tracking using random matrices[J]. IEEE Transactions on Aerospace and Electronic Systems, 2008, 44(3): 1042-1059.

[8] GRANSTRÖM K, BAUM M, REUTER S. Extended object tracking: Introduction, overview, and applications[J]. Journal of Advances in Information Fusion, 2017, 12(2): 139-174.

[9] ANGELOVA D, MIHAYLOVA L. Extended object tracking using Monte Carlo methods[J]. IEEE Transactions on Signal Processing, 2008, 56(2): 825-832.

[10] LAN J, LI X R. Tracking of extended object or target group using random matrix: New model and approach[J]. IEEE Transactions on Aerospace and Electronic Systems, 2016, 52(6): 2973-2989.

[11] ZHANG Y, JI H, HU Q. A box-particle implementation of standard PHD filter for

extended target tracking[J]. Information Fusion, 2017, 34: 55 - 69.

[12] BEARD M, REUTER S, GRANSTRÖM K, et al. Multiple extended target tracking with labelled random finite sets[J]. IEEE Transactions on Signal Processing, 2016, 64(7): 1638 - 1653.

[13] REUTER S, DIETMAYER K. Pedestrian tracking using random finite sets[C]. In Proceedings of the 14st International Conference on Information Fusion, 2011: 1 - 8.

[14] NAVARRO-SERMENT L E, MERTZ C, HEBERT M. Pedestrian detection and tracking using three-dimensional LADAR data[J]. The International Journal of Robotics Research, 2010, 29(12): 1516 - 1528.

[15] PREMEBIDA C, NUNES U. Segmentation and geometric primitives extraction from 2d laser range data for mobile robot applications[J]. Robotica, 2005: 17 - 25.

[16] EDMAN V, ANDERSSON M, GRANSTRÖM K, et al. Pedestrian group tracking using the GM - PHD filter[C]. Proceedings of the 21st European Signal Processing Conference (EUSIPCO), 2013: 1 - 5.

[17] GUNNARSSON J, SVENSSON L, DANIELSSON L, et al. Tracking vehicles using radar detections[C]. Proceedings of the Intelligent Vehicles Symposium, 2007: 296 - 302.

[18] KNILL C, SCHEEL A, DIETMAYER K. A direct scattering model for tracking vehicles with high-resolution radars[C]. IEEE Intelligent Vehicles Symposium (IV), 2016: 298 - 303.

[19] SCHEEL A, KNILL C, REUTER S, et al. Multi-sensor multi-object tracking of vehicles using high-resolution radars[C]. IEEE Intelligent Vehicles Symposium (IV), 2016: 558 - 565.

[20] ALQADERI H, GOVAERS F, SCHULZ R. Spacial elliptical model for extended target tracking using laser measurements[C]. Sensor Data Fusion: Trends, Solutions, Applications (SDF), Bonn, Germany, 2019: 1 - 6.

[21] BUHREN M, YANG B. Simulation of automotive radar target lists using a novel approach of object representation[C]. IEEE Intelligent Vehicles Symposium (IV), 2006: 314 - 319.

[22] HAMMARSTRAND L, LUNDGREN M, SVENSSON L. Adaptive radar sensor model for tracking structured extended objects[J]. IEEE Transactions on Aerospace

and Electronic Systems, 2012, 48(3): 1975 - 1995.

[23] HAMMARSTRAND L, SVENSSON L, SANDBLOM F, et al. Extended object tracking using a radar resolution model[J]. IEEE Transactions on Aerospace and Electronic Systems, 2012, 48(3): 2371 - 2386.

[24] LUNDQUIST C, ORGUNER U, GUSTAFSSON F. Estimating polynomial structures from radar data[C]. Proceedings of the 13th International Conference on Information Fusion, 2010: 1 - 7.

[25] CAO X, LAN J, LI X R, LIU Y. Extended object tracking using automotive radar[C]. Proceedings of the 21th International Conference on Information Fusion, Cambridge, UK, 2018: 1 - 5.

[26] ERRASTI-ALCALA B, BRACA P. Track before detect algorithm for tracking extended targets applied to real-world data of X-band marine radar[C]. Proceedings of the 17th International Conference on Information Fusion, 2014: 1 - 8.

[27] GRANSTRÖM K, NATALE A, BRACA P, et al. PHD extended target tracking using an incoherent X-band radar: Preliminary real-world experimental results[C]. Proceedings of the 17th International Conference on Information Fusion, 2014: 1 - 8.

[28] VIVONE G, BRACA P, GRANSTRÖM K, et al. Converted measurements random matrix approach to extended target tracking using X-band marine radar data[C]. Proceedings of the 18th International Conference on Information Fusion, 2015: 976 - 983.

[29] VIVONE G, BRACA P, GRANSTROM K, et al. Multistatic Bayesian extended target tracking[J]. IEEE Transactions on Aerospace and Electronic Systems, 2016, 52(6): 2626 - 2643.

[30] GRANSTRÖM K, NATALE A, BRACA P, et al. Gamma Gaussian inverse Wishart probability hypothesis density for extended target tracking using X-band marine radar data[J]. IEEE Transactions on Geoscience and Remote Sensing, 2015, 53 (12): 6617 - 6631.

[31] FREITAS A DE, MIHAYLOVA L, GNING A, et al. A box particle filter method for tracking multiple extended objects[J]. IEEE Transactions on Aerospace and Electronic Systems, 2019, 55(4): 1640 - 1655.

[32] MAHLER R P S. Multi-target Bayes filtering via first-order multi-target moments[J].

IEEE Transactions on Aerospace and Electronic Systems, 2003, 39(4): 1152 - 1178.

[33] MAHLER R P S. PHD filters of higher order in target number[J]. IEEE Transactions on Aerospace and Electronic Systems, 2007, 43(4): 1523 - 1543.

[34] VO B T, VO B N, PHUNG D. Labeled random finite sets and the Bayes multi-target tracking filter[J]. IEEE Transactions on Signal Processing, 2014, 62(24): 6554 - 6567.

[35] WILLIAMS J. Marginal multi-Bernoulli filters: RFS derivation of MHT, JIPDA, and association-based MeMBer[J]. IEEE Transactions on Aerospace and Electronic Systems, 2015, 51(3): 1664 - 1687.

[36] PANTA K, VO B, SINGH S. Improved probability hypothesis density (PHD) filter for multitarget tracking[C]. Proceedings of the 3rd International Conference on Intelligent Sensing and Information Processing, 2005: 213 - 218.

[37] LIN L, BAR-SHALOM Y, KIRUBARAJAN T. Track labeling and PHD filter for multitarget tracking[J]. IEEE Transactions on Aerospace and Electronic Systems, 2006, 42(3): 778 - 795.

[38] HOUSSINEAU J, LANEUVILLE D. PHD filter with diffuse spatial prior on the birth process with applications to GM - PHD filter[C]. Proceedings of the 13th International Conference on Information Fusion, 2010: 1 - 8.

[39] LI T, SUN S, BOLIC M, et al. Algorithm design for parallel implementation of the SMC - PHD filter[J]. Signal Processing, 2016, 119: 115 - 127.

[40] LI T, PRIETO J, FAN H, et al. A robust multi-sensor PHD filter based on multi-sensor measurement clustering[J]. IEEE Communications Letters, 2018, 22(10): 2064 - 2067.

[41] BRYANT D S, DELANDE E D, GEHLY S, et al. The CPHD filter with target spawning[J]. IEEE Transactions on Signal Processing, 2016, 65(5): 13124 - 13138.

[42] ZHANG H, JING Z, HU S. Gaussian mixture CPHD filter with gating technique[J]. Signal Processing, 2009, 89(8): 1521 - 1530.

[43] RISTIC B, CLARK D, VO B N, et al. Adaptive target birth intensity for PHD and CPHD filters[J]. IEEE Transactions on Aerospace and Electronic Systems, 2012, 48(2): 1656 - 1668.

[44] OUYANG C, JI H, GUO Z. Extensions of the SMC-PHD filters for jump Markov systems[J]. Signal Processing, 2012, 92(6): 1422-1430.

[45] OUYANG C, JI H B, Tian Y. Improved Gaussian mixture CPHD tracker for multitarget tracking[J]. IEEE Transactions on Aerospace and Electronic Systems, 2013, 49(2): 1177-1191.

[46] YANG J, JI H. A novel track maintenance algorithm for PHD/CPHD filter[J]. Signal Processing, 2012, 92(10): 2371-2380.

[47] GARCÍA-FERNÁNDEZ Á F, SVENSSON L. Trajectory PHD and CPHD filters[J]. IEEE Transactions on Signal Processing, 2019, 67(22): 5702-5714.

[48] YANG J, GE H. An improved multi-target tracking algorithm based on CBMeMBer filter and variational Bayesian approximation[J]. Signal Processing, 2013, 93(9): 2510-2515.

[49] GAO L, SUN W, WEI P. Extensions of the CBMeMBer filter for joint detection, tracking, and classification of multiple maneuvering targets[J]. Digital Signal Processing, 2016, 56: 35-42.

[50] HAN K, QIN Z, GAO X, et al. Dynamic particle allocation for CB-MeMBer filter[C]. Proceedings of the 10th International Conference on Information, Communications and Signal Processing , 2015: 1-5.

[51] FANTACCI C, PAPI F. Scalable multisensor multitarget tracking using the marginalized GLMB density[J]. IEEE Signal Processing Letters, 2016, 23(6): 863-867.

[52] SAUCAN A A, LI Y, Coates M. Particle flow superpositional GLMB filter[C]. Signal Processing, Sensor/Information Fusion, and Target Recognition XXVI. International Society for Optics and Photonics, 2017, 10200: 102000F.

[53] VO B N, VO B T, HOANG H G. An efficient implementation of the generalized labeled multi-Bernoulli filter[J]. IEEE Transactions on Signal Processing, 2017, 65(8): 1975-1987.

[54] CHEN N, JI H, GAO Y. Efficient box particle implementation of the multi-sensor GLMB filter in the presence of triple measurement uncertainty[J]. Signal Processing, 2019, 162: 307-316.

[55] GARCÍA-FERNÁNDEZ Á F, WILLIAMS J L, SVENSSON L, et al. A Poisson

multi-Bernoulli mixture filter for coexisting point and extended targets[J]. IEEE Transactions on Signal Processing, 2021, 69: 2600 - 2610.

[56] SU Z, JI H, ZHANG Y. An improved measurement-oriented marginal multi-Bernoulli/Poisson filter[J]. Radioengineering, 2019, 28(1): 191 - 198.

[57] SU Z, JI H, ZHANG Y. A Poisson multi-Bernoulli filter with target spawning[C]. In Proceedings of the 22th International Conference on Information Fusion, 2019: 1 - 6.

[58] LI G, KONG L, YI W, et al. Multiple model Poisson multi-Bernoulli mixture filter for maneuvering targets[J]. IEEE Sensors Journal, 2020, 21(3): 3143 - 3154.

[59] SU Z, JI H, ZHANG Y. A Poisson multi-Bernoulli mixture filter with spawning based on Kullback-Leibler divergence minimization[J]. Chinese Journal of Aeronautics, 2021, 34(11):15.

[60] 欧阳成，姬红兵，郭志强. 改进的多模型粒子 PHD 和 CPHD 滤波算法[J]. 自动化学报，2012，38(3)：341 - 348.

[61] 欧阳成，姬红兵，张俊根. 一种改进的 CPHD 多目标跟踪算法[J]. 电子与信息学报，2010 (9)：2112 - 2118.

[62] 欧阳成. 基于随机集理论的被动多传感器多目标跟踪[D]. 西安：西安电子科技大学，2012.

[63] 杨金龙. 被动多传感器目标跟踪及航迹维持算法研究[D]. 西安：西安电子科技大学，2012.

[64] 张永权. 随机有限集扩展目标跟踪算法研究[D]. 西安：西安电子科技大学，2014.

[65] 刘龙. 概率假设密度多传感器多目标跟踪算法研究[D]. 西安：西安电子科技大学，2016.

[66] 胡琪. 基于随机矩阵的扩展目标跟踪算法研究[D]. 西安：西安电子科技大学，2018.

[67] 王明杰. 噪声野值下的随机有限集多目标跟踪算法研究[D]. 西安：西安电子科技大学，2019.

[68] 杨丹. 未知场景参数下的概率假设密度滤波多传感器目标跟踪算法研究[D]. 西安：西安电子科技大学，2019.

[69] 苏镇镇. 基于概率图模型的多目标跟踪算法研究[D]. 西安：西安电子科技大学，2020.

[70] GNING A, RISTIC B, MIHAYLOVA L, et al. An introduction to box particle filtering[J]. IEEE Signal Processing Magazine, 2013, 30(4): 166 - 171.

[71] GNING A, RISTIC B, MIHAYLOVA L. Bernoulli particle/box-particle filters for detection and tracking in the presence of triple measurement uncertainty[J]. IEEE Transactions on Signal Processing, 2012, 60(5): 2138 - 2151.

[72] GRANSTRÖM K, REUTER S, MEISSNER D, et al. A multiple model PHD approach to tracking of cars under an assumed rectangular shape[C]. Proceedings of the International Conference on Information Fusion, 2014: 1 - 8.

[73] SCHEEL A, DIETMAYER K. Tracking multiple vehicles using a variational radar model[J]. IEEE Transactions on Intelligent Transportation Systems, 2019, 20(10): 3721 - 3736.

[74] ZEA A, FAION F, BAUM M, et al. Level-set random hypersurface models for tracking nonconvex extended objects[J]. IEEE Transactions on Aerospace and Electronic Systems, 2016, 52(6): 2990 - 3007.

[75] CAO X, LAN J, LI X R. Extension-deformation approach to extended object tracking[J]. IEEE Transactions on Aerospace and Electronic Systems, 2020, 57(2): 866 - 881.

[76] CARPENTER G A, GROSSBERG S, ROSEN D B. Fuzzy ART: Fast stable learning and categorization of analog patterns by an adaptive resonance system[J]. Neural Networks, 1991, 4(1): 759 - 771.

[77] ORGUNER U. Posterior Cramér-Rao lower bounds for extended target tracking with random matrices[C]. Proceedings of the 19th International Conference on Information Fusion, 2016, July, 1485 - 1492.

[78] WAHLSTRÖM N, ÖZKAN E. Extended target tracking using Gaussian processes[J]. IEEE Transactions on Signal Processing, 2015, 63(16): 4165 - 4178.

[79] ZHONG Z, MENG H, WANG X. Extended target tracking using an IMM based Rao-Blackwellised unscented Kalman filter[C]. Proceedings of the 9th International Conference on Signal Processing, 2008: 2409 - 2412.

[80] ÖZKAN E, WAHLSTRÖM N, GODSILL S J. Rao-Blackwellised particle filter for star-convex extended target tracking models [C]. Proceedings of the 19th International Conference on Information Fusion, 2016: 1193 - 1199.

[81] STREIT R. JPDA intensity filter for tracking multiple extended objects in clutter[C]. Proceedings of the 19th International Conference on Information Fusion, 2016: 1477-1484.

[82] DRUMMOND O E, BLACKMAN S S, HELL K C. Multiple sensor tracking of clusters and extended objects[J]. Technical Proceedings: 1988 Tri-Service Data Fusion Symposium, 1988.

[83] DRUMMOND O E, BLACKMAN S S, PRETRISOR G C. Tracking clusters and extended objects with multiple sensors[J]. Signal and Data Processing of Small Targets, 1990, 1305(1): 362-375.

[84] GILHOLM K, SALMOND D. Spatial distribution model for tracking extended objects[J]. IEE Proceedings of Radar, Sonar and Navigation, 2005, 152(5): 364-371.

[85] GRANSTRÖM K, LUNDQUIST C, ORGUNER U. Tracking rectangular and elliptical extended targets using laser measurements [C]. Proceedings of the 14th International Conference on Information Fusion, 2011: 592-599.

[86] PETROV N, MIHAYLOVA L, GNING A, et al. A novel sequential Monte Carlo approach for extended object tracking based on border parametrization [C]. Proceedings of the 14th International Conference on Information Fusion, 2011: 306-313.

[87] BAUM M, NOACK B, HANEBECK U D. Extended object and group tracking with elliptic random hypersurface models[C]. Proceedings of the 13th International Conference on Information Fusion, 2010: 1-8.

[88] LAN J, LI X R. Extended object or group target tracking using random matrix with nonlinear measurements[C]. Proceedings of the 19th International Conference on Information Fusion, 2016: 901-908.

[89] GRANSTRÖM K, FATEMI M, SVENSSON L. Gamma Gaussian inverse-Wishart Poisson multi-Bernoulli filter for extended target tracking[C]. Proceedings of the 19th International Conference on Information Fusion, 2016: 893-900.

[90] VIVONE G, GRANSTRÖM K, BRACA P, et al. Multiple sensor Bayesian extended target tracking fusion approaches using random matrices[C]. Proceedings of the 19th International Conference on Information Fusion, 2016: 886-892.

[91] BAUM M, HANEBECK U D. Shape tracking of extended objects and group targets with Star-Convex RHMs[C]. Proceedings of the 14th International Conference on

Information Fusion, 2011: 338 - 345.

[92] LAN J, LI X R. Tracking of extended object or target group using random matrix—part II: irregular object[C]. Proceedings of the 15th International Conference on Information Fusion, 2012: 2185 - 2192.

[93] LAN J, LI X R. Tracking maneuvering non-ellipsoidal extended object or target group using random matrix[J]. IEEE Transactions on Signal Processing, 2014, 62(9): 2450 - 2463.

[94] SUN L, LI X R, LAN J. Modeling of extended objects based on support functions and extended Gaussian images for target tracking[J]. IEEE Transactions on Aerospace and Electronic Systems, 2014, 50(4): 3021 - 3035.

[95] SUN L, LAN J, LI X R. Modeling for tracking of complex extended object using Minkowski addition[C]. Proceedings of the 17th International Conference on Information Fusion, 2014: 1 - 8.

[96] CAO X, LAN J, LI X R. Extended object tracking using control-points-based extension deformation[C]. Proceedings of the 20th International Conference on Information Fusion, 2017: 1 - 8.

[97] GRANSTRÖM K, WILLETT P, BAR-SHALOM Y. An extended target tracking model with multiple random matrices and unified kinematics[C]. Proceedings of the 18th International Conference on Information Fusion, 2015: 1007 - 1014.

[98] HU Q, JI H, ZHANG Y. Tracking of maneuvering non-ellipsoidal extended target with varying number of sub-objects[J]. Mechanical Systems and Signal Processing, 2018, 99: 262 - 284.

[99] VO B T, VO B N, CANTONI A. The cardinality balanced multi-target multi-Bernoulli filter and its implementations[J]. IEEE Transactions on Signal Processing, 2009, 57(2): 409 - 423.

[100] BASER E, KIRUBARAJAN T, EFE M, et al. Improved multi-target multi-Bernoulli filter with modelling of spurious targets[J]. IET Radar, Sonar & Navigation, 2016, 10(2): 285 - 298.

[101] VO B T, VO B N, PHUNG D. Labeled random finite sets and the Bayes multi-target tracking filter[J]. IEEE Transactions on Signal Processing, 2014, 62(24):

6554 - 6567.

[102] LAN J, LI X R. Tracking of extended object or target group using random matrix—part I: new model and approach[C]. Proceedings of the 15th International Conference on Information Fusion, 2012: 2177 - 2184.

[103] GRANSTRÖM K, LUNDQUIST C, ORGUNER U. Extended target tracking using a Gaussian-Mixture PHD filter[J]. IEEE Transactions on Aerospace and Electronic Systems, 2012, 48(4): 3268 - 3286.

[104] ORGUNER U, LUNDQUIST C, GRANSTRÖM K. Extended target tracking with a cardinalized probability hypothesis density filter [C]. Proceedings of the 14th International Conference on Information Fusion, 2011: 1 - 8.

[105] GRANSTRÖM K, ORGUNER U. A PHD filter for tracking multiple extended targets using random matrices[J]. IEEE Transactions on Signal Processing, 2012, 60(11): 5657 - 5671.

[106] GRANSTRÖM K, ORGUNER U. On spawning and combination of extended/group targets modeled with random matrices[J]. IEEE Transactions on Signal Processing, 2013, 61(3): 678 - 692.

[107] LUNDQUIST C, GRANSTRÖM K, ORGUNER U. An extended target CPHD filter and a gamma Gaussian inverse Wishart implementation[J]. IEEE Journal of Selected Topics in Signal Processing, 2013, 7(3): 472 - 483.

[108] LI Y, XIAO H, SONG Z, et al. A new multiple extended target tracking algorithm using PHD filter[J]. Signal Processing, 2013, 93(12): 3578 - 3588.

[109] LIAN F, HAN C, LIU W, et al. Unified cardinalized probability hypothesis density filters for extended targets and unresolved targets[J]. Signal Processing, 2012, 92(7): 1729 - 1744.

[110] MA D, LIAN F, LIU J. Sequential Monte Carlo implementation of cardinality balanced multi-target multi-Bernoulli filter for extended target tracking[J]. IET Radar, Sonar & Navigation, 2016, 10(2): 272 - 277.

[111] RISTIC B, SHERRAH J. Bernoulli filter for joint detection and tracking of an extended object in clutter[J]. IET Radar, Sonar & Navigation, 2013, 7(1): 26 - 35.

[112] LAN J, LI X R. Joint tracking and classification of extended object using random

matrix[C]. Proceedings of the 16th International Conference on Information Fusion, 2013: 1550 - 1557.

[113] LAN J, LI X R. Joint tracking and classification of non-ellipsoidal extended object using random matrix[C]. Proceedings of the 17th International Conference on Information Fusion, 2014: 1 - 8.

[114] HU Q, JI H, ZHANG Y. A standard PHD filter for joint tracking and classification of maneuvering extended targets using random matrix[J]. Signal Processing, 2018, 144: 352 - 363.

[115] BEARD M, VO B T, VO B N. Generalised labelled multi-Bernoulli forward-backward smoothing[C]. Proceedings of the 19th International Conference on Information Fusion, 2016: 688 - 694.

[116] GARCÍA-FERNÁNDEZ Á F, SVENSSON L. Trajectory probability hypothesis density filter[C]. Proceedings of the 21st International Conference on Information Fusion, 2018: 1430 - 1437.

[117] GARCÍA-FERNÁNDEZ Á F, SVENSSON L, MORELANDE M R. Multiple target tracking based on sets of trajectories[J]. IEEE Transactions on Aerospace and Electronic Systems, 2019, 56(3): 1685 - 1707.

[118] BAR-SHALOM Y, Li X R. Multitarget-multisensor tracking: Principles and techniques[M]. Storrs, CT: University of Connecticut, 1995.

[119] BLACKMAN S S, POPOLI R. Design and analysis of modern tracking systems[M]. New York: Artech House, 1999.

[120] FUKUNAGA K, FLICK T E. An optimal global nearest neighbor metric[J]. IEEE Transactions on Pattern Analysis and Machine Intelligence, 1984 (3): 314 - 318.

[121] SINGER R A, STEIN J J. An optimal tracking filter for processing sensor data of imprecisely determined origin in surveillance system [C]. The tenth IEEE Conference on Decision and Control, Miami Beach, USA. 1971: 171 - 175.

[122] SINGER R A, SEA R G. A new filter for optimal tracking in dense multitarget enviroment[C]. The 9th Allerton Conference Circuit and System Theory, 1971, 201 - 211.

[123] FORTMANN T, BAR-SHALOM Y, SCHEFFE M. Sonar tracking of multiple

targets using joint probabilistic data association[J]. IEEE Journal of Oceanic Engineering, 1983, 8(3): 173-184.

[124] FORTMANN T, BAR-SHALOM Y, SCHEFFE M. Multi-target tracking using joint probabilistic data association[C]. The 19th IEEE Conference on Decision and Control including the Symposium on Adaptive Processes, 1980: 807-812.

[125] REID D. An algorithm for tracking multiple targets[J]. IEEE Transactions on Automatic Control, 1979, 24(6): 843-854.

[126] DANCHICK R, NEWNAM G E. Reformulating Reid's MHT method with generalised Murty K-best ranked linear assignment algorithm[J]. IEE Proceedings-Radar, Sonar and Navigation, 2006, 153(1): 13-22.

[127] BLACKMAN S S. Multiple hypothesis tracking for multiple target tracking[J]. IEEE Aerospace and Electronic Systems Magazine, 2004, 19(1): 5-18.

[128] MAHLER R P S. PHD filters for nonstandard targets, I: Extended targets[C]. Proceedings of the 12th International Conference on Information Fusion, 2009: 915-921.

[129] WIGNER E P. Random matrices in physics[J]. SIAMReview, 1967, 9(1): 1-23.

[130] GRANSTRÖM K, ORGUNER U. New prediction for extended targets with random matrices[J]. IEEE Transactions on Aerospace and Electronic Systems, 2014, 50(2): 1577-1589.

[131] GRANSTRÖM K, ORGUNER U. Estimation and maintenance of measurement rates for multiple extended target tracking[C]. Proceedings of the 15th International Conference on Information Fusion, 2012: 2170-2176.

[132] GILHOLM K, GODSILL S, MASKELL S, et al. Poisson models for extended target and group tracking[C]. Proceedings of Signal and Data Processing of Small Targets, 2005, 5913: 230-241.

[133] 姬红兵，刘龙，张永权. 随机有限集多目标跟踪理论与方法[M]. 西安：西安电子科技大学出版社. 2021.

[134] VO B N, MA W K. The Gaussian mixture probability hypothesis density filter[J]. IEEE Transactions on Signal Processing, 2006, 54(11): 4091-4104.

[135] MAHLER R P S. Multitarget Bayes filtering via first-order multitarget moments[J]. IEEE Transactions on Aerospace and Electronic Systems, 2003, 39(4): 1152-1178.

[136] ZHANG G, LIAN F, HAN C. CBMeMBer filters for nonstandard targets, I: Extended targets[C]. Proceedings of the 17th International Conference on Information Fusion, 2014: 1-6.

[137] 张光华，连峰，韩崇昭，等. 高斯混合扩展目标多伯努利滤波器[J]. 西安交通大学学报，2014，48(10)：9-14.

[138] WHITELEY N P, SINGH S S, GODSILL S J. Auxiliary particle implementation of the probability hypothesis density filter[J]. IEEE Transactions on Aerospace and Electronic Systems, 2010, 46(3): 1437-1454.

[139] SCHUHMACHER D, VO B T, VO B N. A consistent metric for performance evaluation of multi-object filters[J]. IEEE Transactions on Signal Processing, 2008, 86(8): 3447-3457.

[140] RISTIC B, SHERRAH J. Bernoulli filter for detection and tracking of an extended object in clutter[J]. IET Radar, Sonar & Navigation, 2013, 7(1): 26-35.

[141] LAN J, LI X R. Tracking of maneuvering non-ellipsoidal extended object or target group using random matrix[J]. IEEE Transactions Signal Processing, 2014, 62(9): 2450-2463.

[142] 张永权，张海涛，姬红兵. 基于椭圆 RHM 的扩展目标伯努利滤波算法[J]. 系统工程与电子技术，2018，40(9)：1905-1910.

[143] RISTIC B, VO B T, VO B N, et al. A tutorial on Bernoulli filters: Theory, implementation and applications[J]. IEEE Transactions on Signal Processing, 2013, 61(13): 3406-3430.

[144] ERYILDIRIM A, GULDOGAN M. A Bernoulli filter for extended target tracking using random matrices in a UWB sensor network[J]. IEEE Sensors Journal, 2016, 16(11): 4362-4373.

[145] STEINBRING J, BAUM M, ZEA A, et al. A closed-form likelihood for particle filters to track extended objects with star-convex RHMs[C]. IEEE International Conference on Multisensor Fusion and Integration for Intelligent Systems(MFI), 2015: 25-30.

[146] SHI J, TOMASI C. Good feature to track[C]. IEEE Computer Society Conference on Computer Vision and Pattern Recognition, 1994: 593-600.

[147] BISHOP C M. Pattern recognition and machine learning[M]. New York, USA: Springer, 2006.

[148] GROSSBERG S. Adaptive pattern classification and universal recoding, I: Parallel development and coding of neural feature detectors[J]. Biological Cybernetics, 1976, 23: 121-134.

[149] GROSSBERG S. Adaptive pattern classification and universal recoding[J]. II: Feedback, expectation, olfaction, and illusions, Biological Cybernetics, 1976, 23: 187-202.

[150] CARPENTER G A, GROSSBERG S, MARKUZON N, et al. Fuzzy ARTMAP: A neural-network architecture for incremental supervised learning of analog multidimensional maps[J]. IEEE Transactions on Neural Networks, 1992, 3(5): 698-713.

[151] CARPENTER G A, GROSSBERG S. The ART of adaptive pattern recognition by a self-organizing neural network[J]. Computer, 1988, 21(3): 77-88.

[152] CARPENTER G A, GROSSBERG S, REYNOLDS J H. ARTMAP: Supervised real-time learning and classification of nonstationary data by a self-organizing neural network[J]. Neural Networks, 1991, 4: 565-588.

[153] CARPENTER G A, MARTENS S, OGAS O J. Self-organizing information fusion and hierarchical knowledge discovery: A new framework using ARTMAP neural networks[J]. Neural Networks, 2005, 18(3): 287-295.

[154] VIGDOR B, LERNER B. The Bayesian ARTMAP[J]. IEEE Transactions on Neural Networks, 2007, 18(6): 1628-1644.

[155] SALMOND D J. Mixture reduction algorithms for point and extended object tracking in clutter[J]. IEEE Transactions on Aerospace and Electronic Systems, 2009, 45(2): 667-686.

[156] WILLIAMS J L, MAYBECK P S. Cost-Function-Based Gaussian mixture reduction for target tracking[C]. Proceedings of the 6th International Conference on Information Fusion, 2003: 1047-1054.

[157] RUNNALLS A R. Kullback-Leibler approach to Gaussian mixture reduction[J]. IEEE Transactions on Aerospace and Electronic Systems, 2007, 43(3): 989-999.

[158] SCHIEFERDECKER D, HUBER M F. Gaussian mixture reduction via clustering[C]. Proceedings of the 12th International Conference on Information Fusion, 2009: 1536 - 1543.

[159] HUBER M, HANEBECK U. Progressive Gaussian mixture reduction[C]. Proceedings of the 11th International Conference on Information Fusion, 2008: 1 - 8.

[160] WEST M. Approximating posterior distributions by mixtures[J]. Journal of the Royal Statistical Society: Series B. 1993, 55(2): 409 - 422.

[161] CROUSE D F, WILLETT P K, SVENSSON L. A look at Gaussian mixture reduction algorithms[C]. Proceedings of the 14th International Conference on Information Fusion, 2011: 5 - 8.

[162] KULLBACK S, LEIBLER R A. On information and sufficiency[J]. The Annals of Mathematical Statistics, 1951, 22(1): 79 - 86.

[163] WILLIAMS J L. Gaussian mixture reduction for tracking multiple maneuvering targets in clutter[D]. State of Alabama: Air University, 2003.

[164] BLAHUT R E. Principles and practice of information theory[M]. MA: Addison-Wesley, 1987.

[165] LI X R, JILKOV V. Survey of maneuvering target tracking. Part I. Dynamic models[J]. IEEE Transactions on Aerospace Electronic Systems, 2003, 39(4): 1333 - 1364.

[166] WILLETT P, RUAN Y, STREIT R. PMHT: Problems and some solutions[J]. IEEE Transactions on Aerospace and Electronic Systems, 2002, 38(3): 738 - 754.

[167] WIENEKE M, KOCH W. A PMHT approach for extended objects and object groups[J]. IEEE Transactions on Aerospace and Electronic Systems, 2012, 48(3): 2349 - 2370.

[168] SCHUSTER M, REUTER J, WANIELIK G, et al. Probabilistic data association for tracking extended targets under clutter using random matrices[C]. Proceedings of the 18th International Conference on Information Fusion, 2015: 961 - 968.

[169] VIVONE G, BRACA P. Joint probabilistic data association tracker for extended target tracking applied to X-band marine radar data[J]. IEEE Journal of Oceanic Engineering, 2016, 41(4): 1007 - 1019.

[170] BEARD M, REUTER S, GRANSTRÖM K, et al. Multiple extended target tracking

with labeled random finite sets[J]. IEEE Transactions on Signal Processing, 2016, 64(7): 1638 - 1653.

[171] GRANSTRÖM K, MARYAM F, LENNART S. Poisson multi-Bernoulli mixture conjugate prior for multiple extended target filtering[J]. IEEE Transactions on Aerospace and Electronic Systems, 2019, 56(1): 208 - 225.

[172] KSCHISCHANG F R, FREY B J, LOELIGER H A. Factor graphs and the sum-product algorithm[J]. IEEE Transactions on Information Theory, 2001, 47(2): 498 - 519.

[173] MICHAEL I J. Graphical Models[J]. Statistical Science, 2004, 19(1): 140 - 155.

[174] BERROU C, GLAVIEUX A. Near optimum error correcting coding and decoding: Turbo-codes[J]. IEEE Transactions on Communications, 1966, 44(10): 1261 - 1271.

[175] FOSSORIER M P C, MIHALJEVIC M, IMAI H. Reduced complexity iterative decoding of low-density parity check codes based on belief propagation[J]. IEEE Transactions on Communications, 1999, 47(5): 673 - 680.

[176] RICHARDSON T J, URBANKE R L. The capacity of low-density parity-check codes under message-passing decoding[J]. IEEE Transactions on Information Theory, 2001, 47(2): 599 - 618.

[177] RICHARDSON T, URBANKE R. Modern Coding Theory[M]. New York, USA: Cambridge University Press, 2008.

[178] IHLER A T, FISHER J W I, MOSES R L, et al. Nonparametric belief propagation for self-localization of sensor networks[J]. IEEE Journal on Selected Areas in Communications, 2005, 23(4): 809 - 819.

[179] MEYER F, HLINKA O, WYMEERSCH H, et al. Distributed localization and tracking of mobile networks including noncooperative objects[J]. IEEE Transactions on Signal & Information Processing Over Networks, 2016, 2(1): 57 - 71.

[180] WORTHEN A P, STARK W E. Unified design of iterative receivers using factor graphs[J]. IEEE Transactions on Information Theory, 2001, 47(2): 843 - 849.

[181] BOUTROS J, CAIRE G. Iterative multiuser joint decoding: Unified framework and asymptotic analysis[J]. IEEE Transactions on Information Theory, 2002, 48(7): 1772 - 1793.

[182] CHUGG K, ANASTASOPOULOS A, CHEN X. Iterative detection: Adaptivity, complexity reduction, and application[M]. Norwell, MA, USA: Kluwer, 2001.

[183] WILLIAMS J L, LAU, R. Data association by loopy belief propagation[C]. Proceedings of the 13th International Conference on Information Fusion, 2010: 1-8.

[184] LAU R A, WILLIAMS J L. Multidimensional assignment by dual decomposition[C]. The International Conference on Intelligent Sensors, Sensor Networks & Information Processing, 2011: 437-442.

[185] LI Q, SUN J, SUN W. An efficient multiple hypothesis tracker using max product belief propagation[C]. Proceedings of the 20th International Conference on Information Fusion, 2017: 1-6.

[186] Zhu H, Han C, Li C. Graphical models-based track association algorithm[C]. Proceedings of the 10th International Conference on Information Fusion, 2007: 1-8.

[187] JOHNSON J K, MALIOUTOV D M, WILLSKY A S. Lagrangian relaxation for MAP estimation in graphical models[C]. Proceedings of the 45th Allerton Conference on Communication, Control and Computing, 2007: 64-73.

[188] CHERTKOV M, KROC L, VERGASSOLA M. Belief propagation and beyond for particle tracking[J]. Arxiv Cornell University Library, 2008, 32(4): 1-8.

[189] MEYER F, BRACA P, WILLETT P, et al. Scalable multitarget tracking using multiple sensors: A belief propagation approach[C]. Proceedings of the 18th International Conference on Information Fusion, 2015: 1778-1785.

[190] MEYER F, BRACA P, HLAWATSCH F, et al. Scalable adaptive multitarget tracking using multiple sensors[C]. Globecom Workshops, 2016: 1-6.

[191] LAU R A, WILLIAMS J L. A structured mean field approach for existence-based multiple target tracking[C]. Proceedings of the 19th International Conference on Information Fusion, 2016: 1111-1118.

[192] LEITINGER E, MEYER F, MEISSNER P, et al. Belief propagation based joint probabilistic data association for multipath-assisted indoor navigation and tracking[C]. Proceedings of the 19th International Conference on Information Fusion, 2016: 1-6.

[193] LEITINGER E, MEYER F, TUFVESSON F, et al. Factor graph based simultaneous localization and mapping using multipath channel information[C]. IEEE ICC Workshop

on Advances in Network Localization and Navigation, 2017: 652 - 658.

[194] LAU R A, WILLIAMS J L. Tracking a coordinated group using expectation maximisation [C]. Intelligent Sensors, Sensor Networks and Information Processing, 2013: 282 - 287.

[195] LAN H, PAN Q, YANG F, et al. Variational Bayesian approach for joint multitarget tracking of multiple detection systems[C]. Proceedings of the 19th International Conference on Information Fusion, 2016: 1260 - 1267.

[196] SUN S, LAN H, WANG Z, et al. The application of sum-product algorithm for data association [C]. Proceedings of the 19th International Conference on Information Fusion, 2016: 416 - 423.

[197] HU Q, JI H, ZHANG Y. Tracking multiple extended targets with multi-Bernoulli filter[J]. IET Signal Processing, 2019, 13(4): 443 - 455.

[198] HARGREAVES G I. Interval Analysis in Matlab[J]. Manchester Centre for Computational Mathematics Numerical Analysis Reports, 2002, 416: 1 - 49.

[199] JAULIN L, KIEFFER M, DIDRIT O, et al. Applied interval analysis, with examples in parameter and state estimation, robust control and robotics[M]. London: Springer, 2001.

[200] GNING A, MIHAYLOVA L, ABDALLAH F. Mixture of uniform probability density functions for non linear state estimation using interval analysis [C]. Proceedings of the 13th International Conference on Information Fusion, 2010: 1 - 8.

[201] ABDALLAH F, GNING A, BONNIFAIT P. Box particle filtering for nonlinear state estimation using interval analysis[J]. Automatica, 2008, 44(3): 807 - 815.

[202] SCHIKORA M, GNING A, MIHAYLOVA L, et al. Box-particle PHD filter for multi-target tracking[C]. Proceedings of the 15th International Conference on Information Fusion, 2012: 106 - 113.

[203] RISTIC B, CLARK D, VO B N. Improved SMC implementation of the PHD filter[C]. Proceedings of the 13th International Conference on Information Fusion, 2010: 1 - 8.

[204] GRANSTRÖM K, LUNDQUIST C, ORGUNER U. Extended target tracking using a Gaussian-Mixture PHD filter[J]. IEEE Transactions on Aerospace and Electronic Systems, 2012, 48(4): 3268 - 3286.

[205] GNING A, RISTIC B, MIHAYLOVA L. Bernoulli particle/box-particle filters for detection and tracking in the presence of triple measurement uncertainty[J]. IEEE Transactions on Signal Processing, 2012, 60(5): 2138-2151.

[206] GRANSTRÖM K, LUNDQUIST C, ORGUNER U. A Gaussian mixture PHD filter for extended target tracking[C]. Proceedings of the 13th International Conference on Information Fusion, 2010: 1-8.

[207] FELDMANN M, FRANKEN D, KOCH J W. Tracking of extended objects and group targets using random matrices[J]. IEEE Transactions on Signal Processing, 2011, 59(4): 1409-1420.

[208] GRANSTRÖM K, ORGUNER U. A new prediction for extended targets with random matrices[J]. IEEE Transactions on Aerospace and Electronic Systems, 2014, 50(2): 1577-1589.

[209] ZHANG Y, JI H, GAO X, et al. An ellipse extended target CBMeMBer filter using gamma and box-particle implementation[J]. Signal Processing, 2018, 149: 88-102.

[210] LIU M, JIANG T, ZHANG S. The sequential Monte Carlo multi-Bernoulli filter for extended targets. Proceedings of the 18th International Conference on Information Fusion, Washington, DC, July 6-9, 2015: 984-990.

[211] LI X R. Optimal Bayes joint decision and estimation[C]. Proceedings of the 10th International Conference on Information Fusion, 2007: 1-8.